W0003299

LS

Analytische Geometrie mit linearer Algebra

GRUNDKURS

Mathematisches Unterrichtswerk
für das Gymnasium
Ausgabe A

erarbeitet von
Manfred Baum
Detlef Lind
Hartmut Schermuly
Ingo Weidig
Peter Zimmermann

unter Mitwirkung von
Maximilian Selinka
Jörg Stark

Ernst Klett Verlag
Stuttgart   Düsseldorf   Leipzig

Bildquellenverzeichnis:

AKG, Berlin: S. 14 (Erich Lessing), 52, 54 (oben links, unten links und rechts Mitte), 90, 145, 148, 189 (Erich Lessing) – amw Pressedienst, München: S. 93 – Bavaria, Gauting: S. 147 (Matheisl, oben links) – Bibliothèque municipale, Caen: S. 48 (links) – Descartes, R. (1637); La Geometrie, Leyden: S. 55 – Deutsche Luftbild, Hamburg: S. 17 – Gerstenberg, Wietze: S. 152 – Deutsches Museum, München: S. 16, 54 (links Mitte), 118, 137 – Focus, Hamburg: S. 22 (Goivaux/Rapho) – Rupert Hochleitner, München: S. 49 – Helga Lade Fotoagentur, Frankfurt/Main: S. 53 (Josef Ege, unten links, H. R. Bramaz , oben rechts, Wagenzik, unten rechts) – IBM Deutschland: S. 53 (oben links) – Mary Evans Picture Library, London, UK: S. 157 – Mauritius, Stuttgart: S. 135 (P. Freytag), 113 (Leblond) – Moro, C., Stuttgart: S. 48 (rechts) – © Spektrum-der-Wissenschaft-Verlagsgesellschaft, Heidelberg (1991); Philip Morrison: Zehn hoch (S. 55, 57, 59): S. 158 – Volker Steger, Stuttgart: S. 92 (unten) – ©/STERN, Hamburg; Reinald Blanck: S. 147 (links Mitte, unten links) – Ullstein Bilderdienst, Berlin: S. 172 – VG Bild-Kunst, Bonn 2000: S. 90 – Prof. Dr. H. J. Vollrath, Würzburg: S. 181 – Werkstatt Fotografie, Stuttgart: S. 92 (oben) – © Westermann Schulbuchverlag GmbH, Braunschweig: S. 159 – Württembergische Landesbibliothek, Stuttgart: S. 8

Nicht in allen Fällen war es uns möglich, den uns bekannten Rechtsinhaber ausfindig zu machen. Berechtigte Ansprüche werden selbstverständlich im Rahmen der üblichen Vereinbarungen abgegolten.

9 783127 323108

1. Auflage   € A 1 ^{9} | 2007

Alle Drucke dieser Auflage können im Unterricht nebeneinander benutzt werden, sie sind untereinander unverändert. Die letzte Zahl bezeichnet das Jahr dieses Druckes.
© Ernst Klett Verlag GmbH, Stuttgart 1998.
Alle Rechte vorbehalten.
Internetadresse: http://www.klett-verlag.de

Zeichnungen: U. Bartl, Weil der Stadt; R. Warttmann, Nürtingen.
Umschlaggestaltung: Alfred Marzell, Schwäbisch Gmünd.
DTP-Satz: topset Computersatz, Nürtingen.
Druck: Druckhaus Götz GmbH, 71636 Ludwigsburg

ISBN 3-12-732310-7

Inhaltsverzeichnis

Zum Aufbau des Buches

Jedes Kapitel umfasst

- mehrere Lerneinheiten,
- vermischte Aufgaben,
- mathematische Exkursionen,
- Kapitelrückblick.

- Zu Beginn jeder Lerneinheit stehen **hinführende Aufgaben**. Sie bereiten den Gedankengang der Lerneinheit vor. Sie sollen die Schülerinnen und Schüler zum Nachdenken anregen. Da sie als Angebot gedacht sind, nehmen sie keine Information zum jeweiligen Lerninhalt vorweg und bieten somit der Lehrerin/dem Lehrer die methodische Freiheit.

Der anschließende **Informationstext** (Lehrtext) beschreibt den mathematischen Inhalt der Lerneinheit. Vielfach werden auch ergänzende Informationen gegeben.

Im Kasten wird das wesentliche **Ergebnis** (z. B. in Form einer Definition oder eines Satzes) festgehalten.

In den anschließenden vollständig bearbeiteten **Beispielen** werden Begriffsbildungen erläutert und wichtige mathematische Verfahren bzw. grundlegende Aufgabentypen der Lerneinheit vorgestellt. Diese Beispiele bieten den Schülerinnen und Schülern besondere Hilfen für das selbstständige Lösen von Aufgaben.

Der **Aufgabenteil** bietet ein reichhaltiges Auswahlangebot. Die Aufgaben reichen von Routineaufgaben zum Einüben von Fertigkeiten und Darstellungsweisen über zahlreiche Aufgaben im mittleren Schwierigkeitsbereich bis zu schwierigen Aufgaben, die besondere Leistungen verlangen. Zahlreiche Aufgaben zu Sachsituationen helfen, Beziehungen zwischen der Mathematik und ihren Anwendungen aufzuzeigen.

Wo es aufgrund der besseren Übersicht oder im Sinne eines schnelleren Zugriffs sinnvoll erscheint, werden die Aufgaben durch Zwischenüberschriften gegliedert.

- In den **vermischten Aufgaben** werden zusätzliche Übungsaufgaben angeboten. Ferner finden sich dort Aufgaben, welche die Zusammenhänge zwischen den einzelnen Lerneinheiten eines Kapitels herstellen.

- In den **mathematischen Exkursionen** werden Themengebiete angesprochen, die mit dem jeweiligen Kapitel in Verbindung stehen. Sie sind als Anregung für Schülerinnen und Schüler gedacht, sich mit mathematischen Fragen, interessanten Themen oder Themen aus dem Alltag auseinander zu setzen.

- Den Abschluss eines jeden Kapitels bildet der **Rückblick**. Es werden die wichtigsten Lerninhalte in prägnanter Form zusammengefasst und die **Aufgaben zum Üben und Wiederholen** angeboten. Die Lösungen dieser Aufgaben stehen am Ende des Buches.

1 Beispiele von linearen Gleichungssystemen

1 a) Begründen Sie, dass die Behauptungen der Eltern und Kinder nicht alle stimmen können.

b) Welche Gleichungen entsprechen den drei Behauptungen, wenn man das Alter von Lars mit x_L und das Alter von Mona mit x_M bezeichnet? Stellen Sie diese Gleichungen auf.

Gleichungen der Form $a_1 x_1 + a_2 x_2 + \ldots + a_n x_n = b$, z.B. $3 x_1 + 4 x_2 = 5$ und $2 x_1 - 5 x_2 + 3 x_3 = 1$ nennt man **lineare Gleichungen**, da die Variablen x_1, x_2, ... nur in der ersten Potenz vorkommen. Die Zahlen vor den Variablen heißen **Koeffizienten** der Gleichung. Ein **lineares Gleichungssystem** (abgekürzt LGS) besteht aus mehreren solchen Gleichungen.

Im Beispiel sind alle Gleichungen erfüllt, wenn man 1 für x_1, 0 für x_2 und -1 für x_3 einsetzt. Daher nennt man das Zahlentripel $(1; 0; -1)$ eine Lösung des Gleichungssystems.

Beispiel für ein LGS:
$$2 x_1 + 4 x_2 - \tfrac{1}{2} x_3 = \tfrac{5}{2}$$
$$x_1 - x_2 + 2 x_3 = -1$$
$$x_1 + x_2 - 4 x_3 = 5$$

> Eine Lösung eines linearen Gleichungssystems mit n Variablen besteht aus n Zahlen, die man als **n-Tupel** (d. h. als Zahlenpaar, Zahlentripel, ...) angibt.

Beispiel 1: (2 Gleichungen, 2 Variablen)

Lösen Sie das LGS $\begin{cases} 2 x_1 - 3 x_2 = -7 \\ -x_1 + x_2 = 2 \end{cases}$ a) rechnerisch, b) zeichnerisch.

Lösung:

a) Gegeben:
$$2 x_1 - 3 x_2 = -7$$
$$-x_1 + x_2 = 2$$

Auflösen nach x_2:
$$x_2 = \tfrac{2}{3} x_1 + \tfrac{7}{3}$$
$$x_2 = x_1 + 2$$

Beachten Sie:
Während bisher nur Gleichungssysteme mit so vielen Gleichungen wie Variablen vorkamen, sind ab jetzt auch Gleichungssysteme mit mehr Gleichungen oder weniger Gleichungen als Variablen möglich!

Gleichsetzen: $\tfrac{2}{3} x_1 + \tfrac{7}{3} = x_1 + 2$; also $x_1 = 1$.

Damit ergibt sich 3 für x_2. Die Lösung ist $(1; 3)$.

b) Die Geraden f und g mit den Gleichungen f: $x_2 = \tfrac{2}{3} x_1 + \tfrac{7}{3}$ und g: $x_2 = x_1 + 2$ in Fig. 1 schneiden sich im Punkt $S(1 | 3)$. Sein Koordinatenpaar ist die Lösung.

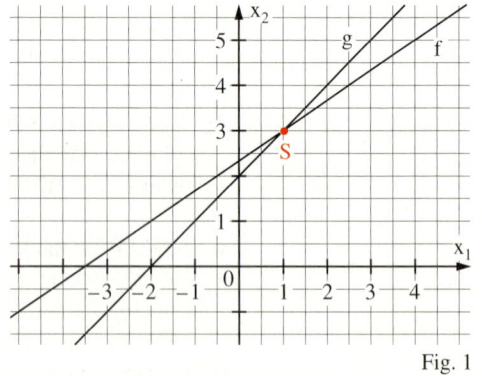

Fig. 1

Beispiel 2: (3 Gleichungen, 2 Variablen)

Prüfen Sie rechnerisch, ob die drei Geraden f, g und h mit den Gleichungen f: $2 x_1 - x_2 = 5$, g: $4 x_1 - x_2 = 15$ und h: $-3 x_1 + x_2 = -3$ durch einen gemeinsamen Punkt gehen. Wenn nein, bestimmen sie alle Schnittpunkte.

Lösung:

1. Schritt (f und g): Das LGS $\begin{cases} 2 x_1 - x_2 = 5 \\ 4 x_1 - x_2 = 15 \end{cases}$ hat $(5; 5)$ als einzige Lösung.

Also gehen die Geraden f und g durch den Punkt $S(5 | 5)$.

Gibt es mehr Gleichungen als Variablen, so kann man versuchen, für einen Teil des LGS eine Lösung zu bestimmen und dann zu prüfen, ob diese auch die weggelassenen Gleichungen erfüllt.

Da $(5; 5)$ nicht die Gleichung von h erfüllt, gehen f, g und h nicht durch einen gemeinsamen Punkt.

2. Schritt: Das LGS $\begin{cases} 2x_1 - x_2 = 5 \\ -3x_1 + x_2 = -3 \end{cases}$ hat $(-2; -9)$ als einzige Lösung. Also schneiden sich f und h im Punkt $R(-2|-9)$. Entsprechend erhält man $Q(12|33)$ als Schnittpunkt von g und h.

Beispiel 3: (2 Gleichungen, 3 Variablen)

Bestimmen Sie alle dreistelligen Zahlen mit folgenden Eigenschaften: Die Quersumme ist 7 und die zweite Ziffer ist doppelt so groß wie die letzte.

Lösung:

Schritt 1 (Variablen einführen, LGS aufstellen): Sind x_1, x_2, x_3 die Ziffern von links nach rechts, so ergibt sich: $\quad$ LGS $\begin{cases} x_1 + x_2 + x_3 = 7 \\ x_2 - 2x_3 = 0 \end{cases}$

Schritt 2 (Die Lösungen suchen): Wählt man für x_3 eine Zahl, so kann man x_2 und x_1 berechnen. Es sind nur die Ziffern 0 bis 9 erlaubt. Mit 0 für x_3 ergibt sich 0 für x_2 und damit 7 für x_1. Also ist 700 die größte der gesuchten Zahlen. Durch Einsetzen von 1 und 2 für x_3 erhält man die restlichen Lösungen 421 und 142. Größere Werte für x_3 sind nicht erlaubt, da sich dann für x_1 negative Werte ergeben würden.

Aufgaben

2 Tanja, Silke und Christiane haben nach der Schule im Schreibwarenladen Stifte und Hefte gekauft. Wie kann man aus den Stückzahlen und Gesamtbeträgen schließen, dass sie nicht alle denselben Betrag x_1 je Stift und denselben Betrag x_2 je Heft bezahlt haben?

3 Zeichnen Sie die Geraden f, g und h in einem $x_1 x_2$-Koordinatensystem. Bestimmen Sie die Schnittpunkte zeichnerisch und prüfen Sie rechnerisch, wie genau Sie abgelesen haben.

a) f: $x_1 + x_2 = 10$ $\qquad$ b) f: $x_1 + 2x_2 = 10$ $\qquad$ c) f: $2x_1 - x_2 = -1$

 g: $x_1 - x_2 = -1$ $\qquad\quad$ g: $x_1 - x_2 = 0$ $\qquad\qquad$ g: $x_1 + x_2 = 2$

 h: $x_1 + 2x_2 = 14$ $\qquad$ h: $\phantom{x_1 -{}} 2x_2 = 5$ $\qquad\qquad$ h: $x_1 - 2x_2 = -3$

4 Bestimmen Sie alle dreistelligen Zahlen mit den verlangten Eigenschaften.

a) Die erste Ziffer ist um 5 kleiner als die letzte und die Quersumme der Zahl beträgt 10.

b) Die erste Ziffer ist um 4 größer als die letzte und die Summe der ersten beiden Ziffern ist 9.

5 Geben Sie jeweils drei Lösungen des LGS an.

a) $x_1 - 3x_2 + x_3 = 0$ $\qquad$ b) $2x_1 + 3x_2 - 4x_3 = 2$ $\qquad$ c) $x_1 + 2x_2 + 3x_3 = 8$

 $\phantom{x_1 -{}} x_2 - 3x_3 = -1$ $\qquad\quad$ $-4x_1 + 8x_3 = -4$ $\qquad\quad$ $2x_1 + 3x_2 = 13$

6 Einer alten Aufgabe nachempfunden: Einige Jungen und Mädchen kaufen Pausensnacks für insgesamt 20€. Jeder Junge gibt 1,20€, jedes Mädchen 1€ aus. Alle Mädchen geben zusammen 4€ weniger aus als die Jungen. Wie viele Jungen und wie viele Mädchen sind es?

7 Bestimmen Sie jeweils eine gemeinsame Lösung der ersten beiden Gleichungen und prüfen Sie, ob diese auch die dritte Gleichung erfüllt.

a) $x_1 + 3x_2 = 1$ $\qquad$ b) $3x_1 - 2x_2 = 0$ $\qquad$ c) $2x_1 + 5x_2 = 3$ $\qquad$ d) $x_1 - 2x_2 = 2$

 $2x_1 - x_2 = 2$ $\qquad\quad$ $x_1 + x_2 = 5$ $\qquad\quad$ $x_1 - 3x_2 = 11$ $\qquad\quad$ $2x_1 - 3x_2 = 3$

 $x_1 + 5x_2 = 1$ $\qquad\quad$ $x_1 - 4x_2 = -10$ $\qquad\quad$ $x_1 + 2x_2 = 1$ $\qquad\quad$ $3x_1 - 4x_2 = 4$

CARL FRIEDRICH GAUSS
(1777–1855)
war ein deutscher Mathematiker und Astronom. Als 1801 der Planetoid Ceres entdeckt wurde, verloren die Astronomen den Planetoiden wieder aus den Augen. GAUSS berechnete die Bahn von Ceres aus drei beobachteten Positionen so genau, dass der Planetoid wiedergefunden wurde. Für die Berechnungen waren viele lineare Gleichungssysteme zu lösen. GAUSS entwickelte dazu das nach ihm benannte Verfahren, solche Systeme auf „Dreiecksform" zu bringen. Er veröffentlichte es 1809 in seinem Buch „Theoria Motus".

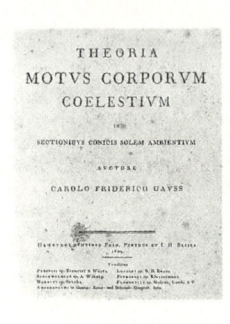

2 Das GAUSS-Verfahren zur Lösung von LGS

1 Die beiden linearen Gleichungssysteme haben jeweils genau eine Lösung. Warum ist hier die Bestimmung der Lösung besonders einfach? Welches Gleichungssystem ist übersichtlicher? Bestimmen Sie für jedes der beiden Gleichungssysteme die Lösung.

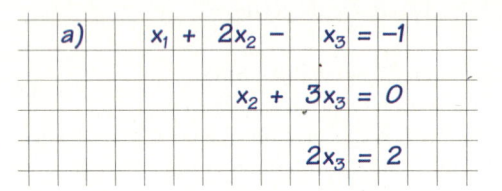

a)
$$x_1 + 2x_2 - x_3 = -1$$
$$x_2 + 3x_3 = 0$$
$$2x_3 = 2$$

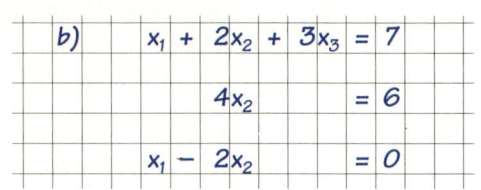

b)
$$x_1 + 2x_2 + 3x_3 = 7$$
$$4x_2 = 6$$
$$x_1 - 2x_2 = 0$$

Man sagt: Ein lineares Gleichungssystem ist in **Stufenform**, wenn bei jeder Gleichung mindestens eine ihrer Variablen in den folgenden Gleichungen nicht mehr vorkommt.

Es werden jetzt nur eindeutig lösbare Systeme betrachtet. Dabei bestimmt man so die Lösung aus der Stufenform: Man löst die letzte Gleichung, setzt jeweils alle schon bestimmten Werte in die „nächsthöhere" Gleichung ein und löst nach der nächsten Variablen auf.

Ein eindeutig lösbares LGS in Stufenform:

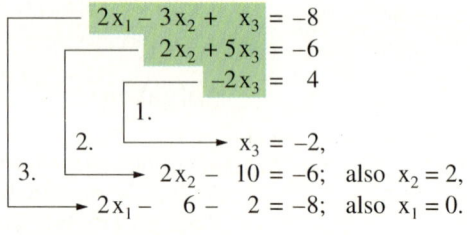

$$2x_1 - 3x_2 + x_3 = -8$$
$$2x_2 + 5x_3 = -6$$
$$-2x_3 = 4$$

1. $x_3 = -2$,
2. $2x_2 - 10 = -6$; also $x_2 = 2$,
3. $2x_1 - 6 - 2 = -8$; also $x_1 = 0$.

Lösung: $(0; 2; -2)$

Jedes lineare Gleichungssystem lässt sich mit den folgenden **Äquivalenzumformungen** auf Stufenform bringen:
(1) Gleichungen miteinander vertauschen,
(2) eine Gleichung mit einer Zahl $c \neq 0$ multiplizieren,
(3) eine Gleichung durch die Summe oder Differenz eines Vielfachen von ihr und einem Vielfachen einer **anderen** Gleichung ersetzen.

erlaubte Umformungen:

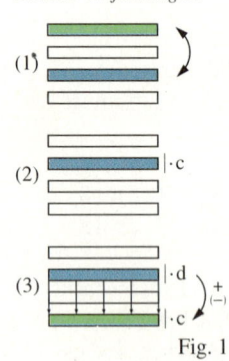

(1) }

(2) |·c

(3) |·d }+(−) |·c

Fig. 1

> **GAUSS-Verfahren:**
> Man löst ein lineares Gleichungssystem mit n Variablen, indem man es zunächst mithilfe der Äquivalenzumformungen (1), (2) und (3) auf Stufenform bringt und dann schrittweise nach den Variablen $x_n, \ldots, x_2, x_1$ auflöst.

Um Schreibarbeit zu sparen, kann man ein lineares Gleichungssystem in Kurzform angeben. Dabei notiert man in jeder Zeile nur die Koeffizienten der Gleichung und die Zahl auf der rechten Seite. Bei der Übertragung liest man die Gleichung so, als ob sie nur mit Additionen geschrieben wäre. Dieses Zahlenschema nennt man eine **Matrix**:

LGS:
$$2x_1 + x_2 - 4x_3 + x_4 = -7$$
$$x_1 - 3x_2 + x_3 + 2x_4 = 6$$
$$x_1 + 5x_2 = -4$$
$$3x_2 + x_3 + x_4 = 0$$

LGS additiv geschrieben:
$$2x_1 + x_2 + (-4)x_3 + x_4 = -7$$
$$x_1 + (-3)x_2 + x_3 + 2x_4 = 6$$
$$x_1 + 5x_2 = -4$$
$$3x_2 + x_3 + x_4 = 0$$

LGS als Matrix:
$$\left(\begin{array}{cccc|c} 2 & 1 & -4 & 1 & -7 \\ 1 & -3 & 1 & 2 & 6 \\ 1 & 5 & 0 & 0 & -4 \\ 0 & 3 & 1 & 1 & 0 \end{array}\right)$$

Äquivalenzumformungen von Gleichungen entsprechen Zeilenumformungen in der Matrix.

Beispiel: (GAUSS-Verfahren)

Lösen Sie das lineare Gleichungssystem. Verwenden Sie entweder die ausführliche Schreibweise oder die Matrixschreibweise.
Lösung:

$$3x_1 + 6x_2 - 2x_3 = -4$$
$$3x_1 + 2x_2 + x_3 = 0$$
$$\tfrac{3}{2}x_1 + 5x_2 - 5x_3 = -9$$

1. Schritt: LGS notieren und Gleichungen „nummerieren".

Ausführliche Schreibweise:

I $3x_1 + 6x_2 - 2x_3 = -4$
II $3x_1 + 2x_2 + x_3 = 0$
III $\tfrac{3}{2}x_1 + 5x_2 - 5x_3 = -9$

Matrixschreibweise: Umformung:

$$\left(\begin{array}{ccc|c} 3 & 6 & -2 & -4 \\ 3 & 2 & 1 & 0 \\ \tfrac{3}{2} & 5 & -5 & -9 \end{array}\right) \quad | \ IIa = II - I$$

2. Schritt: Damit x_1 in der zweiten Gleichung „wegfällt", ersetzt man sie durch die Differenz aus ihr und der ersten Gleichung.

I $3x_1 + 6x_2 - 2x_3 = -4$
IIa $-4x_2 + 3x_3 = 4$
III $\tfrac{3}{2}x_1 + 5x_2 - 5x_3 = -9$

$$\left(\begin{array}{ccc|c} 3 & 6 & -2 & -4 \\ 0 & -4 & 3 & 4 \\ \tfrac{3}{2} & 5 & -5 & -9 \end{array}\right) \quad | \ IIIa = III - \tfrac{1}{2}\cdot I$$

3. Schritt: Damit x_1 in der dritten Gleichung „wegfällt", ersetzt man sie durch die Differenz aus ihrem 2fachen und der ersten Gleichung.

I $3x_1 + 6x_2 - 2x_3 = -4$
IIa $-4x_2 + 3x_3 = 4$
IIIa $2x_2 - 4x_3 = -7$

$$\left(\begin{array}{ccc|c} 3 & 6 & -2 & -4 \\ 0 & -4 & 3 & 4 \\ 0 & 2 & -4 & -7 \end{array}\right) \quad | \ IIIb = 2\cdot IIIa + IIa$$

4. Schritt: Damit x_2 in der dritten Gleichung „wegfällt", ersetzt man Gleichung IIIa durch die Summe aus ihr und dem 2fachen von Gleichung IIa.

I $3x_1 + 6x_2 - 2x_3 = -4$
IIa $-4x_2 + 3x_3 = 4$
IIIb $-5x_3 = -10$

$$\left(\begin{array}{ccc|c} 3 & 6 & -2 & -4 \\ 0 & -4 & 3 & 4 \\ 0 & 0 & -5 & -10 \end{array}\right)$$

5. Schritt: Man bestimmt die Lösung aus der Dreiecksform.

Aus IIIb folgt: $x_3 = 2$
Aus $x_3 = 2$ und IIa folgt: $x_2 = \tfrac{1}{2}$
Aus $x_3 = 2$, $x_2 = \tfrac{1}{2}$ und I folgt: $x_1 = -1$
Lösung: $(-1; \tfrac{1}{2}; 2)$

Aufgaben

2   Lösen Sie das lineare Gleichungssystem.

a)
$$2x_1 - 3x_2 - 5x_3 = -1$$
$$2x_2 + x_3 = 0$$
$$3x_3 = 6$$

b)
$$3x_1 + 8x_2 - 3x_3 = 5$$
$$4x_2 + x_3 = 1$$
$$-5x_3 = 10$$

c)
$$3x_1 + 4x_2 + 6x_3 = 5$$
$$17x_2 + 24x_3 = 16$$
$$2x_3 = 7$$

3   Lösen Sie das lineare Gleichungssystem.

a)
$$4x_1 - 3x_2 + 6x_3 = 9$$
$$2x_1 - x_3 = 5$$
$$4x_1 = -2$$

b)
$$4x_1 - x_2 + 3x_3 = 2$$
$$x_1 + 3x_2 = 5$$
$$4x_2 = 8$$

c)
$$5x_1 = 10$$
$$5x_2 - 3x_3 = 9$$
$$4x_1 + x_2 = 0$$

4   Lösen Sie das lineare Gleichungssystem.

a)
$$x_1 + x_2 = 3$$
$$x_1 + x_2 - x_3 = 0$$
$$x_2 + x_3 = 4$$

b)
$$x_1 + x_2 - x_3 = 0$$
$$x_1 + x_3 = 2$$
$$x_1 - 2x_2 + x_3 = 2$$

c)
$$5x_1 - x_2 - x_3 = -3$$
$$x_1 + 3x_2 + x_3 = 5$$
$$x_1 - 3x_2 + x_3 = -1$$

5   Lösen Sie das lineare Gleichungssystem mit dem GAUSS-Verfahren.

a)
$$2x_1 - 4x_2 + 5x_3 = 3$$
$$3x_1 + 3x_2 + 7x_3 = 13$$
$$4x_1 - 2x_2 - 3x_3 = -1$$

b)
$$-x_1 + 7x_2 - x_3 = 5$$
$$4x_1 - x_2 + x_3 = 1$$
$$5x_1 - 3x_2 + x_3 = -1$$

c)
$$0,6x_2 + 1,8x_3 = 3$$
$$0,3x_1 + 1,2x_2 = 0$$
$$0,5x_1 + x_3 = 1$$

6 Lösen Sie mit dem GAUSS-Verfahren.

a)
$$x_1 + 3x_2 - 2x_3 = 4,5$$
$$-x_1 + 2x_2 - 3x_3 = 1,5$$
$$3x_1 - 4x_2 + 2x_3 = 0,9$$

b)
$$1,6x_1 - 0,5x_2 + 2x_3 = 0,1$$
$$2x_1 + 1,2x_2 - x_3 = 1,8$$
$$0,8x_1 - 2x_2 - 5x_3 = 7,8$$

c)
$$0,4x_1 + 0,8x_2 + 1,2x_3 = 1,8$$
$$2,1x_1 - 1,4x_2 - 3,5x_3 = 10,5$$
$$-3x_1 - 2,5x_2 + x_3 = -3,3$$

7
a)
$$x_1 - \tfrac{1}{2}x_2 = \tfrac{1}{2}$$
$$x_1 + x_2 - 2x_3 = 0$$
$$x_1 - \tfrac{3}{4}x_3 = \tfrac{3}{2}$$

b)
$$x_1 + \tfrac{1}{4}x_2 + x_3 = 0$$
$$x_1 - \tfrac{1}{2}x_2 - 2x_3 = 3$$
$$x_1 - x_2 + \tfrac{1}{2}x_3 = \tfrac{1}{2}$$

c)
$$\tfrac{1}{2}x_1 + \tfrac{1}{4}x_2 + x_3 = \tfrac{1}{2}$$
$$x_1 - \tfrac{3}{2}x_2 + \tfrac{7}{4}x_3 = \tfrac{9}{8}$$
$$x_1 + x_2 + \tfrac{3}{2}x_3 = \tfrac{9}{4}$$

8 Schreiben Sie das Gleichungssystem als Matrix und lösen Sie es in dieser Schreibweise.

a)
$$x_1 - 0,5x_2 + 2x_3 = -3$$
$$2x_1 + 1,2x_2 - x_3 = 4$$
$$3x_1 - 2x_2 + 2,5x_3 = -2$$

b)
$$2x_1 + 5x_2 + 2x_3 = -4$$
$$-2x_1 + 4x_2 - 5x_3 = -20$$
$$3x_1 - 6x_2 + 5x_3 = 23$$

c)
$$0,4x_1 + 0,8x_2 + 1,3x_3 = 4,4$$
$$2,2x_1 - 1,4x_2 - 3,5x_3 = -8,7$$
$$-3x_1 - 1,5x_2 + x_3 = -2,5$$

9 Lösen Sie das Gleichungssystem.

a)
$$x_2 = 3x_1 + 3x_3 + 17$$
$$x_2 = 2x_1 - x_3 + 8$$
$$x_2 = x_1 + 3x_3 + 7$$

b)
$$2x_1 - 3x_2 + x_3 = -3$$
$$x_2 = 2x_1 + 4$$
$$x_2 = 3x_3 - 1$$

c)
$$2,2x_1 + 1,5x_3 = -0,6$$
$$1,6x_2 - 2,4x_3 = -4,8$$
$$0,9x_3 - 1,8x_1 = 9$$

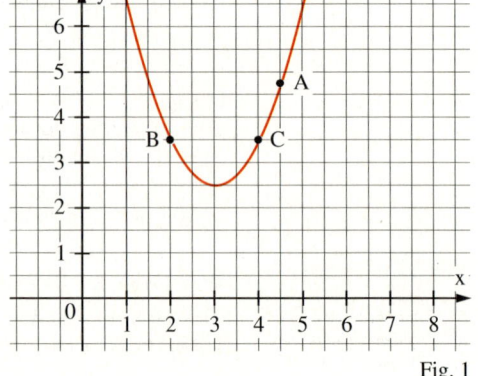

„Gauß" oder „nicht Gauß", das ist hier die Frage!

10 Lösen Sie das Gleichungssystem.

a)
$$2(x_1 - 1) + 3(x_3 - x_2) = 2$$
$$5x_1 - 4(x_2 - 2x_3) = 22$$
$$3(x_2 + x_3) - 4(x_1 - 1) = 14$$

b)
$$2x_1 - (3x_2 + 2) = 2x_3 + 8$$
$$x_2 - (x_1 + x_3) = 2$$
$$x_3 + (x_1 - 1) = 3x_3 + 6$$

c)
$$3x_1 + (2x_3 - 1) = 4x_2 - 1$$
$$2x_1 - (5 - 3x_2) = 9 - 2x_3$$
$$9x_2 - (x_1 - x_3) = 12$$

11 Lösen Sie das lineare Gleichungssystem mit dem Gleichsetzungs- oder Einsetzungsverfahren, wenn Ihnen dieses Verfahren günstiger als das GAUSS-Verfahren erscheint.

a)
$$x_1 - 3x_2 = 7$$
$$2x_1 + 4x_2 = 24$$

b)
$$2x_1 - 3x_2 = 7$$
$$x_1 + 6x_2 = 9$$

c)
$$5x_1 - 3x_2 = 26$$
$$4x_1 + 4x_2 = 12$$

d)
$$5x_1 - 15x_2 = 45$$
$$7x_1 - 20x_2 = 60$$

e)
$$x_1 - 4x_2 = -14$$
$$3x_1 - 5x_2 = -7$$

f)
$$4x_1 + 4x_2 = 36$$
$$2x_1 - x_2 = 2$$

g)
$$11x_1 + 5x_2 = 0$$
$$13x_1 + 7x_2 = 8$$

h)
$$7x_1 + 4x_2 = 36$$
$$3x_1 - 2x_2 = 11$$

12 Bestimmen Sie a, b und c so, dass die Parabel mit der Gleichung $y = ax^2 + bx + c$ durch die Punkte A, B und C geht (vgl. Fig. 1).
a) A(1|2), B(−2|8), C(−1|4)
b) A(0|9), B(5|9), C(10|−41)
c) A(2|−5), B(3|−10), C(4|−19)

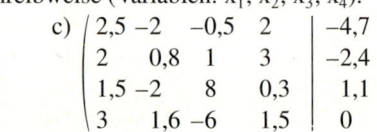

Fig. 1

13 Lösen Sie das Gleichungssystem.
$$-x_1 + 2x_2 - 2x_3 + x_4 = -3$$
$$2x_2 + x_3 + x_4 = 2$$
$$2x_1 - 2x_2 + 5x_3 - 5x_4 = 7$$
$$x_1 + 2x_3 + 2x_4 = 4$$

14 Lösen Sie das Gleichungssystem in der Matrixschreibweise (Variablen: x_1, x_2, x_3, x_4).

a)
$$\left(\begin{array}{cccc|c} 1 & -2 & 3 & 4 & 8 \\ 2 & -3 & 4 & -3 & 3 \\ 0 & 3 & 4 & -1 & 3 \\ 1 & 1 & 1 & 1 & 3 \end{array}\right)$$

b)
$$\left(\begin{array}{cccc|c} 5 & 2 & -8 & -2 & 0 \\ 4 & -4 & 3 & 1 & 9 \\ -2 & 1 & 1 & 1 & 0 \\ 2 & 2 & -3 & 1 & 5 \end{array}\right)$$

c)
$$\left(\begin{array}{cccc|c} 2,5 & -2 & -0,5 & 2 & -4,7 \\ 2 & 0,8 & 1 & 3 & -2,4 \\ 1,5 & -2 & 8 & 0,3 & 1,1 \\ 3 & 1,6 & -6 & 1,5 & 0 \end{array}\right)$$

3 Lösungsmengen linearer Gleichungssysteme

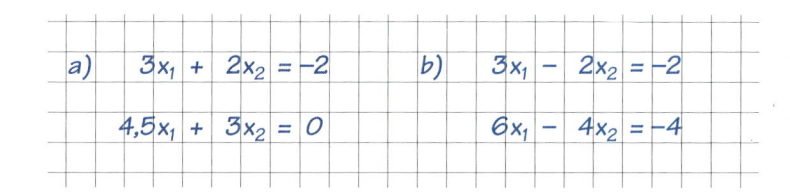

1 Was passiert jeweils, wenn Sie das GAUSS-Verfahren auf die Gleichungssysteme anwenden? Welches der beiden Systeme hat keine Lösung, welches hat mehr als eine Lösung? Beschreiben Sie jeweils die Lösungsmenge.

Nachdem ein lineares Gleichungssystem in Stufenform gebracht wurde, kann man leicht entscheiden, zu welchem der folgenden drei Typen es gehört:

(1) Gleichungssysteme mit **genau einer** Lösung.

Beispiel:
$$2x_1 - x_2 = 1$$
$$4x_2 = 1$$
Lösungsmenge: $L = \left\{ \left(\frac{5}{8} ; \frac{1}{4} \right) \right\}.$

(2) Gleichungssysteme mit **keiner** Lösung.

Beispiel:
$$x_1 - 2x_2 - 4x_3 = 2$$
$$3x_2 + 2x_3 = 0$$
$$0 = -1$$
Lösungsmenge: $L = \{\ \}.$

*Wählt man für x_3 eine Zahl t, so ergibt sich stets eine Lösung. Man nennt t einen **Parameter**. Wir verwenden für Parameter die Buchstaben r, s, t, u und v.*

(3) Gleichungssysteme mit **unendlich vielen** Lösungen.

Beispiel:
$$2x_1 - x_2 + x_3 = 2$$
$$2x_2 - 6x_3 = 0$$
Lösungsmenge: $L = \{(1 + t; 3t; t) \,|\, t \in \mathbb{R}\}.$

> Ein lineares Gleichungssystem hat entweder genau eine Lösung oder keine Lösung oder unendlich viele Lösungen.

Beispiel 1: (unendliche Lösungsmenge)
Bestimmen Sie die Lösungsmenge:
$$x_1 - 3x_2 + x_3 = 1$$
$$2x_1 - 4x_2 + x_3 = 6$$

Lösung:
1. Schritt: Man notiert das LGS und nummeriert die Gleichungen.

I $x_1 - 3x_2 + x_3 = 1$
II $2x_1 - 4x_2 + x_3 = 6$ | IIa = II − 2·I

2. Schritt: Man überführt das LGS mit dem Gaußverfahren in Stufenform.

I $x_1 - 3x_2 + x_3 = 1$
IIa $2x_2 - x_3 = 4$

Das Wort Parameter leitet sich von den griechischen Begriffen para (= neben) und metron (= Maß) ab. Man bezeichnet damit Variablen, die eine Sonderrolle spielen.

3. Schritt: Man setzt für die überzähligen Variablen Parameter als „Werte" ein (hier t für x_3).

$$x_1 - 3x_2 + t = 1$$
$$2x_2 - t = 4$$

4. Schritt: Man löst schrittweise nach den übrigen Variablen auf.

$$x_2 = 2 + \tfrac{1}{2}t$$
$$x_1 = 1 - t + 3x_2 = 7 - t + \tfrac{3}{2}t = 7 + \tfrac{1}{2}t$$
und es gilt (3. Schritt) $x_3 = t.$

5. Schritt: Man gibt die Lösungsmenge an.

$$L = \left\{ \left(7 + \tfrac{1}{2}t; 2 + \tfrac{1}{2}t; t \right) \,\Big|\, t \in \mathbb{R} \right\}$$

Beispiel 2: (leere Lösungsmenge)

Bestimmen Sie die Lösungsmenge:

$$x_1 + 3x_2 - 4x_3 = 1$$
$$3x_1 - 2x_2 + x_3 = 0$$
$$-\tfrac{3}{2}x_1 + x_2 - \tfrac{1}{2}x_3 = 1$$

Lösung:

1. Schritt: LGS notieren.

$$\text{I} \quad x_1 + 3x_2 - 4x_3 = 1$$
$$\text{II} \quad 3x_1 - 2x_2 + x_3 = 0 \quad | \text{ IIa} = \text{II} - 3 \cdot \text{I}$$
$$\text{III} \quad -\tfrac{3}{2}x_1 + x_2 - \tfrac{1}{2}x_3 = 1 \quad | \text{ IIIa} = \text{III} + \tfrac{1}{2} \cdot \text{II}$$

2. Schritt: Man bringt das LGS auf Stufenform.

$$\text{I} \quad x_1 + 3x_2 - 4x_3 = 1$$
$$\text{IIa} \quad -11x_2 + 13x_3 = -3$$
$$\text{IIIa} \quad 0 = 1$$

3. Schritt: Man gibt die Lösungsmenge an.

Das System ist unlösbar.
Lösungsmenge: L = { }.

Beispiel 3: (LGS mit Parameter auf der rechten Seite)

Bestimmen Sie die Lösungsmenge in Abhängigkeit vom Parameter r.

$$x_1 + x_2 - 2x_3 = 0$$
$$2x_1 - 2x_2 + 3x_3 = 1 + 2r$$
$$x_1 - x_2 - x_3 = r$$

Beachten Sie:
*Hier ist L_r eine **einelementige** Lösungsmenge. Da zu jedem Wert von r ein LGS gehört, erhält man für jeden Wert von r eine Lösungsmenge L_r. Daher darf die Beschreibung in Schritt 3 nicht mit der Angabe unendlicher Lösungsmengen wie in Beispiel 1 verwechselt werden!*

Lösung:

1. Schritt: LGS notieren.

$$\text{I} \quad x_1 + x_2 - 2x_3 = 0$$
$$\text{II} \quad 2x_1 - 2x_2 + 3x_3 = 1 + 2r \quad | \text{ IIa} = \text{II} - 2 \cdot \text{I}$$
$$\text{III} \quad x_1 - x_2 - x_3 = r \quad | \text{ IIIa} = 2 \cdot \text{III} - \text{II}$$

2. Schritt: Man bringt das LGS auf Stufenform.

$$\text{I} \quad x_1 + x_2 - 2x_3 = 0$$
$$\text{IIa} \quad -4x_2 + 7x_3 = 1 + 2r$$
$$\text{IIIa} \quad -5x_3 = -1$$

3. Schritt: Man löst schrittweise nach den Variablen x_3, x_2, x_1 auf (x_3 ergibt sich aus IIIa, x_2 aus IIIa und IIa, x_1 aus IIIa, IIa und I).

$$x_3 = \tfrac{1}{5}$$
$$x_2 = -\tfrac{1}{4} - \tfrac{1}{2}r + \tfrac{7}{4}x_3 = \tfrac{1}{10} - \tfrac{1}{2}r$$
$$x_1 = -x_2 + 2x_3 = \tfrac{3}{10} + \tfrac{1}{2}r$$

4. Schritt: Man gibt die Lösungsmengen an.

$$L_r = \left\{ \left(\tfrac{3}{10} + \tfrac{1}{2}r ;\ \tfrac{1}{10} - \tfrac{1}{2}r ;\ \tfrac{1}{5} \right) \right\}.$$

Beispiel 4: (LGS mit Parameter auf beiden Seiten)

Für welche Werte von r besitzt das Gleichungssystem keine Lösung, genau eine Lösung, unendlich viele Lösungen?

$$x_1 - x_2 + \tfrac{1}{3}x_3 = 1$$
$$-3x_2 - x_3 = 3$$
$$3x_1 - 3x_2 + r^2 x_3 = 2 + r$$

Lösung:

1. Schritt: LGS notieren.

$$\text{I} \quad x_1 - x_2 + \tfrac{1}{3}x_3 = 1$$
$$\text{II} \quad -3x_2 - x_3 = 3$$
$$\text{III} \quad 3x_1 - 3x_2 + r^2 x_3 = 2 + r \quad | \text{ IIIa} = \text{III} - 3 \cdot \text{I}$$

2. Schritt: Man bringt das LGS auf Stufenform (IIIa = III − 3 · I).

$$\text{I} \quad x_1 - x_2 + \tfrac{1}{3}x_3 = 1$$
$$\text{II} \quad -3x_2 - x_3 = 3$$
$$\text{IIIa} \quad (r^2 - 1)x_3 = r - 1 \ (*)$$

3. Schritt: Man beschreibt die möglichen Fälle.

Will man x_3 berechnen, so muss man in (*) durch $r^2 - 1$ dividieren. Dies ist nur für $r^2 - 1 \neq 0$ erlaubt. Also müssen die Fälle $r = 1$ und $r = -1$ gesondert betrachtet werden.

1. Fall ($r \neq 1$, $r \neq -1$): Es gibt genau eine Lösung, da in (*) die Umformung $x_3 = \dfrac{r-1}{r^2-1} = \dfrac{1}{1+r}$ erlaubt ist.

2. Fall ($r = -1$): Es gibt keine Lösung, da (*) die Form $0 = -2$ hat.

3. Fall ($r = 1$): Es gibt unendlich viele Lösungen, da (*) die Form $0 = 0$ hat (der Wert von x_3 ist also frei wählbar).

Aufgaben

2 Bestimmen Sie die Lösungsmenge.

a) $x_1 - 3x_2 + 2x_3 = 2$
$\ 3x_2 - 2x_3 = 1$
$\ -6x_2 + 4x_3 = 3$

b) $x_1 + 2x_2 - x_3 = 2$
$\ 2x_2 - 4x_3 = 1$
$\ 3x_2 - 6x_3 = \frac{3}{2}$

c) $x_1 - 4x_2 + x_3 = 2$
$\ 2x_2 - 4x_3 = 6$
$\ 3x_2 - 7x_3 = 5$

d) $x_1 + 2x_2 - x_3 = 2$
$x_1 + 2x_2 - 3x_3 = 6$
$\ -4x_3 = 8$

3
a) $x_1 + x_2 + x_3 = 3$
$x_1 + 2x_2 + 3x_3 = 6$

b) $-3x_1 + 6x_2 - 6x_3 = 5$
$2x_1 - 4x_2 + 4x_3 = -2$

c) $-6x_1 - 3x_2 + 6x_3 = 9$
$4x_1 + 2x_2 - 5x_3 = -6$

4
a) $3x_1 + 4x_2 + 2x_3 = 5$
$2x_1 - 3x_2 + x_3 = 8$
$\ 2x_3 = 6$

b) $3x_1 + 2x_2 + 3x_3 = 9$
$\ 4x_2 - 3x_3 = 6$
$2x_1 + 4x_2 = 10$

c) $2x_1 - 3x_2 + 4x_3 = 1$
$3x_1 + x_2 - 5x_3 = 7$
$4x_1 + 5x_2 - 14x_3 = 13$

5
a) $x_1 + x_3 = 2$
$\ x_2 + x_3 = 4$
$x_1 + x_2 = 5$
$x_1 + x_2 + x_3 = 0$

b) $x_1 + x_2 + x_3 = 15$
$2x_1 - x_2 + 7x_3 = 50$
$3x_1 + 11x_2 - 9x_3 = 1$
$x_1 - x_2 + x_3 = 5$

c) $7x_1 + 11x_2 + 13x_3 = 0$
$x_1 - x_2 - x_3 = 1$
$2x_1 + 3x_2 + 4x_3 = 0$
$9x_1 + 10x_2 + 11x_3 = 0$

6 Das Gleichungssystem enthält einen Parameter auf der rechten Seite. Geben Sie die Lösungsmenge in Abhängigkeit vom Parameter an.

a) $3x_1 - 2x_2 = 4r$
$x_1 + 3x_2 = 5r$

b) $3x_1 - 4x_2 = 7r$
$5x_1 + 4x_2 = r$

c) $6x_1 - 3x_2 = 3r + 6$
$4x_1 - 3x_2 = 2r + 4$

d) $0,5x_1 + 2,4x_2 = r$
$x_1 - x_2 = 2r$

e) $2x_1 + 3x_2 = r + 1$
$2x_1 + 4x_2 = 2r$

f) $-x_1 - 0,5x_2 = 2r + 5$
$4x_1 + x_2 = 4r + 2$

7
a) $3x_1 + 3x_2 - 5x_3 = 3r$
$x_1 + 6x_2 - 10x_3 = r$
$\ 15x_2 + 25x_3 = 0$

b) $3x_1 - 2x_2 + x_3 = 2r$
$5x_1 - 4x_2 - x_3 = 2$
$x_1 + 3x_2 - 2x_3 = 2r + 6$

c) $2x_1 + 2x_2 + 2x_3 = r + 2$
$4x_1 - 3x_2 + 2x_3 = 0$
$x_1 + x_2 + 3x_3 = 2r + 6$

In den Aufgaben 8 und 9 müssen nicht jeweils alle drei Fälle auftreten!

8 Für welchen Wert des Parameters hat das Gleichungssystem genau eine Lösung, keine Lösung, unendlich viele Lösungen?

a) $3x_1 - 2x_2 + rx_3 = 4$
$x_1 + 3x_2 - x_3 = 1$
$2x_1 - 5x_2 + 3x_3 = 3$

b) $x_1 + x_2 - 5x_3 = 6$
$2x_1 - rx_2 + 7x_3 = -1$
$6x_1 + 6x_2 - 17x_3 = 13$

c) $2x_1 - 4x_2 - 2x_3 = -4$
$11x_1 + 18x_2 + 2x_3 = -6$
$x_1 + rx_2 + 4x_3 = r$

9
a) $-x_1 + 3x_2 = 1$
$\ 3x_2 + 4x_3 = 1$
$-3x_1 + 6x_2 - r^2 x_3 = r$

b) $4x_1 - 2x_2 + \frac{1}{3}x_3 = 0$
$rx_1 + 6x_2 - x_3 = 0$
$5x_1 + 2x_2 + 7x_3 = 4r$

c) $7x_1 - 3x_2 + rx_3 = 29$
$70x_1 + 2x_2 + 5x_3 = r$
$19x_1 + x_2 + 16x_3 = 41$

10 Geben Sie jeweils eine Lösung mit $x_1 = 0$ und eine Lösung mit $x_2 = 1$ an.

a) $x_1 + 2x_2 + 3x_3 = 0$
$3x_1 + 2x_2 + x_3 = 1$
$\ 4x_2 + 8x_3 = -1$

b) $x_1 - 2x_2 - x_3 = 1$
$2x_1 + x_2 - 3x_3 = 1$
$x_1 + 8x_2 - 3x_3 = -1$

c) $3x_1 + 15x_2 - 18x_3 = 0$
$10x_1 + 11x_2 - 9x_3 = -6$
$3x_1 + 2x_2 - x_3 = -2$

*Hier ist es möglich, dass Sie **zwei** Parameter zur Beschreibung der Lösungsmenge brauchen!*

11 Bestimmen Sie die Lösungsmenge.

a) $-x_1 + 2x_2 - 2x_3 + x_4 = 5$
$\ 2x_2 + x_3 + x_4 = 4$
$2x_1 - 2x_2 + 5x_3 - x_4 = -6$
$x_1 + 3x_3 = -1$

b) $x_1 + 2x_2 - 3x_3 + x_4 = 0$
$\ x_2 - x_4 = 2$
$2x_1 + 3x_2 - 3x_3 + 5x_4 = -3$
$-x_1 + x_2 + 4x_3 = 4$

c) $2x_3 - x_4 = 1$
$x_1 + x_2 + x_3 + x_4 = 4$
$2x_1 + 2x_2 - 4x_3 + 5x_4 = 5$
$x_1 + x_2 - 7x_3 + 5x_4 = 0$

13

12 Durch die Punkte P und Q gehen unendlich viele Parabeln. Stellen Sie ein lineares Gleichungssystem für die Koeffizienten a, b, c der Parabelgleichung $y = a x^2 + b x + c$ auf und bestimmen Sie die Lösungsmenge. Wählen Sie dabei a als Parameter. Bestimmen Sie danach die Gleichungen der drei dargestellten Parabeln.

a)

b)

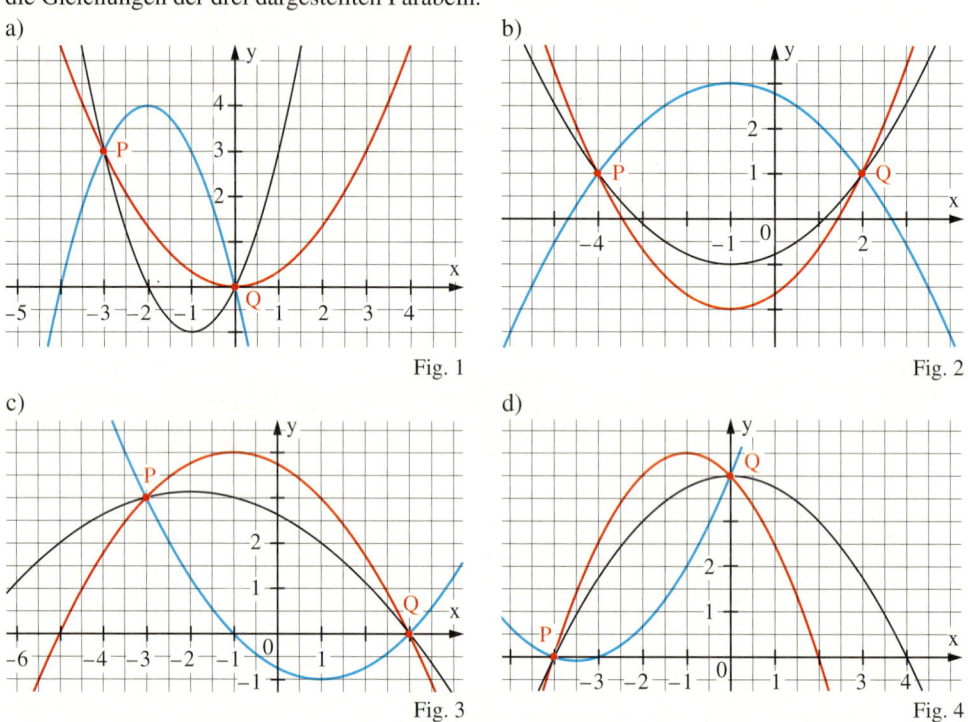

Fig. 1

Fig. 2

c)

d)

Fig. 3

Fig. 4

13 Prüfen Sie jeweils mithilfe eines linearen Gleichungssystems, ob es Dreiecke mit den angegebenen Bedingungen für die Winkel α, β, γ gibt. Bestimmen Sie dazu die Lösungsmenge für (α; β; γ).
a) α ist um 60° größer als β, γ ist doppelt so groß wie β.
b) α und β betragen zusammen 80°, β und γ betragen zusammen 90°.
c) β ist halb so groß wie α, β und ein Drittel von γ betragen zusammen 60°.

14 Jörg und Tanja haben zusammen 40 €, Tanja und Beate haben zusammen 50 €. Beate hat 10 € mehr als Jörg. Wie viel € hat Jörg mindestens, wie viel höchstens?

15 Eine 1800 Jahre alte Aufgabe: Verteile 9900 Drachmen unter vier Personen so, dass die zweite ein Siebentel mehr als die erste bekommt,
die dritte 300 Drachmen mehr als die erste und zweite zusammen
und die vierte 300 Drachmen mehr als die ersten drei zusammen.

16 In den folgenden Zahlenrätseln ist n eine dreistellige Zahl. Bestimmen Sie jeweils alle natürlichen Zahlen mit den angegebenen Eigenschaften.
a) Die Quersumme von n ist 12. Schreibt man die Ziffern von n in umgekehrter Reihenfolge, so ergibt sich 24 weniger als das Dreifache von n.
b) Die letzte Ziffer ist um 2 größer als die erste. Lässt man die erste Ziffer weg und multipliziert mit 8, so erhält man 15 mehr als n.
c) Schreibt man die Ziffern von n in umgekehrter Reihenfolge und subtrahiert die erhaltene Zahl von n, so ergibt sich 693. Die Summe der ersten und letzten Ziffer ist 11.

Mit Drachme wurde im alten Griechenland sowohl ein Gewicht (4,36 g) als auch eine Münzsorte bezeichnet. Drachmen wurden in Gold und in Silber geprägt.

4 Anwendungen linearer Gleichungssysteme

Beispiel 1: (Nahrungsbedarf)

Der tägliche Nahrungsbedarf eines Erwachsenen beträgt pro kg Körpergewicht 5 g bis 6 g Kohlenhydrate, etwa 0,9 g Eiweiß und 1 g Fett.

Konzentrat	A	B	C
Eiweiß	5 g	10 g	7 g
Kohlenhydrate	40 g	30 g	30 g
Fett	5 g	10 g	13 g

Eine Anregung:
Berechnen Sie für Ihr Körpergewicht die Anteile von Kabeljau, Kartoffeln und Butter für eine „ausgewogene" Mahlzeit.

100 g Kabeljau:
Eiweiß 16,5 g
Fett 0,4 g
Kohlenhydrate 0,0 g

100 g Kartoffeln:
Eiweiß 2,0 g
Fett 0,2 g
Kohlenhydrate 20,9 g

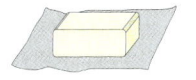

100 g Butter:
Eiweiß 0,8 g
Fett 82,0 g
Kohlenhydrate 0,7 g

Bei einem Überlebenstraining wird auf 3 Sorten A, B, C Konzentratnahrung zurückgegriffen. Jeder Konzentratwürfel wiegt 50 g und wird in Wasser zerdrückt und angerührt. Wie kann ein Erwachsener (75 kg) damit seinen täglichen Nahrungsbedarf decken (400 g Kohlenhydrate, 70 g Eiweiß und 75 g Fett)?

Lösung:

1. Schritt: Variablen einführen.

Anzahl A: x_1, Anzahl B: x_2, Anzahl C: x_3

2. Schritt: Gleichungen aufstellen
I: Eiweiß, II: Kohlenhydrate, III: Fett.

$$\begin{array}{lrcl}
I & 5x_1 + 10x_2 + 7x_3 &=& 70 \\
II & 40x_1 + 30x_2 + 30x_3 &=& 400 \quad | \ IIa = II - 8 \cdot I \\
III & 5x_1 + 10x_2 + 13x_3 &=& 75 \quad | \ IIIa = III - I
\end{array}$$

3. Schritt: Gleichungssystem lösen:
Man bringt das System auf Stufenform und löst nach den Variablen auf.

$$\begin{array}{lrcl}
I & 5x_1 + 10x_2 + 7x_3 &=& 70 \\
IIa & -50x_2 - 26x_3 &=& -160 \\
IIIa & 6x_3 &=& 5
\end{array}$$

Also $x_3 = \frac{5}{6}$ und damit

$$x_2 = \frac{-160 + \frac{5}{6} \cdot 26}{-50} = \frac{83}{30}.$$

Also $x_1 = \frac{70 - 10 \cdot \frac{83}{30} - 7 \cdot \frac{5}{6}}{5} = \frac{73}{10}.$

4. Schritt: Ergebnis interpretieren.

Eigentlich müssten jedem Erwachsenen etwa 0,8 Würfel C, etwa 2,8 Würfel B und 7,3 Würfel A pro Tag zugeteilt werden. Da es sich bei dem Nahrungsbedarf nur um durchschnittliche Richtwerte handelt, ist 1 Würfel C, 3 Würfel B und 7 Würfel A eine sinnvolle Antwort.

Beispiel 2: (Reaktionsgleichungen in der Chemie)
Chemische Reaktionsgleichungen wie in Fig. 1 geben an, wie viele Moleküle der Ausgangsstoffe wie viele Moleküle der Endstoffe liefern. Bestimmen Sie möglichst kleine natürliche Zahlen x_1, x_2, x_3 und x_4 für die Reaktion

$$x_1 NH_3 + x_2 O_2 \longrightarrow x_3 NO_2 + x_4 H_2O,$$

nach der Ammoniak NH_3 zu Stickstoffdioxid und Wasser verbrennt.

Umwandlung von Stickstoffdioxid NO_2 mit Wasser H_2O und Sauerstoff O_2 zu Salpetersäure:

$$4 NO_2 + 2 H_2O + O_2 \longrightarrow 4 HNO_3$$

Die Faktoren 4, 2, 1 und 4 ergeben sich aus der Bedingung, dass rechts und links gleich viele Atome jedes Elements vorkommen müssen.

Fig. 1

Lösung:

1. Schritt: Für jede Atomart eine Gleichung aufstellen; dabei ausnutzen, dass rechts und links gleich viele Atome vorkommen.

Für N: $x_1 = x_3$
Für H: $3x_1 = 2x_4$
Für O: $2x_2 = 2x_3 + x_4$

2. Schritt: Gleichungen umschreiben und als LGS notieren.

$$
\begin{array}{llll}
\text{I} & x_1 - & x_3 & = 0 \\
\text{II} & 3x_1 - & & 2x_4 = 0 \\
\text{III} & 2x_2 - 2x_3 - & x_4 & = 0
\end{array}
$$

3. Schritt: Gleichungssystem lösen:
Die dritte mit der zweiten Gleichung vertauschen und die neue dritte Gleichung durch die Differenz aus ihr und dem Dreifachen der ersten ersetzen; danach die Lösungsmenge bestimmen.

$$
\begin{array}{llll}
\text{I} & x_1 - & x_3 & = 0 \\
\text{IIa} & 2x_2 - 2x_3 - & x_4 & = 0 \\
\text{IIIb} & 3x_3 - & 2x_4 & = 0
\end{array}
$$

Setzt man s für x_4 ein, so ergibt sich
$x_3 = \frac{2}{3}x_4 = \frac{2}{3}s$ und damit sowohl
$x_2 = x_3 + \frac{1}{2}x_4 = \frac{7}{6}s$ als auch
$x_1 = x_3 = \frac{2}{3}s$.

Lösungsmenge: $L = \left\{ \left(\frac{2}{3}s; \frac{7}{6}s; \frac{2}{3}s; s \right) \mid s \in \mathbb{R} \right\}$

4. Schritt: Die gesuchten Faktoren bestimmen. Die kleinste positive Zahl s, für die sich eine ganzzahlige Lösung ergibt, ist 6.

Mit $s = 6$ ergibt sich 4 für x_1, 7 für x_2, 4 für x_3 und 6 für x_4. Reaktionsgleichung:
$4\,NH_3 + 7\,O_2 \longrightarrow 4\,NO_2 + 6\,H_2O$.

Aufgaben

1 Für Düngeversuche sollen aus den drei Düngersorten I, II und III 10 kg Blumendünger gemischt werden, der 40 % Kalium, 35 % Stickstoff und 25 % Phosphor enthält. Welche Mengen werden benötigt?

	I	II	III
Kalium	40 %	30 %	50 %
Stickstoff	50 %	20 %	30 %
Phosphor	10 %	50 %	20 %

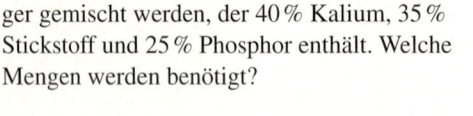

Dural wurde unter dem Namen Duraluminium erstmals 1906 von dem Metallurgen Alfred Wilm (1869–1937) mit etwa 4 % Kupfer, 0,5 % Magnesium, 0,6 % Magnesium sowie Spuren von Silizium und Eisen hergestellt. Es wird heute hauptsächlich im Flugzeug-, Fahrzeug- und Maschinenbau eingesetzt.

2 Die sehr widerstandsfähige Aluminiumlegierung Dural enthält außer Aluminium bis zu 5 % Kupfer, bis zu 1,5 % Mangan und bis zu 1,6 % Magnesium.
a) Welche Legierungen mit 95 % Aluminium und 2,8 % Kupfer lassen sich aus den drei Duralsorten A, B, C in Fig. 1 herstellen? Geben Sie eine Beschreibung mithilfe einer Lösungsmenge.
b) Lässt sich aus den Duralsorten A, B, C eine Legierung herstellen, die 95 % Aluminium, 2,8 % Kupfer, 1,2 % Mangan und 1,0 % Magnesium enthält?

	A	B	C
Aluminium	96,0 %	93,0 %	93,5 %
Kupfer	2,1 %	4,0 %	3,9 %
Mangan	1,1 %	1,4 %	1,2 %
Magnesium	0,8 %	1,6 %	1,4 %

Fig. 1

Stückliste für SKEW 500: Ausführung	A	B	C	im Lager (Stück)
Stück Modul 8 MB	1	2	4	66
Stück Lüfter	1	1	2	43
Stück Schn. seriell	2	3	4	101
. . .	. . .	. . .	. . .	. . .

Fig. 2

3 Eine Computerfirma baut das Modell SKEW 500 in den Ausführungen A, B und C. Die Tabelle in Fig. 2 zeigt, wie viele 8-MB-Module, Lüfter und serielle Schnittstellen jeweils eingebaut werden. Wie viele Ausführungen von SKEW 500 können noch mit dem Lagerbestand produziert werden, wenn alle übrigen Teile reichlich vorhanden sind?

4 Im Versuchslabor eines Getränkeherstellers soll aus den drei angegebenen Mischgetränken A, B und C in Fig. 1 eine neue Sorte PLOP mit 50 % Fruchtsaftgehalt gemischt werden.
a) Wie viel cm^3 der Sorte C können für 1 Liter PLOP höchstens verwendet werden?
b) Wie kann man 1 Liter PLOP mit 20 % Maracujaanteil aus den drei Sorten mischen?

	I	II	III	IV
Kupfer	40 %	50 %	60 %	70 %
Nickel	26 %	22 %	25 %	18 %
Zink	34 %	28 %	15 %	12 %

Fig. 1

Fig. 2

5 Alpaka (Neusilber) ist eine Legierung aus Kupfer, Nickel und Zink. Aus den vier in Fig. 2 angegebenen Sorten kann auf verschiedene Arten 100 g Alpaka mit einem Gehalt von 55 % Kupfer, 23 % Nickel und 22 % Zink hergestellt werden. Bestimmen Sie die Legierungen mit dem größten und dem kleinsten Anteil von Sorte IV.

6 Die Variablen x_1, x_2, ... in den chemischen Reaktionsgleichungen sollen für möglichst kleine natürliche Zahlen stehen. Bestimmen Sie diese Zahlen nach dem Verfahren in Beispiel 2.
a) $x_1 Fe + x_2 O_2 \longrightarrow x_3 Fe_2O_3$ (Rosten von Eisen in trockener Luft)
b) $x_1 C_6H_{12}O_6 + x_2 O_2 \longrightarrow x_3 CO_2 + x_4 H_2O$ (Verbrennung von Traubenzucker)
c) $x_1 FeS_2 + x_2 O_2 \longrightarrow x_3 Fe_2O_3 + x_4 SO_2$ (Entstehen von Schwefeldioxid aus Pyrit)
d) $x_1 C_3H_5N_3O_9 \longrightarrow x_2 CO_2 + x_3 H_2O + x_4 N_2 + x_5 O_2$ (Explosion von Nitroglyzerin)

7 Bei einem Geviert aus Einbahnstraßen sind die Verkehrsdichten (Fahrzeuge pro Stunde) für die zu- und abfließenden Verkehrsströme bekannt. Stellen Sie ein lineares Gleichungssystem für die Verkehrsdichten x_1, x_2, x_3, x_4 auf und bearbeiten Sie folgende Fragestellungen:
a) Ist eine Sperrung des Straßenstücks AD ohne Drosselung des Zuflusses möglich?
b) Welches ist die minimale Verkehrsdichte auf dem Straßenstück AB?
c) Welches ist die maximale Verkehrsdichte auf dem Straßenstück CD?

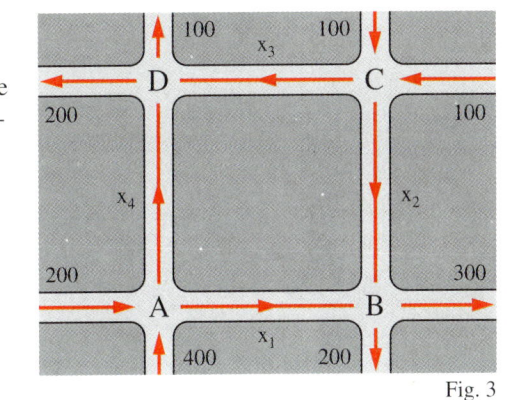

Fig. 3

8 Bei einem Automodell sind die Servolenkung S und die Klimaanlage K Sonderausstattungen. Bei 100 000 ausgelieferten Autos wurde S insgesamt 65 100-mal und K insgesamt 12 600-mal eingebaut.
a) Warum lässt sich aus den Angaben noch nicht schließen, wie oft weder S noch K, nur S, nur K oder beide Sonderausstattungen eingebaut wurden? Stellen Sie ein Gleichungssystem für die vier möglichen Ausstattungskombinationen auf.
b) Wie viele Käufer wählten keine Sonderausstattung, wenn K stets zusammen mit S bestellt wurde?

Hinweis zu Aufgabe 9: Jeder Artikel kann höchstens einmal bestellt werden!

9 Bei einer Sonderaktion eines Versandhauses kann man bis zu 4 Artikel A, B, C, D ankreuzen. Fig. 4 zeigt einige Rechnungsbeträge. Was kosten die Artikel, wenn als Versandkosten pauschal 3,45 € berechnet werden?

A	B	C	D	
☒	☒	☒	☒	175,05 €
☒	☐	☒	☐	90,15 €
☐	☒	☐	☒	88,35 €
☐	☒	☒	☒	125,15 €
☒	☐	☐	☒	113,35 €

Fig. 4

17

5 Vermischte Aufgaben

1 Bestimmen Sie die Lösungsmenge des linearen Gleichungssystems.

a) $4x_1 - 4x_2 - x_3 = -61$
$4x_1 + 15x_2 - 9x_3 = 0$
$8x_1 - 4x_2 + 5x_3 = -31$

b) $7x_1 + 3x_2 + 8x_3 = 35$
$3x_1 - 5x_2 + 6x_3 = 9$
$5x_1 + 5x_2 + 5x_3 = 18$

c) $4x_1 + 3x_2 + 4x_3 = 32$
$9x_1 - 3x_2 - 3x_3 = 6$
$3x_1 + 4x_2 + 2x_3 = -2$

2
a) $x_1 + x_2 + x_3 = 11$
$2x_1 - 3x_2 + 4x_3 = 6$

b) $5x_1 + 7x_2 - x_3 = 0$
$2x_1 - 4x_3 = 3$

c) $2x_1 - 5x_2 - x_3 = 14$
$3x_1 + 3x_2 = 0$

3
a) $2x_1 + 3x_2 = 5$
$-x_1 + 8x_2 = 7$
$x_1 + 11x_2 = 12$

b) $-x_1 + 3x_2 = 0$
$2x_1 - 6x_2 = 1$
$x_1 - x_2 = 3$

c) $2x_1 + 7x_2 = 11$
$6x_1 - 5x_2 = 7$
$10x_1 - 17x_2 = 3$

d) $7x_1 - 5x_2 = 9$
$11x_1 + 3x_2 = 25$
$3x_1 - 7x_2 = -1$

4 Lösen Sie das lineare Gleichungssystem.

a) $2x_1 + 2x_2 + x_3 + x_4 = 0$
$6x_1 + 6x_2 + 2x_3 + 20x_4 = 12$
$x_1 + 2x_2 + \frac{1}{2}x_3 = -4$
$2x_1 + 4x_2 + 14x_4 = 4$

b) $x_1 + 2x_2 - 3x_3 + x_4 = 0$
$x_2 - x_4 = 2$
$2x_1 + 3x_2 - 3x_3 + 5x_4 = -3$
$-x_1 + x_2 + 4x_3 = 4$

Es gibt auch solche Matrizen:

	Aachen	Augsburg	Basel	Bayreuth	Berlin	Bielefeld	Bonn
Aachen		570	540	525	645	260	90
Augsburg	570		320	235	585	540	505
Basel	540	320		525	865	645	475
Bayreuth	525	235	525		355	435	435
Berlin	645	585	865	355		400	605
Bielefeld	260	540	645	435	400		230
Bonn	90	505	475	435	605	230	
Braunschw.	440	555	650	450	170	230	375
Bremen	380	685	765	580	400	180	340
Cuxhaven	475	780	865	680	415	280	450
Dortmund	155	550	540	485	520	110	115
Düsseldorf	80	560	505	490	565	180	75

5 Das Gleichungssystem ist als Matrix gegeben. Bestimmen Sie die Lösungsmenge.

a) $\left(\begin{array}{cccc|c} 2 & 1 & 1 & 0 & 1 \\ 3 & 2 & 0 & -2 & -13 \\ 5 & 0 & -2 & -1 & 14 \\ 0 & -3 & 4 & 1 & 5 \end{array} \right)$

b) $\left(\begin{array}{cccc|c} 3 & 1 & -3 & -9 & 54 \\ 0 & -1 & 2 & 4 & 6 \\ 1 & 1 & -2 & -5 & 9 \\ 2 & 2 & -3 & 3 & 37 \end{array} \right)$

c) $\left(\begin{array}{cccc|c} 2 & 4 & -1 & 5 & 9 \\ \frac{5}{2} & 1 & 3 & -7 & 5 \\ 3 & 0 & -3 & 1 & 6 \\ 1 & 8 & 1 & 9 & 13 \end{array} \right)$

6 Bestimmen Sie die Lösungsmenge in Abhängigkeit vom Parameter r.

a) $x_1 - 2x_2 + x_3 = 3$
$2x_1 + x_2 - 3x_3 = 2r$
$x_1 + 3x_2 - 3x_3 = 4r$

b) $2x_1 - x_2 + x_3 = 2r$
$x_1 - 5x_2 + 2x_3 = 6$
$9x_2 - 3x_3 = r - 12$

c) $x_1 + 2x_2 + x_3 = 0$
$-4x_1 - 12x_2 + x_3 = r$
$3x_1 + 4x_2 + 2x_3 = r + 2$

7 Für welchen Wert des Parameters r hat das Gleichungssystem keine Lösung, genau eine Lösung, unendlich viele Lösungen?

a) $x_1 + rx_2 = 5$
$2x_1 + 3x_2 = 4$

b) $2x_1 + x_2 + rx_3 = 0$
$2x_2 + x_3 = r$
$x_1 + x_2 + x_3 = 1$

c) $x_1 + rx_2 + rx_3 = 0$
$2x_1 + rx_3 = -3$
$x_1 + 2rx_2 + r^2x_3 = r$

8 Das Schaubild der Funktion mit der Gleichung $y = ax^3 + bx^2 + cx + d$ soll durch die Punkte A, B, C, D gehen. Bestimmen Sie die Koeffizienten a, b, c, d.
a) $A(-2|-24)$, $B(0|4)$, $C(2|0)$, $D(3|16)$
b) $A(-2|20)$, $B(-1|24)$, $C(1|-40)$, $D(2|-60)$

9 Bestimmen Sie eine ganzrationale Funktion dritten Grades, deren Schaubild die in Fig. 1 angegebenen Eigenschaften hat.

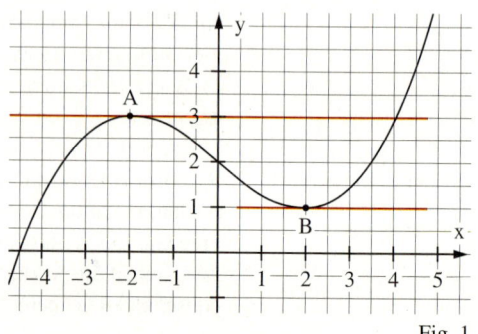

Fig. 1

10 Eine vierstellige positive ganze Zahl n hat die Quersumme 20. Die Summe der ersten beiden Ziffern ist 11, die Summe der ersten und letzten Ziffer ebenfalls. Die erste Ziffer ist um 3 größer als die letzte Ziffer. Bestimmen Sie die Zahl n.

11 Bestimmen Sie alle dreistelligen positiven ganzen Zahlen
a) mit der Quersumme 12, bei denen die erste Ziffer doppelt so groß wie die letzte ist,
b) mit der Quersumme 13, bei denen die zweite Ziffer doppelt so groß wie die erste ist.

12 Für die Herstellung einer Schraube durchläuft der Rohling eine Maschine M_1 und wird dann von zwei Maschinen M_2 und M_3 fertig bearbeitet. Für 3 Schraubensorten A, B, C ist in der Tabelle angegeben, wie viele Minuten jede Maschine dafür laufen muss. Je Arbeitstag kann M_1 insgesamt 600 Minuten, M_2 nur 540 Minuten und M_3 nur 560 Minuten lang betrieben werden. Wie viele Schrauben der Sorten A, B, C können jeweils pro Tag hergestellt werden?

	A	B	C
M_1	2	4	1
M_2	1	3	2
M_3	4	3	2

Fig. 1

13 Von einem Fünfeck ABCDE ist bekannt, dass es einen Umkreis besitzt, dessen Mittelpunkt auf der Diagonale von A nach C liegt (Fig. 2). Der Winkel ε ist zweieinhalbmal so groß wie γ und α ist doppelt so groß wie γ.
a) Wie groß ist der Winkel β? Stellen Sie Bedingungen für die übrigen Winkel als LGS auf und beschreiben Sie die möglichen Fünfecke mithilfe der Lösungsmenge.
b) Welche Innenwinkel hat das Fünfeck, wenn α so groß wie δ ist?

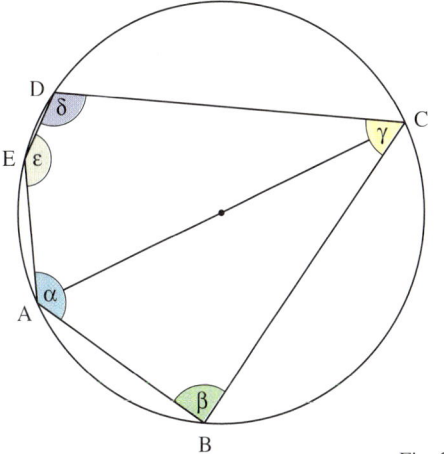

Fig. 2

14 Eine Gärtnerei möchte 5 kg Blumendünger mischen, der 45 % Kalium enthält. Zur Verfügung stehen die Sorten A, B, C in Fig. 3.
a) Stellen Sie ein LGS auf und bestimmen Sie seine Lösungsmenge.
b) Welche Mischung kostet am wenigsten, welche am meisten?

	A	B	C
Kalium	40 %	30 %	50 %
Stickstoff	50 %	20 %	30 %
Phosphor	10 %	50 %	20 %
Preis (€/kg)	1,60	1,80	1,70

Fig. 3

15 Untersuchen Sie mithilfe eines linearen Gleichungssystems, ob man aus Hartblei (91 % Blei, 9 % Antimon) und Lötzinn (40 % Blei, 60 % Zinn) eine Bleilegierung mit 80 % Blei, 15 % Zinn und 5 % Antimon herstellen kann. Bestimmen Sie gegebenenfalls die Mischungsanteile.

16 Die Variablen x_1, x_2, ... in den chemischen Reaktionsgleichungen sollen für möglichst kleine natürliche Zahlen stehen. Bestimmen Sie diese Zahlen (vgl. Beispiel 2 von Seite 15).
a) $x_1 Fe_3O_4 + x_2 Al \longrightarrow x_3 Al_2O_3 + x_4 Fe$ (Thermitverfahren)
b) $x_1 N_2H_4 + x_2 N_2O_4 \longrightarrow x_3 N_2 + x_4 H_2O$ (Hydrazinraketenantrieb)
c) $x_1 C_6H_6 + x_2 O_2 \longrightarrow x_3 H_2O + x_4 CO_2$ (Verbrennung von Benzol)
d) $x_1 Na_2CO_3 + x_2 HCl \longrightarrow x_3 NaCl + x_4 H_2CO_3$ (Reaktion von Soda mit Salzsäure)
e) $x_1 Na_2B_4O_7 + x_2 HCl + x_3 H_2O \longrightarrow x_4 H_3BO_3 + x_5 NaCl$ (Darstellung von Borsäure)

Mathematische Exkursionen

Lineare Gleichungssysteme auf dem Computer

Das Lösen von linearen Gleichungssystemen wird umso aufwendiger, je mehr Variablen und Gleichungen auftreten. Daher wird man ein Gleichungssystem wie (∗) eher mit dem Computer lösen. Am Beispiel der Computeralgebrasysteme DERIVE und MAPLE V soll gezeigt werden, wie dies möglich ist. Aus Platzgründen werden dabei nur kleinere LGS betrachtet.

$$(*) \quad \begin{cases} 2x_1 + 3x_2 + 4x_3 \phantom{{}+5x_4} + x_5 - x_6 = 0 \\ x_1 - x_2 - x_3 + x_4 \phantom{{}+5x_5} - x_6 = 1 \\ 3x_2 + x_3 - 2x_4 + x_5 - x_6 = 0 \\ 4x_1 \phantom{{}+3x_2} + 3x_3 - 5x_4 + x_5 - 2x_6 = 0 \\ 2x_1 - 3x_2 \phantom{{}+4x_3} - 5x_4 + 2x_5 + 2x_6 = 1 \\ 3x_1 + 3x_2 \phantom{{}+4x_3} - 6x_4 + 5x_5 \phantom{{}+2x_6} = 1 \end{cases}$$

1. Weg bei DERIVE (Direkteingabe):
Schritt 1: Gleichung mit dem Befehl **Schreibe** in der Form
$[2x + 3y + 4z = 0, x - y - z = 1, 5x - 2y + 3z = 0]$
eingeben.
Schritt 2: Befehl **Löse** eingeben. Der Bildschirm zeigt:
#1: $[2x + 3y + 4z = 0, x - y - z = 1, 5x - 2y + 3z = 0]$
#2: $\left[x = \frac{17}{22}, y = \frac{7}{11}, z = -\frac{19}{22}\right]$

1. Weg bei MAPLE (Direkteingabe):
Hier erfolgt die Eingabe zusammen mit dem Befehl „solve" hinter der Eingebeaufforderung „>". Erst nach dem Semikolon wird die Eingabetaste gedrückt. Der Bildschirm zeigt:
> **solve({2 ∗ x + 3 ∗ y + 4 ∗ z = 0, x − y − z = 1, 5 ∗ x −**
> **2 ∗ y + 3 ∗ z = 0});**
$\left\{y = \frac{7}{11}, \ z = -\frac{19}{22}, \ x = \frac{17}{22}\right\}$

Wenn ein LGS keine Lösung hat, meldet DERIVE:
Keine Lösung gefunden.

MAPLE reagiert bei einem LGS ohne Lösung nur mit:
>

Im zweiten Beispiel gibt es unendlich viele Lösungen:
#1: $[2x + 3y + 4z = 0, x - y - z = 1, 3x + 2y + 3z = 1]$
#2: $[x = @1, y = 2 \cdot (3 \cdot @1 - 2), z = 3 - 5 \cdot @1]$
Bei DERIVE ist @1 das Symbol für einen Parameter, bei zwei oder mehr Parametern werden @1, @2, . . . verwendet.

Dasselbe Beispiel wie links (hier gilt z als Parameter):
> **solve({2 ∗ x + 3 ∗ y + 4 ∗ z = 0, x − y − z = 1, 3 ∗ x +**
> **2 ∗ y + 3 ∗ z = 1});**
$\left\{y = -\frac{6}{5}z - \frac{2}{5}, \ x = -\frac{1}{5}z + \frac{3}{5}, \ z = z\right\}$

---

2. Weg bei DERIVE (Matrixeingabe):
Den Befehl **Def**, dann den Befehl **Matrix** anwählen.
Die Zeilenzahl und die Spaltenzahl eingeben. Danach die Elemente der Matrix eingeben.
Den Befehl **Schreibe** anwählen und danach ROW_REDUCE („Taste F3") eingeben.
Den Befehl **Vereinfache** anwählen: DERIVE bestimmt eine Matrix, aus der man die Lösungsmenge ablesen kann.

2. Weg bei MAPLE (Matrixeingabe):
Das Paket „Lineare Algebra" wird durch die Eingabe **with(linalg);** aufgerufen.
Das LGS als Matrix eingeben:
matrix(„Zeilenzahl", „Spaltenzahl", [„Elemente"]);
gausselim("); führt auf Stufenform,
gaussjord("); liefert wie bei DERIVE eine Matrix, aus der man die Lösungsmenge ablesen kann.

Für das zweite Beispiel ergibt sich mit x_1, x_2, x_3 als Variablen:

$$\begin{bmatrix} 2 & 3 & 4 & 0 \\ 1 & -1 & -1 & 1 \\ 3 & 2 & 3 & 1 \end{bmatrix} \text{(Eingabematrix)} \qquad \begin{bmatrix} 1 & 0 & \frac{1}{5} & \frac{3}{5} \\ 0 & 1 & \frac{6}{5} & -\frac{2}{5} \\ 0 & 0 & 0 & 0 \end{bmatrix} \text{(Ergebnismatrix)}$$

$x_3 = t$ (aus der 3. Zeile)
$x_2 = -\frac{2}{5} - \frac{6}{5}t$ (aus der 2. Zeile)
$x_1 = \frac{3}{5} - \frac{1}{5}t$ (aus der 1. Zeile)

---

1   Erläutern Sie folgende Ergebnisanzeigen von DERIVE:
a) #2: $[x = -3, y = 0, z = 17]$
b) #2: $[x = @1, y = 2 - @1, z = 1 - 2 \cdot @1]$
c) #2: $[x = @1, y = @2, z = 3 - 6 \cdot @1 + @2]$

2   Falls Ihnen DERIVE zur Verfügung steht: Lösen Sie das lineare Gleichungssysteme (∗) durch Matrixeingabe.

3   Falls Ihnen MAPLE V zur Verfügung steht:
a) Lösen Sie das lineare Gleichungssystem (∗) durch Direkteingabe. Achten Sie dabei auf die Rolle der Eingabetaste!
b) Geben Sie die obige Eingabematrix ein, verwenden Sie jedoch anstelle der Befehle **gausselim(");** und **gaussjord(");** den Befehl **linsolve(submatrix(",1…6, 1…6), col(",7));**. Was gibt MAPLE jetzt aus?

Erfolgen numerische Berechnungen mit dem Computer, so werden Zahlen gerundet in der Form $a_1, a_2 \ldots a_n \cdot 10^z$ mit fester Ziffernzahl n und einem ganzzahligen Exponenten z zwischen vorgegebenen Grenzen $b < 0$ und $c > 0$ dargestellt und verarbeitet. Sie kennen diese Darstellung bereits als eine mögliche Taschenrechneranzeige.

Bei Anwendungen geht es oft um riesige lineare Gleichungssysteme (vgl. die Exkursion zur Computertomographie), bei denen die Koeffizienten gerundete Näherungswerte sind. Da bei derartigen Datenmengen Zahlen nur mit einer festen Stellenzahl gespeichert werden können, muss beim Rechnen laufend gerundet werden. Damit gibt es zwei Probleme, die man schon an kleinen Gleichungssystemen verdeutlichen kann, wenn beim Rechnen laufend auf 2 Stellen gerundet wird:

Beispiel 1: (LGS mit kritischen Anfangsdaten)

LGS exakt:

$$\frac{1}{2}x_1 + \frac{2}{3}x_2 = \frac{17}{2}$$
$$\frac{1}{2}x_1 + \frac{5}{8}x_2 = 8$$

Lösung: (1; 12)

LGS mit Rundung:

$$0{,}50\,x_1 + 0{,}67\,x_2 = 8{,}5$$
$$0{,}50\,x_1 + 0{,}63\,x_2 = 8{,}0$$

Lösung: (−0,40; 13)

LGS „verfälscht":

$$0{,}50\,x_1 + 0{,}67\,x_2 = 8{,}5$$
$$0{,}50\,x_1 + 0{,}62\,x_2 = 8{,}0$$

Lösung: (3,6; 10)

Man kann Beispiel 1 als rechnerische Schnittpunktbestimmung deuten (Fig. 1). Dann zeigt sich, dass die durch die beiden Gleichungen beschriebenen Geraden fast die gleiche Steigung haben. Also führen kleine Steigungsänderungen zu starken Verschiebungen des Schnittpunkts. Gleichungssysteme, deren Lösung stark auf kleine Änderungen der Koeffizienten reagiert, nennt man **schlecht konditioniert**.

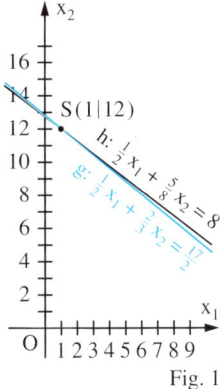

Fig. 1

Ein Übergang wie von LGS (1) zu LGS (2) durch „Auflösen nach der Hauptdiagonale" liefert nur dann ein brauchbares Verfahren, wenn die Koeffizienten auf der Hauptdiagonalen „groß" gegenüber allen anderen Koeffizienten sind.

Mit etwas mehr Aufwand findet man auch in den anderen Fällen Verfahren zur schrittweisen Verbesserung von Näherungslösungen.

Beispiel 2: (Alternative zum GAUSS-Verfahren)

Das nebenstehende LGS (1) hat die Lösung (1; 2; 1). Wird bei jedem Rechenschritt auf 2 Stellen gerundet, so liefert das GAUSS-Verfahren die Näherungslösung (1,1; 1,9; 1,0). Dies liegt an der Anhäufung von Rundungsfehlern. Verwendet man statt dessen das dazu äquivalente LGS (2), so kann man auf der rechten Seite eine beliebige Näherungslösung einsetzen und das Ergebnis als neue Näherung betrachten. Fängt man z. B. wie in der Tabelle mit (0; 0; 0) an, so ergibt sich nach 7 Verbesserungsschritten trotz fortlaufendem Runden die exakte Lösung.

$$(1)\quad \begin{cases} 1{,}1\,x_1 + 0{,}10\,x_2 + 0{,}50\,x_3 = 1{,}8 \\ 0{,}5\,x_1 + 1{,}1\,x_2 + 0{,}10\,x_3 = 2{,}8 \\ 0{,}5\,x_1 + 0{,}10\,x_2 + 1{,}1\,x_3 = 1{,}8 \end{cases}$$

$$(2)\quad \begin{cases} x_1 = (1{,}8 - 0{,}10\,x_2 - 0{,}50\,x_3) : 1{,}1 \\ x_2 = (2{,}8 - 0{,}50\,x_1 - 0{,}10\,x_3) : 1{,}1 \\ x_3 = (1{,}8 - 0{,}50\,x_1 - 0{,}10\,x_2) : 1{,}1 \end{cases}$$

		← Schritte →						
	0.	1.	2.	3.	4.	5.	6.	7.
x_1	0	1,6	0,68	1,2	0,89	1,1	1,0	1,0
x_2	0	2,5	1,7	2,2	1,9	2,0	1,9	2,0
x_3	0	1,6	0,68	1,2	0,89	1,1	1,0	1,0

4 DERIVE lässt sich auf 2-stelliges Rechnen einstellen. Dazu muss am Anfang **Einstellung**, danach **Genauigkeit**, danach **Approximate** angewählt werden.
a) Rechnen Sie mit dieser Einstellung die drei Lösungen von Beispiel 1 mit Direkteingabe nach.
b) Geben Sie das exakte LGS noch einmal ein, wählen Sie danach den Befehl **vereinfache** an. Wie können Sie sich jetzt die von Beispiel 1 abweichenden Lösungen in a) erklären?

5 a) Lösen Sie das LGS mit einem Computeralgebrasystem exakt und geben Sie die Lösung mit 2-stelliger Rundung an.
b) Geben Sie alle Koeffizienten auf 2 Stellen gerundet ein und lösen Sie das erhaltene LGS.

$$\frac{1}{10}x_1 + \frac{1}{9}x_2 + \frac{1}{3}x_3 + \frac{1}{4}x_4 = 0$$
$$\frac{1}{10}x_1 + \frac{1}{6}x_2 + \frac{1}{7}x_3 + \frac{1}{8}x_4 = 0$$
$$\frac{1}{5}x_1 + \frac{1}{5}x_2 + \frac{1}{4}x_3 + \frac{1}{4}x_4 = 0$$
$$\frac{1}{10}x_1 + \frac{1}{4}x_2 + \frac{1}{3}x_3 + \frac{1}{2}x_4 = \frac{1}{5}$$

Auch in den nächsten Kapiteln geht vieles mit dem Computer. Der Aufwand ist jedoch meistens größer als die Arbeit, selbst zu rechnen. So kann man z. B. „Vektoren", die im nächsten Kapitel auftreten, auch mit dem Computer bearbeiten. Erst bei den späteren „Koordinatengleichungen" bietet der Computer eventuell Vorteile, wenn man analog zu LGS vorgehen kann.

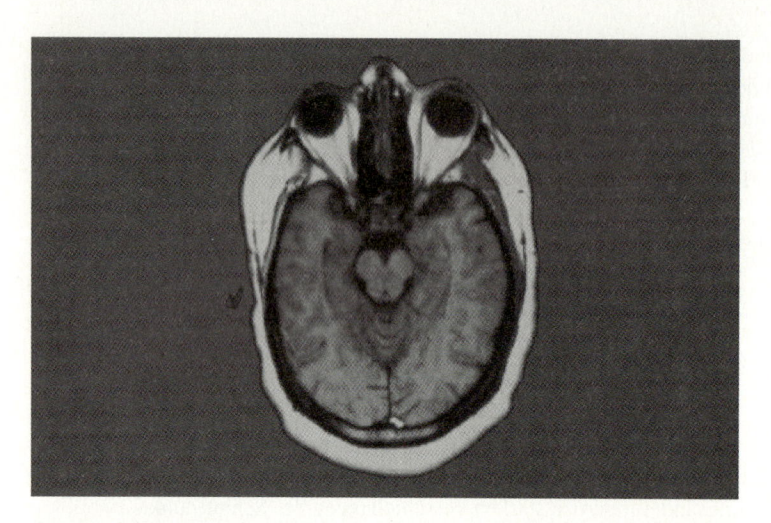

Computertomographischer Querschnitt einer Hirnregion. Durch den Vergleich mit entsprechenden Querschnitten gesunder Versuchspersonen kann aus festgestellten Dichteunterschieden auf krankhafte Veränderungen geschlossen werden.

Computertomographie

Das Bild zeigt einen Querschnitt durch das menschliche Gehirn, der mit einem Computertomographen angefertigt wurde. In der Darstellung gibt die Schwärzung jedes Bildpunktes an, wie stark das durch ihn angegebene Körpergewebe Röntgenstrahlen beim Durchgang schwächt. Das Bild liefert mehr Informationen als eine normale Röntgenaufnahme, da diese ein Schattenbild und damit nur die Gesamtabschwächung von Röntgenstrahlen zeigt. Die Computertomographie als medizinische Routinebildtechnik konnte erst entwickelt werden, als kleine leistungsstarke Computer mit der Möglichkeit zum Verarbeiten großer Datenmengen zur Verfügung standen.

Dies liegt daran, dass ein Computertomograph zur Anfertigung eines solchen Bildes erst einmal sehr viele Messwerte speichern muss. Zur Berechnung der Grauwerte aller Bildpunkte muss dann mithilfe der Messwerte ein riesiges lineares Gleichungssystem aufgestellt und gelöst werden. Am Modell eines einfachen Computertomographen kann erklärt werden, wie man solche Gleichungssysteme aufstellt.

Beim **Parallelstrahlgerät** wird die Röntgenquelle zur Untersuchung einer Körperscheibe auf einem Halbkreis in kleinen Winkelschritten um den Körper herumgeführt (Fig. 1). Der Gerätearm trägt einen Schlitten, der tangential zum Halbkreis ist. Der Einfachheit halber kann man sich vorstellen, dass bei jeder Messrichtung der Rotationsarm des Geräts kurz angehalten wird und die Röntgenquelle so auf dem Schlitten bewegt wird, dass ein Bündel paralleler Strahlen durch die Körperscheibe geschickt wird.

Bei jedem einzelnen Strahl kann man annehmen, dass er viele aufeinander folgende Materialschichten gleicher Dicke auf kürzestem Weg durchläuft (Fig. 2). Wenn I_0 die Intensität des Strahls vor dem Eintritt in eine einzelne Materialschicht M ist und I_1 seine Intensität beim Austritt aus M ist, so definiert man den Schwächungskoeffizienten μ von M in der Form $\mu = \frac{I_1}{I_0}$.

Folgen zwei Schichten mit den Schwächungskoeffizienten μ_1, μ_2 aufeinander, so tritt der Strahl aus der ersten mit der Intensität $I_1 = \mu_1 I_0$ aus und gleichzeitig in die nächste ein. Also tritt er aus der zweiten mit der Intensität $I_2 = \mu_2 I_1 = \mu_1 \cdot \mu_2 I_0$ aus. Werden mehrere Schichten M_1, M_2, ..., M_n mit den Schwächungskoeffizienten μ_1, μ_2, ..., μ_n durchlaufen, so multiplizieren sich entsprechend μ_1, μ_2, ..., μ_n und die Intensität des Strahls am Ende dieses Weges ist $I_n = \mu_1 \cdot \mu_2 \ldots \mu_n \cdot I_0$.

Um eine lineare Gleichung zu erhalten, logarithmiert man und erhält für $x_1 = \log \mu_1$, $x_2 = \log \mu_2$, ..., $x_n = \log \mu_n$ die Beziehung $x_1 + x_2 + \ldots + x_n = \log I_n - \log I_0$.

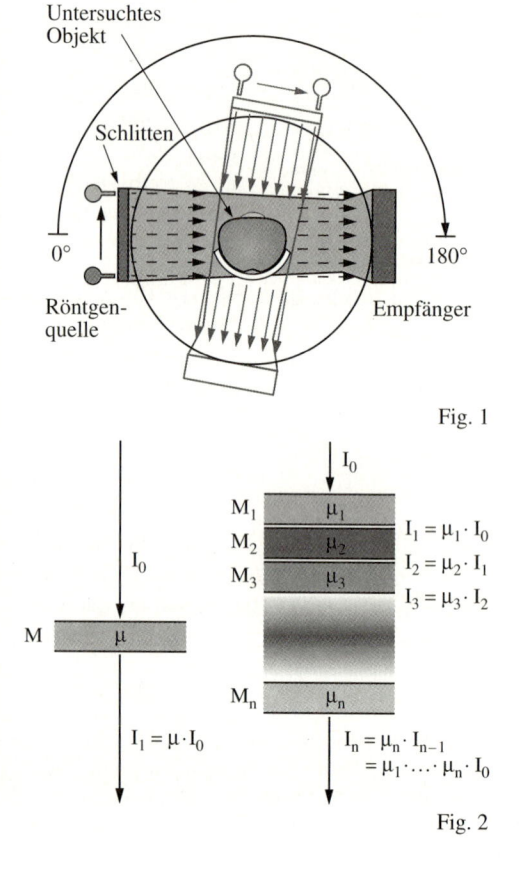

Fig. 1

Fig. 2

Man kann sich nun einen Querschnitt Q des Messobjekts näherungsweise aus so vielen gleich großen kreisförmigen „Zellen" aufgebaut denken, wie das Bild von Q Punkte hat.
Dann sind so viele Logarithmen $x_1, x_2, \ldots, x_n$ von Schwächungskoeffizienten zu bestimmen, wie es Bildpunkte von Q gibt (Fig. 1).

Wird bei jedem Strahl s die Differenz $d = \log I_n - \log I_0$ aus den gemessenen Intensitäten berechnet, so ist d in erster Näherung gleich der Summe der Variablen, die zu den auf dem Weg des Strahls liegenden Zellen gehören.
Bei einem kleinen Objekt wie in Fig. 1 kann man sich dabei auf Strahlen beschränken, die alle auf dem Weg liegende Zellen zentral treffen.
Bei größeren Objekten ist dies nicht möglich.

Werden zu wenige Richtungen einbezogen, so hat das entstehende lineare Gleichungssystem mehr als eine Lösung.
Wenn man so viele Richtungen einbezieht, dass es nur eine Lösung gibt, ergeben sich wie im obigen Beispiel fast immer mehr Gleichungen als Variablen. Die 16 Gleichungen mit 9 Variablen sind hier sehr leicht mit dem GAUSS-Verfahren lösbar.
Wird geschickt umgeordnet, so kommt man mit wenigen Umformungen aus.

Bei großen Objekten muss ein Computer verwendet werden. Das GAUSS-Verfahren würde hier wegen der unvermeidbaren Rundungsfehler beim Rechnen keine brauchbare „Lösung" des aufgestellten Gleichungssystems liefern. Daher geht man von einer groben Näherungslösung aus und verbessert diese mit besser geeigneten Verfahren so lange, bis ein aus allen Gleichungen bestimmter Gesamtfehler klein genug ist.

Beispiel eines Objekts mit
$\log \mu_1 = \log \mu_4 = \log \mu_7 = \log \mu_8 = -10$ und
$\log \mu_2 = \log \mu_3 = \log \mu_5 = \log \mu_6 = \log \mu_9 = -1$:

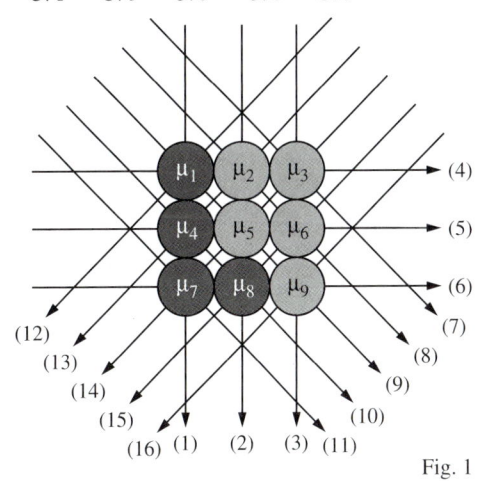

Fig. 1

Das lineare Gleichungssystem zu Fig. 1:

$$
\begin{aligned}
(1) \quad & x_1 & & & + x_4 & & & + x_7 & & & = -30 \\
(2) \quad & & x_2 & & & + x_5 & & & + x_8 & & = -12 \\
(3) \quad & & & x_3 & & & + x_6 & & & + x_9 & = -3 \\
(4) \quad & x_1 + x_2 + x_3 & & & & & & & & & = -12 \\
(5) \quad & & & & x_4 + x_5 + x_6 & & & & & & = -12 \\
(6) \quad & & & & & & & x_7 + x_8 + x_9 & & & = -21 \\
(7) \quad & & & x_3 & & & & & & & = -1 \\
(8) \quad & & x_2 & & & & + x_6 & & & & = -2 \\
(9) \quad & x_1 & & & & + x_5 & & & & + x_9 & = -12 \\
(10) \quad & & & & x_4 & & & & + x_8 & & = -20 \\
(11) \quad & & & & & & x_7 & & & & = -10 \\
(12) \quad & x_1 & & & & & & & & & = -10 \\
(13) \quad & & x_2 & & + x_4 & & & & & & = -11 \\
(14) \quad & & & x_3 & & + x_5 & & + x_7 & & & = -12 \\
(15) \quad & & & & & & x_6 & & + x_8 & & = -11 \\
(16) \quad & & & & & & & & & x_9 & = -1
\end{aligned}
$$

1 Bei einem Objekt wie in Fig. 1 wurden für die Strahlen (1) bis (16) folgende Differenzen aus den Intensitäten bestimmt

Strahl	(1)	(2)	(3)	(4)	(5)	(6)	(7)	(8)
$\log I_n - \log I_0$	−12	−30	−12	−21	−12	−21	−10	−11

Strahl	(9)	(10)	(11)	(12)	(13)	(14)	(15)	(16)
$\log I_n - \log I_0$	−12	−11	−10	−1	−11	−30	−11	−1

Stellen Sie ein lineares Gleichungssystem zu Bestimmung logarithmierter μ-Werte auf. Bestimmen Sie daraus die Schwächungskoeffizienten und zeichnen Sie ein Bild des Objekts wie in Fig. 1.

2 Stellen Sie auch für das Objekt in Fig. 2 ein lineares Gleichungssystem zur Bestimmung logarithmierter μ-Werte auf. Prüfen Sie, ob das System mehr als eine Lösung besitzt.

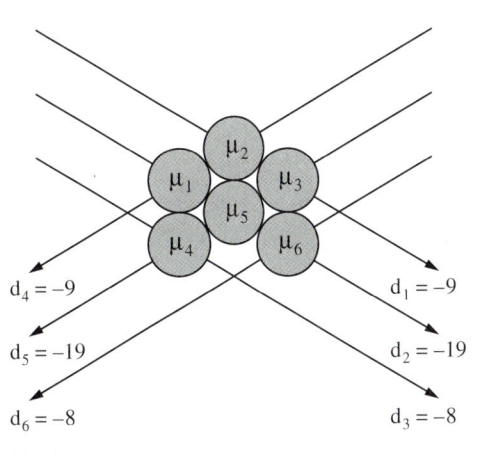

Fig. 2

Lösungen eines linearen Gleichungssystems:
Jede Lösung eines linearen Gleichungssystems mit n Variablen besteht aus n Zahlen, die man als n-Tupel angibt.

GAUSS-Verfahren: Man bringt das LGS zunächst mithilfe der folgenden Umformungen auf Stufenform:
(1) Gleichungen miteinander vertauschen,
(2) eine Gleichung mit einer Zahl $c \neq 0$ multiplizieren,
(3) eine Gleichung durch die Summe oder Differenz eines Vielfachen von ihr und einem Vielfachen einer anderen Gleichung ersetzen.
Dann bestimmt man die Lösungsmenge.

Lösungsmenge:
Fall 1: Nach der letzten Gleichung, in der Variablen vorkommen, folgt mindestens eine Gleichung der Art $0 = c$ mit $c \neq 0$. In diesem Fall ist das LGS unlösbar, d.h. die Lösungsmenge L ist leer.
Fall 2: Das LGS in Stufenform enthält (abgesehen von Gleichungen der Form $0 = 0$) genauso viele Gleichungen wie Variablen („Dreiecksform"). In diesem Fall besitzt das LGS genau eine Lösung.
Fall 3: Das LGS in Stufenform enthält (abgesehen von Gleichungen der Form $0 = 0$) weniger Gleichungen als Variablen. In diesem Fall besitzt das LGS unendlich viele Lösungen.

Matrixschreibweise: Man kann ein LGS in Kurzform notieren (Matrix). Dabei treten nur die Koeffizienten und die rechten Seiten der Gleichungen auf (auf Minuszeichen achten!).
Die Umformungen beim GAUSS-Verfahren werden in der Matrix als Zeilenumformungen ausgeführt.

Gleichungssysteme mit Parametern:
Hängt ein LGS von einem einzigen Parameter r ab, so gibt es zu jeder reellen Zahl r eine Lösungsmenge L_r. Bei der Bestimmung von L_r sind oft Fallunterscheidungen nötig.

Ein LGS:

$$\begin{array}{llrcr}
I & 2x_1 - & x_2 + 6x_3 = & & 8 \\
II & 3x_1 + & 2x_2 + 2x_3 = & & -2 \\
III & x_1 + & 3x_2 - 4x_3 = & & -10
\end{array}$$

$(-2; 0; 2)$ ist eine der Lösungen.

GAUSS-Verfahren für dieses LGS:

$$\begin{array}{llrcr|l}
I & 2x_1 - & x_2 + 6x_3 = & & 8 & Ia=III \\
II & 3x_1 + & 2x_2 + 2x_3 = & & -2 & \\
III & x_1 + & 3x_2 - 4x_3 = & & -10 & IIIa=I
\end{array}$$

$$\begin{array}{llrcr|l}
Ia & x_1 + & 3x_2 - 4x_3 = & & -10 & \\
II & 3x_1 + & 2x_2 + 2x_3 = & & -2 & IIb=II-3\cdot Ia \\
IIIa & 2x_1 - & x_2 + 6x_3 = & & 8 & IIIb=IIIa-2\cdot Ia
\end{array}$$

$$\begin{array}{llrcr|l}
Ia & x_1 + & 3x_2 - 4x_3 = & & -10 & \\
IIb & & -7x_2 + 14x_3 = & & 28 & \\
IIIb & & -7x_2 + 14x_3 = & & 28 & IIIc=IIIb-IIb
\end{array}$$

Stufenform:

$$\begin{array}{llrcr}
Ia & x_1 + & 3x_2 - 4x_3 = & & -10 \\
IIb & & -7x_2 + 14x_3 = & & 28 \\
IIIc & & & 0 = & 0
\end{array}$$

Lösungsmengenbestimmung:
$x_3 = t$ (Parameterwahl)
$x_2 = -\frac{28}{7} + \frac{14}{7}x_3 = -4 + 2t$ (aus IIb)
$x_1 = -10 - 3x_2 + 4x_3 = 2 - 2t$ (aus Ia)

Lösungsmenge:
$L = \{(2 - 2t; -4 + 2t; t) \mid t \in \mathbb{R}\}$

Das LGS als Matrix:

$$\left(\begin{array}{rrr|r}
2 & -1 & 6 & 8 \\
3 & 2 & 2 & -2 \\
1 & 3 & -4 & -10
\end{array} \right)$$

LGS mit einem Parameter:

$$\begin{array}{llrcr}
I & 3x_1 & + 2x_3 = & & 10 \\
II & 2x_1 - & x_2 + 3x_3 = & & 9 \\
III & x_1 + & rx_2 - x_3 = & & r
\end{array}$$

Hier erhält man durch die Umformungen
$IIa = 3 \cdot II - 2 \cdot I$, $IIIa = 3 \cdot III - I$,
$IIIb = IIIa + r \cdot IIa$ die Stufenform:

$$\begin{array}{llrcr}
I & 3x_1 & + 2x_3 = & & 10 \\
IIa & & -3x_2 + 5x_3 = & & 7 \\
IIIb & & (5r-5)x_3 = & & 10r - 10
\end{array}$$

Lösungsmenge:
$L_r = \{(2; 1; 2)\}$ für $r \neq 1$.
$L_r = \left\{ \left(\frac{10-2t}{3}; \frac{5t-7}{3}; t \right) \mid t \in \mathbb{R} \right\}$ für $r = 1$.

1 Lösen Sie das lineare Gleichungssystem.

a) $2x_1 - 3x_2 \phantom{{}-8x_3} = 19$
$4x_1 \phantom{{}-3x_2} - 8x_3 = 20$
$ 5x_2 - 4x_3 = -7$

b) $3x_1 - 3x_2 + x_3 = 15$
$2x_1 + 6x_2 - 3x_3 = 5$
$6x_1 + 4x_2 - x_3 = 23$

c) $8x_1 + 7x_2 + 6x_3 = 30$
$9x_1 - 6x_2 - 8x_3 = -25$
$6x_1 - 10x_2 - 9x_3 = -24$

2 Bestimmen Sie die Lösungsmenge des linearen Gleichungssystems.

a) $x_1 - 3x_2 + 2x_3 = 8$
$3x_1 + 2x_2 + x_3 = 3$

b) $4x_1 - 2x_2 - 3x_3 = -6$
$2x_1 + 3x_2 - 4x_3 = 0$

c) $2x_1 - 5x_2 + 3x_3 = 16$
$5x_1 + 3x_2 - 2x_3 = 3$

3 Bestimmen Sie die Lösungsmenge.

a) $x_1 + 3x_2 = 5$
$-x_1 + 5x_2 = 11$
$x_1 + 10x_2 = 19$

b) $2x_1 + 3x_2 = 0$
$x_1 - 5x_2 = 11$
$x_1 - x_2 = 3$

c) $2x_1 + 3x_2 = 6$
$-6x_1 - 9x_2 = -18$
$6x_1 + 9x_2 = 18$

d) $2x_1 - 7x_2 = 9$
$11x_1 + 5x_2 = 6$
$3x_1 - 7x_2 = 10$

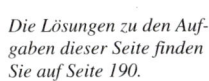

4 Bei dem Viereck ABCD in Fig. 1 sind gleich gefärbte Winkel gleich groß. Bestimmen Sie die Winkel α, β, γ, δ des Vierecks, wenn gilt:
a) α ist doppelt so groß wie β und die Winkelsumme von β und δ ist gleich 2γ;
b) α ist um 40° kleiner als β und die Winkelsumme von β und δ ist gleich 4γ.

Fig. 1

5 Lösen Sie das lineare Gleichungssystem.

a) $2x_1 - 3x_2 \phantom{{}-3x_3} + x_4 = 4$
$ x_2 \phantom{{}-3x_3} - x_4 = -1$
$2x_1 \phantom{{}- 3x_2} - 3x_3 + 5x_4 = 9$
$-x_1 + x_2 + 4x_3 \phantom{{}+5x_4} = 3$

b) $6x_1 + 6x_2 + 20x_3 + 2x_4 = 12$
$2x_1 + 2x_2 + 4x_3 + x_4 = 0$
$2x_1 + x_2 \phantom{{}+4x_3} + \frac{1}{2}x_4 = -4$
$4x_1 + 2x_2 + 14x_3 \phantom{{}+ x_4} = 4$

6 Lösen Sie das als Matrix gegebene Gleichungssystem.

a)
$$\left(\begin{array}{cccc|c} 3 & -1 & 4 & -2 & -8 \\ 2 & 1 & 1 & 0 & 1 \\ 0 & -3 & 4 & 2 & 5 \\ 7 & 1 & -1 & -2 & 15 \end{array} \right)$$

b)
$$\left(\begin{array}{cccc|c} 3 & 1 & -1 & -5 & 24 \\ 0 & -1 & 2 & 4 & 6 \\ 1 & 1 & -2 & -5 & 9 \\ 2 & -4 & 7 & 3 & 35 \end{array} \right)$$

c)
$$\left(\begin{array}{cccc|c} 5 & 4 & -2 & 6 & 15 \\ 5 & 2 & 3 & 14 & 10 \\ 6 & 0 & -3 & 2 & 12 \\ 4 & -3 & 0 & 3 & -4 \end{array} \right)$$

7 Bestimmen Sie die Lösungsmenge in Abhängigkeit vom Parameter r.

a) $2x_1 - 2x_2 + x_3 = 6$
$4x_1 + x_2 - 3x_3 = 4r$
$2x_1 + 3x_2 - 3x_3 = 8r$

b) $2x_1 - x_2 + x_3 = 6r$
$3x_2 - x_3 = r - 2$
$x_1 + 3x_2 - x_3 = 3$

c) $-x_1 - 3x_2 + 4x_3 = r$
$-2x_1 - 4x_2 + 3x_3 = r$
$4x_1 + 3x_2 + 3x_3 = r + 2$

8 Für welchen Wert des Parameters r hat das Gleichungssystem keine Lösung, genau eine Lösung, unendlich viele Lösungen?

a) $x_1 + rx_2 = 7$
$3x_1 + 3x_2 = 4$

b) $2x_1 - x_2 + rx_3 = 2 - 2r$
$2x_2 + x_3 = r$
$x_1 + 6x_2 + 4x_3 = 2 + 2r$

c) $6x_1 + rx_2 + 4rx_3 = -6$
$2x_1 + rx_3 = -3$
$x_1 + rx_2 + r^2x_3 = r$

9 Edelstahl ist eine Legierung aus Eisen, Chrom und Nickel; beispielsweise besteht V2A-Stahl zu 74 % aus Eisen, 18 % Chrom und 8 % Nickel. Aus den in Fig. 2 angegebenen Legierungen I bis IV sollen 1000 kg V2A-Stahl hergestellt werden. Stellen Sie ein lineares Gleichungssystem auf und lösen Sie es.

	I	II	III	IV
Eisen	70 %	76 %	80 %	85 %
Chrom	22 %	16 %	10 %	12 %
Nickel	8 %	8 %	10 %	3 %

Fig. 2

Die Lösungen zu den Aufgaben dieser Seite finden Sie auf Seite 190.

1 Der Begriff des Vektors in der Geometrie

1 a) Vergleichen Sie die Pfeile in Fig. 1 miteinander.
b) Welche physikalische Größe wird vermutlich durch die Pfeile symbolisiert?
Wie viele Pfeile müssen hierzu mindestens gezeichnet werden?
c) Welche Informationen kann man durch die Pfeile mitteilen?
Welche Angabe fehlt in Fig. 1?

Fig. 1

Zu Beispielen und Besonderheiten bei Vektoren lesen Sie die Seiten 52 bis 53 oder fragen Sie Ihre(n) Mathematiklehrer(in) oder Physiklehrer(in).

Viele geometrische Fragestellungen lassen sich mithilfe von Verschiebungen bearbeiten. In diesem Kapitel werden deshalb Verschiebungen näher betrachtet und Rechenregeln für sie erarbeitet. Diese Regeln gelten jedoch nicht nur für Verschiebungen, sondern für viele Objekte in der Mathematik und anderen Wissenschaften. Solche Objekte nennt man allgemein **Vektoren**.
In der Geometrie meint man mit der Bezeichnung Vektor den Spezialfall einer Verschiebung; deshalb wird ein Vektor in der Geometrie durch eine Menge zueinander paralleler, gleich langer und gleich gerichteter Pfeile beschrieben.
Eine solche Menge von Pfeilen ist bereits festgelegt, wenn man einen ihrer Pfeile, einen Repräsentanten, kennt.

Bezeichnungen bei Vektoren:

Der Vektor, zu dem die Pfeile in Fig. 2 gehören, bildet P auf P′, Q auf Q′, R auf R′ . . . ab.
Man bezeichnet ihn mit $\overrightarrow{PP'}$ oder $\overrightarrow{QQ'}$ oder $\overrightarrow{RR'}$ . . . oder mit einem kleinen Buchstaben und einem Pfeil (z. B.: $\vec{a}$ oder $\vec{b}$ oder $\vec{c}$ . . .).

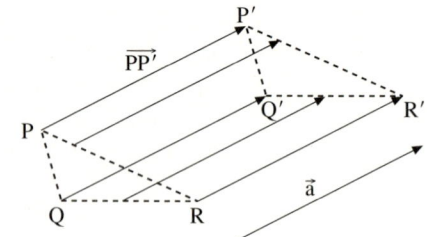

Fig. 2

vehere (lat.):
ziehen, schieben
vector (lat.):
Träger, Fahrer

Zwei Vektoren $\vec{a}$ und $\vec{b}$ sind **gleich** ($\vec{a} = \vec{b}$), wenn die Pfeile von $\vec{a}$ und $\vec{b}$ zueinander parallel, gleich lang und gleich gerichtet sind (Fig. 3).

Derjenige Vektor, der jeden Punkt auf sich selbst abbildet, heißt **Nullvektor**.
Der Nullvektor wird mit $\vec{o}$ bezeichnet, er ist der einzige Vektor ohne Verschiebungspfeil.

$\vec{a} = \vec{b}$
$\vec{a} \neq \vec{c}$

Fig. 3

Sind die Pfeile zweier Vektoren $\vec{a}$ und $\vec{b}$ zueinander parallel und gleich lang, aber entgegengesetzt gerichtet (Fig. 4), so heißt $\vec{a}$ **Gegenvektor** zu $\vec{b}$ (und $\vec{b}$ heißt Gegenvektor zu $\vec{a}$).

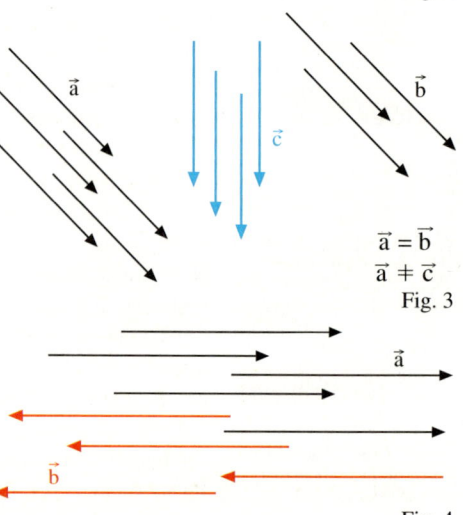

Fig. 4

Blickwechsel unbedenklich:
Die Figur zu Beispiel 1 kann man räumlich als Quader sehen oder so, dass alle Pfeile in einer Ebene liegen.
Die Lösung von Beispiel 1 ist jedoch unabhängig von der „Sichtweise“ des Betrachters der Figur.

Beispiel 1:
a) Wie viele verschiedene Vektoren sind in der Figur durch Pfeile dargestellt?
b) Welche Vektoren sind zueinander Gegenvektoren?
c) Welcher Vektor bildet C auf D ab?
Lösung:
a) Da die Pfeile von $\vec{a}$, $\vec{e}$ und $\vec{g}$ zueinander parallel, gleich lang und gleich gerichtet sind, gilt: $\vec{a} = \vec{e} = \vec{g}$.
Ebenso gilt:
$\vec{b} = \vec{d}$ und $\vec{f} = \vec{h}$ und $\vec{k} = \vec{l} = \vec{m}$.
Also sind 6 verschiedene Vektoren in der Figur eingetragen: $\vec{a}$, $\vec{b}$, $\vec{c}$, $\vec{f}$, $\vec{i}$, $\vec{k}$.
b) $\vec{a}$, $\vec{e}$ und $\vec{g}$ sind Gegenvektoren zu $\vec{c}$.
$\vec{k}$, $\vec{l}$ und $\vec{m}$ sind Gegenvektoren zu $\vec{i}$.
$\vec{b}$ und $\vec{d}$ sind Gegenvektoren zu $\vec{f}$ und $\vec{h}$.
c) $\vec{f}$ bildet C auf D ab. (Ebenso bildet $\vec{h}$ den Punkt C auf den Punkt D ab.)

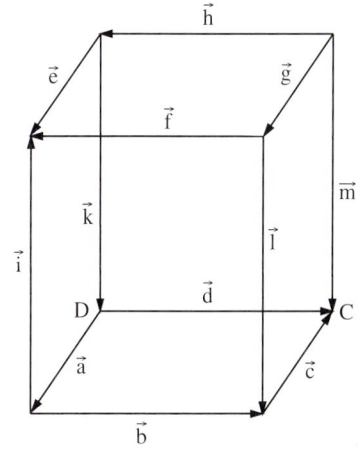

Fig. 1

Beispiel 2:
Ein Punkt A wird
– durch einen Vektor $\vec{v}$ auf A_1 und durch den Gegenvektor von $\vec{v}$ auf A_3 abgebildet.
– durch einen Vektor $\vec{w}$ auf A_2 und durch den Gegenvektor von $\vec{w}$ auf A_4 abgebildet.
Beschreiben Sie das Viereck $A_1A_2A_3A_4$, wenn $\vec{v} \neq \vec{w}$, $\vec{v} \neq \vec{o}$ und $\vec{w} \neq \vec{o}$.
Lösung:
Da ein Vektor und sein Gegenvektor einen Punkt gleich weit und in entgegengesetzte Richtungen verschieben, bilden die Punkte A_1, A_2, A_3 und A_4 ein Viereck, in dem sich die Diagonalen halbieren.
Dieses Viereck ist ein Parallelogramm.

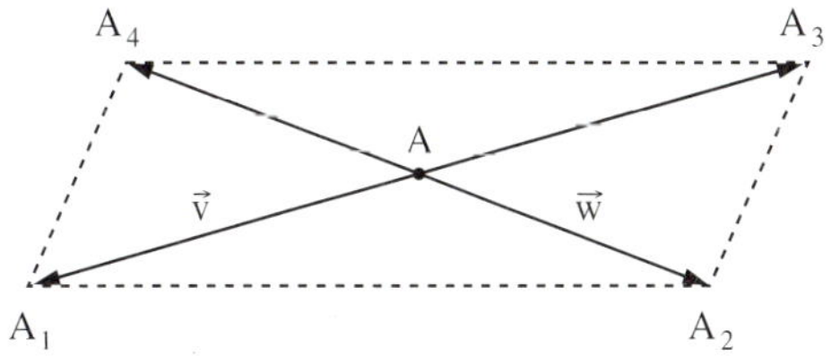

Fig. 2

Ein Springer (ein Turm) eines Schachspieles steht auf dem Feld e4.
Wie viele Vektoren benötigt man, um alle möglichen Züge anzugeben, wenn keine andere Figur stört?

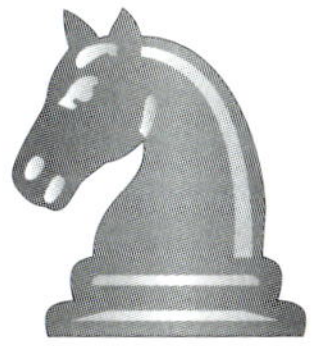

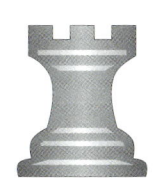

Beispiel 3:
Bei gleichförmigen geradlinigen Bewegungen gibt die Geschwindigkeit die jeweilige Verschiebung pro Zeiteinheit an. Die Geschwindigkeit ist deshalb eine vektorielle Größe.
In Fig. 3 beschreibt $\vec{v}$ die Geschwindigkeit, die das Boot in stehendem Gewässer relativ zum Ufer hätte; das Boot würde sich bei stehendem Gewässer also senkrecht zum Ufer bewegen.
Der Vektor $\vec{w}$ beschreibt die Fließgeschwindigkeit des Wassers relativ zum Ufer.
Bestimmen Sie zeichnerisch den Vektor $\vec{b}$, der die Geschwindigkeit des Bootes relativ zum Ufer beschreibt.
Lösung:
Siehe Fig. 4.

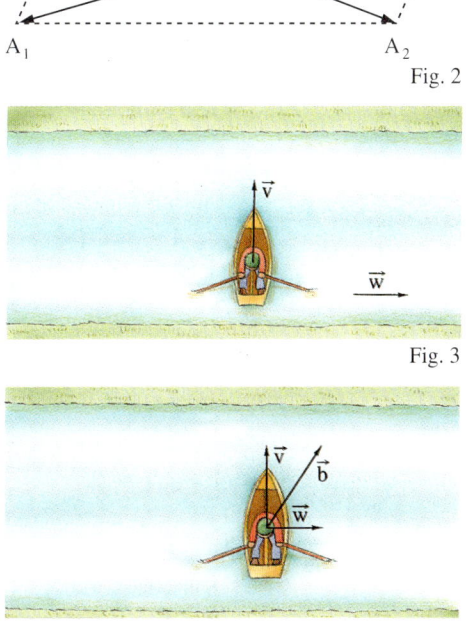

Fig. 3

Fig. 4

Aufgaben

2 Ein Würfel hat die Ecken A, B, C, D, E, F, G und H. Mithilfe dieser Ecken kann man Pfeile längs der Kanten festlegen, z. B. den Pfeil von A nach B.
a) Wie viele solcher Pfeile gibt es?
b) Wie viele verschiedene Vektoren legen diese Pfeile fest?

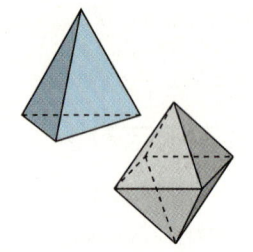

3 Wie viele verschiedene Vektoren können durch die Ecken eines Tetraeders (Oktaeders) festgelegt werden, wenn jeweils eine Ecke Anfangspunkt und eine andere Ecke Endpunkt eines Pfeiles ist?

4 Ein Punkt A wird durch einen Vektor $\vec{a}$ ($\vec{a} \neq \vec{o}$) auf A_1, durch den Gegenvektor zu $\vec{a}$ auf A_2 abgebildet. Weiterhin wird A durch einen Vektor $\vec{b}$ ($\vec{b} \neq \vec{o}$) auf B abgebildet. Wie müssen $\vec{a}$ und $\vec{b}$ gewählt werden, damit das Dreieck A_1BA_2 gleichschenklig (gleichseitig) ist?

5 Ein Punkt A wird auf die Punkte B, C, D und E abgebildet. Wie müssen die Vektoren $\overrightarrow{AB}$, $\overrightarrow{AC}$, $\overrightarrow{AD}$, $\overrightarrow{AE}$ gewählt werden, damit das Viereck BCDE
a) ein Rechteck, b) ein Quadrat, c) ein Drachen, d) eine Raute, e) ein Trapez ist?

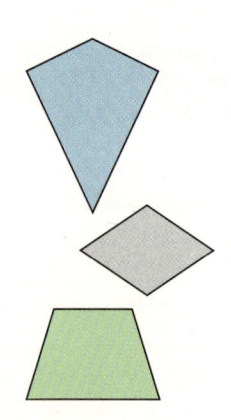

6 Ist die Aussage wahr? Begründen Sie Ihre Antwort.
„Bildet man einen Punkt A durch einen Vektor $\vec{a}$ auf einen Punkt B und dann den Punkt B durch einen Vektor $\vec{b}$ auf einen Punkt C ab, so sind die Pfeile von $\vec{a}$ und auch die Pfeile von $\vec{b}$ höchstens so lang wie die Pfeile von $\overrightarrow{AC}$."

7 Zeichnen Sie ein Dreieck ABC und bilden Sie es durch eine zweifache Achsenspiegelung an zueinander parallelen Geraden auf ein Dreieck A′B′C′ ab. Welche Richtung und welche Länge haben die Pfeile des Vektors, der das Dreieck ABC auf das Dreieck A′B′C′ abbildet?

Die Lösung von Aufgabe 8 sieht man ziemlich schnell oder man muss lange überlegen, denn . . .

8 Gegeben sind 10 Vektoren und ihre 10 Gegenvektoren so, dass man insgesamt 20 verschiedene Vektoren hat. Ein Dreieck ABC wird durch den ersten dieser 20 Vektoren auf das Dreieck $A_1B_1C_1$ abgebildet, das Dreieck $A_1B_1C_1$ wird dann durch den zweiten der 20 Vektoren auf das Dreieck $A_2B_2C_2$ abgebildet usw., bis man das Dreieck $A_{20}B_{20}C_{20}$ erhält. Wie liegen die Dreiecke ABC und $A_{20}B_{20}C_{20}$ zueinander?

9 Zeichnen Sie ein gleichseitiges Dreieck ABC. Bilden Sie B durch $\overrightarrow{AB}$ auf B_1 und C durch $\overrightarrow{AC}$ auf C_1 ab. Bilden Sie nun B_1 durch $\overrightarrow{AB_1}$ auf B_2 ab und C_1 durch $\overrightarrow{AC_1}$ auf C_2 ab usw., bis Sie das Dreieck AB_4C_4 (AB_nC_n, $n \in \mathbb{N}$) erhalten.
Wievielmal so groß ist der Flächeninhalt des Dreiecks AB_4C_4 (des Dreiecks AB_nC_n, $n \in \mathbb{N}$) wie der Flächeninhalt des Dreiecks ABC?

10 Ein Sportflugzeug würde bei Windstille mit einer Geschwindigkeit von $150 \frac{km}{h}$ genau nach Süden fliegen. Es wird jedoch von einem Wind, der mit der Geschwindigkeit $30 \frac{km}{h}$ aus Richtung Nord-Osten bläst, abgetrieben. Stellen Sie die Geschwindigkeit des Flugzeuges relativ zur Erde mithilfe eines Pfeiles dar.

11 Ein Boot überquert einen Fluss so, dass seine Fahrtrichtung senkrecht zum Ufer und senkrecht zur Strömungsrichtung des Wassers ist. Relativ zum Ufer beträgt die Geschwindigkeit des Bootes $4 \frac{km}{h}$ und die des Wassers $3 \frac{km}{h}$. Stellen Sie die Geschwindigkeit des Bootes relativ zum Wasser dar.

2 Punkte und Vektoren im Koordinatensystem

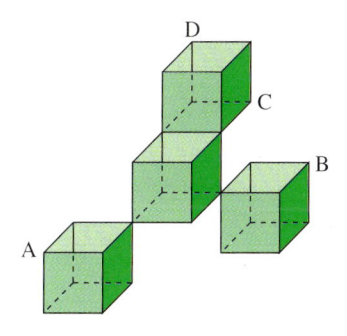

1 Die Figur zeigt eine Plastik aus vier gleich großen Würfeln mit der Kantenlänge 1 m.

a) Geben Sie mehrere Möglichkeiten an, wie man die Lagen der Ecken A, B, C und D präzise beschreiben kann, und geben Sie die Positionen der Ecken an.

b) Geben Sie Vor- und Nachteile dieser Möglichkeiten an.

Fig. 1

Das bisher verwendete Koordinatensystem hat zwei zueinander senkrechte Achsen. Es ermöglicht, die Lage von Punkten in einer Ebene durch Zahlenpaare anzugeben (Fig. 2).

Ein Koordinatensystem mit drei Achsen, die paarweise aufeinander senkrecht stehen, ermöglicht die Lage von Punkten des Raumes anzugeben; hierbei verwendet man Zahlentripel (Fig. 3).

Es ist üblich, die erste dieser Achsen „nach vorn", die zweite „nach rechts" und die dritte „nach oben" zu zeichnen.

Es ist ferner zweckmäßig, die Achsen nicht wie bisher mit x, y und ggf. z zu bezeichnen, sondern mit x_1, x_2 und ggf. x_3, denn zur Bezeichnung der **Koordinaten von Punkten** verwendet man auch die Indizes 1, 2, 3; z. B.: $P(p_1|p_2)$ bzw. $P(p_1|p_2|p_3)$.

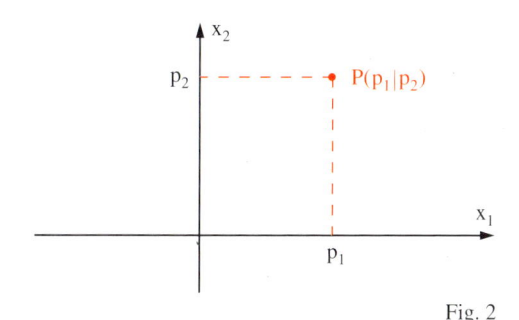

Fig. 2   Fig. 3

Verschiebt ein Vektor $\vec{v}$ einen Punkt um

v_1 Einheiten in Richtung der x_1-Achse,
v_2 Einheiten in Richtung der x_2-Achse,
v_3 Einheiten in Richtung der x_3-Achse,

so schreibt man $\vec{v} = \begin{pmatrix} v_1 \\ v_2 \\ v_3 \end{pmatrix}$ $(v_1, v_2, v_3 \in \mathbb{R})$

v_1, v_2, v_3 nennt man die **Koordinaten des Vektors $\vec{v}$**.

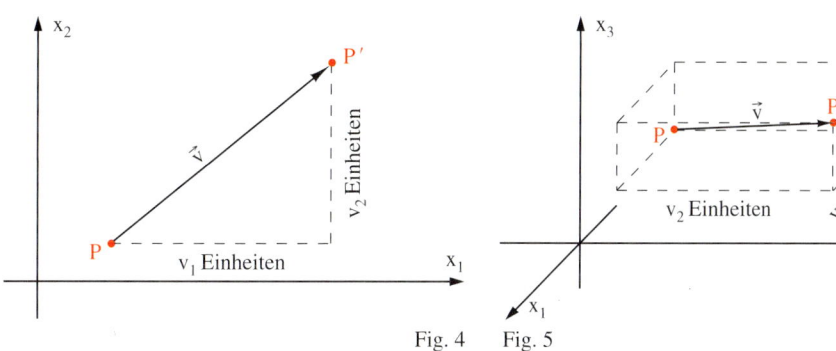

Fig. 4   Fig. 5

„−5 Einheiten in Richtung der x_1-Achse" bedeutet: „5 Einheiten in Gegenrichtung der x_1-Achse".

„−5 Einheiten in Richtung der x_1-Achse" bedeutet: „5 Einheiten in Gegenrichtung der x_1-Achse".

Zeichenhilfe:

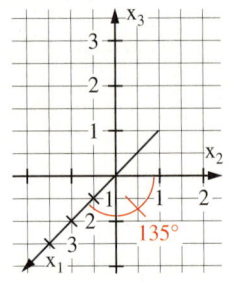

Um einen räumlichen Eindruck zu erreichen, zeichnet man die x_1-Achse und die x_2-Achse so, dass sie einen Winkel von 135° einschließen. Die Einheiten auf der x_1-Achse wählt man $\frac{1}{2}\sqrt{2}$-mal so groß wie auf den beiden anderen Achsen.

Entsprechen in der Zeichnung auf der x_2-Achse und der x_3-Achse 2 Kästchen einer Längeneinheit, dann entspricht auf der x_1-Achse eine Kästchendiagonale einer Längeneinheit.

Beachten Sie:
Jeder Vektor ist Ortsvektor eines Punktes, nämlich des Punktes, auf den der Vektor den Ursprung O abbildet.

Bildet ein Vektor $\vec{v}$ einen Punkt $A(a_1|a_2|a_3)$ auf einen Punkt $B(b_1|b_2|b_3)$ ab, so verschiebt dieser Vektor $\vec{v}$ auch jeden anderen Punkt um

$b_1 - a_1$ Einheiten in Richtung der x_1-Achse,
$b_2 - a_2$ Einheiten in Richtung der x_2-Achse,
$b_3 - a_3$ Einheiten in Richtung der x_3-Achse.

Also ist $\vec{v} = \overrightarrow{AB} = \begin{pmatrix} b_1 - a_1 \\ b_2 - a_2 \\ b_3 - a_3 \end{pmatrix}$

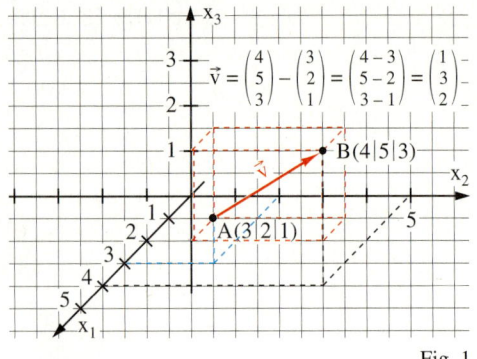

$$\vec{v} = \begin{pmatrix} 4 \\ 5 \\ 3 \end{pmatrix} - \begin{pmatrix} 3 \\ 2 \\ 1 \end{pmatrix} = \begin{pmatrix} 4 - 3 \\ 5 - 2 \\ 3 - 1 \end{pmatrix} = \begin{pmatrix} 1 \\ 3 \\ 2 \end{pmatrix}$$

Fig. 1

Für zwei Punkte $A(a_1|a_2|a_3)$ und $B(b_1|b_2|b_3)$ gilt: $\overrightarrow{AB} = \begin{pmatrix} b_1 - a_1 \\ b_2 - a_2 \\ b_3 - a_3 \end{pmatrix}$.

Zu jedem Punkt $P(p_1|p_2|p_3)$ gibt es einen Vektor $\overrightarrow{OP}$, der den Ursprung $O(0|0|0)$ auf diesen Punkt P abbildet (Fig. 2).

Es gilt: $\overrightarrow{OP} = \begin{pmatrix} p_1 - 0 \\ p_2 - 0 \\ p_3 - 0 \end{pmatrix} = \begin{pmatrix} p_1 \\ p_2 \\ p_3 \end{pmatrix}$.

$\overrightarrow{OP}$ heißt **Ortsvektor des Punktes P**.
Ein Punkt und sein Ortsvektor haben dieselben Koordinaten.

Beispiel 1:
Ein Würfel ABCDEFGH hat die Ecken $A(0|0|0)$, $B(1|0|0)$, $C(1|1|0)$, $D(0|1|0)$ und $H(0|1|1)$.
a) Zeichnen Sie diesen Würfel.
b) Geben Sie die Koordinaten der restlichen Ecken E, F und G an.
c) Geben Sie die Koordinaten des Diagonalenschnittpunktes M im Viereck CDHG an.
Lösung:
a) siehe Fig. 3.
b) $E(0|0|1)$
   $F(1|0|1)$
   $G(1|1|1)$
c) $M(0,5|1|0,5)$

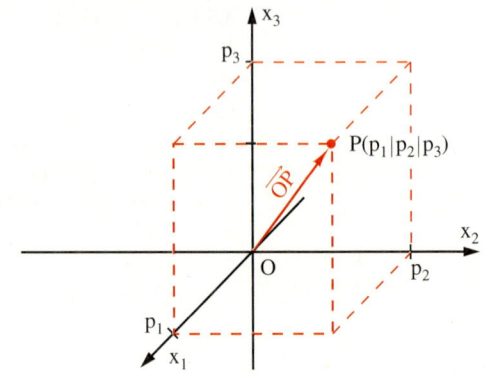

Fig. 2

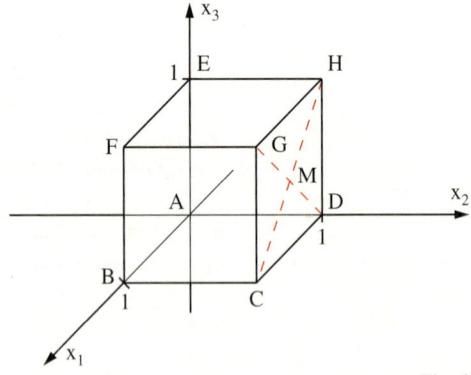

Fig. 3

Beispiel 2:
Bestimmen Sie die Koordinaten des Vektors $\overrightarrow{AB}$ und die Koordinaten seines Gegenvektors, wenn $A(3|4|-7)$ und $B(3|-4|2)$.
Lösung:

$$\overrightarrow{AB} = \begin{pmatrix} 3 - 3 \\ -4 - 4 \\ 2 - (-7) \end{pmatrix} = \begin{pmatrix} 0 \\ -8 \\ 9 \end{pmatrix}. \qquad \text{Gegenvektor: } \overrightarrow{BA} = \begin{pmatrix} 3 - 3 \\ 4 - (-4) \\ -7 - 2 \end{pmatrix} = \begin{pmatrix} 0 \\ 8 \\ -9 \end{pmatrix}.$$

Beispiel 3:

a) Zeichnen Sie drei Pfeile des Vektors

$\vec{a} = \begin{pmatrix} -2 \\ 1 \end{pmatrix}$ in ein Koordinatensystem ein.

b) $\vec{a}$ bildet $P(-4|3)$ auf P' ab.
Bestimmen Sie die Koordinaten von P'.

c) $\vec{a}$ bildet Q auf $Q'(1|-4)$ ab.
Bestimmen Sie die Koordinaten von Q.

Lösung:

a) siehe Fig. 1.

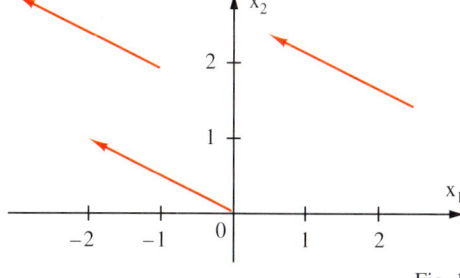

Fig. 1

b) $\vec{a} = \overrightarrow{PP'}$, also ist $\begin{pmatrix} -2 \\ 1 \end{pmatrix} = \begin{pmatrix} p_1' - p_1 \\ p_2' - p_2 \end{pmatrix} = \begin{pmatrix} p_1' - (-4) \\ p_2' - 3 \end{pmatrix}$; somit ist $P'(-6|4)$.

c) $\vec{a} = \overrightarrow{QQ'}$, also ist $\begin{pmatrix} -2 \\ 1 \end{pmatrix} = \begin{pmatrix} q_1' - q_1 \\ q_2' - q_2 \end{pmatrix} = \begin{pmatrix} 1 - q_1 \\ -4 - q_2 \end{pmatrix}$; somit ist $Q(3|-5)$.

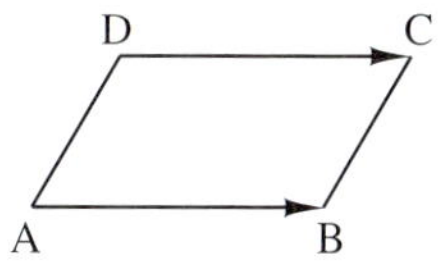

Beispiel 4:

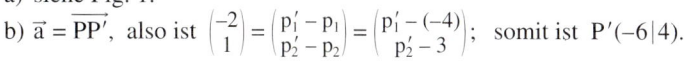

Sind die Punkte $A(1|2|3)$, $B(3|-2|1)$, $C(2,25|-1,3|7)$ und $D(0,25|2,7|9)$ die aufeinander folgenden Ecken eines Parallelogramms ABCD?

Fig. 2

Lösung:

Falls $\overrightarrow{AB} = \overrightarrow{DC}$ (bzw. $\overrightarrow{AD} = \overrightarrow{BC}$), dann sind A, B, C und D die Ecken eines Parallelogramms (vergleiche Fig. 2).

$$\overrightarrow{AB} = \begin{pmatrix} 3-1 \\ -2-2 \\ 1-3 \end{pmatrix} = \begin{pmatrix} 2 \\ -4 \\ -2 \end{pmatrix}; \quad \overrightarrow{DC} = \begin{pmatrix} 2,25-0,25 \\ -1,3-2,7 \\ 7-9 \end{pmatrix} = \begin{pmatrix} 2 \\ -4 \\ -2 \end{pmatrix}; \quad \overrightarrow{AB} = \overrightarrow{DC}.$$

A, B, C und D sind die Ecken eines Parallelogramms.

Aufgaben

2 Zeichnen Sie die Punkte $A(2|3|4)$, $B(-2|0|1)$, $C(3|-1|0)$ und $D(0|0|-3)$ in ein Koordinatensystem ein.

3 Wo liegen im räumlichen Koordinatensystem alle Punkte, deren

a) x_1-Koordinate (x_2-Koordinate, x_3-Koordinate) null ist?

b) x_2-Koordinate und x_3-Koordinate null sind?

4 In Fig. 3 befinden sich
die Punkte P und Q in der $x_1 x_2$-Ebene,
die Punkte R und S in der $x_2 x_3$-Ebene,
die Punkte T und U in der $x_1 x_3$-Ebene.
Bestimmen Sie die Koordinaten dieser Punkte.

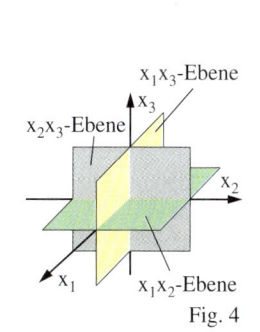

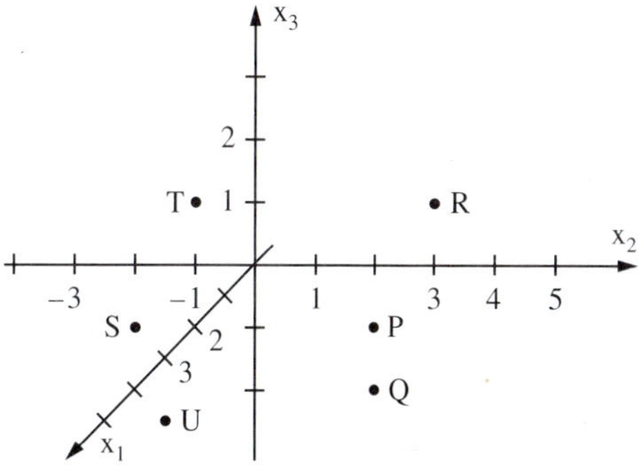

Fig. 4

Fig. 3

5 Die Punkte $O(0|0|0)$, $A(1|0|0)$, $B(0|1|0)$ und $C(0|0|1)$ sind Eckpunkte eines Würfels.

a) Bestimmen Sie die Koordinaten der Mittelpunkte der Würfelkanten.

b) Bestimmen Sie die Koordinaten der Diagonalenmittelpunkte der Seitenflächen des Würfels.

6 Welche Koordinaten haben die Bildpunkte von $A(2|0|0)$, $B(-1|2|-1)$, $C(-2|3|4)$ und $D(3|4|-2)$ bei der Spiegelung an der

a) $x_1 x_2$-Ebene,   b) $x_2 x_3$-Ebene,   c) $x_1 x_3$-Ebene?

7 Zeichnen Sie drei Pfeile des Vektors in ein Koordinatensystem ein.

a) $\begin{pmatrix} 1 \\ 1 \end{pmatrix}$ b) $\begin{pmatrix} 3 \\ 2 \end{pmatrix}$ c) $\begin{pmatrix} -1 \\ 2 \end{pmatrix}$ d) $\begin{pmatrix} 4 \\ -3 \end{pmatrix}$ e) $\begin{pmatrix} -3 \\ 4 \end{pmatrix}$ f) $\begin{pmatrix} 1,5 \\ 2,5 \end{pmatrix}$ g) $\begin{pmatrix} \frac{1}{4} \\ -2,2 \end{pmatrix}$ h) $\begin{pmatrix} -\frac{1}{3} \\ \sqrt{2} \end{pmatrix}$

8 Zeichnen Sie drei Pfeile des Vektors in ein Koordinatensystem ein.

a) $\begin{pmatrix} 1 \\ 1 \\ 0 \end{pmatrix}$ b) $\begin{pmatrix} 1 \\ 0 \\ 1 \end{pmatrix}$ c) $\begin{pmatrix} 0 \\ 1 \\ 1 \end{pmatrix}$ d) $\begin{pmatrix} 2 \\ -1 \\ 1 \end{pmatrix}$ e) $\begin{pmatrix} -1 \\ -3 \\ 2 \end{pmatrix}$ f) $\begin{pmatrix} 2,5 \\ -2 \\ -3 \end{pmatrix}$

9 Bestimmen Sie die Koordinaten des Vektors $\overrightarrow{AB}$ und seines Gegenvektors.

a) A(1|0|1), B(3|4|1)   b) A(4|2|0), B(3|3|3)   c) A(−1|2|3), B(2|−2|4)
d) A(4|2|−1), B(5|−1|−3)   e) A(1|−4|−3), B(7|2|−4)   f) A(2,5|1|−3), B(4|−3,3|2)

10 Begründen Sie: $\overline{w} = \begin{pmatrix} -a \\ -b \\ -c \end{pmatrix}$ ist der Gegenvektor zu $\vec{v} = \begin{pmatrix} a \\ b \\ c \end{pmatrix}$; a, b, c $\in \mathbb{R}$.

11 Der Vektor $\vec{v} = \begin{pmatrix} 2 \\ -1 \\ 3 \end{pmatrix}$ bildet A auf B ab. Bestimmen Sie die Koordinaten des fehlenden Punktes.

a) A(2|−1|3)   b) A(−17|11|31)   c) B(−17|11|31)   d) B(33|−71|−181)

12 Zu welchem Punkt ist der Vektor $\overrightarrow{AB}$ (der Vektor $\overrightarrow{BA}$) Ortsvektor, wenn
a) A(2|−1|3), B(0|0|0),   b) A(3|4|5), B(5|4|3),
c) A(0|1|0), B(1|0|1),   d) A(2|4|6), B(3|1|5).

13 Überprüfen Sie, ob das Viereck ABCD ein Parallelogramm ist.
a) A(−2|2|3), B(5|5|5), C(9|6|5), D(2|3|3)
b) A(2|0|3), B(4|4|4), C(11|7|9), D(9|3|8)
c) A(2|−2|7), B(6|5|1), C(1|−1|1), D(8|0|8)

14 Bestimmen Sie die Koordinaten des Punktes D so, dass das Viereck ABCD ein Parallelogramm ist.
a) A(21|−11|43), B(3|7|−8), C(0|4|5)   b) A(−75|199|−67), B(35|0|−81), C(1|2|3)

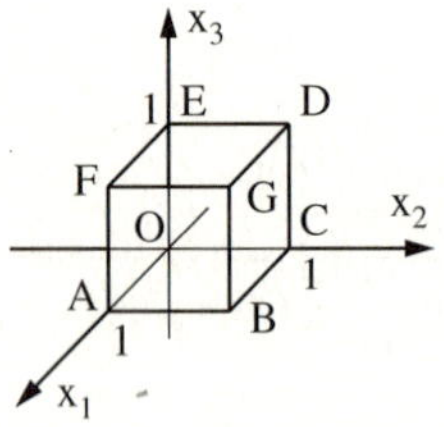

15 Bestimmen Sie zu Fig. 1 die Koordinaten der Vektoren
$\overrightarrow{FG}$, $\overrightarrow{DB}$, $\overrightarrow{CA}$, $\overrightarrow{EB}$, $\overrightarrow{AD}$, $\overrightarrow{CF}$, $\overrightarrow{OG}$.

Fig. 1

16 Fig. 2 zeigt einen Quader ABCDEFGH. M_1 ist der Diagonalenschnittpunkt des Vierecks ABCD, M_2 ist der Diagonalenschnittpunkt des Vierecks BCGF, M_3 ist der Diagonalenschnittpunkt des Vierecks CDHG und M_4 ist der Diagonalenschnittpunkt des Vierecks ADHE.
Bestimmen Sie die Koordinaten von $\overrightarrow{M_1M_2}$, $\overrightarrow{M_2M_3}$, $\overrightarrow{M_3M_4}$, $\overrightarrow{M_4M_1}$.

17 $\vec{v}$ ist der Gegenvektor des Vektors $\vec{u}$ und $\overline{w}$ ist der Gegenvektor des Vektors $\vec{v}$.
Was lässt sich über die Koordinaten von $\vec{u}$ und $\overline{w}$ aussagen?

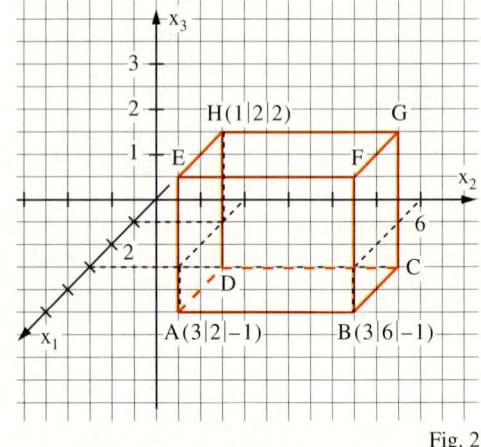

Fig. 2

3 Addition von Vektoren

1 Der computergesteuerte „Igel" kann jede Position innerhalb des umrandeten Bereichs erreichen. Die Befehle hierzu heißen: „Gehe i_1 Einheiten in x_1-Richtung und i_2 Einheiten in x_2-Richtung".

Wie lauten die Befehle für die Bewegungen von A nach B, von B nach C und von A nach C? Vergleichen Sie diese Befehle.

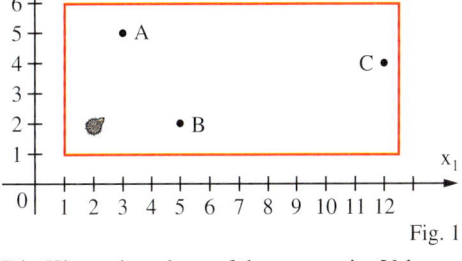

Fig. 1

Zeichnerisches Addieren (Fig. 2):
Der Anfangspunkt des zweiten Pfeiles befindet sich an der Spitze des ersten Pfeiles.
Der Ergebnispfeil reicht vom Anfangspunkt des ersten zur Spitze des zweiten Pfeiles.

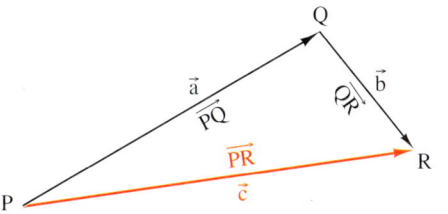

Fig. 2

Die Hintereinanderausführung zweier Vektoren $\vec{a}$ und $\vec{b}$ (d.h. zweier Verschiebungen) ergibt wieder einen Vektor $\vec{c}$ (d.h. wieder eine Verschiebung).

Fig. 2 verdeutlicht, wie man mithilfe eines Pfeiles von $\vec{a}$ und eines Pfeiles von $\vec{b}$ einen Pfeil von $\vec{c}$ erhält.

Sind die Koordinaten von $\vec{a}$ und $\vec{b}$ bekannt, so kann man die Koordinaten von $\vec{c}$ berechnen:

Ist $\vec{a} = \begin{pmatrix} a_1 \\ a_2 \\ a_3 \end{pmatrix}$, $\vec{b} = \begin{pmatrix} b_1 \\ b_2 \\ b_3 \end{pmatrix}$, so verschiebt

$\vec{a}$ jeden Punkt um	$\vec{b}$ jeden Punkt um	$\vec{c}$ jeden Punkt um
a_1 Einheiten in x_1-Richtung,	b_1 Einheiten in x_1-Richtung,	a_1+b_1 Einheiten in x_1-Richtung,
a_2 Einheiten in x_2-Richtung,	b_2 Einheiten in x_2-Richtung,	a_2+b_2 Einheiten in x_2-Richtung,
a_3 Einheiten in x_3-Richtung,	b_3 Einheiten in x_3-Richtung,	a_3+b_3 Einheiten in x_3-Richtung.

Die Koordinaten von $\vec{c}$ ergeben sich somit aus den jeweiligen Summen der Koordinaten von $\vec{a}$ und $\vec{b}$.

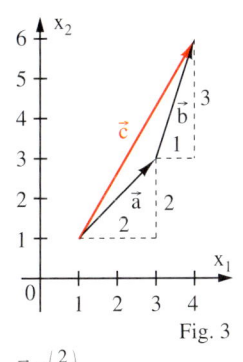

Fig. 3

$\vec{a} = \begin{pmatrix} 2 \\ 2 \end{pmatrix}$

$\vec{b} = \begin{pmatrix} 1 \\ 3 \end{pmatrix}$

$\vec{c} = \begin{pmatrix} 2+1 \\ 2+3 \end{pmatrix} = \begin{pmatrix} 3 \\ 5 \end{pmatrix}$

Statt Hintereinanderausführung zweier Vektoren $\vec{a}$ und $\vec{b}$ sagt man auch:
Die Vektoren $\vec{a}$ und $\vec{b}$ werden **addiert** und man schreibt $\vec{a} + \vec{b}$.
Mit Fig. 2 ist $\overrightarrow{PQ} + \overrightarrow{QR} = \overrightarrow{PR}$
Sind die Koordinaten zweier Vektoren $\vec{a}$ und $\vec{b}$ gegeben, so gilt:

$$\vec{a} + \vec{b} = \begin{pmatrix} a_1 \\ a_2 \end{pmatrix} + \begin{pmatrix} b_1 \\ b_2 \end{pmatrix} = \begin{pmatrix} a_1 + b_1 \\ a_2 + b_2 \end{pmatrix} \text{ bzw. } \vec{a} + \vec{b} = \begin{pmatrix} a_1 \\ a_2 \\ a_3 \end{pmatrix} + \begin{pmatrix} b_1 \\ b_2 \\ b_3 \end{pmatrix} = \begin{pmatrix} a_1 + b_1 \\ a_2 + b_2 \\ a_3 + b_3 \end{pmatrix}.$$

Zeichnerisches Subtrahieren (Fig. 4):
Gemeinsamer Anfangspunkt für beide Pfeile.
Der Ergebnispfeil reicht von der Spitze des zweiten zur Spitze des ersten Pfeiles.

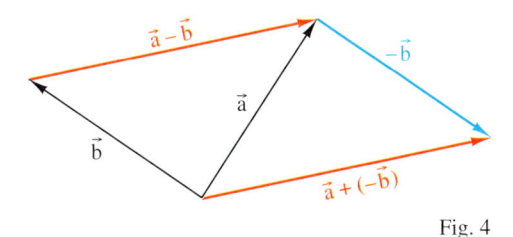

Fig. 4

Den Gegenvektor eines Vektors kennzeichnet man mit einem „–"-Zeichen. $-\vec{b}$ ist der Gegenvektor des Vektors $\vec{b}$.

Statt $\vec{a} + (-\vec{b})$ schreibt man kurz $\vec{a} - \vec{b}$ und man sagt: $\vec{b}$ wird von $\vec{a}$ **subtrahiert**.

Fig. 4 zeigt, wie man einen Pfeil von $\vec{a} - \vec{b}$ erhält.

33

Für jeden Vektor $\vec{a} = \begin{pmatrix} a_1 \\ a_2 \\ a_3 \end{pmatrix}$ ist insbesondere $\vec{a} + (-\vec{a}) = \vec{o}$ mit $\vec{o} = \begin{pmatrix} 0 \\ 0 \\ 0 \end{pmatrix}$ und deshalb gilt für den

Gegenvektor von $\vec{a}$: $-\vec{a} = \begin{pmatrix} -a_1 \\ -a_2 \\ -a_3 \end{pmatrix}$.

Bei der Addition gilt das Kommutativgesetz, denn für alle $\vec{a} = \begin{pmatrix} a_1 \\ a_2 \\ a_3 \end{pmatrix}$ und $\vec{b} = \begin{pmatrix} b_1 \\ b_2 \\ b_3 \end{pmatrix}$ ist:

$$\vec{a} + \vec{b} = \begin{pmatrix} a_1 \\ a_2 \\ a_3 \end{pmatrix} + \begin{pmatrix} b_1 \\ b_2 \\ b_3 \end{pmatrix} = \begin{pmatrix} a_1+b_1 \\ a_2+b_2 \\ a_3+b_3 \end{pmatrix} = \begin{pmatrix} b_1+a_1 \\ b_2+a_2 \\ b_3+a_3 \end{pmatrix} = \begin{pmatrix} b_1 \\ b_2 \\ b_3 \end{pmatrix} + \begin{pmatrix} a_1 \\ a_2 \\ a_3 \end{pmatrix} = \vec{b} + \vec{a} \text{ (Fig. 1)}$$

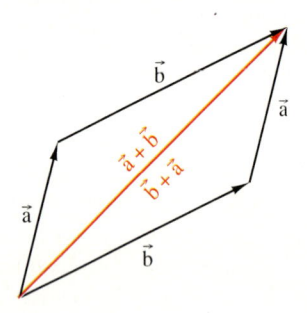

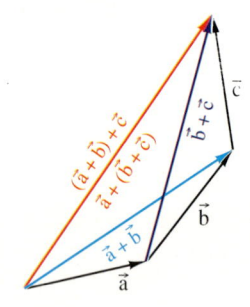

Fig. 1   Fig. 2

Kommutativ (Vertauschung):
$a + b = b + a$
$a \cdot b = b \cdot a$

Assoziativ (Vereinigung):
$a + (b+c) = (a+b) + c$
$a \cdot (b \cdot c) = (a \cdot b) \cdot c$

Distributiv (Verteilung):
$a \cdot (b+c) = a \cdot b + a \cdot c$

Bei der Addition gilt das Assoziativgesetz, denn für alle $\vec{a} = \begin{pmatrix} a_1 \\ a_2 \\ a_3 \end{pmatrix}$, $\vec{b} = \begin{pmatrix} b_1 \\ b_2 \\ b_3 \end{pmatrix}$ und $\vec{c} = \begin{pmatrix} c_1 \\ c_2 \\ c_3 \end{pmatrix}$ ist:

$$(\vec{a} + \vec{b}) + \vec{c} = \left[\begin{pmatrix} a_1 \\ a_2 \\ a_3 \end{pmatrix} + \begin{pmatrix} b_1 \\ b_2 \\ b_3 \end{pmatrix}\right] + \begin{pmatrix} c_1 \\ c_2 \\ c_3 \end{pmatrix} = \begin{pmatrix} a_1+b_1 \\ a_2+b_2 \\ a_3+b_3 \end{pmatrix} + \begin{pmatrix} c_1 \\ c_2 \\ c_3 \end{pmatrix} = \begin{pmatrix} (a_1+b_1)+c_1 \\ (a_2+b_2)+c_2 \\ (a_3+b_3)+c_3 \end{pmatrix}$$

$$= \begin{pmatrix} a_1+(b_1+c_1) \\ a_2+(b_2+c_2) \\ a_3+(b_3+c_3) \end{pmatrix} = \begin{pmatrix} a_1 \\ a_2 \\ a_3 \end{pmatrix} + \begin{pmatrix} b_1+c_1 \\ b_2+c_2 \\ b_3+c_3 \end{pmatrix} = \begin{pmatrix} a_1 \\ a_2 \\ a_3 \end{pmatrix} + \left[\begin{pmatrix} b_1 \\ b_2 \\ b_3 \end{pmatrix} + \begin{pmatrix} c_1 \\ c_2 \\ c_3 \end{pmatrix}\right] = \vec{a} + (\vec{b} + \vec{c}) \text{ (Fig. 2)}$$

Beachten Sie:
Für Vektoren mit zwei Koordinaten gelten analoge Überlegungen.

Schnelles zeichnerisches Addieren:

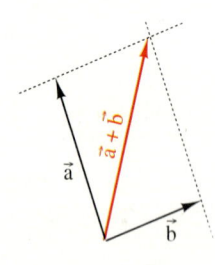

Satz: Für alle Vektoren $\vec{a}$, $\vec{b}$, $\vec{c}$ einer Ebene oder des Raumes gelten für die Addition

$$\vec{a} + \vec{b} = \vec{b} + \vec{a} \qquad \text{(\textbf{Kommutativgesetz})} \quad \text{und}$$

$$\vec{a} + \vec{b} + \vec{c} = (\vec{a} + \vec{b}) + \vec{c} = \vec{a} + (\vec{b} + \vec{c}) \qquad \text{(\textbf{Assoziativgesetz})}$$

Beispiel 1:
Gegeben sind der Punkt $P(1|2|3)$ und der Vektor $\vec{u} = \begin{pmatrix} 4 \\ -2 \\ 7 \end{pmatrix}$. Bestimmen Sie die Koordinaten des Punktes Q, für den gilt: $\overrightarrow{OP} + \vec{u} = \overrightarrow{OQ}$.
Lösung:
$\overrightarrow{OP} + \vec{u} = \begin{pmatrix} 1 \\ 2 \\ 3 \end{pmatrix} + \begin{pmatrix} 4 \\ -2 \\ 7 \end{pmatrix} = \begin{pmatrix} 5 \\ 0 \\ 10 \end{pmatrix}$, also $Q(5|0|10)$.

Beispiel 2:
Gegeben sind die Punkte $P(1|2|3)$, $Q(3|4|-1)$, $R(-2|6|-5)$ und $S(7|-1|1)$.
Bestimmen Sie den Punkt T, zu dem der Vektor $\vec{t} = \overrightarrow{PQ} + \overrightarrow{RS}$ Ortsvektor ist.
Lösung:
$\overrightarrow{PQ} = \begin{pmatrix} 3-1 \\ 4-2 \\ -1-3 \end{pmatrix} = \begin{pmatrix} 2 \\ 2 \\ -4 \end{pmatrix}$; $\quad \overrightarrow{RS} = \begin{pmatrix} 7-(-2) \\ -1-6 \\ 1-(-5) \end{pmatrix} = \begin{pmatrix} 9 \\ -7 \\ 6 \end{pmatrix}$; $\quad \vec{t} = \overrightarrow{PQ} + \overrightarrow{RS} = \begin{pmatrix} 2+9 \\ 2+(-7) \\ -4+6 \end{pmatrix} = \begin{pmatrix} 11 \\ -5 \\ 2 \end{pmatrix}$.
Der Vektor $\vec{t} = \overrightarrow{PQ} + \overrightarrow{RS}$ ist Ortsvektor des Punktes $T(11|-5|2)$.

Beispiel 3:
Drücken Sie die Vektoren $\overrightarrow{AB}$, $\overrightarrow{CD}$, $\overrightarrow{BD}$ und ihre Gegenvektoren durch die Vektoren $\vec{a}$, $\vec{b}$ und $\vec{c}$ aus (Fig. 1).

Lösung:
$$\overrightarrow{AB} = \vec{b} - \vec{a}$$
$$-\overrightarrow{AB} = \overrightarrow{BA} = \vec{a} - \vec{b}$$
$$\overrightarrow{CD} = \vec{a} + \vec{c}$$
$$-\overrightarrow{CD} = \overrightarrow{DC} = -\vec{c} + (-\vec{a}) = -\vec{c} - \vec{a} = -\vec{a} - \vec{c}$$
$$\overrightarrow{BD} = \overrightarrow{BA} + \vec{c} = \vec{a} - \vec{b} + \vec{c}$$
$$-\overrightarrow{BD} = \overrightarrow{DB} = -\vec{c} + \overrightarrow{AB} = -\vec{c} + \vec{b} - \vec{a}$$
$$= -\vec{a} + \vec{b} - \vec{c}$$

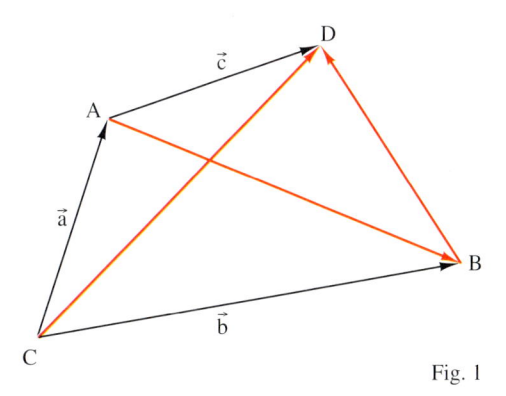

Fig. 1

Beispiel 4:
Die Punkte A, B und C bilden ein Dreieck. Der Vektor $\overrightarrow{AC} - \overrightarrow{AB}$ bildet A auf D ab. Zeigen Sie, dass $\overrightarrow{AD} = \overrightarrow{BC}$, und beschreiben Sie das Viereck ABCD.

Lösung:
$$\overrightarrow{AD} = \overrightarrow{AC} - \overrightarrow{AB} = \overrightarrow{AC} + \overrightarrow{BA} = \overrightarrow{BA} + \overrightarrow{AC} = \overrightarrow{BC}.$$
Das Viereck ABCD ist ein Parallelogramm (vergleiche Fig. 2).

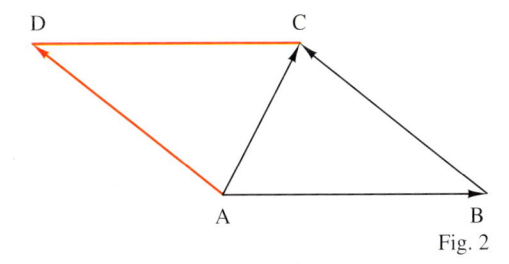

Fig. 2

Aufgaben

$\vec{a} - \vec{b} = (-\vec{b}) + \vec{a}$

deshalb „gehe" so:

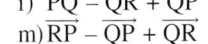

2 Vereinfachen Sie den Ausdruck so weit wie möglich.
a) $\overrightarrow{PQ} + \overrightarrow{QR}$
b) $\overrightarrow{AB} + \overrightarrow{BC}$
c) $\overrightarrow{AB} + \overrightarrow{BA}$
d) $\overrightarrow{PQ} - \overrightarrow{RQ}$
e) $\overrightarrow{PQ} + \overrightarrow{RR}$
f) $\overrightarrow{QP} + \overrightarrow{RQ}$
g) $\overrightarrow{PQ} + \overrightarrow{QR} + \overrightarrow{RS}$
h) $\overrightarrow{AB} + \overrightarrow{BC} + \overrightarrow{CD}$
i) $\overrightarrow{PQ} - \overrightarrow{QR} + \overrightarrow{QP}$
j) $\overrightarrow{PQ} + \overrightarrow{QR} - \overrightarrow{PR}$
k) $\overrightarrow{PQ} - \overrightarrow{RS} - \overrightarrow{PR}$
l) $\overrightarrow{PQ} + \overrightarrow{QR} - \overrightarrow{SR}$
m) $\overrightarrow{RP} - \overrightarrow{QP} + \overrightarrow{QR}$
n) $\overrightarrow{AB} - (\overrightarrow{AB} + \overrightarrow{BC})$
o) $\overrightarrow{AB} - (\overrightarrow{AB} - \overrightarrow{BC}) + \overrightarrow{CD}$
p) $\overrightarrow{AB} - (\overrightarrow{CC} - \overrightarrow{BA})$

3 Es sind fünf Punkte A, B, C, D und P gegeben. Drücken Sie $\overrightarrow{AB}$, $\overrightarrow{BA}$, $\overrightarrow{AC}$, $\overrightarrow{CA}$, $\overrightarrow{AD}$, $\overrightarrow{DA}$, $\overrightarrow{BC}$, $\overrightarrow{CB}$, $\overrightarrow{BD}$, $\overrightarrow{DB}$, $\overrightarrow{CD}$, $\overrightarrow{DC}$ durch die Vektoren $\vec{a} = \overrightarrow{PA}$, $\vec{b} = \overrightarrow{PB}$, $\vec{c} = \overrightarrow{PC}$, $\vec{d} = \overrightarrow{PD}$ aus.

4 Berechnen Sie.
a) $\begin{pmatrix} 3 \\ 2 \end{pmatrix} + \begin{pmatrix} 1 \\ 2 \end{pmatrix}$
b) $\begin{pmatrix} 4 \\ 1 \end{pmatrix} - \begin{pmatrix} 2 \\ 2 \end{pmatrix}$
c) $\begin{pmatrix} 5 \\ 4 \end{pmatrix} - \begin{pmatrix} 2 \\ -1 \end{pmatrix}$
d) $\begin{pmatrix} 4 \\ 3 \end{pmatrix} - \begin{pmatrix} 2 \\ 1 \end{pmatrix} + \begin{pmatrix} -1 \\ 3 \end{pmatrix}$

5 a) $\begin{pmatrix} 4 \\ -1 \\ 2 \end{pmatrix} + \begin{pmatrix} 3 \\ 2 \\ -4 \end{pmatrix}$
b) $\begin{pmatrix} 3 \\ 2 \\ -2 \end{pmatrix} - \begin{pmatrix} 2 \\ 1 \\ -3 \end{pmatrix}$
c) $\begin{pmatrix} 2 \\ 1 \\ -3 \end{pmatrix} - \begin{pmatrix} 3 \\ 2 \\ 1 \end{pmatrix} + \begin{pmatrix} 1 \\ 2 \\ -5 \end{pmatrix}$
d) $\begin{pmatrix} 4 \\ 4 \\ 2 \end{pmatrix} - \begin{pmatrix} -1 \\ 2 \\ 3 \end{pmatrix} - \begin{pmatrix} 3 \\ 5 \\ -1 \end{pmatrix} + \begin{pmatrix} 7 \\ 1 \\ 4 \end{pmatrix}$

6 Berechnen Sie für A$(2|-1|5)$, B$(3|0|3)$, C$(-2|7|1)$, D$(4|4|4)$ die Koordinaten von
a) $\overrightarrow{AB} + \overrightarrow{CD}$,
b) $\overrightarrow{AD} - \overrightarrow{BC}$,
c) $\overrightarrow{AB} - \overrightarrow{BC} - \overrightarrow{CA}$,
d) $\overrightarrow{BD} + \overrightarrow{AC} - \overrightarrow{DB}$.

7 Der Vektor $\vec{a}$ bildet den Punkt P auf den Punkt Q ab. Der Vektor $\vec{b}$ bildet den Punkt Q auf den Punkt R ab.
Zu welchem Punkt ist $\vec{a} + \vec{b}$ Ortsvektor? Auf welche Punkte bildet der Vektor $\vec{a} + \vec{b}$ die Punkte P, R und Q ab?
a) P$(2|7|-1)$, Q$(3|-5|9)$, R$(2|6|-5)$
b) P$(11|0|-2)$, Q$(8|13|-5)$, R$(5|6|7)$

8 In Fig. 1 sind Pfeile der Vektoren $\vec{a}$, $\vec{b}$, $\vec{c}$ und $\vec{d}$ gegeben. Zeichnen Sie einen Pfeil von

a) $\vec{a} + \vec{b}$; $\vec{a} - \vec{b}$; $-\vec{a} + \vec{b}$; $-\vec{c} - \vec{d}$; $\vec{d} - \vec{c}$,

b) $(\vec{a} + \vec{b}) + \vec{c}$; $\vec{d} - (\vec{a} - \vec{c})$; $(\vec{c} - \vec{d}) - \vec{a}$,

c) $(\vec{a} + \vec{b}) - (\vec{c} + \vec{d})$; $(\vec{a} - \vec{b}) + (\vec{c} - \vec{d})$.

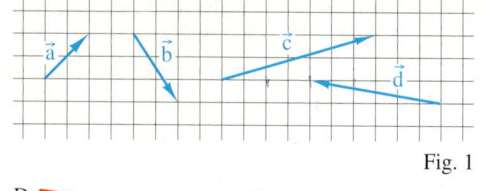

Fig. 1

9 Drücken Sie mit den Vektoren $\vec{a}$, $\vec{b}$ und $\vec{c}$ die Vektoren $\vec{x}$, $\vec{y}$ und $\vec{z}$ in Fig. 2 aus.

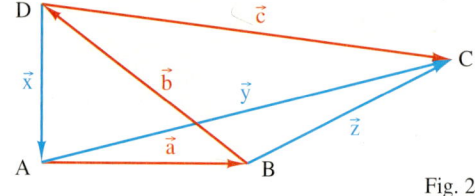

Fig. 2

10 Fig. 3 zeigt einen Quader mit den Ecken ABCDEFGH.
Drücken Sie die Vektoren $\overrightarrow{AG}$, $\overrightarrow{CE}$, $\overrightarrow{FH}$, $\overrightarrow{BF}$, $\overrightarrow{DG}$ durch die Vektoren $\vec{a}$, $\vec{b}$ und $\vec{c}$ aus.

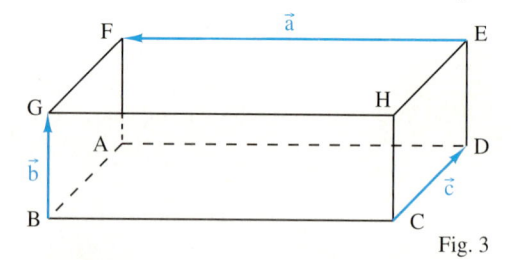

Fig. 3

11 Eine quadratische gerade Pyramide hat die Ecken ABCD und die Spitze S.
Drücken Sie den Vektor $\overrightarrow{CS}$ durch die Vektoren $\overrightarrow{AS}$, $\overrightarrow{AB}$ und $\overrightarrow{DA}$ aus.

12 In welche Richtung wird der Mann in Fig. 4 von seinen Hunden gezogen, wenn jeder Hund gleich stark zieht?
Stellen Sie die resultierende Kraft mithilfe eines Vektors dar.

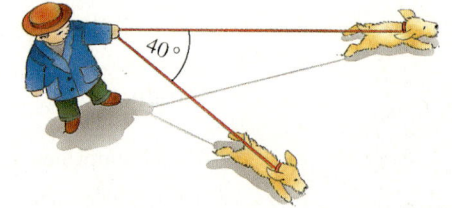

Fig. 4

Kräfte sind vektorielle Größen. Sie können mithilfe von Pfeilen dargestellt werden. Hierbei gibt die Pfeillänge die „Stärke" der jeweiligen Kraft an. Greifen zwei Kräfte an einem gemeinsamen Punkt an, so können sie durch ihre vektorielle Summe (resultierende Kraft) ersetzt werden.
Ist die Summe aller Kräfte, die an einem Körper (genauer einem Massenpunkt) angreifen, gleich dem Nullvektor, so bleibt der Körper „in Ruhe" (genauer in seinem Bewegungszustand).

13 Eine Lampe mit der Masse 5 kg wird von der Erde mit der Kraft 50 N angezogen (Fig. 5).
Bestimmen Sie zeichnerisch die Kräfte $\overrightarrow{F_1}$ und $\overrightarrow{F_2}$ an den Aufhängeschnüren für

a) $\alpha = 30°$,

b) $\alpha = 60°$.

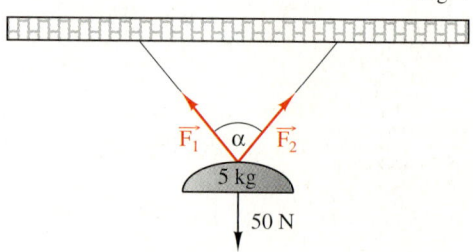

Fig. 5

14 Im Rahmen einer Benefizveranstaltung treten beim Tauziehen Profisportler gegen Hobbysportler an.
Um Chancengleichheit herzustellen, ziehen die Hobbysportler in eine und die Profis in verschiedene Richtungen (Fig. 6).
In jeder Gruppe ziehen alle Beteiligten gleich stark.
Wie stark muss ein Hobbysportler im Vergleich zu einem Profi mindestens ziehen, um nicht zu verlieren?

Fig. 6

15 Die Pfeile der Vektoren $\vec{a}$ und $\vec{b}$ sind gleich lang. Welchen Winkel schließen ein Pfeil von $\vec{a}$ und ein Pfeil von $\vec{b}$ ein, wenn ein Pfeil von $\vec{a} + \vec{b}$ $\sqrt{2}$-mal so lang ist wie ein Pfeil von $\vec{a}$?

4 Multiplikation eines Vektors mit einer Zahl

1 a) Begründen Sie, dass die Pfeile des Vektors $\overrightarrow{OQ}$ in Fig. 1 r-mal so lang sind wie die Pfeile des Vektors $\overrightarrow{OP}$.

b) Spiegelt man Q an O, so erhält man den Punkt Q'. Vergleichen Sie die Pfeile der Vektoren $\overrightarrow{OQ'}$ und $\overrightarrow{OP}$.

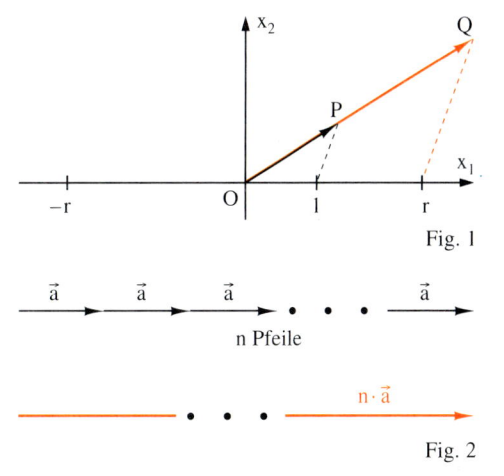

Fig. 1

Die Addition $\vec{a} + \vec{a} + \ldots + \vec{a}$ mit n Summanden $\vec{a}$ ($\vec{a} \neq \vec{o}$) ergibt einen Vektor, dessen Pfeile parallel und gleich gerichtet zu den Pfeilen von $\vec{a}$ und n-mal so lang wie die Pfeile von $\vec{a}$ sind.

Diesen Vektor bezeichnet man deshalb mit $n \cdot \vec{a}$ (Fig. 2).

Fig. 2

Die Multiplikation eines Vektors mit einer natürlichen Zahl kann auf reelle Zahlen erweitert werden:

Definition: Für einen Vektor $\vec{a}$ ($\vec{a} \neq \vec{o}$) und eine reelle Zahl r ($r \neq 0$) bezeichnet man mit $\mathbf{r \cdot \vec{a}}$ den Vektor, dessen Pfeile

1. parallel zu den Pfeilen von $\vec{a}$ sind,
2. r-mal so lang wie die Pfeile von $\vec{a}$ sind,
3. gleich gerichtet zu den Pfeilen von $\vec{a}$ sind, falls $r > 0$,
   entgegengesetzt gerichtet zu den Pfeilen von $\vec{a}$ sind, falls $r < 0$.

Ist $r = 0$, so ist $r \cdot \vec{a} = \vec{o}$ für alle Vektoren $\vec{a}$. Ist $\vec{a} = \vec{o}$, so ist $r \cdot \vec{a} = \vec{o}$ für alle $r \in \mathbb{R}$.

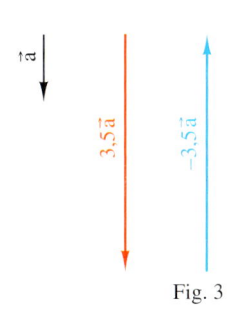

Fig. 3

Die Koordinaten von $r \cdot \vec{a}$ kann man berechnen, wenn man die Koordinaten von $\vec{a}$ und die reelle Zahl r kennt:

Satz 1: Für einen Vektor $\begin{pmatrix} a_1 \\ a_2 \end{pmatrix}$ bzw. $\begin{pmatrix} a_1 \\ a_2 \\ a_3 \end{pmatrix}$ und eine reelle Zahl r gilt:

$$\mathbf{r \cdot \begin{pmatrix} a_1 \\ a_2 \end{pmatrix} = \begin{pmatrix} r \cdot a_1 \\ r \cdot a_2 \end{pmatrix}} \quad \text{bzw.} \quad \mathbf{r \cdot \begin{pmatrix} a_1 \\ a_2 \\ a_3 \end{pmatrix} = \begin{pmatrix} r \cdot a_1 \\ r \cdot a_2 \\ r \cdot a_3 \end{pmatrix}}$$

Beweis: Ist wie in Fig. 4 $\overrightarrow{OA'} = r \cdot \overrightarrow{OA}$, $r \in \mathbb{R}$, $r > 1$, so gilt nach dem Strahlensatz:
$a_1' : a_1 = \overrightarrow{OA'} : \overrightarrow{OA} = r$ und $a_2' : a_2 = \overrightarrow{OA'} : \overrightarrow{OA} = r$.

Also ist $a_1' = r \cdot a_1$ und $a_2' = r \cdot a_2$, d.h.: $r \cdot \begin{pmatrix} a_1 \\ a_2 \end{pmatrix} = \begin{pmatrix} r \cdot a_1 \\ r \cdot a_2 \end{pmatrix}$ bzw. $r \cdot \begin{pmatrix} a_1 \\ a_2 \\ a_3 \end{pmatrix} = \begin{pmatrix} r \cdot a_1 \\ r \cdot a_2 \\ r \cdot a_3 \end{pmatrix}$.

Alle anderen Fälle zeigt man analog.

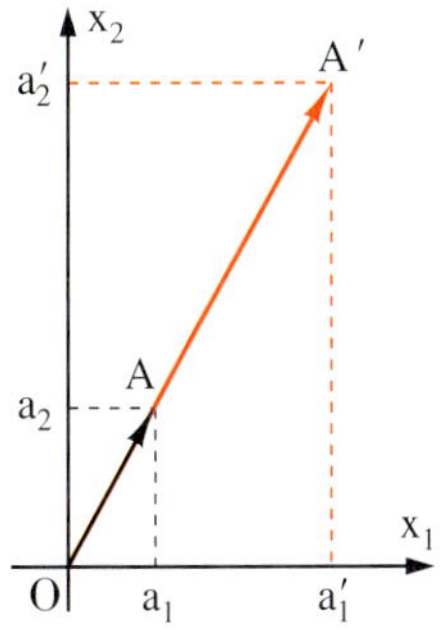

Fig. 4

37

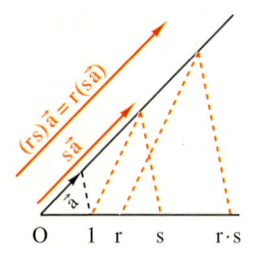

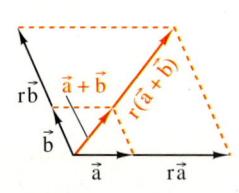

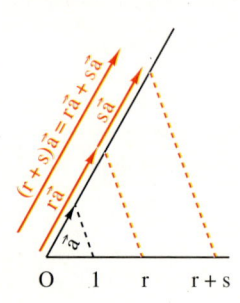

Für einen Vektor $\vec{a}$ und zwei reelle Zahlen r und s gilt bezüglich der Multiplikation das Assoziativgesetz $r \cdot (s \cdot \vec{a}) = (r \cdot s) \cdot \vec{a}$, denn für $\vec{a} = \begin{pmatrix} a_1 \\ a_2 \\ a_3 \end{pmatrix}$ ist

$$r \cdot (s \cdot \vec{a}) = r \cdot \left(s \cdot \begin{pmatrix} a_1 \\ a_2 \\ a_3 \end{pmatrix} \right) = r \cdot \begin{pmatrix} s \cdot a_1 \\ s \cdot a_2 \\ s \cdot a_3 \end{pmatrix} = \begin{pmatrix} r \cdot (s \cdot a_1) \\ r \cdot (s \cdot a_2) \\ r \cdot (s \cdot a_3) \end{pmatrix} = \begin{pmatrix} (r \cdot s) \cdot a_1 \\ (r \cdot s) \cdot a_2 \\ (r \cdot s) \cdot a_3 \end{pmatrix} = (r \cdot s) \cdot \begin{pmatrix} a_1 \\ a_2 \\ a_3 \end{pmatrix} = (r \cdot s) \cdot \vec{a}.$$

Für zwei Vektoren $\vec{a}, \vec{b}$ und zwei reelle Zahlen r, s gelten bezüglich der Multiplikation die Distributivgesetze, denn

für $\vec{a} = \begin{pmatrix} a_1 \\ a_2 \\ a_3 \end{pmatrix}$ und $\vec{b} = \begin{pmatrix} b_1 \\ b_2 \\ b_3 \end{pmatrix}$ ist

$$r \cdot (\vec{a} + \vec{b}) = r \cdot \left(\begin{pmatrix} a_1 \\ a_2 \\ a_3 \end{pmatrix} + \begin{pmatrix} b_1 \\ b_2 \\ b_3 \end{pmatrix} \right) = r \cdot \begin{pmatrix} a_1 + b_1 \\ a_2 + b_2 \\ a_3 + b_3 \end{pmatrix} = \begin{pmatrix} r \cdot (a_1 + b_1) \\ r \cdot (a_2 + b_2) \\ r \cdot (a_3 + b_3) \end{pmatrix} = \begin{pmatrix} r \cdot a_1 + r \cdot b_1 \\ r \cdot a_2 + r \cdot b_2 \\ r \cdot a_3 + r \cdot b_3 \end{pmatrix}$$

$$= \begin{pmatrix} r \cdot a_1 \\ r \cdot a_2 \\ r \cdot a_3 \end{pmatrix} + \begin{pmatrix} r \cdot b_1 \\ r \cdot b_2 \\ r \cdot b_3 \end{pmatrix} = r \cdot \begin{pmatrix} a_1 \\ a_2 \\ a_3 \end{pmatrix} + r \cdot \begin{pmatrix} b_1 \\ b_2 \\ b_3 \end{pmatrix} = r \cdot \vec{a} + r \cdot \vec{b},$$

$$(r + s) \cdot \vec{a} = (r + s) \cdot \begin{pmatrix} a_1 \\ a_2 \\ a_3 \end{pmatrix} = \begin{pmatrix} (r + s) \cdot a_1 \\ (r + s) \cdot a_2 \\ (r + s) \cdot a_3 \end{pmatrix} = \begin{pmatrix} r \cdot a_1 + s \cdot a_1 \\ r \cdot a_2 + s \cdot a_2 \\ r \cdot a_3 + s \cdot a_3 \end{pmatrix} = \begin{pmatrix} r \cdot a_1 \\ r \cdot a_2 \\ r \cdot a_3 \end{pmatrix} + \begin{pmatrix} s \cdot a_1 \\ s \cdot a_2 \\ s \cdot a_3 \end{pmatrix}$$

$$= r \cdot \begin{pmatrix} a_1 \\ a_2 \\ a_3 \end{pmatrix} + s \cdot \begin{pmatrix} a_1 \\ a_2 \\ a_3 \end{pmatrix} = r \cdot \vec{a} + s \cdot \vec{a}$$

Beachten Sie: Für Vektoren mit zwei Koordinaten gelten analoge Überlegungen.

Satz 2: Für alle Vektoren $\vec{a}, \vec{b}$ einer Ebene bzw. des Raumes und alle reellen Zahlen r, s gelten
$$\mathbf{r \cdot (s \cdot \vec{a}) = (r \cdot s) \cdot \vec{a}} \qquad \textbf{(Assoziativgesetz)} \quad \text{und}$$
$$\mathbf{r \cdot (\vec{a} + \vec{b}) = r \cdot \vec{a} + r \cdot \vec{b}}; \ \mathbf{(r + s) \cdot \vec{a} = r \cdot \vec{a} + s \cdot \vec{a}} \qquad \textbf{(Distributivgesetze)}$$

Ein Punkt mit zwei verschiedenen Bedeutungen:

$$r \cdot s$$
↑
Zahl mal Zahl
Zahl mal Vektor
↓
$$r \cdot \vec{a}$$

Einen Ausdruck wie $r_1 \cdot \vec{a_1} + r_2 \cdot \vec{a_2} + \ldots + r_n \cdot \vec{a_n}$ ($n \in \mathbb{N}$) nennt man eine **Linearkombination** der Vektoren $\vec{a_1}, \vec{a_2}, \ldots, \vec{a_n}$; die reellen Zahlen $r_1, r_2, \ldots, r_n$ heißen **Koeffizienten**.

Beispiel 1: (Vereinfachen)
Vereinfachen Sie.

a) $5 \cdot \begin{pmatrix} 0,2 \\ 1,6 \\ \frac{3}{5} \end{pmatrix}$
  b) $\frac{2}{3} \cdot \left(\frac{3}{2} \cdot \begin{pmatrix} 1 \\ 2 \\ 3 \end{pmatrix} \right)$
  c) $0,25 \cdot \vec{a} + 0,75 \cdot \vec{a}$
  d) $3 \cdot \begin{pmatrix} 2,7 \\ -8,2 \\ 0,4 \end{pmatrix} + 3 \cdot \begin{pmatrix} 1,3 \\ -1,8 \\ 0,6 \end{pmatrix}$

Lösung:

a) $5 \cdot \begin{pmatrix} 0,2 \\ 1,6 \\ \frac{3}{5} \end{pmatrix} = \begin{pmatrix} 5 \cdot 0,2 \\ 5 \cdot 1,6 \\ 5 \cdot \frac{3}{5} \end{pmatrix} = \begin{pmatrix} 1 \\ 8 \\ 3 \end{pmatrix}$

b) $\frac{2}{3} \cdot \left(\frac{3}{2} \cdot \begin{pmatrix} 1 \\ 2 \\ 3 \end{pmatrix} \right) = \left(\frac{2}{3} \cdot \frac{3}{2} \right) \cdot \begin{pmatrix} 1 \\ 2 \\ 3 \end{pmatrix} = 1 \cdot \begin{pmatrix} 1 \\ 2 \\ 3 \end{pmatrix} = \begin{pmatrix} 1 \\ 2 \\ 3 \end{pmatrix}$

c) $0,25 \cdot \vec{a} + 0,75 \cdot \vec{a} = (0,25 + 0,75) \cdot \vec{a} = 1 \cdot \vec{a} = \vec{a}$

d) $3 \cdot \begin{pmatrix} 2,7 \\ -8,2 \\ 0,4 \end{pmatrix} + 3 \cdot \begin{pmatrix} 1,3 \\ -1,8 \\ 0,6 \end{pmatrix} = 3 \cdot \begin{pmatrix} 2,7 + 1,3 \\ -8,2 + (-1,8) \\ 0,4 + 0,6 \end{pmatrix} = 3 \cdot \begin{pmatrix} 4 \\ -10 \\ 1 \end{pmatrix} = \begin{pmatrix} 3 \cdot 4 \\ 3 \cdot (-10) \\ 3 \cdot 1 \end{pmatrix} = \begin{pmatrix} 12 \\ -30 \\ 3 \end{pmatrix}$

Beispiel 2: (Linearkombination)

Stellen Sie $\vec{a} = \begin{pmatrix} 4 \\ 2 \\ 1 \end{pmatrix}$ als Linearkombination der Vektoren $\begin{pmatrix} 1 \\ 2 \\ 1 \end{pmatrix}, \begin{pmatrix} 1 \\ 1 \\ 0 \end{pmatrix}, \begin{pmatrix} 0 \\ 2 \\ 3 \end{pmatrix}$ dar.

Lösung:

Es sind Koeffizienten u, v, w gesucht, sodass gilt: $u \cdot \begin{pmatrix} 1 \\ 2 \\ 1 \end{pmatrix} + v \cdot \begin{pmatrix} 1 \\ 1 \\ 0 \end{pmatrix} + w \cdot \begin{pmatrix} 0 \\ 2 \\ 3 \end{pmatrix} = \begin{pmatrix} 4 \\ 2 \\ 1 \end{pmatrix}$.

Aus der Vektorgleichung $\begin{pmatrix} 1u + 1v + 0w \\ 2u + 1v + 2w \\ 1u + 0v + 3w \end{pmatrix} = \begin{pmatrix} 4 \\ 2 \\ 1 \end{pmatrix}$

erhält man das LGS $\begin{cases} u + v + 0 = 4 \\ 2u + v + 2w = 2 \\ u + 0 + 3w = 1 \end{cases}$.

Dieses LGS hat die Lösungsmenge
L = {(−8; 12; 3)}.

Somit gilt: $\begin{pmatrix} 4 \\ 2 \\ 1 \end{pmatrix} = -8 \cdot \begin{pmatrix} 1 \\ 2 \\ 1 \end{pmatrix} + 12 \cdot \begin{pmatrix} 1 \\ 1 \\ 0 \end{pmatrix} + 3 \cdot \begin{pmatrix} 0 \\ 2 \\ 3 \end{pmatrix}$.

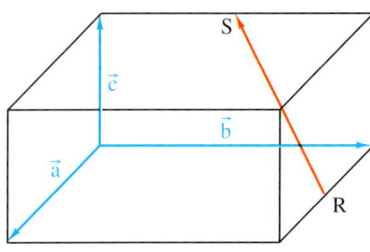

Fig. 1

Beispiel 3:

R und S sind Kantenmitten des Quaders von Fig. 1.
Stellen Sie den Vektor $\overrightarrow{RS}$ als Linearkombination der Vektoren $\vec{a}$, $\vec{b}$ und $\vec{c}$ dar.

Lösung:

Man „sucht" einen „Vektorweg", der von R nach S führt.
Eine Möglichkeit ist (Fig. 2):
$\overrightarrow{RS} = -0{,}5\,\vec{a} + \vec{c} - 0{,}5\,\vec{b} = -0{,}5\,\vec{a} - 0{,}5\,\vec{b} + \vec{c}$.

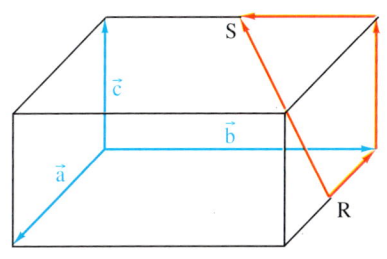

Fig. 2

Aufgaben

2 Berechnen Sie die Koordinaten des Vektors

a) $7\begin{pmatrix} 1 \\ 2 \\ 5 \end{pmatrix}$,   b) $(-3)\begin{pmatrix} 1 \\ 0 \\ 11 \end{pmatrix}$,   c) $(-5)\begin{pmatrix} -2 \\ 1 \\ -1 \end{pmatrix}$,   d) $\frac{1}{2}\begin{pmatrix} 4 \\ 6 \\ 8 \end{pmatrix}$,   e) $\left(-\frac{3}{4}\right)\begin{pmatrix} 10 \\ 11 \\ 12 \end{pmatrix}$,   f) $0\begin{pmatrix} 1 \\ 2 \\ 3 \end{pmatrix}$.

3 Schreiben Sie als Produkt aus einer reellen Zahl und einem Vektor mit ganzzahligen Koordinaten.

a) $\begin{pmatrix} \frac{1}{2} \\ 3 \\ \frac{1}{4} \end{pmatrix}$ b) $\begin{pmatrix} 5 \\ \frac{2}{5} \\ \frac{3}{2} \end{pmatrix}$ c) $\begin{pmatrix} -8 \\ 12 \\ 36 \end{pmatrix}$ d) $\begin{pmatrix} 39 \\ 0 \\ -52 \end{pmatrix}$ e) $\begin{pmatrix} 12 \\ -\frac{5}{6} \\ -\frac{1}{8} \end{pmatrix}$ f) $\begin{pmatrix} \frac{3}{11} \\ -\frac{5}{22} \\ \frac{7}{33} \end{pmatrix}$

4 Vereinfachen Sie.

a) $7\,\vec{a} + 5\,\vec{a}$ b) $13\,\vec{c} - \vec{c} + 6\,\vec{c}$
c) $3\,\vec{d} - 4\,\vec{e} + 7\,\vec{d} - 6\,\vec{e}$ d) $2{,}5\,\vec{u} - 3{,}7\,\vec{v} - 5{,}2\,\vec{u} + \vec{v}$
e) $6{,}3\,\vec{a} + 7{,}4\,\vec{b} - 2{,}8\,\vec{c} + 17{,}5\,\vec{a} - 9{,}3\,\vec{c} + \vec{b} - \vec{a} + \vec{c}$

5 a) $2(\vec{a} + \vec{b}) + \vec{a}$ b) $-3(\vec{x} + \vec{y})$ c) $-(\vec{u} - \vec{v})$
d) $-(-\vec{a} - \vec{b})$ e) $3(2\,\vec{a} + 4\,\vec{b})$ f) $-4(\vec{a} - \vec{b}) - \vec{b} + \vec{a}$
g) $3(\vec{a} + 2(\vec{a} + \vec{b}))$ h) $6(\vec{a} - \vec{b}) + 4(\vec{a} + \vec{b})$ i) $7\,\vec{u} + 5(\vec{u} - 2(\vec{u} + \vec{v}))$

39

6 Berechnen Sie.

a) $2\begin{pmatrix} 1 \\ -2 \\ 1 \end{pmatrix} + 3\begin{pmatrix} -1 \\ 2 \\ -3 \end{pmatrix}$
b) $3\begin{pmatrix} 4 \\ 2 \\ -1 \end{pmatrix} + 7\begin{pmatrix} 4 \\ -2 \\ 1 \end{pmatrix}$
c) $3\begin{pmatrix} 4 \\ 2 \\ -1 \end{pmatrix} + 7\begin{pmatrix} 4 \\ 2 \\ -1 \end{pmatrix}$
d) $\begin{pmatrix} 5 \\ 6 \\ 7 \end{pmatrix} + (-1)\begin{pmatrix} 0 \\ 2 \\ 4 \end{pmatrix}$

e) $3\begin{pmatrix} -1 \\ 4 \\ 2 \end{pmatrix} - 2\begin{pmatrix} -2 \\ 4 \\ 1 \end{pmatrix} + 3\begin{pmatrix} -1 \\ 4 \\ 2 \end{pmatrix}$
f) $4\begin{pmatrix} 0,5 \\ 3 \\ 1 \end{pmatrix} + 2\begin{pmatrix} 1 \\ 6 \\ 2 \end{pmatrix} + 3\begin{pmatrix} 0,8 \\ 2 \\ 3 \end{pmatrix}$

g) $2\begin{pmatrix} -2 \\ -3,5 \\ \frac{1}{2} \end{pmatrix} + 4\begin{pmatrix} 2 \\ -1 \\ 2 \end{pmatrix} + 3\begin{pmatrix} 2 \\ 3,5 \\ -\frac{1}{2} \end{pmatrix}$
h) $4\begin{pmatrix} \frac{1}{2} \\ 0,5 \\ \frac{2}{5} \end{pmatrix} + 6\begin{pmatrix} \frac{1}{3} \\ -0,3 \\ 0,2 \end{pmatrix} - 2\begin{pmatrix} 1 \\ 1 \\ \frac{1}{2} \end{pmatrix}$

7 Stellen Sie die Linearkombination wie in Fig. 1 zeichnerisch dar.

a) $2\begin{pmatrix} 1 \\ 2 \end{pmatrix} + 3\begin{pmatrix} 2 \\ 0 \end{pmatrix}$
b) $4\begin{pmatrix} 1 \\ 1 \end{pmatrix} - 2\begin{pmatrix} 1 \\ 3 \end{pmatrix}$

c) $3\begin{pmatrix} -1 \\ -2 \end{pmatrix} + 2\begin{pmatrix} 1 \\ -3 \end{pmatrix}$
d) $\frac{3}{2}\begin{pmatrix} 4 \\ 3 \end{pmatrix} + \frac{1}{2}\begin{pmatrix} 6 \\ 5 \end{pmatrix}$

e) $-\begin{pmatrix} 4 \\ 5 \end{pmatrix} + 4\begin{pmatrix} 1 \\ 2 \end{pmatrix}$
f) $0,5\begin{pmatrix} 3 \\ 7 \end{pmatrix} - 1,5\begin{pmatrix} 9 \\ 2 \end{pmatrix}$

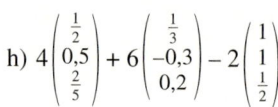
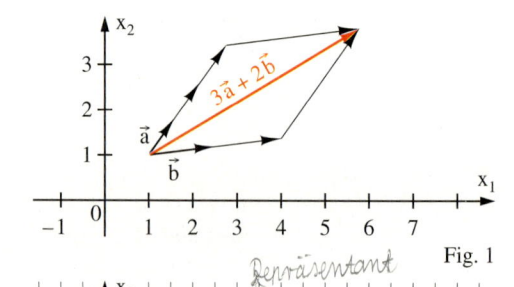

Fig. 1

8 Bestimmen Sie die Koordinaten der Vektoren in Fig. 2. Bestimmen Sie zeichnerisch und rechnerisch die Linearkombination:

a) $\vec{a} + \vec{b}$,
b) $\vec{b} - \vec{a}$,
c) $\vec{a} + 2\vec{b}$,
d) $\vec{b} - 2\vec{a}$,
e) $3\vec{c} - 4\vec{d}$,
f) $\vec{a} + \vec{b} - \vec{c}$,
g) $2\vec{a} - 2\vec{c} + 2\vec{d}$,
h) $\vec{a} + \vec{b} + \vec{c} + \vec{d}$,
i) $0,5\vec{a} - \vec{b} + \vec{c} + 2\vec{d}$,
j) $\vec{a} - 2\vec{b} + 3\vec{c} - 4\vec{d}$.

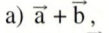
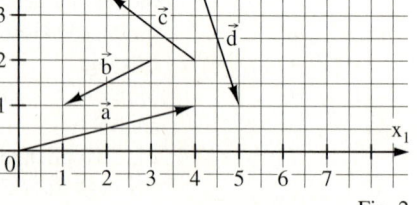

Fig. 2

9 Bestimmen Sie, falls möglich, eine reelle Zahl x, sodass gilt:

a) $\begin{pmatrix} 8 \\ 4 \end{pmatrix} = x\begin{pmatrix} 2 \\ 1 \end{pmatrix}$,
b) $\begin{pmatrix} 3 \\ 0 \end{pmatrix} = x\begin{pmatrix} 2 \\ 0 \end{pmatrix}$,
c) $\begin{pmatrix} 3 \\ 1 \end{pmatrix} = x\begin{pmatrix} 2 \\ 5 \end{pmatrix}$,
d) $\begin{pmatrix} 2 \\ 3 \end{pmatrix} = x\begin{pmatrix} 1 \\ 1 \end{pmatrix}$,

e) $\begin{pmatrix} 1 \\ 2 \\ 3 \end{pmatrix} = x\begin{pmatrix} -2 \\ -4 \\ -6 \end{pmatrix}$,
f) $\begin{pmatrix} 1 \\ 1 \\ 1 \end{pmatrix} = x\begin{pmatrix} 17 \\ 0 \\ 13 \end{pmatrix}$,
g) $\begin{pmatrix} 2 \\ 4 \\ 6 \end{pmatrix} = x\begin{pmatrix} 0,1 \\ 0,2 \\ 0,3 \end{pmatrix}$,
h) $\begin{pmatrix} 3 \\ 7 \\ 8 \end{pmatrix} = x\begin{pmatrix} 2 \\ 5 \\ 9 \end{pmatrix}$,

i) $\begin{pmatrix} 2 \\ 3 \\ 4 \end{pmatrix} = 2\begin{pmatrix} 1 \\ x \\ 2 \end{pmatrix}$,
j) $\begin{pmatrix} 9 \\ 12 \\ 15 \end{pmatrix} = 3\begin{pmatrix} x \\ 2x \\ 3x \end{pmatrix}$,
k) $\begin{pmatrix} 8 \\ 0 \\ 10 \end{pmatrix} = x\begin{pmatrix} 9 \\ 7 \\ 4 \end{pmatrix} - x\begin{pmatrix} 5 \\ 7 \\ -1 \end{pmatrix}$.

10 Bestimmen Sie, falls möglich, reelle Zahlen r und s, sodass gilt:

a) $\begin{pmatrix} 4 \\ 5 \end{pmatrix} + r\begin{pmatrix} -3 \\ 2 \end{pmatrix} = s\begin{pmatrix} 1 \\ 0 \end{pmatrix}$,
b) $\begin{pmatrix} 2 \\ 5 \end{pmatrix} = r\begin{pmatrix} 1 \\ 1 \end{pmatrix} + s\begin{pmatrix} 1 \\ 2 \end{pmatrix}$,
c) $\begin{pmatrix} 1 \\ 2 \\ 3 \end{pmatrix} + r\begin{pmatrix} 3 \\ 0 \\ -1 \end{pmatrix} = s\begin{pmatrix} 5 \\ 1 \\ 0 \end{pmatrix}$,
d) $\begin{pmatrix} 1 \\ 6 \\ 10 \end{pmatrix} = r\begin{pmatrix} 1 \\ 2 \\ 5 \end{pmatrix} + s\begin{pmatrix} 1 \\ 1 \\ 0 \end{pmatrix}$.

11 Stellen Sie zeichnerisch, wie in Fig. 3, und rechnerisch den Vektor als Linearkombination von $\vec{a} = \begin{pmatrix} 2 \\ 1 \end{pmatrix}$ und $\vec{b} = \begin{pmatrix} 1 \\ 3 \end{pmatrix}$ dar.

a) $\begin{pmatrix} 3 \\ 4 \end{pmatrix}$
b) $\begin{pmatrix} 6 \\ 8 \end{pmatrix}$
c) $\begin{pmatrix} 5 \\ 5 \end{pmatrix}$
d) $\begin{pmatrix} 1 \\ -2 \end{pmatrix}$

e) $\begin{pmatrix} 4 \\ -3 \end{pmatrix}$
f) $\begin{pmatrix} -3 \\ -4 \end{pmatrix}$
g) $\begin{pmatrix} 2 \\ 6 \end{pmatrix}$
h) $\begin{pmatrix} -4 \\ -2 \end{pmatrix}$

i) $\begin{pmatrix} 0 \\ 3 \end{pmatrix}$
j) $\begin{pmatrix} 3 \\ 0 \end{pmatrix}$
k) $\begin{pmatrix} 1 \\ 1 \end{pmatrix}$
l) $\begin{pmatrix} -3 \\ -3 \end{pmatrix}$

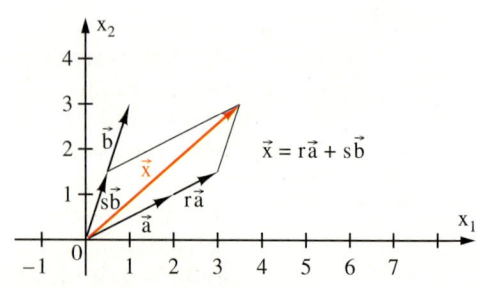

Fig. 3

12 Stellen Sie jeden der drei Vektoren als Linearkombination der beiden anderen dar.

a) $\begin{pmatrix} 2 \\ -1 \end{pmatrix}$, $\begin{pmatrix} 3 \\ 4 \end{pmatrix}$, $\begin{pmatrix} -1 \\ 3 \end{pmatrix}$ b) $\begin{pmatrix} 1 \\ -1 \end{pmatrix}$, $\begin{pmatrix} 3 \\ 2 \end{pmatrix}$, $\begin{pmatrix} -2 \\ -8 \end{pmatrix}$ c) $\begin{pmatrix} 1{,}5 \\ -1 \end{pmatrix}$, $\begin{pmatrix} 3 \\ 2 \end{pmatrix}$, $\begin{pmatrix} -3 \\ -10 \end{pmatrix}$

13 Stellen Sie den Vektor als Linearkombination der Vektoren $\begin{pmatrix} 1 \\ 0 \\ 0 \end{pmatrix}$, $\begin{pmatrix} 1 \\ 1 \\ 0 \end{pmatrix}$, $\begin{pmatrix} 1 \\ 1 \\ 1 \end{pmatrix}$ dar.

a) $\begin{pmatrix} 2 \\ 4 \\ 1 \end{pmatrix}$ b) $\begin{pmatrix} 7 \\ 5 \\ 1 \end{pmatrix}$ c) $\begin{pmatrix} -2 \\ 5 \\ 13 \end{pmatrix}$ d) $\begin{pmatrix} 0 \\ 5 \\ -5 \end{pmatrix}$ e) $\begin{pmatrix} 0 \\ 0 \\ 0 \end{pmatrix}$ f) $\begin{pmatrix} 3 \\ 9 \\ 12 \end{pmatrix}$ g) $\begin{pmatrix} 17 \\ 12 \\ -11 \end{pmatrix}$ h) $\begin{pmatrix} 20 \\ 30 \\ 45 \end{pmatrix}$

14 Geben Sie im Parallelogramm in Fig. 1 die Vektoren $\overrightarrow{MA}$, $\overrightarrow{MB}$, $\overrightarrow{MC}$, $\overrightarrow{MD}$ als Linearkombination der Vektoren $\vec{a} = \overrightarrow{AB}$ und $\vec{b} = \overrightarrow{AD}$ an.

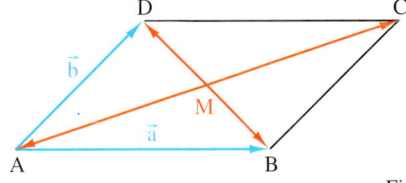
Fig. 1

15 In Fig. 2 sind M_a, M_b, M_c die Mittelpunkte der Dreiecksseiten. Drücken Sie die Vektoren $\overrightarrow{AM_a}$, $\overrightarrow{BM_b}$, $\overrightarrow{CM_c}$ als Linearkombination der Vektoren $\vec{u} = \overrightarrow{AB}$ und $\vec{v} = \overrightarrow{AC}$ aus.

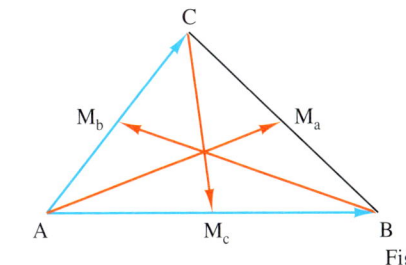
Fig. 2

16 Drücken Sie die Vektoren $\overrightarrow{BC}$, $\overrightarrow{BD}$, $\overrightarrow{CD}$, die durch die dreiseitige Pyramide in Fig. 3 gegeben sind, als Linearkombination der Vektoren $\vec{b}$, $\vec{c}$ und $\vec{d}$ aus.

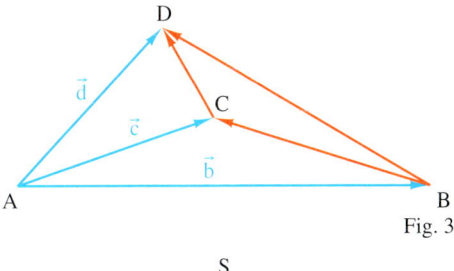
Fig. 3

17 Drücken Sie die Vektoren $\overrightarrow{SD}$, $\overrightarrow{AB}$, $\overrightarrow{BC}$, $\overrightarrow{DA}$, $\overrightarrow{CD}$, die durch die quadratische Pyramide in Fig. 4 gegeben sind, als Linearkombination der Vektoren $\overrightarrow{SA}$, $\overrightarrow{SB}$ und $\overrightarrow{SC}$ aus.

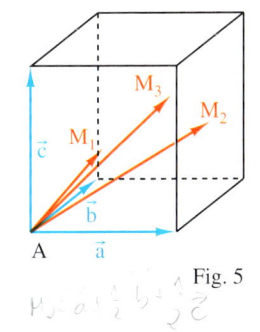
Fig. 5

18 In Fig. 5 sind M_1, M_2 und M_3 die Mittelpunkte der „vorderen", „rechten" und „hinteren" Seitenfläche des Quaders. Stellen Sie die Vektoren $\overrightarrow{AM_1}$, $\overrightarrow{AM_2}$, $\overrightarrow{AM_3}$ als Linearkombination der Vektoren $\vec{a}$, $\vec{b}$ und $\vec{c}$ dar.

19 Die Punkte A, B, C, D mit $A(7|7|7)$, $B(3|2|1)$, $C(4|5|6)$ liegen in einer Ebene und sind die Ecken eines Parallelogramms. Bestimmen Sie die Koordinaten des Diagonalenschnittpunktes M des Parallelogramms.

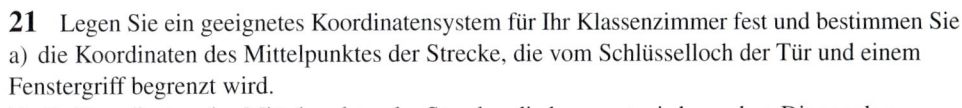
Fig. 4

20 Bestimmen Sie die Koordinaten der Seitenmitten des Dreiecks ABC mit $A(1|1|0)$, $B(0|2|2)$ und $C(3|0|3)$. Fertigen Sie dann eine Zeichnung an.

Um die Aufgabe 21 zu lösen, sollte man sich im Klassenzimmer aufhalten.

21 Legen Sie ein geeignetes Koordinatensystem für Ihr Klassenzimmer fest und bestimmen Sie
a) die Koordinaten des Mittelpunktes der Strecke, die vom Schlüsselloch der Tür und einem Fenstergriff begrenzt wird.
b) die Koordinaten des Mittelpunktes der Strecke, die begrenzt wird von dem Diagonalenschnittpunkt einer Wand und dem Diagonalenschnittpunkt der Decke.

41

5 Lineare Abhängigkeit und Unabhängigkeit von Vektoren

1 Betrachtet werden die Vektoren in Fig. 1.

a) Kann man den Vektor $\vec{a}$ durch den Vektor $\vec{b}$ ausdrücken?

b) Kann man den Vektor $\vec{c}$ durch den Vektor $\vec{d}$ ausdrücken?

c) Gibt es Vektoren der Ebene von Fig. 1, die man nicht als Linearkombination der Vektoren $\vec{c}$ und $\vec{d}$ darstellen kann?

d) Gibt es einen Vektor der Ebene von Fig. 1, den man mit zwei verschiedenen Linearkombinationen der Vektoren $\vec{c}$ und $\vec{d}$ darstellen kann?

Begründen Sie Ihre Antworten.

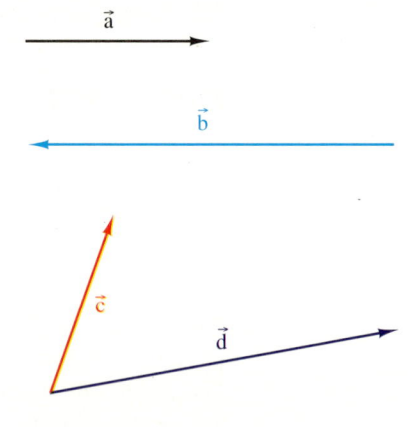

Fig. 1

Für die Vektoren in Fig. 2 gilt:

Der Vektor $\vec{c}$ kann als ein Vielfaches des Vektors $\vec{a}$ dargestellt werden:

$\vec{c} = 2 \cdot \vec{a}$.

Der Vektor $\vec{d}$ kann als Linearkombination der Vektoren $\vec{a}$ und $\vec{b}$ dargestellt werden:

$\vec{d} = 2 \cdot \vec{a} + 3 \cdot \vec{b}$.

Man sagt:

Die Vektoren $\vec{a}$ und $\vec{c}$ bzw. die Vektoren $\vec{a}$, $\vec{b}$ und $\vec{d}$ sind voneinander linear abhängig.

Fig. 2

Statt **voneinander linear abhängig** *sagt man auch kurz* **linear abhängig**.

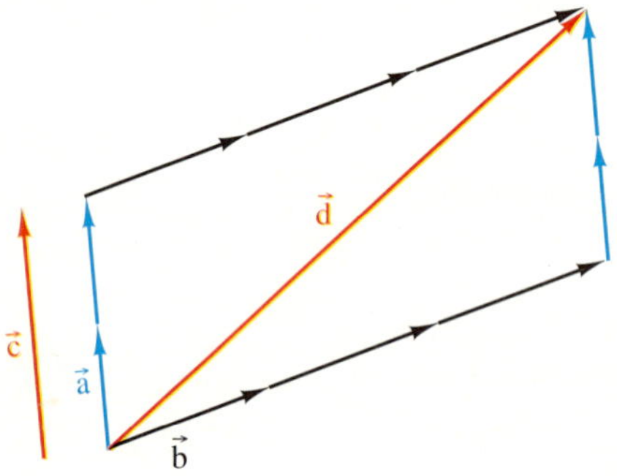

Allgemein gilt die

Zwei Vektoren sind genau dann linear abhängig, wenn ihre Pfeile zueinander parallel sind. Man sagt in diesem Fall deshalb auch:
Die Vektoren sind **kollinear**.

> **Definition:** Die Vektoren $\vec{a_1}$, $\vec{a_2}$, ..., $\vec{a_n}$ heißen voneinander **linear abhängig**, wenn mindestens einer dieser Vektoren als Linearkombination der anderen Vektoren darstellbar ist.
>
> Andernfalls heißen die Vektoren voneinander **linear unabhängig**.

Drei Vektoren sind genau dann linear abhängig, wenn es von jedem Vektor einen Pfeil gibt, sodass diese drei Pfeile in einer Ebene liegen.
Man sagt in diesem Fall deshalb auch:
Die Vektoren sind **komplanar**.

Beachten Sie:

Sind mehrere Vektoren linear abhängig, so muss nicht jeder dieser Vektoren als Linearkombination der anderen darstellbar sein, z. B.:

Die Vektoren $\vec{a}$, $\vec{b}$, $\vec{c}$ in Fig. 2 sind linear abhängig, denn: $\vec{c} = 2 \cdot \vec{a} + 0 \cdot \vec{b}$,

aber: $\vec{b}$ kann nicht als Linearkombination von $\vec{a}$ und $\vec{c}$ dargestellt werden.

Für die Vektoren in einer Ebene gilt (Fig. 2):

a) Es sind höchstens zwei Vektoren einer Ebene linear unabhängig.

b) Ein Vektor einer Ebene kann stets als Linearkombination zweier linear unabhängiger Vektoren dieser Ebene dargestellt werden. In Fig. 2 kann jeder Vektor als Linearkombination der Vektoren $\vec{a}$ und $\vec{b}$ dargestellt werden.

Für Vektoren des Raumes gilt (Fig. 1):
a) Es sind höchstens drei Vektoren des Raumes linear unabhängig.
b) Ein Vektor des Raumes kann stets als Linearkombination dreier linear unabhängiger Vektoren dargestellt werden.

Mithilfe eines linearen Gleichungssystems kann man prüfen, ob Vektoren linear abhängig oder linear unabhängig sind, denn es gilt der

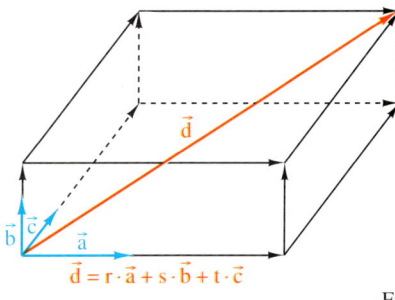

$$\vec{d} = r \cdot \vec{a} + s \cdot \vec{b} + t \cdot \vec{c}$$

Fig. 1

*So liest man
„. . . genau dann,
wenn. . .“
richtig:
„A gilt **genau dann, wenn**
B gilt“ meint:
„Wenn A gilt, dann gilt
auch B“
und
„Wenn B gilt, dann gilt
auch A“.*

> **Satz:** Die Vektoren $\vec{a_1}, \vec{a_2}, \ldots, \vec{a_n}$ sind genau dann linear unabhängig, wenn die Gleichung $r_1 \cdot \vec{a_1} + r_2 \cdot \vec{a_2} + \ldots + r_n \cdot \vec{a_n} = \vec{o}$ $(r_1, r_2, \ldots, r_n \in \mathbb{R})$ genau eine Lösung mit $r_1 = r_2 = \ldots = r_n = 0$ besitzt.

Beweis:
1. Wenn die Vektoren $\vec{a_1}, \vec{a_2}, \ldots, \vec{a_n}$ linear unabhängig sind, dann ist $r_1 = r_2 = \ldots = r_n = 0$ die einzige Lösung der Gleichung $r_1 \cdot \vec{a_1} + r_2 \cdot \vec{a_2} + \ldots + r_n \cdot \vec{a_n} = \vec{o}$, denn:
Gäbe es eine Lösung der Gleichung $r_1 \cdot \vec{a_1} + r_2 \cdot \vec{a_2} + \ldots + r_n \cdot \vec{a_n} = \vec{o}$, bei der mindestens ein r_i (i = 1, 2, \ldots, n) nicht 0 ist, z. B. $r_1 \neq 0$, so könnte man den Vektor $\vec{a_1}$ als Linearkombination der anderen Vektoren darstellen; z. B. $\vec{a_1} = s_2 \cdot \vec{a_2} + \ldots + s_n \cdot \vec{a_n}$ mit $s_i = -\frac{r_i}{r_1}$ (i = 2, \ldots, n).

Dies ist jedoch nicht möglich, weil die Vektoren $\vec{a_1}, \vec{a_2}, \ldots, \vec{a_n}$ linear unabhängig sind. Also ist $r_1 = r_2 = \ldots = r_n = 0$ die einzige Lösung der Gleichung $r_1 \cdot \vec{a_1} + r_2 \cdot \vec{a_2} + \ldots + r_n \cdot \vec{a_n} = \vec{o}$.
2. Wenn $r_1 = r_2 = \ldots = r_n = 0$ die einzige Lösung von $r_1 \cdot \vec{a_1} + r_2 \cdot \vec{a_2} + \ldots + r_n \cdot \vec{a_n} = \vec{o}$ ist, dann sind die Vektoren $\vec{a_1}, \vec{a_2}, \ldots, \vec{a_n}$ linear unabhängig, denn:
Könnte man einen der Vektoren $\vec{a_1}, \vec{a_2}, \ldots, \vec{a_n}$ als Linearkombination der anderen darstellen, z. B. $\vec{a_1} = s_2 \cdot \vec{a_2} + s_3 \cdot \vec{a_3} + \ldots + s_n \cdot \vec{a_n}$ mit $s_i \in \mathbb{R}$; i = 2, 3, \ldots, n,
so folgte: $(-1) \cdot \vec{a_1} + s_2 \cdot \vec{a_2} + s_3 \cdot \vec{a_3} + \ldots + s_n \cdot \vec{a_n} = \vec{o}$.
Dies ist jedoch nicht möglich, weil $r_1 = r_2 = \ldots = r_n = 0$ die einzige Lösung der Gleichung $r_1 \cdot \vec{a_1} + r_2 \cdot \vec{a_2} + \ldots + r_n \cdot \vec{a_n} = \vec{o}$ ist. Also sind die Vektoren $\vec{a_1}, \vec{a_2}, \ldots, \vec{a_n}$ linear unabhängig.

Beispiel 1:

Entscheiden Sie, ob die Vektoren $\begin{pmatrix} 2 \\ 1 \end{pmatrix}, \begin{pmatrix} 1 \\ 3 \end{pmatrix}$ linear abhängig oder linear unabhängig sind.

Lösung:

1. Möglichkeit:

Die beiden Vektoren sind linear unabhängig, denn:

Der Vektor $\begin{pmatrix} 1 \\ 3 \end{pmatrix}$ ist kein Vielfaches des Vektors $\begin{pmatrix} 2 \\ 1 \end{pmatrix}$, weil **0,5** $\cdot 2 = 1$ und **0,5** $\cdot 1 \neq 3$.

2. Möglichkeit:

Bestimmen Sie die Lösungsmenge der Gleichung $r \cdot \begin{pmatrix} 2 \\ 1 \end{pmatrix} + s \cdot \begin{pmatrix} 1 \\ 3 \end{pmatrix} = \begin{pmatrix} 0 \\ 0 \end{pmatrix}$:

$\text{I} \begin{cases} 2r + s = 0 \\ r + 3s = 0 \end{cases}$, also $\begin{cases} 2r + s = 0 \\ 5s = 0 \end{cases}$, also $\begin{cases} 2r + s = 0 \\ s = 0 \end{cases}$, also $\begin{cases} r = 0 \\ s = 0 \end{cases}$.

II $2\text{II} - \text{I}$

$L = \{(0; 0)\}$

Die beiden Vektoren sind linear unabhängig.

Beispiel 2:

Sind die Vektoren linear abhängig oder linear unabhängig? Stellen Sie, falls möglich, einen Vektor als Linearkombination der anderen dar.

a) $\begin{pmatrix} 1 \\ -1 \\ 2 \end{pmatrix}$, $\begin{pmatrix} 3 \\ 0 \\ 1 \end{pmatrix}$, $\begin{pmatrix} 2 \\ 2 \\ -1 \end{pmatrix}$
b) $\begin{pmatrix} 1 \\ 2 \\ -3 \end{pmatrix}$, $\begin{pmatrix} 4 \\ 0 \\ 1 \end{pmatrix}$, $\begin{pmatrix} 2 \\ -4 \\ 7 \end{pmatrix}$
c) $\begin{pmatrix} 1 \\ 2 \\ 3 \end{pmatrix}$, $\begin{pmatrix} 0 \\ 0 \\ 0 \end{pmatrix}$, $\begin{pmatrix} 2 \\ -4 \\ 7 \end{pmatrix}$

Lösung:

a) Bestimmung der Anzahl der Lösungen: $r_1 \cdot \begin{pmatrix} 1 \\ -1 \\ 2 \end{pmatrix} + r_2 \cdot \begin{pmatrix} 3 \\ 0 \\ 1 \end{pmatrix} + r_3 \cdot \begin{pmatrix} 2 \\ 2 \\ -1 \end{pmatrix} = \begin{pmatrix} 0 \\ 0 \\ 0 \end{pmatrix}$

$$\begin{cases} r_1 + 3r_2 + 2r_3 = 0 \\ -r_1 \quad\;\; + 2r_3 = 0, \\ 2r_1 + \;\; r_2 - \;\; r_3 = 0 \end{cases} \text{also} \begin{cases} r_1 + 3r_2 + 2r_3 = 0 \\ 3r_2 + 4r_3 = 0, \\ -5r_2 - 5r_3 = 0 \end{cases} \text{also} \begin{cases} r_1 + 3r_2 + 2r_3 = 0 \\ 3r_2 + 4r_3 = 0. \\ 5r_3 = 0 \end{cases}$$

$(0|0|0)$ ist die einzige Lösung; die drei Vektoren sind linear unabhängig.

b) Bestimmung der Anzahl der Lösungen: $r_1 \cdot \begin{pmatrix} 1 \\ 2 \\ -3 \end{pmatrix} + r_2 \cdot \begin{pmatrix} 4 \\ 0 \\ 1 \end{pmatrix} + r_3 \cdot \begin{pmatrix} 2 \\ -4 \\ 7 \end{pmatrix} = \begin{pmatrix} 0 \\ 0 \\ 0 \end{pmatrix}$

$$\begin{cases} r_1 + 4r_2 + 2r_3 = 0 \\ 2r_1 \quad\;\; - 4r_3 = 0, \\ -3r_1 + \;\; r_2 + 7r_3 = 0 \end{cases} \text{also} \begin{cases} r_1 + 4r_2 + 2r_3 = 0 \\ -8r_2 - 8r_3 = 0, \\ 13r_2 + 13r_3 = 0 \end{cases} \text{also} \begin{cases} r_1 + 4r_2 + 2r_3 = 0 \\ r_2 + \;\; r_3 = 0. \\ 0 = 0 \end{cases}$$

Das LGS hat unendlich viele Lösungen, d.h. die drei Vektoren sind linear abhängig. Setzt man z.B. $r_2 = 1$, so erhält man $(-2; 1; -1)$ als eine der Lösungen des LGS.

Also ist $(-2) \cdot \begin{pmatrix} 1 \\ 2 \\ -3 \end{pmatrix} + 1 \cdot \begin{pmatrix} 4 \\ 0 \\ 1 \end{pmatrix} + (-1) \cdot \begin{pmatrix} 2 \\ -4 \\ 7 \end{pmatrix} = \begin{pmatrix} 0 \\ 0 \\ 0 \end{pmatrix}$

und somit $\begin{pmatrix} 4 \\ 0 \\ 1 \end{pmatrix} = 2 \cdot \begin{pmatrix} 1 \\ 2 \\ -3 \end{pmatrix} + 1 \cdot \begin{pmatrix} 2 \\ -4 \\ 7 \end{pmatrix}$.

c) Die Vektoren sind linear abhängig, denn: $\begin{pmatrix} 0 \\ 0 \\ 0 \end{pmatrix} = 0 \cdot \begin{pmatrix} 1 \\ 2 \\ 3 \end{pmatrix} + 0 \cdot \begin{pmatrix} 2 \\ -4 \\ 7 \end{pmatrix}$.

Aufgaben

2 Entscheiden Sie, ob die Vektoren linear abhängig oder linear unabhängig sind.

a) $\begin{pmatrix} 2 \\ 1 \end{pmatrix}$, $\begin{pmatrix} 4 \\ 2 \end{pmatrix}$
b) $\begin{pmatrix} 3 \\ 9 \end{pmatrix}$, $\begin{pmatrix} -1 \\ -3 \end{pmatrix}$
c) $\begin{pmatrix} 2 \\ -1 \end{pmatrix}$, $\begin{pmatrix} 1 \\ -2 \end{pmatrix}$
d) $\begin{pmatrix} 4 \\ 5 \end{pmatrix}$, $\begin{pmatrix} 0 \\ 0 \end{pmatrix}$

e) $\begin{pmatrix} 6 \\ 5 \end{pmatrix}$, $\begin{pmatrix} 12 \\ 11 \end{pmatrix}$
f) $\begin{pmatrix} 1 \\ 2 \\ 3 \end{pmatrix}$, $\begin{pmatrix} 2 \\ 4 \\ 6 \end{pmatrix}$
g) $\begin{pmatrix} 2 \\ -1 \\ 4 \end{pmatrix}$, $\begin{pmatrix} 3 \\ 5 \\ 7 \end{pmatrix}$
h) $\begin{pmatrix} 0 \\ 0 \\ 0 \end{pmatrix}$, $\begin{pmatrix} 0 \\ 1 \\ 2 \end{pmatrix}$

i) $\begin{pmatrix} 4 \\ 1 \\ 7 \end{pmatrix}$, $\begin{pmatrix} 1 \\ 9 \\ 5 \end{pmatrix}$
j) $\begin{pmatrix} 2 \\ 0 \\ 4 \end{pmatrix}$, $\begin{pmatrix} -3 \\ 0 \\ -6 \end{pmatrix}$
k) $\begin{pmatrix} 10 \\ 10 \\ 0 \end{pmatrix}$, $\begin{pmatrix} 0 \\ -7 \\ -7 \end{pmatrix}$
l) $\begin{pmatrix} 2 \\ 4 \\ 6 \end{pmatrix}$, $\begin{pmatrix} 7 \\ 14 \\ 21 \end{pmatrix}$

3 Überprüfen Sie die Vektoren auf lineare Abhängigkeit bzw. Unabhängigkeit.

a) $\begin{pmatrix} 1 \\ 4 \\ 5 \end{pmatrix}$, $\begin{pmatrix} 0 \\ 2 \\ 1 \end{pmatrix}$, $\begin{pmatrix} 1 \\ 2 \\ 3 \end{pmatrix}$
b) $\begin{pmatrix} 3 \\ 0 \\ -1 \end{pmatrix}$, $\begin{pmatrix} 7 \\ 6 \\ 1 \end{pmatrix}$, $\begin{pmatrix} 10 \\ 6 \\ 0 \end{pmatrix}$
c) $\begin{pmatrix} 1 \\ 1 \\ 1 \end{pmatrix}$, $\begin{pmatrix} 3 \\ 0 \\ 5 \end{pmatrix}$, $\begin{pmatrix} -1 \\ -4 \\ 1 \end{pmatrix}$
d) $\begin{pmatrix} 7 \\ 1 \\ 5 \end{pmatrix}$, $\begin{pmatrix} 6 \\ 3 \\ 1 \end{pmatrix}$, $\begin{pmatrix} 5 \\ 1 \\ -2 \end{pmatrix}$

e) $\begin{pmatrix} 4 \\ 1 \\ 4 \end{pmatrix}$, $\begin{pmatrix} 2 \\ 1 \\ 2 \end{pmatrix}$, $\begin{pmatrix} 2 \\ -4 \\ 1 \end{pmatrix}$
f) $\begin{pmatrix} 3 \\ 2 \\ -1 \end{pmatrix}$, $\begin{pmatrix} 1{,}5 \\ 1 \\ -0{,}5 \end{pmatrix}$, $\begin{pmatrix} 2 \\ -1 \\ 3 \end{pmatrix}$
g) $\begin{pmatrix} 4 \\ 1 \\ 3 \end{pmatrix}$, $\begin{pmatrix} -3 \\ -1 \\ -4 \end{pmatrix}$, $\begin{pmatrix} 1 \\ -3 \\ 4 \end{pmatrix}$
h) $\begin{pmatrix} 1 \\ 1 \\ 1 \end{pmatrix}$, $\begin{pmatrix} 2 \\ 0 \\ 2 \end{pmatrix}$, $\begin{pmatrix} 0 \\ 1 \\ 0 \end{pmatrix}$

4   Wie muss die reelle Zahl a gewählt werden, damit die Vektoren linear abhängig sind?

a) $\begin{pmatrix} 5 \\ 2 \end{pmatrix}$, $\begin{pmatrix} a \\ 3 \end{pmatrix}$ b) $\begin{pmatrix} -4 \\ 6 \end{pmatrix}$, $\begin{pmatrix} 2 \\ a \end{pmatrix}$ c) $\begin{pmatrix} 1 \\ a \end{pmatrix}$, $\begin{pmatrix} a \\ 1 \end{pmatrix}$ d) $\begin{pmatrix} a \\ 3 \end{pmatrix}$, $\begin{pmatrix} 2a \\ 5 \end{pmatrix}$

e) $\begin{pmatrix} 2 \\ 3 \\ 5 \end{pmatrix}$, $\begin{pmatrix} -1 \\ 3 \\ 6 \end{pmatrix}$, $\begin{pmatrix} a \\ 3 \\ 2 \end{pmatrix}$ f) $\begin{pmatrix} a \\ -3 \\ 5 \end{pmatrix}$, $\begin{pmatrix} 1 \\ -a \\ 2 \end{pmatrix}$, $\begin{pmatrix} -2 \\ -2 \\ 2a \end{pmatrix}$ g) $\begin{pmatrix} 3 \\ 1 \\ a \end{pmatrix}$, $\begin{pmatrix} 1 \\ 0 \\ 4 \end{pmatrix}$, $\begin{pmatrix} a \\ 2 \\ 1 \end{pmatrix}$ h) $\begin{pmatrix} 0 \\ a \\ 1 \end{pmatrix}$, $\begin{pmatrix} a^2 \\ 1 \\ 0 \end{pmatrix}$, $\begin{pmatrix} 0 \\ 0 \\ 1 \end{pmatrix}$

i) $\begin{pmatrix} a \\ 0 \\ 2 \end{pmatrix}$, $\begin{pmatrix} 0 \\ a \\ 3 \end{pmatrix}$, $\begin{pmatrix} 3a \\ 1 \\ 0 \end{pmatrix}$ j) $\begin{pmatrix} 1 \\ a \\ a^2 \end{pmatrix}$, $\begin{pmatrix} 2 \\ 8 \\ 18 \end{pmatrix}$, $\begin{pmatrix} 1 \\ 1 \\ 1 \end{pmatrix}$ k) $\begin{pmatrix} 1 \\ a \\ 1+a \end{pmatrix}$, $\begin{pmatrix} 2 \\ a \\ 2+a \end{pmatrix}$, $\begin{pmatrix} 3 \\ a \\ 3+a \end{pmatrix}$

Warum findet man für die „?" keine Zahlen, sodass die Vektoren linear unabhängig werden?

a) $\begin{pmatrix} ? \\ 0 \\ ? \end{pmatrix}$, $\begin{pmatrix} ? \\ 0 \\ ? \end{pmatrix}$, $\begin{pmatrix} ? \\ 0 \\ ? \end{pmatrix}$

b) $\begin{pmatrix} 4 \\ -3 \\ 2 \end{pmatrix}$, $\begin{pmatrix} 0 \\ 0 \\ 0 \end{pmatrix}$, $\begin{pmatrix} ? \\ 7 \\ ? \end{pmatrix}$

c) $\begin{pmatrix} 1 \\ ? \end{pmatrix}$, $\begin{pmatrix} ? \\ 1 \end{pmatrix}$, $\begin{pmatrix} ? \\ ? \end{pmatrix}$

5   Zeigen Sie, dass jeweils zwei der drei Vektoren linear unabhängig sind, und stellen Sie jeden der drei Vektoren als Linearkombination der beiden anderen dar.

a) $\begin{pmatrix} 3 \\ 1 \end{pmatrix}$, $\begin{pmatrix} -1 \\ 1 \end{pmatrix}$, $\begin{pmatrix} 2 \\ 0 \end{pmatrix}$ b) $\begin{pmatrix} 4 \\ 1 \end{pmatrix}$, $\begin{pmatrix} -1 \\ 2 \end{pmatrix}$, $\begin{pmatrix} 5 \\ 2 \end{pmatrix}$ c) $\begin{pmatrix} 2 \\ 0 \end{pmatrix}$, $\begin{pmatrix} 1 \\ 5 \end{pmatrix}$, $\begin{pmatrix} 6 \\ 11 \end{pmatrix}$

6   Zeigen Sie, dass jeweils drei der vier Vektoren linear unabhängig sind, und stellen Sie jeden der vier Vektoren als Linearkombination der drei anderen dar.

a) $\begin{pmatrix} 1 \\ 0 \\ 0 \end{pmatrix}$, $\begin{pmatrix} 0 \\ 1 \\ 0 \end{pmatrix}$, $\begin{pmatrix} 0 \\ 0 \\ 1 \end{pmatrix}$, $\begin{pmatrix} 1 \\ 3 \\ 4 \end{pmatrix}$ b) $\begin{pmatrix} 1 \\ 1 \\ 0 \end{pmatrix}$, $\begin{pmatrix} 0 \\ 1 \\ 1 \end{pmatrix}$, $\begin{pmatrix} 1 \\ 0 \\ 1 \end{pmatrix}$, $\begin{pmatrix} 1 \\ 1 \\ 1 \end{pmatrix}$ c) $\begin{pmatrix} 1 \\ -1 \\ 1 \end{pmatrix}$, $\begin{pmatrix} 2 \\ 1 \\ -1 \end{pmatrix}$, $\begin{pmatrix} 1 \\ 0 \\ 1 \end{pmatrix}$, $\begin{pmatrix} 5 \\ -1 \\ 2 \end{pmatrix}$

7   Stellen Sie den Vektor $\vec{x}$ mithilfe einer Linearkombination dar, die möglichst wenig Vektoren benötigt; a, b, c, d sind reelle Zahlen.

a) $\vec{x} = a \cdot \begin{pmatrix} 2 \\ 3 \end{pmatrix} + b \cdot \begin{pmatrix} 4 \\ -1 \end{pmatrix} + c \cdot \begin{pmatrix} 1 \\ 0 \end{pmatrix} + d \cdot \begin{pmatrix} 0 \\ 1 \end{pmatrix}$ b) $\vec{x} = a \cdot \begin{pmatrix} 1 \\ 2 \\ 3 \end{pmatrix} + b \cdot \begin{pmatrix} 4 \\ -5 \\ -1 \end{pmatrix} + c \cdot \begin{pmatrix} 1 \\ 0 \\ 1 \end{pmatrix} + d \cdot \begin{pmatrix} 14 \\ -11 \\ 3 \end{pmatrix}$

8   a) Begründen Sie:
Die Vektoren $\vec{e_1}$, $\vec{e_2}$, $\vec{e_3}$ in Fig. 1 sind linear unabhängig.
b) Stellen Sie jeden der Vektoren $\overrightarrow{OP}$, $\overrightarrow{E_1Q}$, $\overrightarrow{E_2R}$, $\overrightarrow{E_3S}$ als Linearkombination der Vektoren $\vec{e_1}$, $\vec{e_2}$, $\vec{e_3}$ dar.
c) Begründen Sie:
Jeweils drei der Vektoren $\overrightarrow{OP}$, $\overrightarrow{E_1Q}$, $\overrightarrow{E_2R}$, $\overrightarrow{E_3S}$ sind linear unabhängig.
d) Stellen Sie jeden der Vektoren $\overrightarrow{OP}$, $\overrightarrow{E_1Q}$, $\overrightarrow{E_2R}$, $\overrightarrow{E_3S}$ als Linearkombination der drei anderen dar.

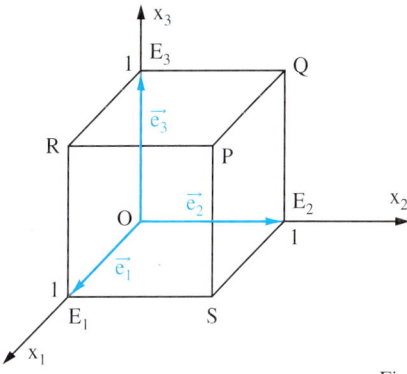

Fig. 1

9   a) Begründen Sie: Liegen vier Punkte A, B, C, D in einer Ebene, so sind die Vektoren $\overrightarrow{AB}$, $\overrightarrow{AC}$, $\overrightarrow{AD}$ linear abhängig.
b) Erläutern Sie: Sind die drei Vektoren $\overrightarrow{AB}$, $\overrightarrow{AC}$, $\overrightarrow{AD}$ linear abhängig, so liegen die vier Punkte A, B, C, D in einer Ebene.
c) Überprüfen Sie, ob die Punkte A$(2|-5|0)$, B$(3|4|7)$, C$(4|-4|3)$, D$(-2|10|5)$
[A$(1|1|1)$, B$(5|4|3)$, C$(-11|4|5)$, D$(0|5|7)$] in einer Ebene liegen. Verwenden Sie hierzu die Aussagen von a) und b).

10   a) Begründen Sie: Lässt man von drei linear unabhängigen Vektoren des Raumes einen weg, so sind die zwei restlichen Vektoren ebenfalls linear unabhängig.
b) Begründen Sie: Fügt man zu n (n $\in \mathbb{N}$; n $\geqq$ 2) linear abhängigen Vektoren des Raumes einen weiteren Vektor hinzu, so sind die n + 1 Vektoren ebenfalls linear abhängig.

11 Zeigen Sie: Ist einer von mehreren Vektoren der Nullvektor, so sind diese Vektoren linear abhängig.

12 a) Wie liegen alle Pfeile zweier Vektoren zueinander, wenn die beiden Vektoren linear abhängig sind?
b) Wie liegen alle Pfeile mit gemeinsamem Anfangspunkt dreier oder mehrerer Vektoren zueinander, wenn diese Vektoren linear abhängig sind?

13 Wie liegen die Pfeile zweier Vektoren zueinander, wenn die beiden Vektoren linear unabhängig sind?

14 Wie liegen die Pfeile mit gemeinsamem Anfangspunkt dreier Vektoren zueinander, wenn diese Vektoren linear unabhängig sind?

15 Zeichnen Sie einen Quader ABCDEFGH wie in Fig. 1.
Zeichnen Sie jeweils einen Pfeil der Vektoren

$\vec{r} = \frac{1}{2}\overrightarrow{AB} + \frac{1}{2}\overrightarrow{BC} + \frac{1}{2}\overrightarrow{CG}$,

$\vec{s} = \frac{1}{2}\overrightarrow{AD} + 2\overrightarrow{BF}$,

$\vec{t} = 2\overrightarrow{HF} - \overrightarrow{FG}$.

a) Zeigen Sie algebraisch, dass die Vektoren $\vec{r}$, $\vec{s}$ und $\vec{t}$ paarweise sowie alle drei zusammen linear unabhängig sind.
b) Veranschaulichen Sie die Behauptung von a) mithilfe einer Zeichnung.

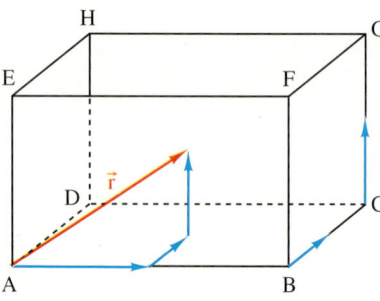

Fig. 1

16 Zeichnen Sie je einen Pfeil zweier linear unabhängiger Vektoren $\vec{a}$ und $\vec{b}$.
a) Zeigen Sie algebraisch, dass die beiden Vektoren $\vec{a} + \vec{b}$ und $\vec{a} - \vec{b}$ ebenfalls linear unabhängig sind.
b) Veranschaulichen Sie die Behauptung von a) mithilfe einer Zeichnung.

17 Zeichnen Sie je einen Pfeil zweier linear unabhängiger Vektoren $\vec{a}$ und $\vec{b}$.
a) Zeigen Sie algebraisch, dass die beiden Vektoren $\vec{a} + 3\vec{b}$ und $2\vec{a} + 5\vec{b}$ ebenfalls linear unabhängig sind.
b) Veranschaulichen Sie an einem selbst gewählten Beispiel die Behauptung von a) mithilfe einer Zeichnung.

18 Zeichnen Sie je einen Pfeil dreier linear unabhängiger Vektoren $\vec{a}$, $\vec{b}$ und $\vec{c}$.
a) Zeigen Sie algebraisch, dass die Vektoren $n \cdot \vec{a} + m \cdot \vec{b}$, $n \cdot \vec{a} + m \cdot \vec{c}$, $n \cdot \vec{b} + m \cdot \vec{c}$ mit $n, m \in \mathbb{R} \setminus \{0\}$ und $m \neq n$, ebenfalls linear unabhängig sind.
b) Veranschaulichen Sie an einem selbst gewählten Beispiel die Behauptung von a) mithilfe einer Zeichnung.

19 Die Vektoren $\vec{a}$, $\vec{b}$, $\vec{c}$ sind linear unabhängig. Zeigen Sie die lineare Unabhängigkeit der Vektoren:
a) $\vec{a} + 2\vec{b}$, $\vec{a} + \vec{b} + \vec{c}$ und $\vec{a} - \vec{b} - \vec{c}$,   b) $\vec{a}$, $2\vec{a} + \vec{b} - \vec{c}$ und $3\vec{a} + 2\vec{b} + 5\vec{c}$,
c) $\vec{a} + \vec{c}$, $2\vec{a} + \vec{b}$ und $3\vec{b} - \vec{c}$,   d) $\vec{b}$, $3\vec{a} - \vec{c}$ und $2\vec{a} + 3\vec{b} - 7\vec{c}$,
e) $\vec{a} + \vec{b}$, $\vec{b} + \vec{c}$ und $\vec{a} + \vec{c}$,   f) $\vec{a} + 2\vec{b} + \vec{c}$, $\vec{a} - \vec{b} + 5\vec{c}$ und $3\vec{a} - \vec{c}$,
g) $4\vec{a} + 2\vec{b} - 2\vec{c}$, $-\vec{b} - \vec{c}$ und $5\vec{a} - \vec{b} - 3\vec{c}$,   h) $\vec{a} + 7\vec{c}$, $-2\vec{a} - \vec{b} - \vec{c}$ und $\vec{b} - \vec{c}$.

6 Beweise mithilfe von Vektoren

Mithilfe des Vektorkalküls lassen sich oft geometrische Zusammenhänge algebraisch beweisen. Hierbei ist es hilfreich, wenn man sich an dem folgenden Schema orientiert:

1. Schritt:
Man fertigt eine Zeichnung an, die die geometrischen Objekte zeigt.
2. Schritt:
Man stellt die Voraussetzung der zu beweisenden Aussage mithilfe von Vektoren dar.
3. Schritt:
Man stellt die Behauptung der zu beweisenden Aussage mithilfe von Vektoren dar.
4. Schritt:
Man leitet aus der Voraussetzung die Behauptung her.

Ergibt die Summe von Vektoren den Nullvektor, so spricht man auch von einer **geschlossenen Vektorkette***.*

In vielen Fällen ist es dazu sinnvoll, Vektoren zu suchen, deren Summe den Nullvektor ergibt (siehe Beispiel 1), um dann lineare Unabhängigkeiten oder andere gegebene Eigenschaften auszunutzen.

Beispiel 1:
Beweisen Sie: Ist ein Viereck ABCD ein Parallelogramm, so halbieren sich die Diagonalen.
Lösung:
1. Schritt:
Man zeichnet ein Parallelogramm ABCD, trägt die Diagonalen ein und kennzeichnet ihren Schnittpunkt (Fig. 1).

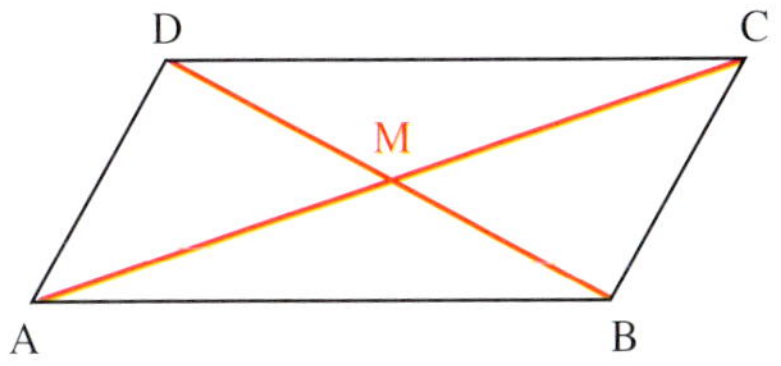

Fig. 1

2. Schritt:
Man drückt vektoriell die Voraussetzung aus:
Die Seiten AB und DC sowie die Seiten AD und BC sind jeweils zueinander parallel (Fig. 2).

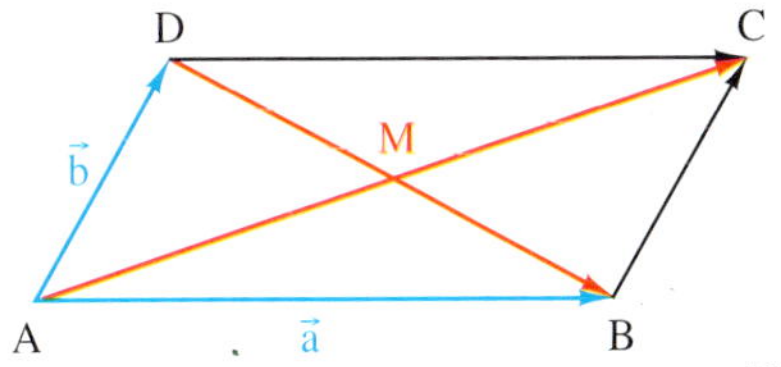

Fig. 2

$\vec{a} = \overrightarrow{AB} = \overrightarrow{DC}$ und $\vec{b} = \overrightarrow{AD} = \overrightarrow{BC}$
Ferner gilt: $\vec{a}$ und $\vec{b}$ sind linear unabhängig.

3. Schritt:
Man drückt vektoriell die Behauptung aus:
Die Diagonalen werden von ihrem Schnittpunkt M halbiert.

$\overrightarrow{AM} = \overrightarrow{MC} = \frac{1}{2} \overrightarrow{AC}$ und $\overrightarrow{MB} = \overrightarrow{DM} = \frac{1}{2} \overrightarrow{DB}$

4. Schritt:
Für die „Diagonal"-Vektoren gilt:

Weiterhin ist:

Geschlossene Vektorkette:

Also ist:

Anwendung der Distributivgesetze ergibt:
Ausklammern von $\vec{a}$ und $\vec{b}$ ergibt:
Da $\vec{a}$ und $\vec{b}$ linear unabhängig sind, folgt:
und somit:
Aus $\overrightarrow{AM} = \frac{1}{2} \cdot \overrightarrow{AC}$ und $\overrightarrow{DM} = \frac{1}{2} \cdot \overrightarrow{DB}$ folgt:

$\overrightarrow{AC} = \vec{a} + \vec{b}$; $\overrightarrow{DB} = \vec{a} - \vec{b}$
$\overrightarrow{AM} = m \cdot \overrightarrow{AC}$ und $\overrightarrow{MB} = n \cdot \overrightarrow{DB}$ $(m, n \in \mathbb{R})$
$\overrightarrow{AM} + \overrightarrow{MB} + \overrightarrow{BA} = \vec{o}$
$m \cdot (\vec{a} + \vec{b}) + n \cdot (\vec{a} - \vec{b}) + (-\vec{a}) = \vec{o}$
$m \cdot \vec{a} + m \cdot \vec{b} + n \cdot \vec{a} - n \cdot \vec{b} - \vec{a} = \vec{o}$
$(m + n - 1) \cdot \vec{a} + (m - n) \cdot \vec{b} = \vec{o}$
$m + n - 1 = 0$; $m - n = 0$
$m = \frac{1}{2}$; $n = \frac{1}{2}$.
Die Diagonalen halbieren sich.

Beispiel 2:

Beweisen Sie:

In einem Trapez ABCD ist die Mittellinie parallel zu den beiden Grundseiten.

Lösung:

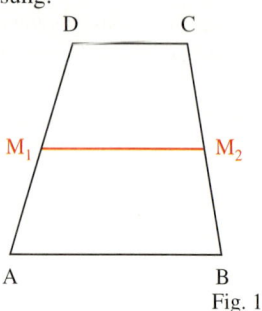 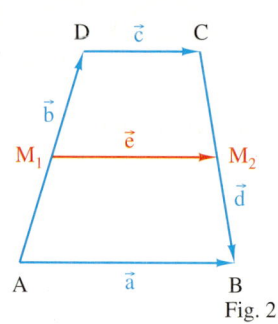 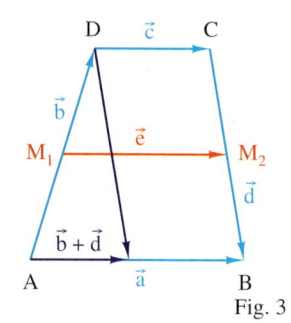

Fig. 1   Fig. 2   Fig. 3

1. Schritt: In Fig. 1 sind die Seiten AB und CD zueinander parallel. M_1 und M_2 sind die Mittelpunkte der Seiten AD und BC.

2. Schritt: Voraussetzung: Für $\vec{a} = \overrightarrow{AB}$, $\vec{b} = \overrightarrow{AD}$, $\vec{c} = \overrightarrow{DC}$, $\vec{d} = \overrightarrow{CB}$ und $\vec{e} = \overrightarrow{M_1M_2}$ (Fig. 2) gilt:
$\vec{a} = \vec{b} + \vec{c} + \vec{d}$.

Weil die Strecken AB und DC zueinander parallel sind, sind die Vektoren $\vec{a}$ und $\vec{c}$ linear abhängig, d.h. $\vec{c} = t \cdot \vec{a}$ ($t \in \mathbb{R}$).

Weil M_1 und M_2 Seitenmitten sind, gilt: $\vec{e} = 0{,}5\,\vec{b} + \vec{c} + 0{,}5\,\vec{d}$.

3. Schritt: Behauptung: $\vec{a}$ und $\vec{e}$ sowie $\vec{c}$ und $\vec{e}$ sind linear abhängig.

4. Schritt: Herleitung der Behauptung aus der Voraussetzung:

Aus $\vec{e} = 0{,}5\,\vec{b} + \vec{c} + 0{,}5\,\vec{d}$ und $\vec{c} = t \cdot \vec{a}$ folgt: $\vec{e} = 0{,}5\,(\vec{b} + \vec{d}) + t \cdot \vec{a}$

Aus $\vec{a} = \vec{b} + \vec{c} + \vec{d}$ und $\vec{c} = t \cdot \vec{a}$ folgt: $\vec{b} + \vec{d} = (1 - t) \cdot \vec{a}$ (s. Fig. 3)

Somit gilt: $\vec{e} = 0{,}5 \cdot (1 - t) \cdot \vec{a} + t \cdot \vec{a}$

Also sind $\vec{e}$ und $\vec{a}$ und damit auch $\vec{e}$ und $\vec{c}$ linear abhängig, d.h. M_1M_2 ist zu AB parallel. Damit ist M_1M_2 auch zu CD parallel.

Die Aussage, dass die Seitenmitten eines „beliebigen" Vierecks Ecken eines Parallelogramms sind (Aufgabe 3), wurde 1731 von PIERRE VARIGNON aufgestellt.

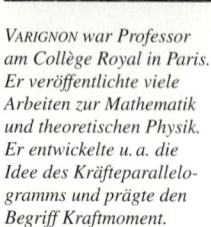

VARIGNON war Professor am Collège Royal in Paris. Er veröffentlichte viele Arbeiten zur Mathematik und theoretischen Physik. Er entwickelte u. a. die Idee des Kräfteparallelogramms und prägte den Begriff Kraftmoment.

Aufgaben

1 Beweisen Sie:
Halbieren sich in einem Viereck ABCD die Diagonalen, so ist das Viereck ein Parallelogramm.

2 In einem Dreieck ABC sind M und N die Mittelpunkte der Seiten b und a (Fig. 4).
Beweisen Sie:
Die Strecke MN ist parallel zur Dreiecksseite c und halb so lang wie diese.

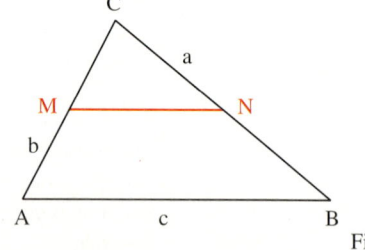

Fig. 4

3 Hält man ein Gummiband wie in Fig. 5, so entsteht ein „Viereck im Raum", also ein Viereck, dessen Ecken nicht alle in einer Ebene liegen.
Beweisen Sie:
Die Seitenmitten dieses Vierecks sind die Eckpunkte eines Parallelogramms.

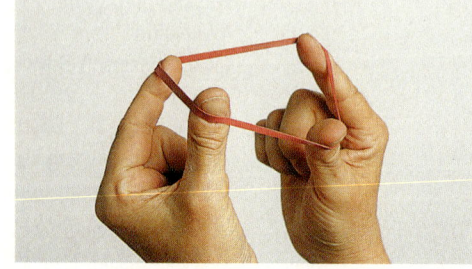

Fig. 5

48

4 Gegeben ist eine Strecke AB mit dem Mittelpunkt M. P ist ein Punkt, der nicht auf der Strecke AB liegt.
Beweisen Sie:
$2 \cdot \overrightarrow{PM} = \overrightarrow{PA} + \overrightarrow{PB}$ (Fig. 1).

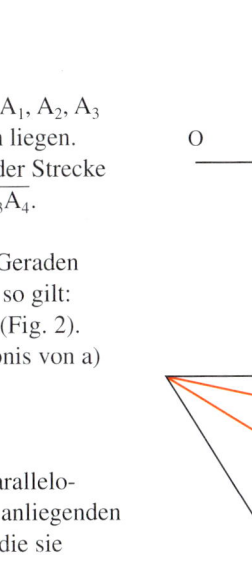

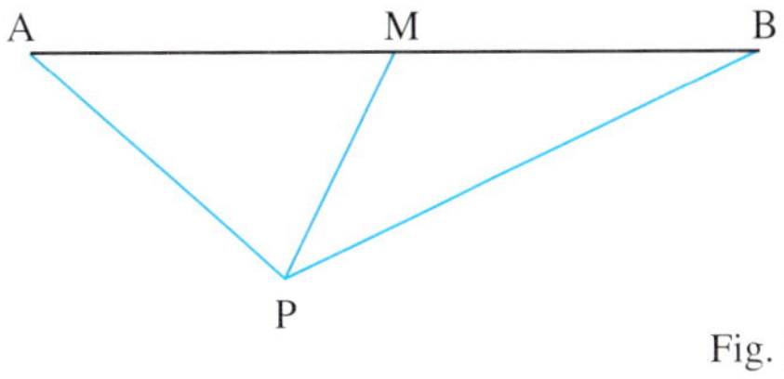

Fig. 1

5 a) Gegeben sind die Punkte A_1, A_2, A_3 und A_4, die alle auf einer Geraden liegen. Der Punkt M ist der Mittelpunkt der Strecke A_1A_4. Es gilt: $\overline{A_1A_2} = \overline{A_2A_3} = \overline{A_3A_4}$.
Beweisen Sie:
Ist P ein Punkt, der nicht auf der Geraden durch die Punkte A_1 und A_4 liegt, so gilt:
$\overrightarrow{PA_1} + \overrightarrow{PA_2} + \overrightarrow{PA_3} + \overrightarrow{PA_4} = 4 \cdot \overrightarrow{PM}$ (Fig. 2).
b) Verallgemeinern Sie das Ergebnis von a) auf fünf (sechs, n) Punkte.

Fig. 2

6 Beweisen Sie:
Verbindet man eine Ecke eines Parallelogramms mit den Mitten der nicht anliegenden Seiten, so dritteln diese Strecken die sie schneidende Diagonale (Fig. 3).

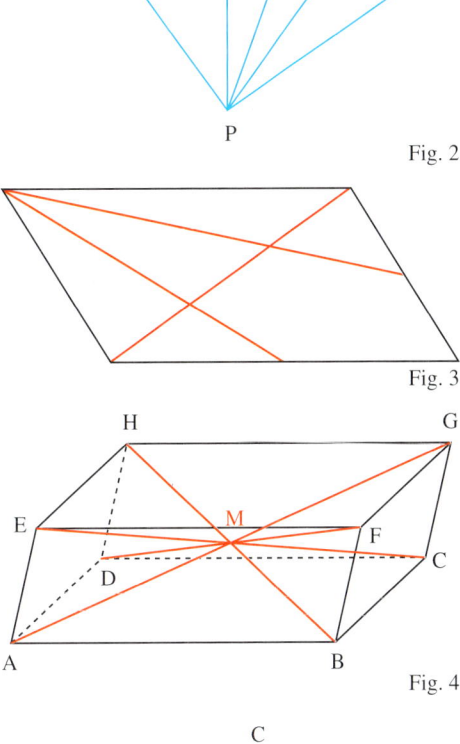

Fig. 3

7 Ein Prisma, dessen Grundfläche und Deckfläche jeweils ein Parallelogramm ist, nennt man Spat.
Die Raumdiagonalen eines Spats ABCDEFGH schneiden sich in einem Punkt M.
Beweisen Sie:
Die Raumdiagonalen eines Spats ABCDEFGH werden von diesem Punkt M halbiert (Fig. 4).

Der Begriff Spat kommt aus der Mineralogie. Das Foto zeigt einen Flussspat.

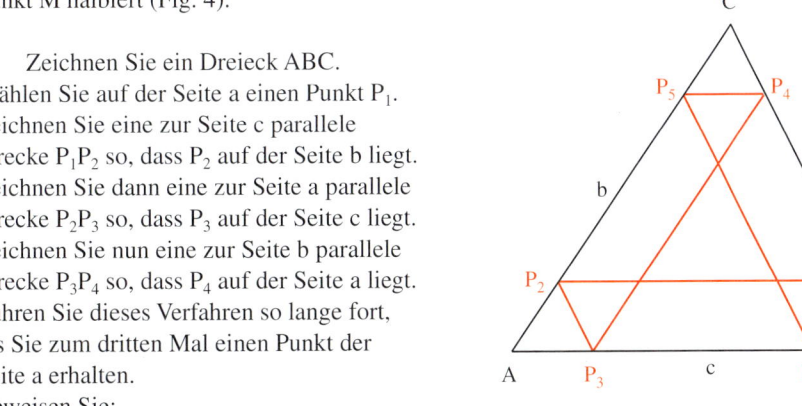

Fig. 4

8 Zeichnen Sie ein Dreieck ABC. Wählen Sie auf der Seite a einen Punkt P_1.
Zeichnen Sie eine zur Seite c parallele Strecke P_1P_2 so, dass P_2 auf der Seite b liegt.
Zeichnen Sie dann eine zur Seite a parallele Strecke P_2P_3 so, dass P_3 auf der Seite c liegt.
Zeichnen Sie nun eine zur Seite b parallele Strecke P_3P_4 so, dass P_4 auf der Seite a liegt.
Führen Sie dieses Verfahren so lange fort, bis Sie zum dritten Mal einen Punkt der Seite a erhalten.
Beweisen Sie:
Dieses Verfahren erzeugt stets einen geschlossenen Streckenzug, das heißt, die Punkte P_1 und P_7 sind identisch (Fig. 5).
(Führen Sie die Vektoren $\vec{a} = \overrightarrow{BC}$ und $\vec{b} = \overrightarrow{BA}$ ein. Drücken Sie die Vektoren $\overrightarrow{P_1P_2}$ bis $\overrightarrow{P_6P_7}$ durch die Vektoren $\vec{a}$ und $\vec{b}$ aus.)

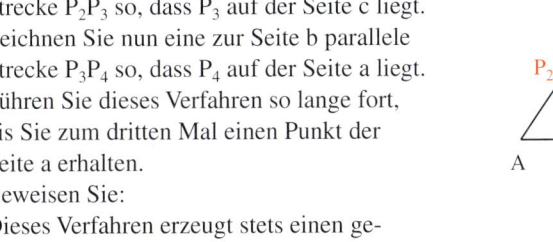

Fig. 5

49

7 Vermischte Aufgaben

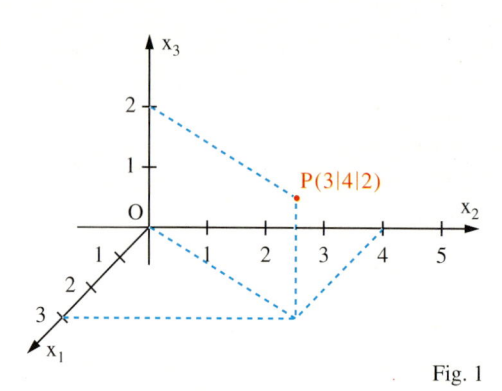

Fig. 1   Fig. 2

1   Tragen Sie wie in Fig. 1 die Punkte $A(7|3|5)$, $B(-2|4|-1)$, $C(2|-3|4)$ und $D(-6|-5|-3)$ in ein Koordinatensystem ein.

Wie erkennt man ohne Zeichnung, dass das Viereck ABCD mit $A(2|5)$, $B(2|2)$, $C(5|0)$ und $D(5|6)$ ein Trapez ist?

2   Zeichnen Sie in ein Koordinatensystem das Dreieck ABC ein und verschieben Sie dieses Dreieck wie in Fig. 2 nacheinander mit den Vektoren $\vec{a}$ und $\vec{b}$. Überprüfen Sie das Ergebnis Ihrer Zeichnung rechnerisch.

a) $A(1|0)$, $B(5|1)$, $C(3|4)$; $\vec{a} = \begin{pmatrix} -1 \\ 3 \end{pmatrix}$, $\vec{b} = \begin{pmatrix} 4 \\ 2 \end{pmatrix}$

b) $A(-2|-2)$, $B(3|-3)$, $C(0|5)$; $\vec{a} = \begin{pmatrix} 1 \\ 1 \end{pmatrix}$, $\vec{b} = \begin{pmatrix} 3 \\ 4 \end{pmatrix}$

3   Bei einem geraden dreiseitigen Prisma ABCDEF sind A, B und C die Ecken der Grundfläche. Die Höhe des Prismas beträgt 5 (Längeneinheiten). Bestimmen Sie die Koordinaten der Punkte D, E und F, wenn

a) $A(2|0|3)$, $B(1|0|7)$, $C(-7|0|3)$,   b) $A(2|0|3)$, $B(6|2|3)$, $C(3|3|3)$.

4   Die Verschiebung durch den Vektor $\vec{a} = \begin{pmatrix} 2 \\ 1 \\ 3 \end{pmatrix}$ bildet den Punkt P auf den Punkt P' ab.

Berechnen Sie die Koordinaten des Punktes P'.   a) $P(1|0|0)$ b) $P(3|1|0)$ c) $P(-2|-4|-1)$

5   Stellen Sie den Vektor $\begin{pmatrix} 2 \\ 5 \\ -1 \end{pmatrix}$ als Linearkombination der Vektoren $\vec{a}$, $\vec{b}$ und $\vec{c}$ dar.

a) $\vec{a} = \begin{pmatrix} 1 \\ 2 \\ 2 \end{pmatrix}$, $\vec{b} = \begin{pmatrix} 3 \\ 2 \\ 1 \end{pmatrix}$, $\vec{c} = \begin{pmatrix} -1 \\ 1 \\ 5 \end{pmatrix}$ b) $\vec{a} = \begin{pmatrix} 1 \\ 0 \\ 4 \end{pmatrix}$, $\vec{b} = \begin{pmatrix} 0 \\ 5 \\ 3 \end{pmatrix}$, $\vec{c} = \begin{pmatrix} 2 \\ 7 \\ 0 \end{pmatrix}$

6   Zeigen Sie: Wenn für vier Punkte ABCD gilt $\overrightarrow{AB} = \overrightarrow{CD}$, dann gilt auch $\overrightarrow{AC} = \overrightarrow{BD}$.

Wie muss x gewählt werden, damit $\vec{c} = \begin{pmatrix} 1 \\ 4 \end{pmatrix}$ nicht als Linearkombination von $\vec{a} = \begin{pmatrix} 2 \\ 3 \end{pmatrix}$ und $\vec{b} = \begin{pmatrix} x \\ 6 \end{pmatrix}$ dargestellt werden kann?

7   Untersuchen Sie die Vektoren auf lineare Unabhängigkeit bzw. lineare Abhängigkeit.

a) $\begin{pmatrix} 1 \\ 5 \end{pmatrix}, \begin{pmatrix} 3 \\ 4 \end{pmatrix}$ b) $\begin{pmatrix} 2 \\ 5 \end{pmatrix}, \begin{pmatrix} -4 \\ -10 \end{pmatrix}$ c) $\begin{pmatrix} 9 \\ 15 \end{pmatrix}, \begin{pmatrix} 12 \\ 20 \end{pmatrix}$ d) $\begin{pmatrix} 1 \\ -1 \end{pmatrix}, \begin{pmatrix} 0 \\ 1 \end{pmatrix}$ e) $\begin{pmatrix} 2 \\ 3 \end{pmatrix}, \begin{pmatrix} 4 \\ 7 \end{pmatrix}, \begin{pmatrix} 5 \\ 1 \end{pmatrix}$

f) $\begin{pmatrix} 1 \\ 2 \\ 3 \end{pmatrix}, \begin{pmatrix} 4 \\ 8 \\ 12 \end{pmatrix}$ g) $\begin{pmatrix} 15 \\ 9 \\ 12 \end{pmatrix}, \begin{pmatrix} 35 \\ 21 \\ 49 \end{pmatrix}$ h) $\begin{pmatrix} 2 \\ 3 \\ 4 \end{pmatrix}, \begin{pmatrix} 4 \\ 3 \\ 2 \end{pmatrix}, \begin{pmatrix} 0 \\ 0 \\ 1 \end{pmatrix}$ i) $\begin{pmatrix} 0 \\ 0 \\ 0 \end{pmatrix}, \begin{pmatrix} 6 \\ 7 \\ 8 \end{pmatrix}, \begin{pmatrix} 1 \\ -7 \\ 15 \end{pmatrix}$ j) $\begin{pmatrix} 1 \\ 0 \\ 0 \end{pmatrix}, \begin{pmatrix} 0 \\ 1 \\ 1 \end{pmatrix}, \begin{pmatrix} 1 \\ 1 \\ 1 \end{pmatrix}$

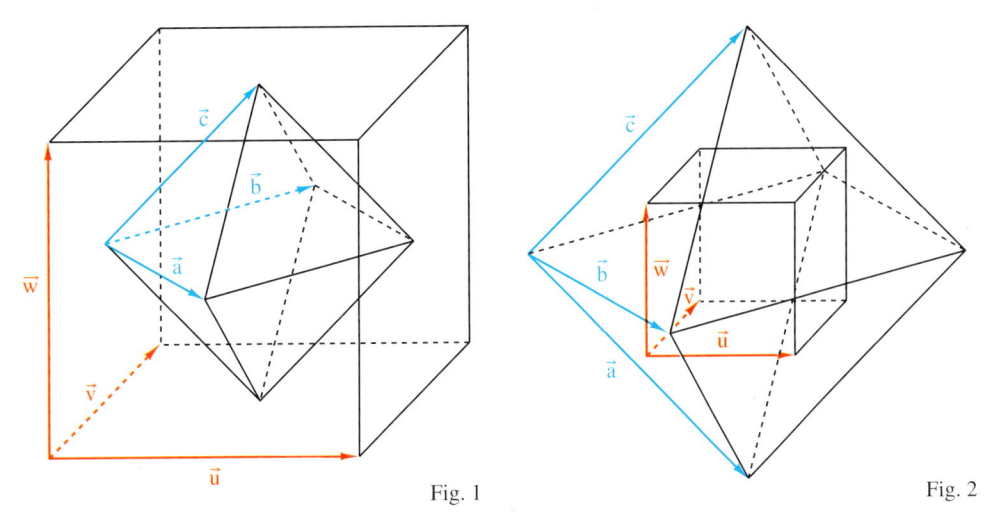

Fig. 1   Fig. 2

8 Fig. 1 zeigt einen Würfel und ein einbeschriebenes Oktaeder. Die Ecken des Oktaeders sind die Schnittpunkte der Diagonalen der Seitenflächen des Würfels. Stellen Sie die Vektoren $\vec{a}$, $\vec{b}$ und $\vec{c}$ jeweils als Linearkombination der Vektoren $\vec{u}$, $\vec{v}$ und $\vec{w}$ dar.

9 Fig. 2 zeigt ein Oktaeder, dem ein Würfel einbeschrieben wurde. Die Ecken des Würfels sind die Schnittpunkte der Seitenhalbierenden der Dreiecksseiten des Oktaeders. Stellen Sie die Vektoren $\vec{u}$, $\vec{v}$ und $\vec{w}$ jeweils als Linearkombination der Vektoren $\vec{a}$, $\vec{b}$ und $\vec{c}$ dar.

10 Die Vektoren $\vec{a}$, $\vec{b}$ und $\vec{c}$ sind linear unabhängig. Wie müssen die Zahlen r, s, t gewählt werden, damit gilt:
a) $(1 - r)\vec{a} + (r + s)\vec{b} + (r + s + 2t)\vec{c} = \vec{o}$;
b) $(5 - 0{,}25\,t)\vec{a} + (0{,}2\,t - s + 0{,}375\,r)\vec{b} + (3\,s + 6)\vec{c} = \vec{o}$?

11 Die Vektoren $\vec{a}$, $\vec{b}$ und $\vec{c}$ sind linear unabhängig. Zeigen Sie die lineare Unabhängigkeit der Vektoren
a) $\vec{a} + 2\vec{c}$, $\vec{a} - \vec{b} - \vec{c}$ und $\vec{a} + \vec{b} + \vec{c}$,
b) $2\vec{a} + 3\vec{b} + 5\vec{c}$, $\vec{a} + 2\vec{b} - \vec{c}$ und $\vec{b}$,
c) $\vec{a} + 2\vec{b}$, $3\vec{a} - \vec{c}$ und $\vec{b} + \vec{c}$,
d) $\vec{a}$, $3\vec{a} + 2\vec{b} - 7\vec{c}$ und $3\vec{b} - \vec{c}$,
e) $\vec{a} + \vec{c}$, $\vec{b} - \vec{c}$ und $\vec{c} - \vec{a}$,
f) $5\vec{a} - \vec{b} + \vec{c}$, $\vec{a} + 2\vec{b} + \vec{c}$ und $\vec{a} - 3\vec{c}$.

Tipp zu Aufgabe 12:
Vier Punkte A, B, C und D liegen in einer Ebene, wenn die Vektoren $\overrightarrow{AB}$, $\overrightarrow{AC}$ und $\overrightarrow{AD}$ linear abhängig sind.

12 Vertauscht man die Koordinaten des Punktes $P(1\,|\,2\,|\,3)$ auf alle möglichen Arten, so erhält man die Koordinaten von sechs verschiedenen Punkten. Zeigen Sie, dass diese sechs Punkte alle in einer Ebene liegen.

13 In einem Parallelogramm ABCD liegt ein Punkt T auf der Seite BC. S ist der Schnittpunkt der Diagonalen BD und der Strecke AT.
Beweisen Sie:
Ist $2\,\overrightarrow{BT} = \overrightarrow{TC}$, dann gilt $\overrightarrow{DS} = 3 \cdot \overrightarrow{SB}$ und $\overrightarrow{AS} = 3 \cdot \overrightarrow{ST}$ (Fig. 3).

14 In dem Parallelogramm von Fig. 3 gilt: $\overrightarrow{DS} = x \cdot \overrightarrow{SB}$ und $\overrightarrow{AS} = y \cdot \overrightarrow{ST}$. Berechnen Sie x und y, wenn gilt: $\overrightarrow{BT} = \frac{m}{n} \cdot \overrightarrow{TC}$ $(n, m \in \mathbb{N})$.

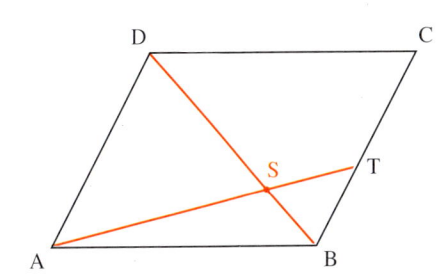

Fig. 3

51

Mathematische Exkursionen

Vektoren – mehr als Verschiebungen

In der analytischen Geometrie meinen wir mit dem Begriff Vektor stets eine Verschiebung. Die Eigenschaften und Gesetze, die in Kapitel II für die Verschiebungen erarbeitet wurden, gelten jedoch auch für viele andere Objekte. Solche Objekte nennt man allgemein Vektoren und eine Menge von solchen Objekten bezeichnet man als Vektorraum. Die folgende Liste gibt die Eigenschaften und Rechengesetze bezüglich Vektoren in allgemeiner Form an:

Eine nicht leere Menge V nennt man einen Vektorraum und ihre Elemente **Vektoren**, wenn gilt:

1. Es gibt eine „Addition", die jeweils zwei Vektoren $\vec{a}$ und $\vec{b}$ einen Vektor $\vec{a} \oplus \vec{b}$ als „Summe" zuordnet.
   Hierbei gilt für alle $\vec{a}, \vec{b}, \vec{c} \ldots$ aus V:
   1.1 Es gibt ein „Nullelement" $\vec{o}$ aus V mit der Eigenschaft $\vec{a} \oplus \vec{o} = \vec{o} \oplus \vec{a}$.
   1.2 Zu jedem Element $\vec{a}$ aus V gibt es ein „Gegenelement" $-\vec{a}$ aus V mit $\vec{a} \oplus -\vec{a} = -\vec{a} \oplus \vec{a} = \vec{o}$.
   1.3 Es gelten das Assoziativgesetz und das Kommutativgesetz: $\vec{a} \oplus (\vec{b} \oplus \vec{c}) = (\vec{a} \oplus \vec{b}) \oplus \vec{c}$ und $\vec{a} \oplus \vec{b} = \vec{b} \oplus \vec{a}$.
2. Es gibt eine „Multiplikation", die jeweils einer rellen Zahl r und einem Vektor $\vec{a}$ einen Vektor $r \odot \vec{a}$ zuordnet.
   Hierbei gelten für alle reellen Zahlen r, s, ... und alle $\vec{a}, \vec{b}, \ldots$ aus V:
   2.1 die Distributivgesetze
   $r \odot (\vec{a} \oplus \vec{b}) = (r \odot \vec{a}) \oplus (r \odot \vec{b}); (r + s) \odot \vec{a} = (r \odot \vec{a}) \oplus (s \odot \vec{a})$
   2.2 das Assoziativgesetz $r \odot (s \odot \vec{a}) = (r \cdot s) \odot \vec{a}$
   2.3 $1 \odot \vec{a} = \vec{a}$

Beispiel: Verschiebungen

$\oplus$ entspricht der Addition (Hintereinanderausführung) zweier Verschiebungen, vergleiche Seite 33

vergleiche „Nullvektor" Seite 26

vergleiche „Gegenvektor" Seite 34

vergleiche Kasten Seite 34

$\odot$ entspricht der Multiplikation einer Verschiebung mit einer reellen Zahl, vergleiche Seite 37.

vergleiche Kasten Seite 38

Vektoren, die Polynome sind

Ist $n \in \mathbb{N}$ fest gewählt, so ist die Menge der Polynome maximal n-ten Grades $P_n = \{a_n \cdot x^n + a_{n-1} x^{n-1} + \ldots + a_1 \cdot x + a_0 \mid a_i \in \mathbb{R}\}$ zusammen mit den Verknüpfungen $(a_n \cdot x^n + \ldots + a_1 \cdot x + a_0) \oplus (b_n \cdot x^n + \ldots + b_1 \cdot x + b_0) = (a_n + b_n) \cdot x^n + \ldots + (a_1 + b_1) \cdot x + (a_0 + b_0)$ und $r \odot (a_n \cdot x^n + \ldots + a_1 \cdot x + a_0) = r \cdot a_n \cdot x^n + \ldots + r \cdot a_1 \cdot x + r \cdot a_0; r \in \mathbb{R}$, ein Vektorraum.

Vektoren, die magische Quadrate sind

Eine quadratische Matrix heißt magisches Quadrat, wenn die Summen der Zahlen in jeder Spalte, jeder Zeile und jeder Diagonalen gleich sind. Fig. 1 zeigt ein magisches Quadrat, das in DÜRERS Kupferstich „Melencolia I" abgebildet ist.
Addiert man zwei magische Quadrate so:

$$\begin{pmatrix} 0 & 1 & 2 \\ 3 & 1 & -1 \\ 0 & 1 & 2 \end{pmatrix} \oplus \begin{pmatrix} 2 & 9 & 4 \\ 7 & 5 & 3 \\ 6 & 1 & 8 \end{pmatrix} = \begin{pmatrix} 0+2 & 1+9 & 2+4 \\ 3+7 & 1+5 & -1+3 \\ 0+6 & 1+1 & 2+8 \end{pmatrix} = \begin{pmatrix} 2 & 10 & 6 \\ 10 & 6 & 2 \\ 6 & 2 & 10 \end{pmatrix}$$

bzw. multipliziert man ein magisches Quadrat mit einer reellen Zahl so:

$$4 \odot \begin{pmatrix} 0 & 1 & 2 \\ 3 & 1 & -1 \\ 0 & 1 & 2 \end{pmatrix} = \begin{pmatrix} 4\cdot 0 & 4\cdot 1 & 4\cdot 2 \\ 4\cdot 3 & 4\cdot 1 & 4\cdot(-1) \\ 4\cdot 0 & 4\cdot 1 & 4\cdot 2 \end{pmatrix} = \begin{pmatrix} 0 & 4 & 8 \\ 12 & 4 & -4 \\ 0 & 4 & 8 \end{pmatrix},$$

dann erhält man wieder ein magisches Quadrat (warum?).
Es gilt: Ist $n \in \mathbb{N}$ fest gewählt, dann ist die Menge aller magischen Quadrate mit n Zeilen und n Spalten zusammen mit der oben beschriebenen Addition und Multiplikation ein Vektorraum.

Fig. 1

Mathematische Exkursionen

Vektoren in Spaltenschreibweise:

In Kapitel II wurden auch Vektoren in Spaltenschreibweise eingeführt. Eine Reihe von alltäglichen Überlegungen kann man mit solchen Vektoren beschreiben. Eine Firma, die zum Beispiel Computer mit gleichen Komponenten zusammenbaut, kann für jeden PC-Typ einen Vektor aufstellen, der die jeweilige Anzahl dieser Komponenten angibt. Kennt man die Anzahlen der jeweils herzustellenden PCs, so kann man mithilfe einer Linearkombination darstellen, wie viele von den Komponenten für eine „just-in-time"-Lieferung benötigt werden (Fig. 1):

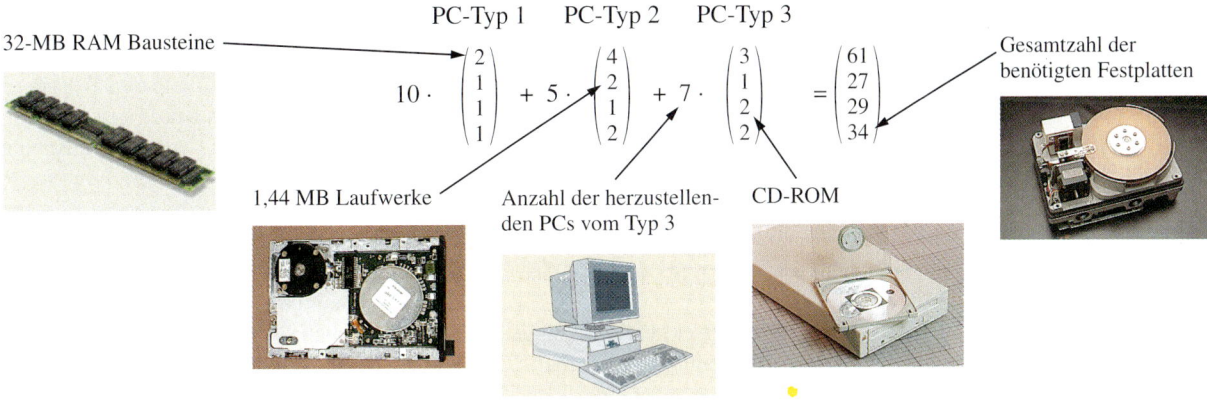

32-MB RAM Bausteine

PC-Typ 1   PC-Typ 2   PC-Typ 3

$$10 \cdot \begin{pmatrix} 2 \\ 1 \\ 1 \\ 1 \end{pmatrix} + 5 \cdot \begin{pmatrix} 4 \\ 2 \\ 1 \\ 2 \end{pmatrix} + 7 \cdot \begin{pmatrix} 3 \\ 1 \\ 2 \\ 2 \end{pmatrix} = \begin{pmatrix} 61 \\ 27 \\ 29 \\ 34 \end{pmatrix}$$

Gesamtzahl der benötigten Festplatten

1,44 MB Laufwerke

Anzahl der herzustellenden PCs vom Typ 3

CD-ROM

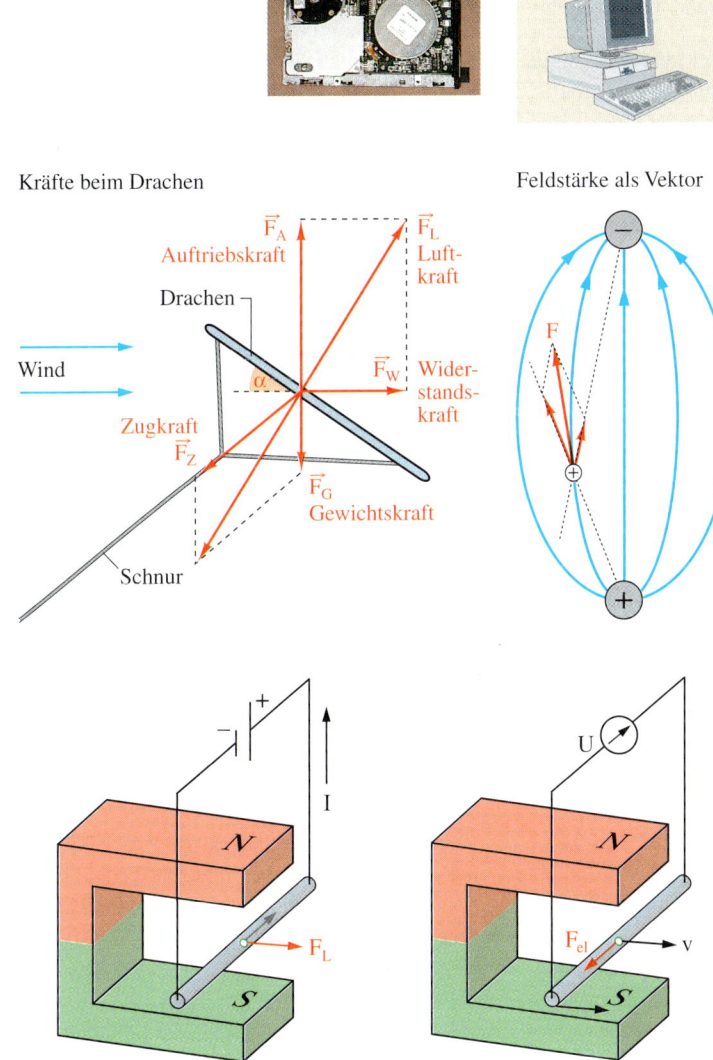

Kräfte beim Drachen

$\vec{F}_A$ Auftriebskraft

Drachen

$\vec{F}_L$ Luftkraft

Wind

$\vec{F}_W$ Widerstandskraft

Zugkraft $\vec{F}_Z$

$\vec{F}_G$ Gewichtskraft

Schnur

Feldstärke als Vektor

F

Vektoren in der Physik

In der Physik unterscheidet man zwischen **skalaren Größen** und **vektoriellen Größen**. Skalare Größen sind durch die Angabe einer Maßzahl und einer Einheit vollständig beschrieben (z. B. Zeit oder Masse).

Zur kompletten Charakterisierung von vektoriellen Größen benötigt man außer der Angabe einer Maßzahl und einer Einheit noch eine Richtung. Vektorielle Größen werden oft mithilfe von Pfeilen angegeben.

Erläuterung zur elektrischen Feldstärke: Erfährt ein Körper mit der elektrischen Ladung Q in einem Punkt des elektrischen Feldes die Kraft $\vec{F}$, so wird der Quotient $\frac{\vec{F}}{Q}$ als elektrische Feldstärke $\vec{E}$ in diesem Punkt bezeichnet.

Induktion

Wird die Leiterschaukel an eine Gleichstromquelle angeschlossen, so wird sie ausgelenkt.

Ursache dafür ist die **Lorentzkraft**. Umgekehrt ist zwischen den Enden der Leiterschaukel eine Spannung nachweisbar, sobald die Schaukel mit der Hand im Magnetfeld bewegt wird.

Dieser Vorgang heißt **Induktion**.

F_L

F_{el} v

Mathematische Exkursionen

René Descartes – Mathematiker und Philosoph am Beginn einer neuen Zeit

Man schrieb das Jahr 1617. Glaubensgegensätze zwischen Katholiken und Protestanten sowie der beginnende Aufstand deutscher Territorialfürsten gegen den Herrschaftsanspruch des Kaisers mündeten letztlich in den Dreißigjährigen Krieg.

Ein intelligenter, hochgebildeter 21-jähriger Adliger schloss sich zunächst den Truppen des Moritz von Nassau an und zog später als eine Art Kriegsbeobachter mit den kaiserlichen Truppen durch Europa.

Der junge Mann, er war Franzose und hieß René Descartes, nutzte hierbei viele Gelegenheiten, bedeutende europäische Wissenschaftler kennen zu lernen.

Nach vier Jahren schied er aus dem Militärdienst aus.

Zu diesem Zeitpunkt hatte er bereits wichtige mathematische Zusammenhänge erarbeitet und entscheidende Schritte zu einem neuen philosophischen System entwickelt.

dominiert wurde, waren die Wissenschaften von den so genannten Autoritäten geprägt (siehe auch Zitat auf der Marginalie): Man berief sich in der Philosophie z. B. auf Aristoteles, in Glaubensfragen auf die Kirchenväter wie Augustinus oder Gottes offenbartes Wort in der Bibel. Alle Erkenntnis wurde stets mit diesen Autoritäten begründet – man „forschte" um zu glauben, weniger um zu wissen.

Descartes konnte sich mit dieser Art Wissenschaft nicht anfreunden und stellte den Zweifel ins Zentrum seiner Überlegungen. Er fragte sich, was denn übrig bliebe, wenn alles um ihn herum und auch seine eigenen Sinne ihn täuschten, und kam zu dem Schluss, seine eigene Existenz ist ihm gewiss, denn er zweifelt, er denkt.

Galileo Galilei (1564–1642)

Nikolaus Kopernikus (1473–1543)

Israel ex. Cum Privil. Reg.

Die Schrecken des Dreißigjährigen Krieges (1618–1648)
Stich von Jacques Callot aus der Sammlung „Misères de la Guerre" (1633). Paris, Nationalbibliothek

Johannes Kepler (1571–1630)

René Descartes gehörte bald zur wissenschaftlichen Elite. Seine Arbeiten wurden eine Basis für die so genannte neuzeitliche Philosophie, die im engeren Sinne bis zu den Arbeiten Immanuel Kants (Ende des 18. Jahrhunderts) reicht.

Ebenso wie die Politik zum Beginn des 17. Jahrhunderts von absoluten Herrschern

Cogito, ergo sum – ich denke (zweifle), also bin ich, auf diese Gewissheit baute er weitere Folgerungen auf. Grundlage hierfür waren die von ihm erarbeiteten *Regeln*. Als Vorbild für diese Regeln dienten ihm das methodische Vorgehen bei der Arithmetik und der Geometrie. Descartes zeigte die *Mathematik* als die Methode auf, die zur Erforschung der Wahrheit dient.

RENÉ DESCARTES
(1596 – 1650)

DESCARTES nannte sich in lateinischer Sprache CARTESIUS.

*Das heute gebräuchliche Koordinatensystem wird in Erinnerung an DESCARTES deshalb als **kartesisches Koordinatensystem** bezeichnet.*

RENÉ DESCARTES veröffentlichte 1637 ein Buch mit dem Titel „Discours de la methode". Ein Anhang dieses Buches, „La geometrie", enthält die Anfänge unseres kartesischen Koordinatensystems. Insgesamt ging es DESCARTES – wie in der Philosophie – auch in der Mathematik um klare Begriffe und eindeutige Definitionen. Er nutzte hierzu die vorhandenen Erkenntnisse der Algebra aus.

Im 16. Jahrhundert führte bereits ein anderer Franzose, FRANÇOIS VIÈTE (1540–1603), Buchstaben zur Bezeichnung von Konstanten ein. Symbolisches Rechnen wurde somit möglich, z. B.: $a \cdot b = b \cdot a$.

DESCARTES begann mit der Erarbeitung eines Verfahrens, das Sie zur Zeit im Mathematikunterricht mithilfe der Vektorrechnung auch anwenden:

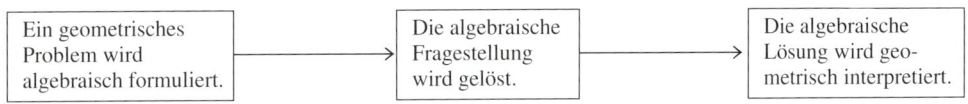

| Ein geometrisches Problem wird algebraisch formuliert. | → | Die algebraische Fragestellung wird gelöst. | → | Die algebraische Lösung wird geometrisch interpretiert. |

Im Gegensatz zu Ihnen hatte DESCARTES zunächst kein Koordinatensystem, das ihm erlaubte, Punkte mit Zahlenpaaren zu identifizieren. Er entwickelte deshalb einen Vorläufer des von Ihnen verwendeten Koordinatensystems: Eigentlich gab es nur eine einzige Achse, genauer eine Halbgerade, und Strecken mit gleicher Richtung. Fig. 1 zeigt, wie DESCARTES Punkte mit Zahlenpaaren identifizierte. Die Strecken gleicher Richtung nannte DESCARTES in französisch *appliquées par ordre* und in lateinisch *omnes ordinam applicatae* (alle der Reihe nach hinzugefügt). Daraus wurde die Bezeichnung Ordinate für den y-Wert bzw. x_2-Wert. Der später eingeführte Begriff *Koordinaten* kommt von *coordinata* (lat. die Zugeordnete).

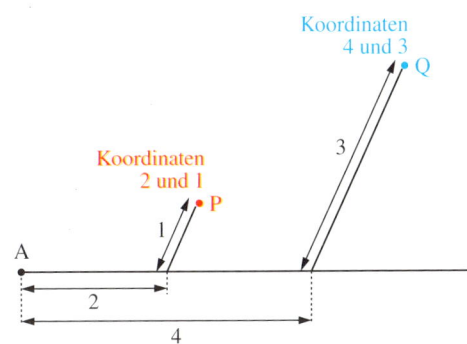

Fig. 1

DESCARTES konnte nun Kurven, die durch Konstruktionsvorschriften gegeben waren (z. B. Parabeln oder Hyperbeln), algebraisch beschreiben.

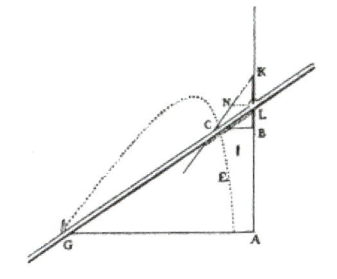

Comme fi ie veux fçauoir de quel genre eft la ligne E C, que i'imagine eftre defcrite par l'interfection de la

reigle G L, & du plan rectiligne C N K L, dont le cofté K N eft indefiniement prolongé vers C , & qui eftant meu fur le plan de deffous en ligne droite, c'eft a dire en telle forte que fon diametre K L fe trouue toufiours appliqué fur quelque endroit de la ligne B A prolongée de part & d'autre, fait mouuoir circulairement cete reigle G L autour du point G, a caufe quelle luy eft tellement iointe quelle paffe toufiours par le point L .

Fig. 2

Fig. 2 zeigt einen Auszug aus „La geometrie": Bei G ist ein drehbares „Lineal" (reigle) befestigt, das die zu GA senkrechte Gerade in L schneidet. Dreht man das Lineal um G, so verschiebt sich das Dreieck KNL nach oben bzw. unten, und der Schnittpunkt C der Geraden durch die Punkte G und L und die Punkte K und N wandert auf der punktierten Linie. Um diese Kurve algebraisch zu beschreiben, bezeichnete DESCARTES die Länge der Strecke BA mit x und die Länge der Strecke CB mit y; er legte somit die Koordinaten von C fest. Da die Streckenlängen NL, KL und GA bekannt sind, konnte man nun den Zusammenhang von x und y algebraisch angeben.

Die von DESCARTES neu geschaffene Koordinatenmethode bildete eine wichtige Voraussetzung für die Differenzialrechnung.

Die Vektoren $\vec{a}$ und $\vec{b}$ sind **gleich** ($\vec{a} = \vec{b}$), wenn die Pfeile von $\vec{a}$ und $\vec{b}$ zueinander parallel, gleich lang und gleich gerichtet sind.
Sind die Pfeile zweier Vektoren $\vec{a}$ und $\vec{b}$ zueinander parallel und gleich lang, aber entgegengesetzt gerichtet, so heißt $\vec{a}$ **Gegenvektor** zu $\vec{b}$ und es gilt: $\vec{a} = -\vec{b}$ und $\vec{b} = -\vec{a}$.

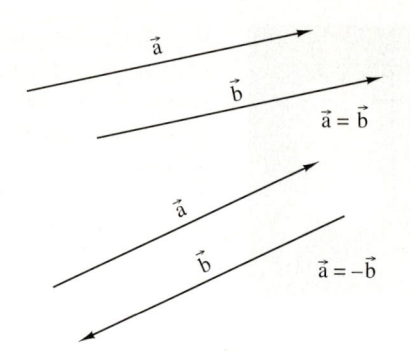

Addition und Subtraktion von Vektoren

Sind die Koordinaten zweier Vektoren $\vec{a}$ und $\vec{b}$ gegeben, so gilt:

$$\vec{a} + \vec{b} = \begin{pmatrix} a_1 \\ a_2 \\ a_3 \end{pmatrix} + \begin{pmatrix} b_1 \\ b_2 \\ b_3 \end{pmatrix} = \begin{pmatrix} a_1 + b_1 \\ a_2 + b_2 \\ a_3 + b_3 \end{pmatrix},$$

$$\vec{a} - \vec{b} = \begin{pmatrix} a_1 \\ a_2 \\ a_3 \end{pmatrix} - \begin{pmatrix} b_1 \\ b_2 \\ b_3 \end{pmatrix} = \begin{pmatrix} a_1 - b_1 \\ a_2 - b_2 \\ a_3 - b_3 \end{pmatrix}.$$

Multiplikation eines Vektors mit einer Zahl

Für einen Vektor $\begin{pmatrix} a_1 \\ a_2 \\ a_3 \end{pmatrix}$ und eine reelle Zahl r gilt: $r \cdot \begin{pmatrix} a_1 \\ a_2 \\ a_3 \end{pmatrix} = \begin{pmatrix} r \cdot a_1 \\ r \cdot a_2 \\ r \cdot a_3 \end{pmatrix}.$

Rechengesetze

Für alle Vektoren $\vec{a}, \vec{b}, \vec{c}$ einer Ebene oder des Raumes und alle reelle Zahlen r, s gelten:

$\vec{a} + \vec{b} = \vec{b} + \vec{a}$	**(Kommutativgesetz)**
$\vec{a} + \vec{b} + \vec{c} = (\vec{a} + \vec{b}) + \vec{c} = \vec{a} + (\vec{b} + \vec{c})$	**(Assoziativgesetz)**
$r \cdot (s \cdot \vec{a}) = (r \cdot s) \cdot \vec{a}$	**(Assoziativgesetz)**
$r \cdot (\vec{a} + \vec{b}) = r \cdot \vec{a} + r \cdot \vec{b};\ (r + s) \cdot \vec{a} = r \cdot \vec{a} + s \cdot \vec{a}$	**(Distributivgesetze)**

$$\begin{pmatrix} 3 \\ 2 \\ -7 \end{pmatrix} + \begin{pmatrix} 5 \\ -1 \\ 4 \end{pmatrix} = \begin{pmatrix} 3+5 \\ 2+(-1) \\ (-7)+4 \end{pmatrix} = \begin{pmatrix} 8 \\ 1 \\ -3 \end{pmatrix}$$

$$\begin{pmatrix} 3 \\ 2 \\ -7 \end{pmatrix} - \begin{pmatrix} 5 \\ -1 \\ 4 \end{pmatrix} = \begin{pmatrix} 3-5 \\ 2-(-1) \\ (-7)-4 \end{pmatrix} = \begin{pmatrix} -2 \\ 3 \\ -11 \end{pmatrix}$$

$$5 \cdot \begin{pmatrix} 4 \\ 2 \\ -3 \end{pmatrix} = \begin{pmatrix} 5 \cdot 4 \\ 5 \cdot 2 \\ 5 \cdot (-3) \end{pmatrix} = \begin{pmatrix} 20 \\ 10 \\ -15 \end{pmatrix}$$

Einen Ausdruck der Art $r_1 \cdot \vec{a_1} + r_2 \cdot \vec{a_2} + \ldots + r_n \cdot \vec{a_n}$ ($n \in \mathbb{N}$) nennt man eine **Linearkombination** der Vektoren $\vec{a_1}, \vec{a_2}, \ldots, \vec{a_n}$; die rellen Zahlen $r_1, r_2, \ldots, r_n$ heißen **Koeffizienten**.

Lineare Abhängigkeit von Vektoren

Die Vektoren $\vec{a_1}, \vec{a_2}, \ldots, \vec{a_n}$ heißen **linear abhängig**, wenn mindestens einer dieser Vektoren als Linearkombination der anderen darstellbar ist; andernfalls heißen die Vektoren **linear unabhängig**.
Die Vektoren $\vec{a_1}, \vec{a_2}, \ldots, \vec{a_n}$ sind genau dann linear unabhängig, wenn die Gleichung $r_1 \cdot \vec{a_1} + r_2 \cdot \vec{a_2} + \ldots + r_n \cdot \vec{a_n} = \vec{o}$ ($r_1, r_2, \ldots, r_n \in \mathbb{R}$) genau eine Lösung mit $r_1 = r_2 = \ldots = r_n = 0$ besitzt.

Zwei Vektoren sind genau dann linear abhängig, wenn ihre Pfeile zueinander parallel sind.
Drei Vektoren sind genau dann linear abhängig, wenn es von jedem Vektor einen Pfeil gibt, so dass diese drei Pfeile in einer Ebene liegen.

Drei oder mehr Vektoren einer Ebene sind stets linear abhängig.
Vier oder mehr Vektoren des Raumes sind stets linear abhängig.

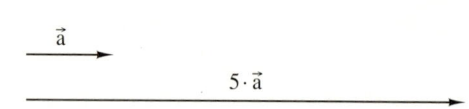

Die Vektoren $\vec{a}$ und $5\vec{a}$ sind linear abhängig

Die Vektoren $\begin{pmatrix} 2 \\ -2 \\ 4 \end{pmatrix}, \begin{pmatrix} 3 \\ 0 \\ 1 \end{pmatrix}, \begin{pmatrix} 1 \\ 1 \\ -0{,}5 \end{pmatrix}$

sind linear unabhängig, denn die Gleichung

$$r \cdot \begin{pmatrix} 2 \\ -2 \\ 4 \end{pmatrix} + s \cdot \begin{pmatrix} 3 \\ 0 \\ 1 \end{pmatrix} + t \cdot \begin{pmatrix} 1 \\ 1 \\ -0{,}5 \end{pmatrix} = \begin{pmatrix} 0 \\ 0 \\ 0 \end{pmatrix}$$

hat als einzige Lösung $r = s = t = 0$.

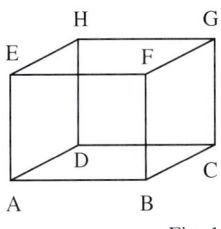

1 Ein Quader hat die Ecken A, B, C, D, E, F, G und H (Fig. 1). Mithilfe dieser Ecken kann man Pfeile längs der Diagonalen der Seitenflächen festlegen, z. B. den Pfeil von A nach F.
a) Wie viele solcher Pfeile gibt es?
b) Wie viele verschiedene Vektoren legen diese Pfeile fest?
c) Welche Vektoren sind zueinander Gegenvektoren?

Fig. 1

2 Bestimmen Sie rechnerisch und zeichnerisch jeweils die Summe und eine Differenz der Vektoren $\begin{pmatrix} -4 \\ 3 \end{pmatrix}$ und $\begin{pmatrix} 3 \\ 1 \end{pmatrix}$.

3 Vereinfachen Sie.
a) $3\vec{a} + 2\vec{a}$
b) $11\vec{c} - 15\vec{c} + 6\vec{c}$
c) $9\vec{d} - \vec{e} + \vec{d} - 6\vec{e}$
d) $5{,}2\vec{u} - 7{,}3\vec{v} - 2{,}5\vec{u} + 4\vec{v}$
e) $3{,}6\vec{a} + 4{,}7\vec{b} - 8{,}2\vec{c} + 5{,}7\vec{a} - 3{,}9\vec{c} + 2{,}5\vec{b} + \vec{a} - \vec{c}$

4 Stellen Sie $\vec{a} = \begin{pmatrix} 1 \\ 2 \\ 4 \end{pmatrix}$ als Linearkombination der Vektoren $\begin{pmatrix} 1 \\ 2 \\ 1 \end{pmatrix}, \begin{pmatrix} 0 \\ 1 \\ 1 \end{pmatrix}, \begin{pmatrix} 3 \\ 2 \\ 0 \end{pmatrix}$ dar.

5 Fig. 2 zeigt ein regelmäßiges Sechseck, in das Pfeile von Vektoren eingezeichnet wurden.
a) Drücken Sie die Vektoren $\vec{c}, \vec{d}$ und $\vec{e}$ jeweils durch die beiden Vektoren $\vec{a}$ und $\vec{b}$ aus.
b) Drücken Sie die Vektoren $\vec{a}, \vec{b}$ und $\vec{c}$ jeweils durch die beiden Vektoren $\vec{d}$ und $\vec{e}$ aus.

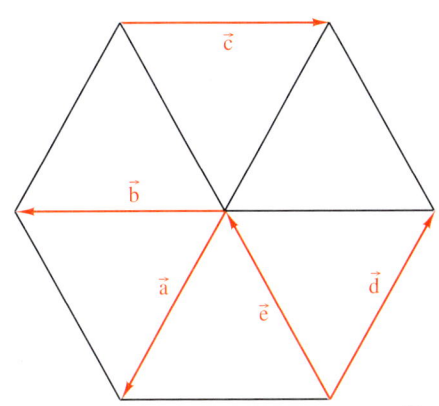

Fig. 2

6 Sind die Vektoren linear abhängig oder linear unabhängig?
Stellen Sie, falls möglich, einen Vektor als Linearkombination der anderen dar.
a) $\begin{pmatrix} 2 \\ -2 \\ 4 \end{pmatrix}, \begin{pmatrix} 1 \\ 1 \\ 2 \end{pmatrix}, \begin{pmatrix} 2 \\ 0 \\ -1 \end{pmatrix}$
b) $\begin{pmatrix} 1 \\ -1 \\ -3 \end{pmatrix}, \begin{pmatrix} 4 \\ 0 \\ 1 \end{pmatrix}, \begin{pmatrix} -2 \\ 2 \\ -7 \end{pmatrix}$
c) $\begin{pmatrix} 5 \\ 7 \\ -9 \end{pmatrix}, \begin{pmatrix} 0 \\ 0 \\ 0 \end{pmatrix}, \begin{pmatrix} -1 \\ -4 \\ 3 \end{pmatrix}$

7 Wie kann die reelle Zahl a gewählt werden, damit die Vektoren linear abhängig sind?
a) $\begin{pmatrix} 12 \\ 4 \end{pmatrix}, \begin{pmatrix} a \\ 8 \end{pmatrix}$
b) $\begin{pmatrix} 7 \\ 8 \end{pmatrix}, \begin{pmatrix} 3 \\ a \end{pmatrix}$
c) $\begin{pmatrix} 9a \\ 3a \end{pmatrix}, \begin{pmatrix} a \\ 1 \end{pmatrix}$
d) $\begin{pmatrix} 4 \\ 4 \\ 8 \end{pmatrix}, \begin{pmatrix} -3 \\ -3 \\ a \end{pmatrix}, \begin{pmatrix} a \\ a \\ -12 \end{pmatrix}$
e) $\begin{pmatrix} a^3 \\ a^2 \\ a \end{pmatrix}, \begin{pmatrix} 1 \\ 1 \\ 1 \end{pmatrix}, \begin{pmatrix} 27 \\ 9 \\ a^5 \end{pmatrix}$
f) $\begin{pmatrix} -2 \\ a \\ a-4 \end{pmatrix}, \begin{pmatrix} 3 \\ a \\ a-3 \end{pmatrix}, \begin{pmatrix} 4 \\ a \\ a+8 \end{pmatrix}$

8 Die Seitenhalbierenden eines Dreiecks ABC schneiden sich in einem Punkt. Dieser Punkt teilt jede der Seitenhalbierenden im Verhältnis 2 : 1.
Beweisen Sie:
Sind in einem Dreieck ABC die Punkte D, E, F die Seitenmitten, dann schneiden sich die Seitenhalbierenden der Dreiecke ABC und DEF in demselben Punkt S (Fig. 3).

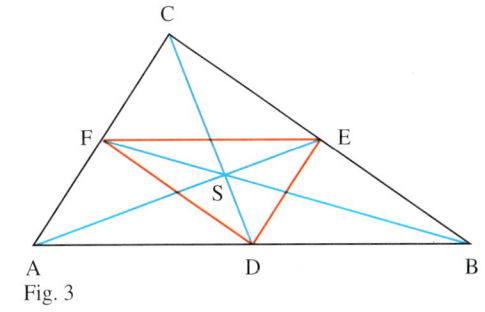

Fig. 3

Die Lösungen zu den Aufgaben dieser Seite finden Sie auf Seite 190/191.

1 Vektorielle Darstellung von Geraden

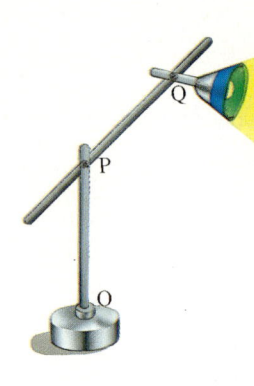

1 Die beiden Stangen der Lampe können an den Stellen O und P verstellt und fixiert werden. Der Befestigungspunkt Q des Strahlers kann mithilfe einer Schraube entlang der Querstange verschoben werden.

a) Was wird festgelegt, wenn man die Schrauben an den Stellen O und P zudreht?

b) Wo liegen alle möglichen Positionen des Befestigungspunktes Q, wenn man die Stangen in P und Q fixiert hat?

c) Wie kann man mithilfe zweier Vektoren, deren Pfeile jeweils zu einer der Stangen parallel sind, alle möglichen Stellen Q angeben?

Die Lösungsmenge einer linearen Gleichung der Form $x_2 = a x_1 + b$ kann man als Gerade der Zeichenebene darstellen. Mithilfe von Vektoren ist es möglich, sowohl Geraden der Zeichenebene als auch Geraden im Raum algebraisch zu beschreiben. Hierzu betrachtet man die Ortsvektoren der Punkte einer Geraden.

Beachten Sie:
Die Überlegungen zu Fig. 1 und Fig. 2 gelten sowohl für Geraden einer Ebene als auch für Geraden des Raumes. Deshalb wurden nicht die Koordinatenachsen, sondern nur ihr Schnittpunkt O, der Ursprung, angegeben. Man kann sich also jeweils ein zwei- oder dreidimensionales Koordinatensystem hinzudenken.

Ist ein Vektor Ortsvektor eines Geradenpunktes, so kann er als Stützvektor dieser Geraden verwendet werden.
Liegen zwei Punkte P und Q (P ≠ Q) auf einer Geraden, so kann der Vektor $\overrightarrow{PQ}$ als Richtungsvektor dieser Geraden verwendet werden.

Fig. 1 verdeutlicht: Sind P und Q zwei Punkte einer Geraden g, so gilt:

Ein beliebig gewählter Punkt X von g hat den Ortsvektor $\vec{x}$ mit $\vec{x} = \overrightarrow{OP} + \overrightarrow{PX}$.

Somit gilt: $\vec{x} = \overrightarrow{OP} + t \cdot \overrightarrow{PQ}$ mit einer reellen Zahl t.

Bezeichnet man den Vektor $\overrightarrow{OP}$ mit $\vec{p}$ und den Vektor $\overrightarrow{PQ}$ mit $\vec{u}$, so ist $\vec{x} = \vec{p} + t \cdot \vec{u}$ $(t \in \mathbb{R})$.

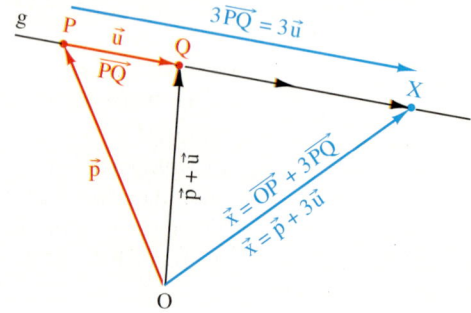

Fig. 1

Der Vektor $\vec{p}$ heißt **Stützvektor** von g, weil sein Pfeil von O nach P die Gerade g „in dem Punkt P stützt".

Der Vektor $\vec{u}$ heißt **Richtungsvektor** von g, weil er die „Richtung" der Geraden g festlegt.

Fig. 2 verdeutlicht:

Sind zwei Vektoren $\vec{p}$ und $\vec{u}$ $(\vec{u} \neq \vec{o})$ gegeben, so gilt:

Alle Punkte X, für deren Ortsvektoren $\vec{x}$ gilt $\vec{x} = \vec{p} + t \cdot \vec{u}$ $(t \in \mathbb{R})$, liegen auf einer gemeinsamen Geraden.

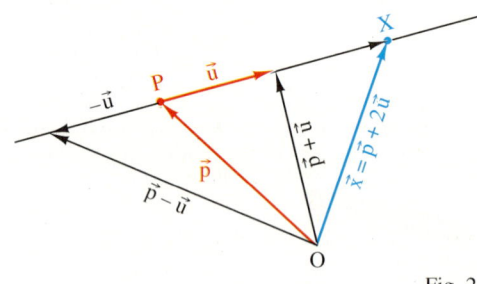

Fig. 2

Zusammenfassend sagt man:

Satz: Jede Gerade lässt sich durch eine Gleichung der Form
$$\vec{x} = \vec{p} + t \cdot \vec{u} \quad (t \in \mathbb{R})$$
beschreiben. Hierbei ist $\vec{p}$ ein Stützvektor und $\vec{u}$ $(\vec{u} \neq \vec{o})$ ein Richtungsvektor von g.

Man nennt eine Gleichung $\vec{x} = \vec{p} + t \cdot \vec{u}$ eine **Geradengleichung in Parameterform** der jeweiligen Geraden g (mit dem Parameter t). Man schreibt kurz g: $\vec{x} = \vec{p} + t \cdot \vec{u}$.

Beispiel 1: (Geraden zeichnen)

Zeichnen Sie die Gerade $g: \vec{x} = \begin{pmatrix} 2 \\ 4 \\ 3 \end{pmatrix} + t \cdot \begin{pmatrix} 1 \\ 2 \\ -1 \end{pmatrix}$.

Lösung:

Man trägt in ein Koordinatensystem ein:

– den Pfeil des Stützvektors $\vec{p} = \begin{pmatrix} 2 \\ 4 \\ 3 \end{pmatrix}$,

dessen Anfangspunkt im Ursprung O liegt.

– den Pfeil des Richtungsvektors $\vec{u} = \begin{pmatrix} 1 \\ 2 \\ -1 \end{pmatrix}$,

dessen Anfangspunkt an der Spitze des Pfeils von $\vec{p}$ liegt. Man zeichnet die Gerade g so, dass der Pfeil von $\vec{u}$ auf g liegt.

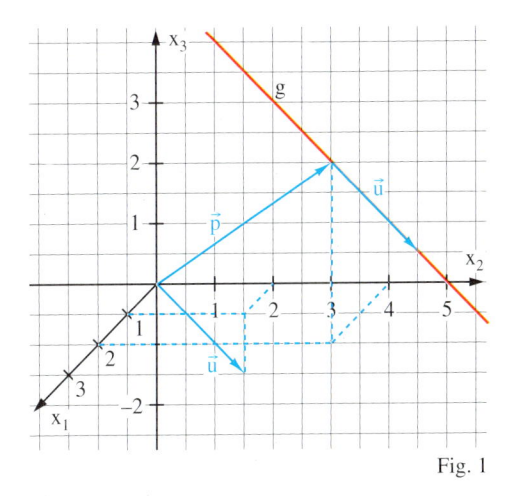

Fig. 1

Hinweis zu Beispiel 1: Man kann vom Vektor $\vec{u}$ zuerst den Pfeil zeichnen, dessen Anfangspunkt im Ursprung O liegt.

Beispiel 2: (Geradenpunkte bestimmen)

Geben Sie drei Punkte auf der Geraden $g: \vec{x} = \begin{pmatrix} 2 \\ 1 \\ 3 \end{pmatrix} + t \cdot \begin{pmatrix} -1 \\ 3 \\ 2 \end{pmatrix}$ an.

Lösung:

Setzt man in die gegebene Gleichung für t nacheinander z.B. die Werte 0, 1 und -1 ein, so

erhält man die Vektoren $\overrightarrow{x_0} = \begin{pmatrix} 2 \\ 1 \\ 3 \end{pmatrix}$, $\overrightarrow{x_1} = \begin{pmatrix} 1 \\ 4 \\ 5 \end{pmatrix}$ und $\overrightarrow{x_{-1}} = \begin{pmatrix} 3 \\ -2 \\ 1 \end{pmatrix}$. Das heißt, die Punkte $X_0(2|1|3)$,

$X_1(1|4|5)$ und $X_{-1}(3|-2|1)$ liegen auf der Geraden g.

Beispiel 3: (Parametergleichung bestimmen)

Geben Sie eine Parametergleichung für die Gerade g durch $A(1|-2|5)$ und $B(4|6|-2)$ an.

Lösung:

Da A auf g liegt, ist der Vektor $\vec{a} = \begin{pmatrix} 1 \\ -2 \\ 5 \end{pmatrix}$ ein möglicher Stützvektor von g.

*Statt Geradengleichung in Parameterform sagt man auch kurz **Parametergleichung**.*

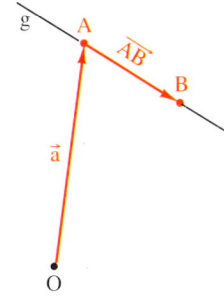

Fig. 2

Da A und B auf g liegen, ist der Vektor $\overrightarrow{AB} = \begin{pmatrix} 4 \\ 6 \\ -2 \end{pmatrix} - \begin{pmatrix} 1 \\ -2 \\ 5 \end{pmatrix} = \begin{pmatrix} 3 \\ 8 \\ -7 \end{pmatrix}$ ein möglicher Richtungs-

vektor von g. Somit erhält man: $g: \vec{x} = \begin{pmatrix} 1 \\ -2 \\ 5 \end{pmatrix} + t \cdot \begin{pmatrix} 3 \\ 8 \\ -7 \end{pmatrix}$.

(Es könnte z. B. auch $\vec{b} = \begin{pmatrix} 4 \\ 6 \\ -2 \end{pmatrix}$ als Stützvektor und $\overrightarrow{BA} = \begin{pmatrix} -3 \\ -8 \\ 7 \end{pmatrix}$ als Richtungsvektor gewählt werden.)

Beispiel 4: (Punktprobe)

Prüfen Sie, ob der Punkt $A(-7|-5|8)$ auf der Geraden $g: \vec{x} = \begin{pmatrix} 3 \\ -1 \\ 2 \end{pmatrix} + t \cdot \begin{pmatrix} 5 \\ 2 \\ -3 \end{pmatrix}$ liegt.

Lösung:

Wenn A auf g liegt, dann muss es eine reelle Zahl geben, die die Gleichung

$\begin{pmatrix} 3 \\ -1 \\ 2 \end{pmatrix} + t \cdot \begin{pmatrix} 5 \\ 2 \\ -3 \end{pmatrix} = \begin{pmatrix} -7 \\ -5 \\ 8 \end{pmatrix}$ erfüllt. Aus $3 + t \cdot 5 = -7$ folgt $t = -2$ und es gilt sowohl

$(-1) + (-2) \cdot 2 = -5$ als auch $2 + (-2) \cdot (-3) = 8$. A liegt somit auf g.

59

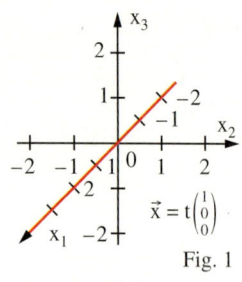

Fig. 1

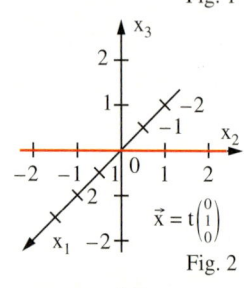

Fig. 2

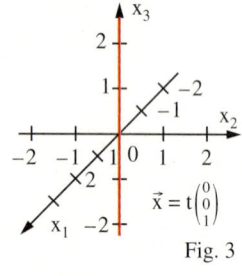

Fig. 3

Aufgaben

2 Zeichnen Sie die Gerade g in ein Koordinatensystem ein.

a) $g: \vec{x} = \begin{pmatrix} 1 \\ 2 \end{pmatrix} + t \cdot \begin{pmatrix} 3 \\ 2 \end{pmatrix}$

b) $g: \vec{x} = \begin{pmatrix} -1 \\ 2 \end{pmatrix} + t \cdot \begin{pmatrix} 3 \\ -2 \end{pmatrix}$

c) $g: \vec{x} = \begin{pmatrix} 1 \\ -2 \end{pmatrix} + t \cdot \begin{pmatrix} -3 \\ -2 \end{pmatrix}$

d) $g: \vec{x} = \begin{pmatrix} 1 \\ 0 \\ 1 \end{pmatrix} + t \cdot \begin{pmatrix} 3 \\ 0 \\ 2 \end{pmatrix}$

e) $g: \vec{x} = \begin{pmatrix} 1 \\ 2 \\ -2 \end{pmatrix} + t \cdot \begin{pmatrix} 1 \\ 3 \\ 2 \end{pmatrix}$

f) $g: \vec{x} = \begin{pmatrix} 0 \\ 2 \\ -1 \end{pmatrix} + t \cdot \begin{pmatrix} -3 \\ 2 \\ 0 \end{pmatrix}$

3 Gegeben ist die Gerade $g: \vec{x} = \begin{pmatrix} 1 \\ -3 \\ 2 \end{pmatrix} + t \cdot \begin{pmatrix} 2 \\ 2 \\ 2 \end{pmatrix}$ $\left(h: \vec{x} = \begin{pmatrix} -1 \\ 1 \\ 0 \end{pmatrix} + t \cdot \begin{pmatrix} 3 \\ 2 \\ 1 \end{pmatrix} \right)$.

Zeichnen Sie die Gerade. Bestimmen Sie hierzu zuerst

a) zwei verschiedene Punkte, die auf der Geraden liegen,

b) einen Punkt, der auf der Geraden liegt und dessen x_2-Koordinate null ist,

c) einen Punkt, der auf der Geraden und in der x_2x_3-Ebene liegt.

4 Geben Sie zu den Geraden durch die Punkte A und B, A und C sowie B und C jeweils eine Parametergleichung an.

a) $A(2|7)$, $B(1|4)$, $C(-2|5)$

b) $A(0|5|-4)$, $B(6|3|1)$, $C(9|-9|0)$

c) $A(8|-1|1)$, $B(4|5|-2)$, $C(1|1|1)$

d) $A(8|7|6)$, $B(-2|-5|-1)$, $C(0|-4|-3)$

5 Geben Sie zwei verschiedene Parametergleichungen der Geraden g an, die durch die Punkte A und B geht.

a) $A(7|-3|-5)$, $B(2|0|3)$

b) $A(0|0|0)$, $B(-6|13|25)$

c) $A(12|-19|9)$, $B(7|-3|-2)$

d) $A(0|7|0)$, $B(-7|0|-7)$

6 Gegeben ist die Gerade g mit dem Stützvektor $\vec{p}$ und dem Richtungsvektor $\vec{u}$. Geben Sie jeweils eine Parametergleichung von g mit einem von $\vec{p}$ verschiedenen Stützvektor bzw. von $\vec{u}$ verschiedenen Richtungsvektor an.

a) $\vec{p} = \begin{pmatrix} 0 \\ 3 \\ -9 \end{pmatrix}$; $\vec{u} = \begin{pmatrix} 1 \\ 2 \\ 3 \end{pmatrix}$

b) $\vec{p} = \begin{pmatrix} 0 \\ 0 \\ 0 \end{pmatrix}$; $\vec{u} = \begin{pmatrix} 0 \\ 3 \\ 0 \end{pmatrix}$

c) $\vec{p} = \begin{pmatrix} 15 \\ 5 \\ 1 \end{pmatrix}$; $\vec{u} = \begin{pmatrix} 15 \\ 5 \\ 1 \end{pmatrix}$

7 Prüfen Sie, ob der Punkt X auf der Geraden g liegt.

a) $X(1|1)$, $g: \vec{x} = \begin{pmatrix} 7 \\ 3 \end{pmatrix} + t \begin{pmatrix} -2 \\ 3 \end{pmatrix}$

b) $X(-1|0)$, $g: \vec{x} = \begin{pmatrix} -1 \\ 5 \end{pmatrix} + t \begin{pmatrix} 0 \\ 5 \end{pmatrix}$

c) $X(2|3|-1)$, $g: \vec{x} = \begin{pmatrix} 7 \\ 0 \\ 4 \end{pmatrix} + t \begin{pmatrix} 5 \\ -3 \\ 5 \end{pmatrix}$

d) $X(2|-1|-1)$, $g: \vec{x} = \begin{pmatrix} 1 \\ 0 \\ 1 \end{pmatrix} + t \begin{pmatrix} 1 \\ 3 \\ 3 \end{pmatrix}$

8 Geben Sie eine Parametergleichung einer Geraden an, die durch den Punkt P geht und parallel zur Geraden h ist.

a) $P(0|0)$; $h: \vec{x} = \begin{pmatrix} 0 \\ 2 \end{pmatrix} + t \cdot \begin{pmatrix} 4 \\ 1 \end{pmatrix}$

b) $P(7|-5)$; $h: \vec{x} = t \cdot \begin{pmatrix} -4 \\ 13 \end{pmatrix}$

c) $P(0|-1|2)$; $h: \vec{x} = \begin{pmatrix} 2 \\ -1 \\ 0 \end{pmatrix} + t \cdot \begin{pmatrix} -7 \\ 0 \\ 3 \end{pmatrix}$

d) $P(-2|-7|1)$; $h: \vec{x} = \begin{pmatrix} -2 \\ 2 \\ -2 \end{pmatrix} + t \cdot \begin{pmatrix} -2 \\ -7 \\ 1 \end{pmatrix}$

9 Geben Sie eine Parametergleichung von den beiden Winkelhalbierenden zwischen der x_1-Achse und der x_2-Achse in einem ebenen Koordinatensystem (zwischen der x_1-Achse und der x_3-Achse in einem räumlichen Koordinatensystem) an.

10 Welche besonderen Geraden werden durch die Parametergleichungen beschrieben?

a) $g: \vec{x} = t \begin{pmatrix} 1 \\ 0 \\ 1 \end{pmatrix}$,　　　　　b) $g: \vec{x} = t \begin{pmatrix} 0 \\ 1 \\ 1 \end{pmatrix}$,　　　　　c) $g: \vec{x} = t \begin{pmatrix} 1 \\ 1 \\ 1 \end{pmatrix}$.

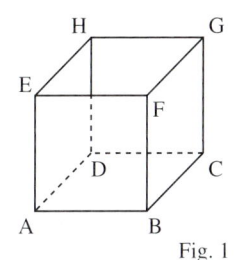

11 Zeichnen Sie einen Würfel und bezeichnen Sie die Ecken mit ABCDEFGH (Fig. 1).
Wählen Sie ein geeignetes Koordinatensystem und bestimmen Sie eine Parametergleichung
der Geraden, die festgelegt ist durch die Punkte

a) A und C,　　　　　b) B und D,
c) E und G,　　　　　d) F und H,
e) A und G,　　　　　f) B und H.

Fig. 1

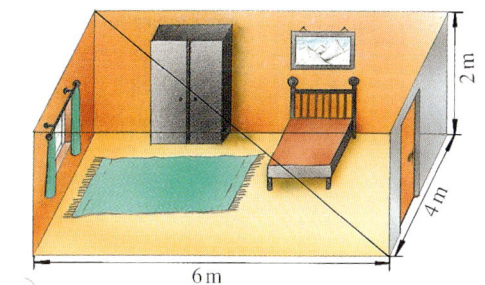

12 Geben Sie eine Parametergleichung derjenigen Geraden an, die durch die Raumdiagonale in Fig. 2 festgelegt ist.
Legen Sie hierzu ein geeignetes Koordinatensystem fest.

Fig. 2

a)

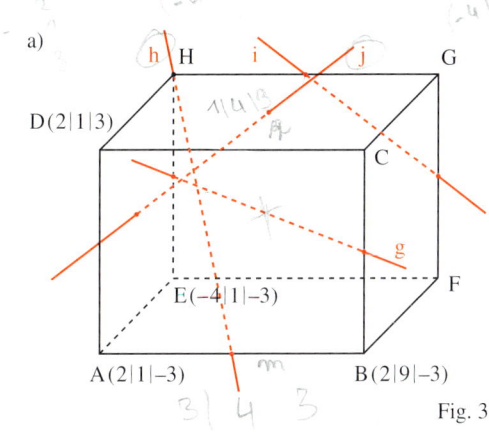

Fig. 3

b)

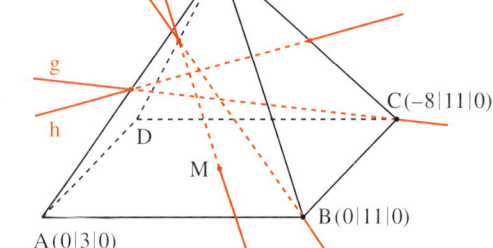

Fig. 4

13 In Fig. 3 und Fig. 4 sind die rot eingezeichneten Punkte jeweils Mittelpunkte einer Seitenfläche bzw. einer Kante. Bestimmen Sie eine Parametergleichung für jede eingezeichnete
Gerade in　a) Fig. 3,　b) Fig. 4.

14 Die Lösungsmenge einer Gleichung der Form $ax_1 + bx_2 = c$ ($a \neq 0$ oder $b \neq 0$) legt
eine Gerade der Zeichenebene fest. Geben Sie eine Parametergleichung der Geraden g an, die
beschrieben wird durch

*In der Sekundarstufe I
wurde die Gleichung
$x_2 = m \cdot x_1 + b$
so geschrieben:
$y = m \cdot x + b$.*

a) $g: 2x_1 + x_2 = 1$,　　　　b) $g: x_1 - x_2 = 3$,　　　　c) $g: x_2 = 3$,
d) $g: 2x_1 + 5x_2 = 7$,　　　e) $g: 5x_1 - 3x_2 = 17$,　　　f) $g: x_1 = 5$,
g) $g: x_1 + x_2 = 0$,　　　　h) $g: x_1 = 0$　　　　　　i) $g: -x_1 - x_2 = 3$.

15 Geben Sie eine Gleichung der Geraden g in der Form $ax_1 + bx_2 = c$ an.

a) $g: \vec{x} = \begin{pmatrix} 1 \\ 2 \end{pmatrix} + t \begin{pmatrix} 3 \\ 1 \end{pmatrix}$　　　　b) $g: \vec{x} = \begin{pmatrix} 2 \\ 5 \end{pmatrix} + t \begin{pmatrix} -1 \\ 5 \end{pmatrix}$　　　　c) $g: \vec{x} = \begin{pmatrix} 3 \\ 5 \end{pmatrix} + t \begin{pmatrix} 7 \\ 9 \end{pmatrix}$

16 Zeigen Sie am Beispiel von $g: \vec{x} = \begin{pmatrix} 3 \\ 2 \end{pmatrix} + t \begin{pmatrix} 4 \\ 1 \end{pmatrix}$, wie man aus einer Parametergleichung

einer Geraden die Steigung und den x_2-Achsenabschnitt von g bestimmen kann.

2 Gegenseitige Lage von Geraden

1 Betrachtet werden die Geraden g und h sowie die Vektoren $\vec{a}$, $\vec{b}$ und $\vec{c}$ in Fig. 1.
a) Welche Aussage über $\vec{a}$, $\vec{b}$ und $\vec{c}$ kann man machen, wenn g und h zueinander parallel (nicht parallel) sind?
b) Können $\vec{a}$ und $\vec{b}$ linear unabhängig sein und zugleich g und h sich nicht schneiden? Begründen Sie Ihre Antwort.

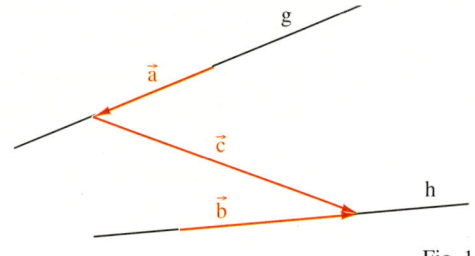

Fig. 1

Zwei in einer Ebene liegende Geraden fallen entweder zusammen oder sie sind zueinander parallel und verschieden oder sie schneiden sich. Bei zwei Geraden des Raumes kann auch der Fall eintreten, dass sie weder zueinander parallel sind noch gemeinsame Punkte besitzen. Solche Geraden heißen **zueinander windschief**.

Mögliche Lage zweier Geraden g: $\vec{x} = \vec{p} + r \cdot \vec{u}$ und h: $\vec{x} = \vec{q} + t \cdot \vec{v}$ im Raum:

g und h sind **identisch**	g und h sind **zueinander parallel** und voneinander verschieden	g und h **schneiden sich**	g und h sind **zueinander windschief**
Fig. 2	Fig. 3	Fig. 4	Fig. 5
$\vec{u}$ und $\vec{v}$ sind linear abhängig und		$\vec{u}$ und $\vec{v}$ sind linear unabhängig und	
$\vec{u}$ und $\vec{q} - \vec{p}$ sind linear abhängig	$\vec{u}$ und $\vec{q} - \vec{p}$ sind linear unabhängig	$\vec{u}$, $\vec{v}$ und $\vec{q} - \vec{p}$ sind linear abhängig	$\vec{u}$, $\vec{v}$ und $\vec{q} - \vec{p}$ sind linear unabhängig

Beachten Sie:
g und h schneiden sich genau dann, wenn in Fig. 4 die Pfeile von $\vec{u}$ und $\vec{v}$ nicht zueinander parallel sind und die Pfeile von $\vec{u}$, $\vec{v}$ und $\vec{q} - \vec{p}$ in einer Ebene liegen.
g und h sind zueinander windschief genau dann, wenn in Fig. 5 die Pfeile von $\vec{u}$ und $\vec{v}$ nicht zueinander parallel sind und die Pfeile von $\vec{u}$, $\vec{v}$ und $\vec{q} - \vec{p}$ nicht in einer Ebene liegen.

Die Anzahl der gemeinsamen Punkte zweier Geraden kann man algebraisch untersuchen:

Satz: Für die Geraden $g: \vec{x} = \vec{p} + r\cdot\vec{u}$ und $h: \vec{x} = \vec{q} + t\cdot\vec{v}$ gilt:
g und h **schneiden sich in einem Punkt**, wenn die Vektorgleichung
$\vec{p} + r\cdot\vec{u} = \vec{q} + t\cdot\vec{v}$ **genau eine** Lösung $(r_0; t_0)$ hat.
g und h sind **identisch**, wenn die Vektorgleichung
$\vec{p} + r\cdot\vec{u} = \vec{q} + t\cdot\vec{v}$ **unendlich viele** Lösungen hat.
g und h haben **keinen gemeinsamen Punkt**, wenn die Vektorgleichung
$\vec{p} + r\cdot\vec{u} = \vec{q} + t\cdot\vec{v}$ **keine** Lösung hat.

Anmerkungen:
1. Hat die Vektorgleichung $\vec{p} + r\cdot\vec{u} = \vec{q} + t\cdot\vec{v}$ genau eine Lösung $(r_0; t_0)$, so erhält man den Ortsvektor des Schnittpunktes, indem man r_0 für r in $\vec{p} + r\cdot\vec{u}$ einsetzt oder t_0 für t in $\vec{q} + t\cdot\vec{v}$ einsetzt.
2. Hat die Vektorgleichung $\vec{p} + r\cdot\vec{u} = \vec{q} + t\cdot\vec{v}$ keine Lösung, so sind g und h zueinander parallel, falls $\vec{u}$ und $\vec{v}$ linear abhängig sind; andernfalls sind sie zueinander windschief.

Beispiel: (gegenseitige Lage von Geraden)
Bestimmen Sie die gegenseitige Lage der Geraden g und h.

Bei der Aufgabe a) des Beispiels sieht man sofort, dass die Vektoren $\begin{pmatrix}2\\4\\1\end{pmatrix}$ und $\begin{pmatrix}4\\8\\2\end{pmatrix}$ sowie die Vektoren $\begin{pmatrix}2\\4\\1\end{pmatrix}$ und $\begin{pmatrix}1\\2\\3\end{pmatrix}-\begin{pmatrix}3\\6\\4\end{pmatrix}$ linear abhängig und deshalb g und h identisch sind.

Bei den Aufgaben b) und c) sind die Richtungsvektoren linear unabhängig. Überprüft man mithilfe eines Gleichungssystems, ob die Geraden windschief sind oder sich schneiden, so erhält man gegebenenfalls die Koordinaten des Schnittpunktes.

a) $g: \vec{x} = \begin{pmatrix}1\\2\\3\end{pmatrix} + r\cdot\begin{pmatrix}2\\4\\1\end{pmatrix}$, $h: \vec{x} = \begin{pmatrix}3\\6\\4\end{pmatrix} + t\cdot\begin{pmatrix}4\\8\\2\end{pmatrix}$

b) $g: \vec{x} = \begin{pmatrix}7\\-2\\2\end{pmatrix} + r\cdot\begin{pmatrix}2\\3\\1\end{pmatrix}$, $h: \vec{x} = \begin{pmatrix}4\\-6\\-1\end{pmatrix} + t\cdot\begin{pmatrix}1\\1\\2\end{pmatrix}$

c) $g: \vec{x} = \begin{pmatrix}3\\6\\4\end{pmatrix} + r\cdot\begin{pmatrix}4\\8\\2\end{pmatrix}$, $h: \vec{x} = \begin{pmatrix}1\\0\\3\end{pmatrix} + t\cdot\begin{pmatrix}-4\\-6\\2\end{pmatrix}$

Lösung:
a) Der Vektorgleichung $\begin{pmatrix}1\\2\\3\end{pmatrix} + r\cdot\begin{pmatrix}2\\4\\1\end{pmatrix} = \begin{pmatrix}3\\6\\4\end{pmatrix} + t\cdot\begin{pmatrix}4\\8\\2\end{pmatrix}$ entspricht das LGS $\begin{cases}1+2r = 3+4t\\2+4r = 6+8t\\3+r = 4+2t\end{cases}$.
Dieses LGS hat unendlich viele Lösungen. Also sind g und h identisch.

b) Der Vektorgleichung $\begin{pmatrix}7\\-2\\2\end{pmatrix} + r\cdot\begin{pmatrix}2\\3\\1\end{pmatrix} = \begin{pmatrix}4\\-6\\-1\end{pmatrix} + t\cdot\begin{pmatrix}1\\1\\2\end{pmatrix}$ entspricht das LGS $\begin{cases}7+2r = 4+t\\-2+3r = -6+t\\2+r = -1+2t\end{cases}$.
Dieses LGS hat die einzige Lösung $(-1; 1)$. Also schneiden sich g und h.
Setzt man in $\begin{pmatrix}7\\-2\\2\end{pmatrix} + r\cdot\begin{pmatrix}2\\3\\1\end{pmatrix}$ für r die Zahl -1 oder in $\begin{pmatrix}4\\-6\\-1\end{pmatrix} + t\cdot\begin{pmatrix}1\\1\\2\end{pmatrix}$ für t die Zahl 1 ein, so erhält man den Vektor $\vec{s} = \begin{pmatrix}5\\-5\\1\end{pmatrix}$. g und h schneiden sich somit im Punkt $S(5|-5|1)$.

c) Der Vektorgleichung $\begin{pmatrix}3\\6\\4\end{pmatrix} + r\cdot\begin{pmatrix}4\\8\\2\end{pmatrix} = \begin{pmatrix}1\\0\\3\end{pmatrix} + t\cdot\begin{pmatrix}-4\\-6\\2\end{pmatrix}$ entspricht das LGS $\begin{cases}3+4r = 1-4t\\6+8r = -6t\\4+2r = 3+2t\end{cases}$.

Dieses LGS hat keine Lösung, also haben g und h keine gemeinsamen Punkte.
Da ferner die Richtungsvektoren von g und h linear unabhängig sind, sind g und h zueinander windschief.

63

Aufgaben

2 Berechnen Sie die Koordinaten des Schnittpunktes S der Geraden g und h.

a) $g: \vec{x} = \begin{pmatrix} 1 \\ 0 \end{pmatrix} + r\begin{pmatrix} 2 \\ 1 \end{pmatrix}$, $h: \vec{x} = \begin{pmatrix} 3 \\ 2 \end{pmatrix} + t\begin{pmatrix} 5 \\ 4 \end{pmatrix}$

b) $g: \vec{x} = \begin{pmatrix} 2 \\ 7 \end{pmatrix} + r\begin{pmatrix} 1 \\ 1 \end{pmatrix}$, $h: \vec{x} = \begin{pmatrix} 0 \\ 5 \end{pmatrix} + t\begin{pmatrix} -1 \\ 1 \end{pmatrix}$

c) $g: \vec{x} = \begin{pmatrix} 1 \\ 0 \\ 2 \end{pmatrix} + r\begin{pmatrix} 1 \\ -1 \\ 1 \end{pmatrix}$, $h: \vec{x} = \begin{pmatrix} 3 \\ -2 \\ 4 \end{pmatrix} + t\begin{pmatrix} 2 \\ 3 \\ 0 \end{pmatrix}$

d) $g: \vec{x} = \begin{pmatrix} 7 \\ 3 \\ 9 \end{pmatrix} + r\begin{pmatrix} 1 \\ 4 \\ 0 \end{pmatrix}$, $h: \vec{x} = \begin{pmatrix} 3 \\ -13 \\ 9 \end{pmatrix} + t\begin{pmatrix} 2 \\ 1 \\ 1 \end{pmatrix}$

3 Untersuchen Sie die gegenseitige Lage der Geraden g und h. Berechnen Sie gegebenenfalls die Koordinaten des Schnittpunktes S.

Wird bei zwei gegebenen Parametergleichungen der Parameter jeweils mit dem gleichen Buchstaben, z. B. „t", bezeichnet, dann muss er in einer Gleichung umbenannt werden, z. B. in „r".

a) $g: \vec{x} = \begin{pmatrix} 1 \\ 2 \end{pmatrix} + t\begin{pmatrix} 4 \\ 2 \end{pmatrix}$, $h: \vec{x} = \begin{pmatrix} 0 \\ 5 \end{pmatrix} + t\begin{pmatrix} -2 \\ -1 \end{pmatrix}$

b) $g: \vec{x} = \begin{pmatrix} 3 \\ 4 \end{pmatrix} + t\begin{pmatrix} 1 \\ 2 \end{pmatrix}$, $h: \vec{x} = \begin{pmatrix} 0 \\ -2 \end{pmatrix} + t\begin{pmatrix} -2 \\ -4 \end{pmatrix}$

c) $g: \vec{x} = \begin{pmatrix} 7 \\ 3 \end{pmatrix} + t\begin{pmatrix} 1 \\ 0 \end{pmatrix}$, $h: \vec{x} = \begin{pmatrix} 2 \\ 5 \end{pmatrix} + t\begin{pmatrix} 1 \\ 1 \end{pmatrix}$

d) $g: \vec{x} = \begin{pmatrix} 1 \\ 3 \end{pmatrix} + t\begin{pmatrix} 3 \\ 6 \end{pmatrix}$, $h: \vec{x} = \begin{pmatrix} 2 \\ 5 \end{pmatrix} + t\begin{pmatrix} -5 \\ -10 \end{pmatrix}$

e) $g: \vec{x} = \begin{pmatrix} 3 \\ 2 \end{pmatrix} + t\begin{pmatrix} 1 \\ 1 \end{pmatrix}$, $h: \vec{x} = \begin{pmatrix} 2 \\ -1 \end{pmatrix} + t\begin{pmatrix} -5 \\ 3 \end{pmatrix}$

f) $g: \vec{x} = \begin{pmatrix} 2 \\ 6 \end{pmatrix} + t\begin{pmatrix} 1 \\ 3 \end{pmatrix}$, $h: \vec{x} = \begin{pmatrix} 2 \\ 3 \end{pmatrix} + t\begin{pmatrix} 5 \\ 7 \end{pmatrix}$

4 Die Schnittpunkte der Geraden g, h, i sind die Eckpunkte eines Dreiecks ABC. Berechnen Sie die Koordinaten von A, B und C.

a) $g: \vec{x} = \begin{pmatrix} -7 \\ 7 \end{pmatrix} + r\begin{pmatrix} 3 \\ -2 \end{pmatrix}$, $h: \vec{x} = \begin{pmatrix} 4 \\ 7 \end{pmatrix} + s\begin{pmatrix} 1 \\ 3 \end{pmatrix}$, $i: \vec{x} = \begin{pmatrix} 5 \\ -1 \end{pmatrix} + t\begin{pmatrix} -2 \\ 5 \end{pmatrix}$

b) $g: \vec{x} = \begin{pmatrix} 0 \\ -1 \\ 2 \end{pmatrix} + r\begin{pmatrix} -2 \\ 2 \\ 1 \end{pmatrix}$, $h: \vec{x} = \begin{pmatrix} 3 \\ -1 \\ -2 \end{pmatrix} + s\begin{pmatrix} -2 \\ -4 \\ 6 \end{pmatrix}$, $i: \vec{x} = \begin{pmatrix} 5 \\ 3 \\ -8 \end{pmatrix} + t\begin{pmatrix} 11 \\ -2 \\ -13 \end{pmatrix}$

5 Untersuchen Sie die gegenseitige Lage der Geraden g und h. Berechnen Sie gegebenenfalls die Koordinaten des Schnittpunktes S.

a) $g: \vec{x} = \begin{pmatrix} 5 \\ 0 \\ 1 \end{pmatrix} + t\begin{pmatrix} 2 \\ 1 \\ -1 \end{pmatrix}$, $h: \vec{x} = \begin{pmatrix} 7 \\ 1 \\ 2 \end{pmatrix} + t\begin{pmatrix} -6 \\ -3 \\ 3 \end{pmatrix}$

b) $g: \vec{x} = \begin{pmatrix} 1 \\ 2 \\ 1 \end{pmatrix} + t\begin{pmatrix} 2 \\ 0 \\ 1 \end{pmatrix}$, $h: \vec{x} = \begin{pmatrix} 2 \\ 3 \\ 4 \end{pmatrix} + t\begin{pmatrix} 0 \\ 1 \\ -1 \end{pmatrix}$

c) $g: \vec{x} = \begin{pmatrix} 0 \\ 1 \\ 1 \end{pmatrix} + t\begin{pmatrix} 1 \\ 0 \\ 1 \end{pmatrix}$, $h: \vec{x} = \begin{pmatrix} 4 \\ 2 \\ 4 \end{pmatrix} + t\begin{pmatrix} 2 \\ 1 \\ 1 \end{pmatrix}$

d) $g: \vec{x} = \begin{pmatrix} 5 \\ 5 \\ 1 \end{pmatrix} + t\begin{pmatrix} 1 \\ 2 \\ 0 \end{pmatrix}$, $h: \vec{x} = \begin{pmatrix} -5 \\ -15 \\ 1 \end{pmatrix} + t\begin{pmatrix} -0,5 \\ 1 \\ 0 \end{pmatrix}$

6 Geben Sie eine Gleichung an für eine Gerade h, die die Gerade g schneidet, eine Gerade i, die zur Geraden g parallel ist, und eine Gerade j, die zur Geraden g windschief ist.

a) $g: \vec{x} = \begin{pmatrix} 1 \\ 0 \\ 0 \end{pmatrix} + t\begin{pmatrix} 7 \\ 3 \\ 1 \end{pmatrix}$

b) $g: \vec{x} = \begin{pmatrix} 2 \\ 2 \\ 1 \end{pmatrix} + t\begin{pmatrix} 1 \\ 2 \\ 0 \end{pmatrix}$

c) $g: \vec{x} = \begin{pmatrix} 2 \\ 3 \\ 6 \end{pmatrix} + t\begin{pmatrix} 1 \\ 0 \\ 5 \end{pmatrix}$

7 Untersuchen Sie, ob eine Seite des Dreiecks ABC mit A$(3|3|6)$, B$(2|7|6)$, C$(4|2|5)$ auf der Geraden $g: \vec{x} = \begin{pmatrix} 2 \\ 0 \\ 2 \end{pmatrix} + t\begin{pmatrix} -1 \\ 1 \\ 1 \end{pmatrix}$ liegt oder zu g parallel ist.

8 Die Gerade g geht durch den Punkt A$(3|8|0)$ und hat den Richtungsvektor $\begin{pmatrix} 2 \\ 5 \\ 0 \end{pmatrix}$.

Die Gerade h geht durch den Punkt B$(-2|3|1)$ und hat den Stützvektor $\begin{pmatrix} 3 \\ 1 \\ 0 \end{pmatrix}$.

Überprüfen Sie, ob sich die Geraden g und h schneiden. Berechnen Sie gegebenenfalls die Koordinaten des Schnittpunktes.

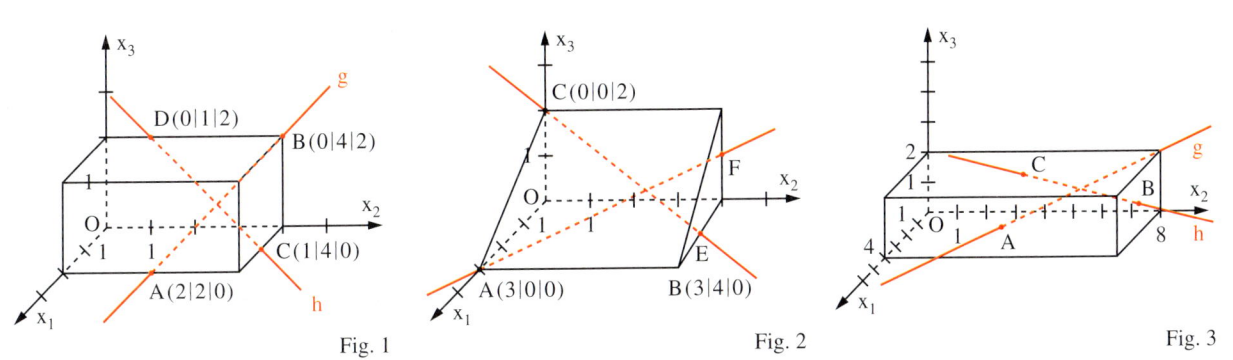

Fig. 1   Fig. 2   Fig. 3

9   a) Prüfen Sie, ob die Geraden g und h in Fig. 1 sich schneiden.

b) In Fig. 2 sind die Punkte E und F Kantenmitten. Schneiden sich die Geraden g und h?

10   In Fig. 3 sind A, B und C die Diagonalenschnittpunkte der jeweiligen Seitenflächen des Quaders. Schneiden sich die Geraden g und h?

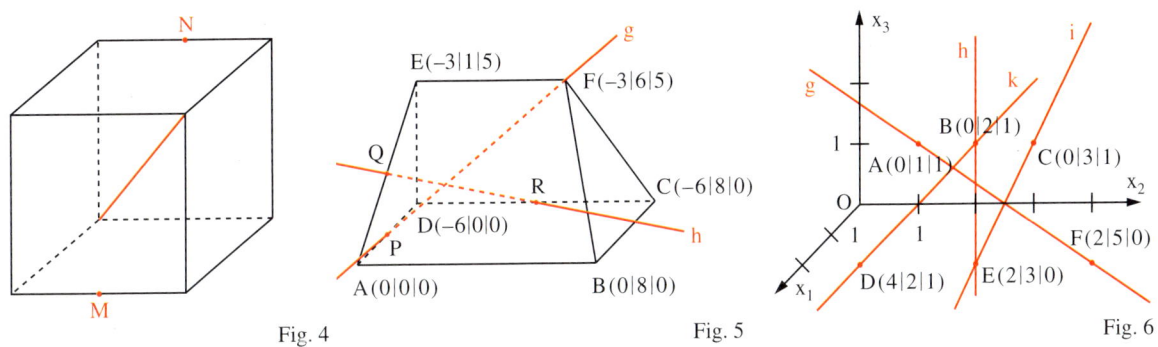

Fig. 4   Fig. 5   Fig. 6

11   In Fig. 4 sind die Punkte M und N die Mitten der jeweiligen Würfelkanten. Schneidet die eingezeichnete Raumdiagonale die Strecke MN?

12   In Fig. 5 sind die Punkte P, Q und R die Mitten der jeweiligen Kanten. Schneiden sich die Geraden g und h?

13   Untersuchen Sie die gegenseitigen Lagen der Geraden g, h, i und k in Fig. 6.

14   Wie muss $t \in \mathbb{R}$ gewählt werden, damit sich g_t und h_t schneiden (windschief sind)?

a) $g_t: \vec{x} = \begin{pmatrix} -t \\ 1 \\ -2 \end{pmatrix} + r \begin{pmatrix} -1 \\ 4 \\ 2 \end{pmatrix}$, $h_t: \vec{x} = \begin{pmatrix} 2 \\ 6 \\ 4t \end{pmatrix} + s \begin{pmatrix} 1 \\ -1 \\ -2 \end{pmatrix}$ b) $g_t: \vec{x} = \begin{pmatrix} 3 \\ 4 \\ 2 \end{pmatrix} + r \begin{pmatrix} 3 \\ -6 \\ -3t \end{pmatrix}$, $h_t: \vec{x} = \begin{pmatrix} 1 \\ 5 \\ 4 \end{pmatrix} + s \begin{pmatrix} 2 \\ 2t \\ 4 \end{pmatrix}$

15   Gibt es für die Variablen a, b, c und d Zahlen, sodass $g: \vec{x} = \begin{pmatrix} 1 \\ a \\ 2 \end{pmatrix} + r \begin{pmatrix} b \\ 3 \\ 4 \end{pmatrix}$ und $h: \vec{x} = \begin{pmatrix} c \\ 0 \\ 3 \end{pmatrix} + s \begin{pmatrix} 3 \\ 1 \\ d \end{pmatrix}$

a) identisch sind,   b) zueinander parallel und verschieden sind,

c) sich schneiden,   d) zueinander windschief sind?

16   Die Eckpunkte einer dreiseitigen Pyramide sind O, P, Q, R. Zeigen Sie:

a) Die Geraden $g: \vec{x} = (\overrightarrow{OP} + \overrightarrow{OQ}) + r(\overrightarrow{OQ} - \overrightarrow{OR})$ und $h: \vec{x} = s(\overrightarrow{OQ} + \overrightarrow{OR})$ sind zueinander windschief.

b) Die Geraden $g: \vec{x} = (\overrightarrow{OP} + \overrightarrow{OQ}) + r(\overrightarrow{OQ} - \overrightarrow{OR})$ und $h: \vec{x} = s(\overrightarrow{OP} + \overrightarrow{OR})$ schneiden sich.

3 Vektorielle Darstellung von Ebenen

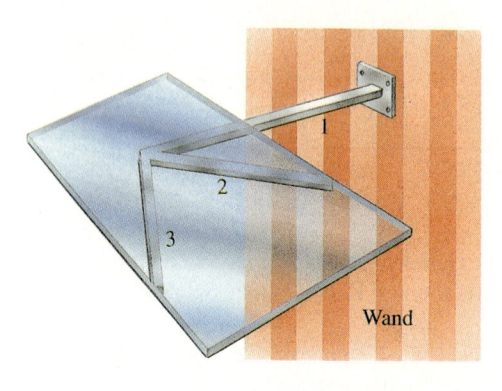

1 Eine Glasplatte dient im Kundenraum einer Bank als Schreibunterlage. Diese Scheibe wurde mithilfe dreier Metallstangen montiert.
a) Welche Aufgabe hat die Stange 1, die direkt an der Wand befestigt ist?
b) Wie ändert sich die Lage der Scheibe, wenn man die Positionen der Stangen 2 und 3 verändert?
c) Kann man auf eine der Stangen verzichten?

Ebenso wie Geraden kann man auch Ebenen mithilfe von Vektoren beschreiben. Hierbei betrachtet man ebenfalls die Ortsvektoren der Punkte der jeweiligen Ebene.

Fig. 1 verdeutlicht:
Sind P, Q und R drei Punkte einer Ebene und liegen P, Q und R nicht auf einer gemeinsamen Geraden, so gilt:
Ein beliebig gewählter Punkt X dieser Ebene hat den Ortsvektor $\vec{x}$ mit $\vec{x} = \overrightarrow{OP} + \overrightarrow{PX}$, und somit ist $\vec{x} = \overrightarrow{OP} + r \cdot \overrightarrow{PQ} + s \cdot \overrightarrow{PR}$ mit $r, s \in \mathbb{R}$. Bezeichnet man $\overrightarrow{PQ}$ mit $\vec{u}$ und $\overrightarrow{PR}$ mit $\vec{v}$, so erhält man $\vec{x} = \vec{p} + r \cdot \vec{u} + s \cdot \vec{v}$ mit $r, s \in \mathbb{R}$.

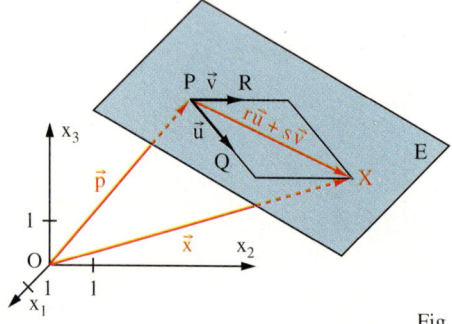

Fig. 1

Der Vektor $\vec{p}$ heißt **Stützvektor** von E, weil sein Pfeil von O nach P die Ebene E „in dem Punkt P stützt". Die Vektoren $\vec{u}$ und $\vec{v}$ heißen **Spannvektoren** von E, weil sie die Ebene „aufspannen".

Fig. 2 verdeutlicht:
Sind zwei linear unabhängige Vektoren $\vec{u}$ und $\vec{v}$ sowie ein Vektor $\vec{p}$ gegeben, so gilt:
Alle Punkte X, für deren Ortsvektor $\vec{x}$ gilt $\vec{x} = \vec{p} + r \cdot \vec{u} + s \cdot \vec{v}$ $(r, s \in \mathbb{R})$, bilden eine Ebene.

Fig. 2

Zusammenfassend sagt man:

> **Satz:** Jede Ebene lässt sich durch eine Gleichung der Form
> $$\vec{x} = \vec{p} + r \cdot \vec{u} + s \cdot \vec{v} \quad (r, s \in \mathbb{R})$$
> beschreiben.
> Hierbei ist $\vec{p}$ ein Stützvektor und die linear unabhängigen Vektoren $\vec{u}$ und $\vec{v}$ sind zwei Spannvektoren.

Statt Ebenengleichung in Parameterform sagt man auch kurz Parametergleichung.

Man nennt die Gleichung $\vec{x} = \vec{p} + r \cdot \vec{u} + s \cdot \vec{v}$ eine **Ebenengleichung in Parameterform** der entsprechenden Ebene E mit den Parametern r und s.

Man schreibt kurz $E: \vec{x} = \vec{p} + r \cdot \vec{u} + s \cdot \vec{v}$.

Beispiel 1: (Ebene zeichnen und Parametergleichung bestimmen)

Die Punkte $A(1|0|1)$, $B(1|1|0)$ und $C(0|1|1)$ legen eine Ebene E fest.

a) Tragen Sie A, B und C in ein Koordinatensystem ein und kennzeichnen Sie einen Ausschnitt der Ebene E.

b) Geben Sie eine Parametergleichung der Ebene E an.

Lösung:

a) siehe Fig. 1.

b) Wählt man als Stützvektor den Ortsvektor von A und als Spannvektoren $\overrightarrow{AB}$ und $\overrightarrow{AC}$, so erhält man

$$E: \vec{x} = \begin{pmatrix} 1 \\ 0 \\ 1 \end{pmatrix} + r \cdot \begin{pmatrix} 0 \\ 1 \\ -1 \end{pmatrix} + s \cdot \begin{pmatrix} -1 \\ 1 \\ 0 \end{pmatrix}.$$

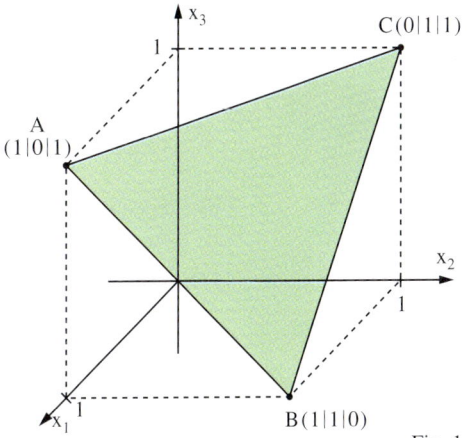

Fig. 1

Drei Punkte, die nicht auf einer gemeinsamen Geraden liegen, legen eine Ebene fest.

Deshalb:
Ein dreibeiniger Tisch wackelt nie!!

Beispiel 2: (Punktprobe)

Gegeben ist die Ebene $E: \vec{x} = \begin{pmatrix} 2 \\ 0 \\ 1 \end{pmatrix} + r \cdot \begin{pmatrix} 1 \\ 3 \\ 5 \end{pmatrix} + s \cdot \begin{pmatrix} 2 \\ -1 \\ 1 \end{pmatrix}$.

Überprüfen Sie, ob

a) der Punkt $A(7|5|-3)$, b) der Punkt $B(7|1|8)$ in der Ebene E liegt.

Lösung:

a) Der Gleichung $\begin{pmatrix} 7 \\ 5 \\ -3 \end{pmatrix} = \begin{pmatrix} 2 \\ 0 \\ 1 \end{pmatrix} + r \cdot \begin{pmatrix} 1 \\ 3 \\ 5 \end{pmatrix} + s \cdot \begin{pmatrix} 2 \\ -1 \\ 1 \end{pmatrix}$ entspricht das LGS

$$\begin{cases} 7 = 2 + r + 2s \\ 5 = 3r - s \\ -3 = 1 + 5r + s \end{cases} \text{, also } \begin{cases} r + 2s = 5 \\ -7s = -10 \\ -9s = -29 \end{cases} \text{, also } \begin{cases} r + 2s = 5 \\ -7s = -10 \\ 0 = 113 \end{cases} \text{ also } L = \{\,\}.$$

Der Punkt A liegt nicht in der Ebene E.

b) Der Gleichung $\begin{pmatrix} 7 \\ 1 \\ 8 \end{pmatrix} = \begin{pmatrix} 2 \\ 0 \\ 1 \end{pmatrix} + r \cdot \begin{pmatrix} 1 \\ 3 \\ 5 \end{pmatrix} + s \cdot \begin{pmatrix} 2 \\ -1 \\ 1 \end{pmatrix}$ entspricht das LGS

$$\begin{cases} 7 = 2 + r + 2s \\ 1 = 3r - s \\ 8 = 1 + 5r + s \end{cases} \text{, also } \begin{cases} r + 2s = 5 \\ -7s = -14 \\ -9s = -18 \end{cases} \text{, also } \begin{cases} r + 2s = 5 \\ s = 2 \\ s = 2 \end{cases} \text{, also } L = \{(1;\,2)\}.$$

Es gilt somit: $\begin{pmatrix} 7 \\ 1 \\ 8 \end{pmatrix} = \begin{pmatrix} 2 \\ 0 \\ 1 \end{pmatrix} + 1 \cdot \begin{pmatrix} 1 \\ 3 \\ 5 \end{pmatrix} + 2 \cdot \begin{pmatrix} 2 \\ -1 \\ 1 \end{pmatrix}$.

Der Punkt B liegt somit in der Ebene E.

Die Aufgabe von Beispiel 3 kann man auch so lösen: Man bestimmt zuerst eine Parametergleichung der Ebene durch die Punkte A, B, C und führt dann mit dem Punkt D die Punktprobe durch.

Beispiel 3: (Vier Punkte in einer Ebene)

Liegen die Punkte $A(1|1|1)$, $B(3|2|1)$, $C(-1|-1|-1)$, $D(1|0|1)$ in einer Ebene?

Lösung:

Die Vektoren $\overrightarrow{AB} = \begin{pmatrix} 2 \\ 1 \\ 0 \end{pmatrix}$, $\overrightarrow{AC} = \begin{pmatrix} -2 \\ -2 \\ -2 \end{pmatrix}$, $\overrightarrow{AD} = \begin{pmatrix} 0 \\ -1 \\ 0 \end{pmatrix}$ sind linear unabhängig. Die Punkte A, B, C, D liegen nicht in einer Ebene.

67

Aufgaben

2   Setzt man in E: $\vec{x} = \begin{pmatrix} 3 \\ 0 \\ 2 \end{pmatrix} + r \cdot \begin{pmatrix} 2 \\ 1 \\ 7 \end{pmatrix} + s \cdot \begin{pmatrix} 3 \\ 2 \\ 5 \end{pmatrix}$ die angegebenen Werte für r und s ein, so erhält

man einen Ortsvektor, der zu einem Punkt P der Ebene E gehört. Bestimmen Sie die
Koordinaten von P.

a) r = 0; s = 1   b) r = 1; s = –3   c) r = –2; s = 2   d) r = 5; s = 0

e) r = 0,5; s = –2   f) r = –3; s = 2,5   g) r = 0,5; s = 0,75   h) r = –0,2; s = 0,6

3   Gegeben ist die Ebene E: $\vec{x} = \begin{pmatrix} 3 \\ 0 \\ 2 \end{pmatrix} + r \cdot \begin{pmatrix} 2 \\ 1 \\ 7 \end{pmatrix} + s \cdot \begin{pmatrix} 3 \\ 2 \\ 5 \end{pmatrix}$.

a) Liegen die Punkte A(8|3|14), B(1|1|0), C(4|0|11) in der Ebene E?

b) Bestimmen Sie für p eine Zahl so, dass der Punkt P in der Ebene E liegt.

(1) P(4|1|p)   (2) P(p|0|7)   (3) P(p|2|–2)   (4) P(0|p|p)

4   Die Punkte A(0|0|4), B(5|0|0) und C(0|4|0) legen eine Ebene E fest.

a) Tragen Sie A, B und C in ein Koordinatensystem ein
und kennzeichnen Sie einen Ausschnitt der Ebene E.

b) Geben Sie eine Parametergleichung von E an.

5   Der sehr hohe Raum in der Figur wurde
durch das dreieckige Segeltuch, das an den
Stellen A, B und C befestigt wurde, wohn-
licher gestaltet. Das Tuch ist so gespannt, dass
seine Oberfläche als Ausschnitt einer Ebene
angesehen werden kann.

Geben Sie eine Parametergleichung der
Ebene E an, die durch die Befestigungspunkte
des Segeltuches festgelegt wird. Legen Sie
hierzu ein geeignetes Koordinatensystem fest.

6   Geben Sie zwei verschiedene Parametergleichungen der Ebene E an, die durch die Punkte
A, B und C festgelegt ist.

a) A(2|0|3), B(1|–1|5), C(3|–2|0)   b) A(0|0|0), B(2|1|5), C(–3|1|–3)

c) A(1|1|1), B(2|2|2), C(–2|3|5)   d) A(2|5|7), B(7|5|2), C(1|2|3)

7   Untersuchen Sie, ob die Punkte A, B, C und D in einer gemeinsamen Ebene liegen.

a) A(0|1|–1), B(2|3|5), C(–1|3|–1), D(2|2|2)

b) A(3|0|2), B(5|1|9), C(6|2|7), D(8|3|14)

c) A(5|0|5), B(6|3|2), C(2|9|0), D(3|12|–3)

d) A(1|1|1), B(3|3|3), C(–2|5|1), D(3|4|–2)

8   Eine Ebene kann nicht nur durch drei geeignete Punkte festgelegt werden, sondern auch
durch einen Punkt und eine Gerade.

a) Welche Bedingung müssen der Punkt und die Gerade erfüllen, damit sie eindeutig eine
Ebene festlegen? Begründen Sie Ihre Antwort.

b) Wählen Sie einen Punkt P und eine Gerade g, die eindeutig eine Ebene E festlegen.
Bestimmen Sie aus den Koordinaten von P und aus der Gleichung von g eine Parametergleichung dieser Ebene E.

9 Eine Ebene E ist durch den Punkt P und die Gerade g eindeutig bestimmt. Geben Sie eine Parametergleichung der Ebene E an.

a) $g\colon \overline{x} = \begin{pmatrix} 1 \\ 0 \\ 1 \end{pmatrix} + t\begin{pmatrix} 2 \\ 1 \\ 3 \end{pmatrix}$; $P(5|-5|3)$

b) $g\colon \overline{x} = \begin{pmatrix} 2 \\ 0 \\ 1 \end{pmatrix} + t\begin{pmatrix} 3 \\ 1 \\ 5 \end{pmatrix}$; $P(2|7|11)$

c) $g\colon \overline{x} = \begin{pmatrix} 1 \\ 2 \\ 5 \end{pmatrix} + t\begin{pmatrix} -1 \\ 2 \\ 7 \end{pmatrix}$; $P(2|5|-3)$

d) $g\colon \overline{x} = \begin{pmatrix} 1 \\ 0 \\ 3 \end{pmatrix} + t\begin{pmatrix} 2 \\ 1 \\ 0 \end{pmatrix}$; $P(6|3|-1)$

10 a) Begründen Sie: Zwei sich schneidende Geraden sowie zwei verschiedene zueinander parallele Geraden legen jeweils eine Ebene fest.
b) Geben Sie Gleichungen von zwei sich schneidenden Geraden an. Die Geraden legen eine Ebene fest. Bestimmen Sie eine Parametergleichung dieser Ebene.
c) Geben Sie Gleichungen von zwei verschiedenen zueinander parallelen Geraden an. Die Geraden legen eine Ebene fest. Bestimmen Sie eine Parametergleichung dieser Ebene.

11 Prüfen Sie, ob die beiden Geraden g_1 und g_2 sich schneiden. Geben Sie, falls möglich, eine Parametergleichung der Ebene an, die eindeutig durch die Geraden g_1 und g_2 festgelegt wird.

a) $g_1\colon \overline{x} = \begin{pmatrix} 1 \\ 1 \\ 2 \end{pmatrix} + t\begin{pmatrix} 2 \\ 3 \\ 1 \end{pmatrix}$; $g_2\colon \overline{x} = \begin{pmatrix} 3 \\ 4 \\ 3 \end{pmatrix} + t\begin{pmatrix} 1 \\ 0 \\ 1 \end{pmatrix}$

b) $g_1\colon \overline{x} = \begin{pmatrix} 2 \\ 0 \\ 2 \end{pmatrix} + t\begin{pmatrix} 1 \\ 1 \\ 1 \end{pmatrix}$; $g_2\colon \overline{x} = \begin{pmatrix} 0 \\ -2 \\ 0 \end{pmatrix} + t\begin{pmatrix} 1 \\ 2 \\ 3 \end{pmatrix}$

c) $g_1\colon \overline{x} = \begin{pmatrix} 3 \\ 0 \\ 7 \end{pmatrix} + t\begin{pmatrix} 2 \\ 5 \\ 1 \end{pmatrix}$; $g_2\colon \overline{x} = \begin{pmatrix} 7 \\ 10 \\ 9 \end{pmatrix} + t\begin{pmatrix} 1 \\ 0 \\ 1 \end{pmatrix}$

d) $g_1\colon \overline{x} = \begin{pmatrix} 1 \\ 2 \\ 5 \end{pmatrix} + t\begin{pmatrix} 3 \\ 4 \\ 0 \end{pmatrix}$; $g_2\colon \overline{x} = \begin{pmatrix} 2 \\ 3 \\ 1 \end{pmatrix} + t\begin{pmatrix} 3 \\ 4 \\ 5 \end{pmatrix}$

12 Warum legen die Geraden g_1 und g_2 eindeutig eine Ebene fest? Bestimmen Sie eine Parametergleichung dieser Ebene.

a) $g_1\colon \overline{x} = \begin{pmatrix} 2 \\ 0 \\ 1 \end{pmatrix} + t\begin{pmatrix} 1 \\ 1 \\ 1 \end{pmatrix}$; $g_2\colon \overline{x} = \begin{pmatrix} 4 \\ 5 \\ 1 \end{pmatrix} + t\begin{pmatrix} 1 \\ 1 \\ 1 \end{pmatrix}$

b) $g_1\colon \overline{x} = \begin{pmatrix} 2 \\ 3 \\ 7 \end{pmatrix} + t\begin{pmatrix} 1 \\ 0 \\ 2 \end{pmatrix}$; $g_2\colon \overline{x} = \begin{pmatrix} 4 \\ 0 \\ 5 \end{pmatrix} + t\begin{pmatrix} 2 \\ 0 \\ 4 \end{pmatrix}$

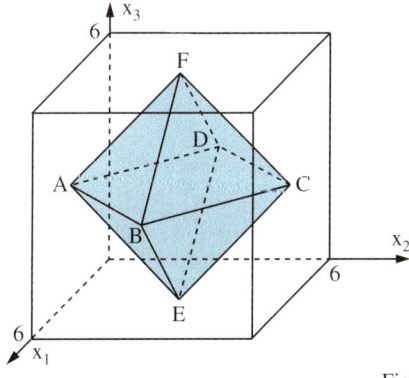

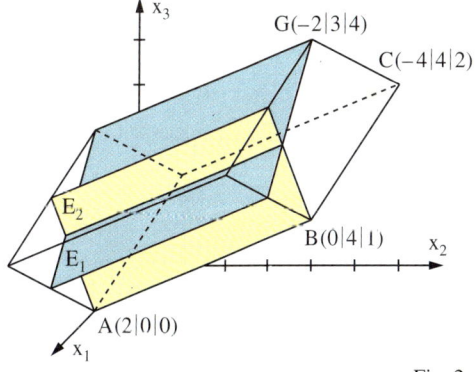

Fig. 1   Fig. 2

13 In Fig. 1 ist einem Würfel ein Oktaeder einbeschrieben. Die Punkte A, B, C, D, E und F sind die Schnittpunkte der Diagonalen der Würfelseiten.
Bestimmen Sie eine Parametergleichung der Ebene, die festgelegt ist durch die Punkte
a) A, B und F, b) B, C und F, c) C, D und E, d) A, D und E, e) B, D und E, f) A, B und C.

14 Die Ebenen E_1 und E_2 in Fig. 2 sind durch Ecken und Kantenmitten des Spats festgelegt. Geben Sie für jede der beiden Ebenen eine Parametergleichung an.

4 Koordinatengleichungen von Ebenen

1 a) Geben Sie eine Parametergleichung der Ebene E in Fig. 1 an.
b) Bestimmen Sie die Koordinaten von fünf Punkten der Ebene E.
c) Addieren Sie für jeden Punkt von b) seine Koordinaten. Was stellen Sie fest?
d) Der Parametergleichung aus a) entsprechen drei Gleichungen mit zwei Parametern. Bestimmen Sie daraus eine Gleichung, die x_1, x_2 und x_3 enthält, aber keinen Parameter.

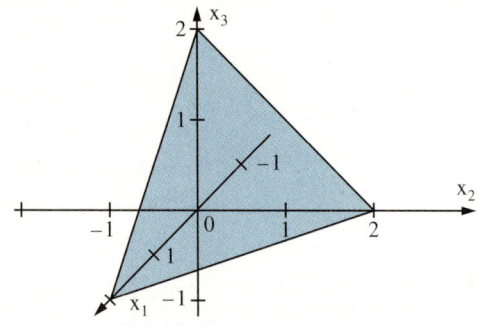

Fig. 1

Ebenso wie Geraden in der Zeichenebene kann man auch Ebenen im Raum durch eine Gleichung für die Koordinaten beschreiben.

Diese Form der Ebenendarstellung hat u.a. den Vorteil, dass man die Koordinaten der gemeinsamen Punkte der Ebene mit den Koordinatenachsen schnell bestimmen und so leicht einen Ausschnitt der jeweiligen Ebene skizzieren kann (Beispiel 4).

Ist eine Parametergleichung einer Ebene E gegeben, dann kann man eine Gleichung von E ohne Parameter bestimmen:

Man fasst die Parametergleichung als drei Gleichungen auf. So ergeben sich z.B. aus

$$E: \vec{x} = \begin{pmatrix} 1 \\ 1 \\ 1 \end{pmatrix} + r \cdot \begin{pmatrix} 2 \\ 1 \\ 0 \end{pmatrix} + s \cdot \begin{pmatrix} 3 \\ 0 \\ 0{,}5 \end{pmatrix} \quad \text{die Gleichungen} \quad \begin{aligned} x_1 &= 1 + 2r + 3s \\ x_2 &= 1 + r \\ x_3 &= 1 + 0{,}5s \end{aligned}.$$

Drückt man z.B. mithilfe der 2. und 3. Gleichung r und s durch x_2 und x_3 aus und setzt in die 1. Gleichung ein, so ergibt sich $x_1 - 2x_2 - 6x_3 = -7$.

Man sagt: $x_1 - 2x_2 - 6x_3 = -7$ ist eine **Koordinatengleichung** der Ebene E, denn:
Ist P ein Punkt von E, so erfüllen seine Koordinaten die Gleichung und jede Lösung dieser Gleichung entspricht den Koordinaten eines Punktes von E.

Allgemein gilt der

Satz: Jede Ebene E lässt sich durch eine Koordinatengleichung
$$a x_1 + b x_2 + c x_3 = d$$
beschreiben, bei der mindestens einer der drei Koeffizienten a, b, c ungleich 0 ist.

Kennt man eine Koordinatengleichung $a x_1 + b x_2 + c x_3 = d$ (mit z.B. $a \neq 0$) einer Ebene E, so kann man eine Parametergleichung dieser Ebene bestimmen.

Man löst hierzu die Koordinatengleichung z.B. nach x_1 auf, ergänzt sie um zwei weitere Gleichungen und stellt hieraus eine Parametergleichung von E auf:

$$\text{Aus} \quad \begin{aligned} x_1 &= \tfrac{d}{a} - \tfrac{b}{a}x_2 - \tfrac{c}{a}x_3 \\ x_2 &= 0 + x_2 + 0x_3 \\ x_3 &= 0 + 0x_2 + x_3 \end{aligned} \quad \text{ergibt sich} \quad \begin{pmatrix} x_1 \\ x_2 \\ x_3 \end{pmatrix} = \begin{pmatrix} \tfrac{d}{a} - \tfrac{b}{a}x_2 - \tfrac{c}{a}x_3 \\ 0 + x_2 + 0 \\ 0 + x_3 \end{pmatrix} \quad \text{bzw.} \quad \vec{x} = \begin{pmatrix} \tfrac{d}{a} \\ 0 \\ 0 \end{pmatrix} + r \begin{pmatrix} -\tfrac{b}{a} \\ 1 \\ 0 \end{pmatrix} + s \begin{pmatrix} -\tfrac{c}{a} \\ 0 \\ 1 \end{pmatrix},$$

wenn man $r = x_2$ und $s = x_3$ setzt.

Im Beispiel 1 kann man auch so vorgehen wie auf Seite 70: Man drückt mithilfe von zwei der drei Gleichungen die Parameter r und s durch x_1, x_2 und x_3 aus und setzt sie anschließend in der anderen Gleichung ein.

Beispiel 1: (Von einer Parametergleichung zu einer Koordinatengleichung)

Bestimmen Sie eine Koordinatengleichung von E: $\vec{x} = \begin{pmatrix} 2 \\ 2 \\ 1 \end{pmatrix} + r\begin{pmatrix} 1 \\ -2 \\ 3 \end{pmatrix} + s\begin{pmatrix} 2 \\ 5 \\ 7 \end{pmatrix}$.

Lösung:

Aus $\vec{x} = \begin{pmatrix} 2 \\ 2 \\ 1 \end{pmatrix} + r\begin{pmatrix} 1 \\ -2 \\ 3 \end{pmatrix} + s\begin{pmatrix} 2 \\ 5 \\ 7 \end{pmatrix}$ erhält man $\begin{pmatrix} x_1 \\ x_2 \\ x_3 \end{pmatrix} = \begin{pmatrix} 2 + r + 2s \\ 2 - 2r + 5s \\ 1 + 3r + 7s \end{pmatrix}$, also $\begin{matrix} x_1 = 2 + r + 2s \\ x_2 = 2 - 2r + 5s \\ x_3 = 1 + 3r + 7s \end{matrix}$.

Man formt so um, dass in einer Gleichung die Parameter wegfallen:

$$\begin{cases} x_1 = 2 + r + 2s \\ x_2 = 2 - 2r + 5s \\ x_3 = 1 + 3r + 7s \end{cases}, \text{ also } \begin{cases} x_1 = 2 + r + 2s \\ 2x_1 + x_2 = 6 + 9s \\ -3x_1 + x_3 = -5 + s \end{cases}, \text{ also } \begin{cases} x_1 = 2 + r + 2s \\ 2x_1 + x_2 = 6 + 9s \\ 29x_1 + x_2 - 9x_3 = 51 \end{cases}.$$

Eine Koordinatengleichung der Ebene E ist $29x_1 + x_2 - 9x_3 = 51$.

Im Beispiel 2 kann man auch zuerst drei Punkte A, B und C von E bestimmen: z.B. $A(4|0|0)$, $B(0|-12|0)$, $C\left(0|0|\frac{12}{7}\right)$ und dann mithilfe dieser Punkte eine Parametergleichung von E bestimmen.

Beispiel 2: (Von einer Koordinatengleichung zu einer Parametergleichung)

Bestimmen Sie eine Parametergleichung von E: $3x_1 - x_2 + 7x_3 = 12$.

Lösung:

Man löst zuerst die Koordinatengleichung z.B. nach x_2 auf: $x_2 = -12 + 3x_1 + 7x_3$.

Man ergänzt die Gleichung zu:
$$\begin{matrix} x_1 = 0 + x_1 + 0 \\ x_2 = -12 + 3x_1 + 7x_3 \\ x_3 = 0 + 0 + x_3 \end{matrix}$$

Hieraus ergibt sich:
$$\begin{pmatrix} x_1 \\ x_2 \\ x_3 \end{pmatrix} = \begin{pmatrix} 0 \\ -12 \\ 0 \end{pmatrix} + x_1\begin{pmatrix} 1 \\ 3 \\ 0 \end{pmatrix} + x_3\begin{pmatrix} 0 \\ 7 \\ 1 \end{pmatrix}$$

Eine Parametergleichung der Ebene E ist also: $\vec{x} = \begin{pmatrix} 0 \\ -12 \\ 0 \end{pmatrix} + r\begin{pmatrix} 1 \\ 3 \\ 0 \end{pmatrix} + s\begin{pmatrix} 0 \\ 7 \\ 1 \end{pmatrix}$.

Beispiel 3: (Koordinatengleichung aus drei Punkten bestimmen)

Die Punkte $A(1|1|0)$, $B(1|0|1)$ und $C(0|1|1)$ legen eine Ebene E fest. Bestimmen Sie eine Koordinatengleichung dieser Ebene E.

Lösung:

Eine Koordinatengleichung von E hat die Form $ax_1 + bx_2 + cx_3 = d$. Setzt man jeweils die Koordinaten der Punkte A, B und C in die Gleichung ein, dann erhält man das LGS:

$$\begin{cases} a + b = d \\ a + c = d \\ b + c = d \end{cases}$$ Aus dem LGS folgt: $2a = 2b = 2c = d$. Setzt man z.B. $d = 2$, so erhält man

$a = b = c = 1$. Eine Koordinatengleichung der Ebene E ist also: $x_1 + x_2 + x_3 = 2$.

*Die Schnittpunkte der Koordinatenachsen mit einer Ebene nennt man **Spurpunkte**.*

Beispiel 4: (Ebenenausschnitt zeichnen)

Bestimmen Sie die gemeinsamen Punkte der Ebene E: $3x_1 + 2x_2 + 6x_3 = 6$ mit den Koordinatenachsen und zeichnen Sie einen Ausschnitt von E.

Lösung:

Alle Punkte der x_1-Achse haben die Koordinaten $x_2 = 0$ und $x_3 = 0$. Setzt man diese Koordinaten in die Gleichung $3x_1 + 2x_2 + 6x_3 = 6$ ein, so erhält man $x_1 = 2$. Also gilt: Die Ebene E und die x_1-Achse haben den gemeinsamen Punkt $S_1(2|0|0)$.

Entsprechend gilt: $S_2(0|3|0)$ ist gemeinsamer Punkt von E und der x_2-Achse.

$S_3(0|0|1)$ ist gemeinsamer Punkt von E und der x_3-Achse.

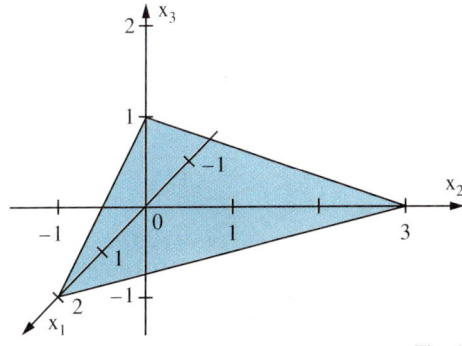

Fig. 1

71

Beispiel 5: (Besondere Lage einer Ebene)
Skizzieren Sie die Ebene E in einem Koordinatensystem.

a) E: $4x_1 + 2x_2 = 7$

b) E: $2x_2 = 5$

Lösung:

a) Der Schnittpunkt der Ebene E mit der x_1-Achse ist $S_1\left(\frac{7}{4}\mid 0\mid 0\right)$, mit der x_2-Achse $S_2\left(0\mid\frac{7}{2}\mid 0\right)$. Die Ebene E hat keinen Schnittpunkt mit der x_3-Achse; sie ist daher zur x_3-Achse parallel.

b) Der Schnittpunkt der Ebene E mit der x_2-Achse ist $S_2\left(0\mid\frac{5}{2}\mid 0\right)$.

Die Ebene E hat keinen Schnittpunkt mit der x_1- und x_3-Achse; sie ist daher zur x_1x_3-Ebene parallel.

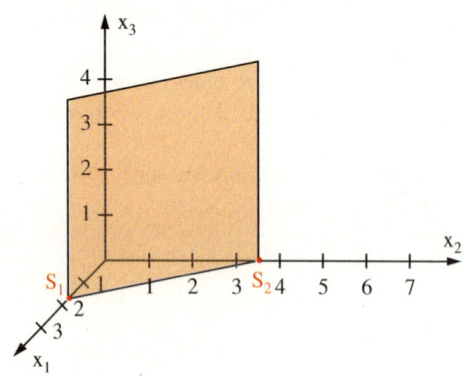

Fig. 1

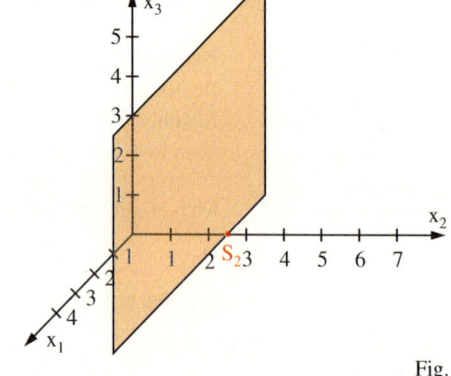

Fig. 2

Aufgaben

2 Bestimmen Sie eine Koordinatengleichung der Ebene E, in der nur ganzzahlige Koeffizienten auftreten.

a) E: $\vec{x} = \begin{pmatrix} 1 \\ 2 \\ 0 \end{pmatrix} + r\begin{pmatrix} 1 \\ 0 \\ 1 \end{pmatrix} + s\begin{pmatrix} 1 \\ 2 \\ 3 \end{pmatrix}$

b) E: $\vec{x} = \begin{pmatrix} 4 \\ 9 \\ 1 \end{pmatrix} + r\begin{pmatrix} 1 \\ 2 \\ 0 \end{pmatrix} + s\begin{pmatrix} 1 \\ 0 \\ 3 \end{pmatrix}$

c) E: $\vec{x} = \begin{pmatrix} 4 \\ 5 \\ -1 \end{pmatrix} + r\begin{pmatrix} -1 \\ 0 \\ 1 \end{pmatrix} + s\begin{pmatrix} 0 \\ 0 \\ 1 \end{pmatrix}$

d) E: $\vec{x} = \begin{pmatrix} 2 \\ 5 \\ 1 \end{pmatrix} + r\begin{pmatrix} 1 \\ 1 \\ 1 \end{pmatrix} + s\begin{pmatrix} 1 \\ 0 \\ 2 \end{pmatrix}$

e) E: $\vec{x} = \begin{pmatrix} 2 \\ 2 \\ 4 \end{pmatrix} + r\begin{pmatrix} 3 \\ 2 \\ 9 \end{pmatrix} + s\begin{pmatrix} 0 \\ 1 \\ 0 \end{pmatrix}$

f) E: $\vec{x} = \begin{pmatrix} 17 \\ -1 \\ 5 \end{pmatrix} + r\begin{pmatrix} 5 \\ 6 \\ 1 \end{pmatrix} + s\begin{pmatrix} -1 \\ 1 \\ 2 \end{pmatrix}$

3 Bestimmen Sie eine Parametergleichung der Ebene E.

a) E: $2x_1 - 3x_2 + x_3 = 6$

b) E: $5x_1 - 3x_2 + 6x_3 = 1$

c) E: $x_1 + x_2 + x_3 = 3$

d) E: $2x_1 + 3x_2 + 4x_3 = 5$

e) E: $2x_1 - x_2 = 25$

f) E: $3x_2 + x_3 = 7$

g) E: $x_1 = 9$

h) E: $2x_2 = 13$

i) E: $5x_3 = 11$

j) E: $x_1 - x_2 = 0$

k) E: $x_1 + 2x_2 + 3x_3 = 0$

l) E: $x_1 = 0$

4 Geben Sie zuerst eine Parametergleichung der Ebene E an, die die Punkte A, B und C enthält. Bestimmen Sie dann eine Koordinatengleichung dieser Ebene.

a) A$(1\mid 2\mid -1)$, B$(6\mid -5\mid 11)$, C$(3\mid 2\mid 0)$

b) A$(9\mid 3\mid -3)$, B$(8\mid 4\mid -9)$, C$(11\mid 13\mid -7)$

5 Die Punkte A, B und C legen eine Ebene E fest. Bestimmen Sie eine Koordinatengleichung dieser Ebene E.

a) A$(0\mid 2\mid -1)$, B$(6\mid -5\mid 0)$, C$(1\mid 0\mid 1)$

b) A$(7\mid 2\mid -1)$, B$(4\mid 1\mid 3)$, C$(1\mid 3\mid 2)$

6 Zeichnen Sie einen Ausschnitt der Ebene E.

a) E: $x_1 + x_2 + x_3 = 3$ b) E: $2x_1 + 2x_2 + 3x_3 = 6$ c) E: $-1x_1 - 3x_2 - 2x_3 = -6$

d) E: $-3,5x_2 + 7x_3 = 7$ e) E: $5x_1 = 10$ f) E: $3x_1 - 4,5x_3 = -9$

*Spricht man in der Geometrie von **der Ebene**, so meint man damit die **Zeichenebene** bzw. die x_1x_2-**Ebene**.*

7 Bestimmen Sie eine Koordinatengleichung a) der x_2x_3-Ebene, b) der x_1x_3-Ebene.

8 Welche besondere Lage hat die Ebene

a) E: $x_1 = 0$, b) E: $x_2 = 0$, c) E: $x_3 = 0$, d) E: $x_1 = 5$, e) E: $x_2 = -3$, f) E: $x_3 = 4$?

9 Bestimmen Sie eine Koordinatengleichung der Ebene E.

a)

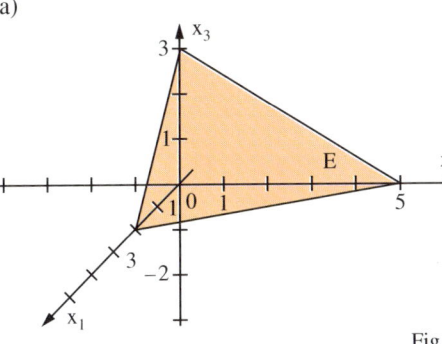

b)

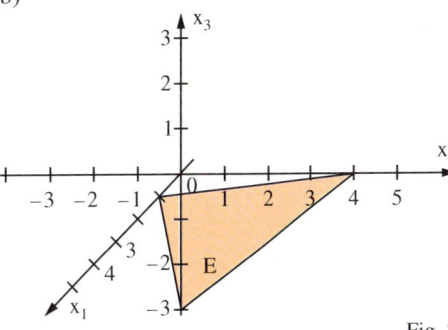

Fig. 1 Fig. 2

10 Der Punkt $P(0|3|0)$ liegt in der zur x_3-Achse parallelen Ebene E von Fig. 3. Der Punkt $Q(0|0|2)$ liegt in der zur x_2-Achse parallelen Ebene E von Fig. 4. Bestimmen Sie eine Koordinatengleichung für die Ebene E.

a)

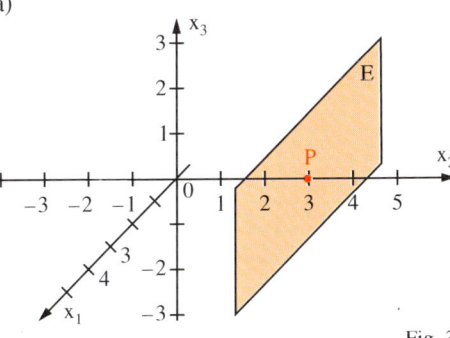

b)

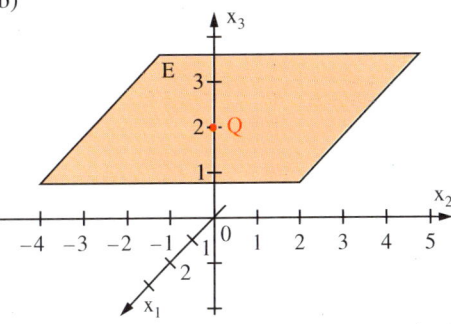

Fig. 3 Fig. 4

11 Bestimmen Sie eine Koordinatengleichung für die zur x_3-Achse parallelen Ebenen in Fig. 5 und 6.

a)

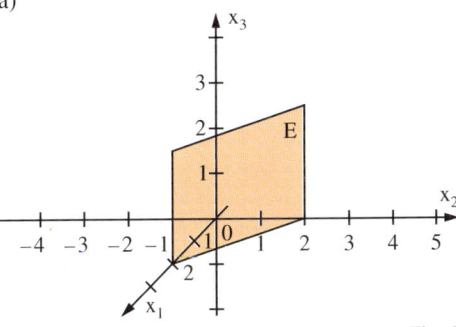

b)

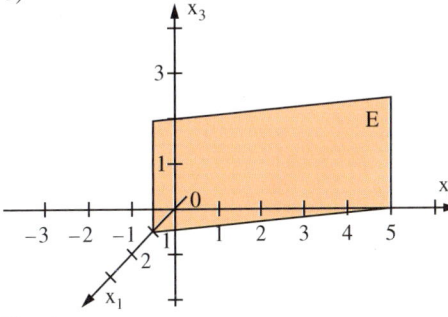

Fig. 5 Fig. 6

73

5 Gegenseitige Lage einer Geraden und einer Ebene

1 Die Gerade g in Fig. 1 geht durch die Punkte P(−2|0|0) und Q(0|0|2).
a) Bestimmen Sie eine Parametergleichung der Geraden g.
b) Bestimmen Sie eine Gleichung der zur x_3-Achse parallelen Ebene E.
c) Bestimmen Sie die Koordinaten des Punktes S, in dem die Gerade g die Ebene E durchstößt.

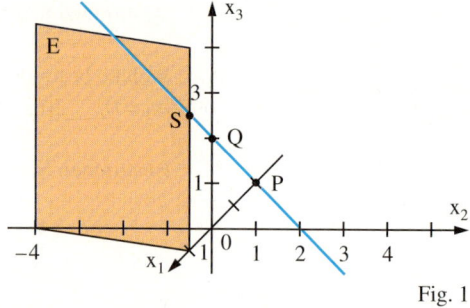

Fig. 1

Eine Gerade $g: \vec{x} = \vec{p} + t \cdot \vec{u}$ kann eine Ebene $E: \vec{x} = \vec{q} + r \cdot \vec{v} + s \cdot \vec{w}$ schneiden, parallel zur Ebene E sein oder ganz in der Ebene E liegen.

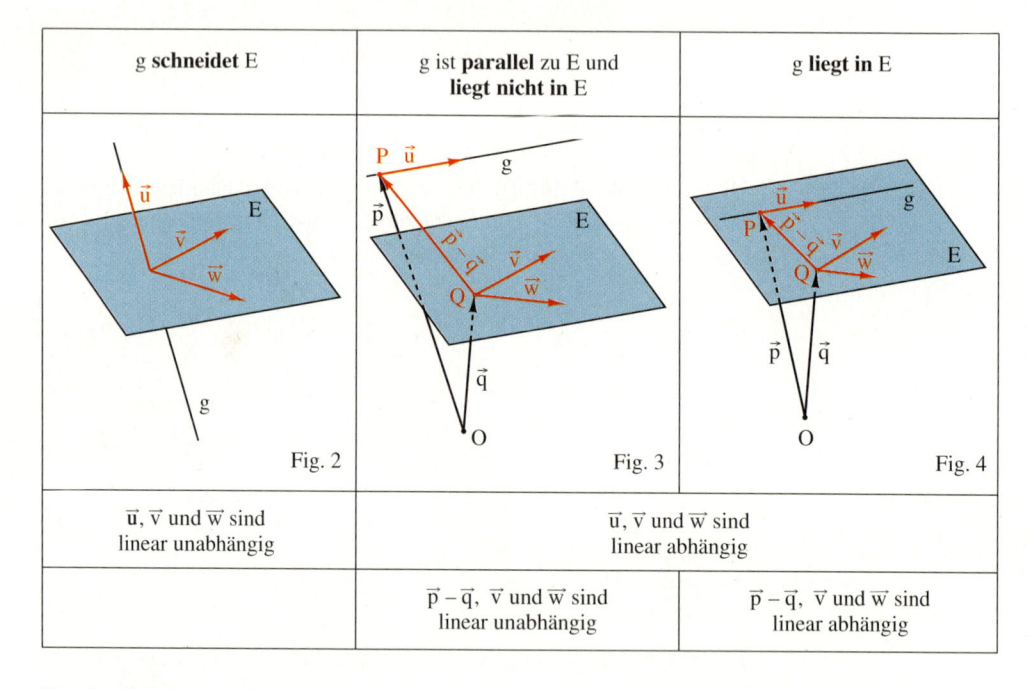

g **schneidet** E	g ist **parallel** zu E und **liegt nicht in** E	g **liegt in** E
(Fig. 2)	*(Fig. 3)*	*(Fig. 4)*
$\vec{u}$, $\vec{v}$ und $\vec{w}$ sind linear unabhängig	$\vec{u}$, $\vec{v}$ und $\vec{w}$ sind linear abhängig	
	$\vec{p} - \vec{q}$, $\vec{v}$ und $\vec{w}$ sind linear unabhängig	$\vec{p} - \vec{q}$, $\vec{v}$ und $\vec{w}$ sind linear abhängig

*Den Schnittpunkt einer Geraden und einer Ebene nennt man auch **Durchstoßpunkt**.*

Die Anzahl der gemeinsamen Punkte einer Geraden und einer Ebene kann man algebraisch untersuchen:

Satz: Für eine Gerade $g: \vec{x} = \vec{p} + t \cdot \vec{u}$ und eine Ebene $E: \vec{x} = \vec{q} + r \cdot \vec{v} + s \cdot \vec{w}$ gilt:
g und E **schneiden** sich in einem Punkt, wenn die Gleichung
$\quad \vec{p} + t \cdot \vec{u} = \vec{q} + r \cdot \vec{v} + s \cdot \vec{w}$ **genau eine** Lösung $(r_0; s_0; t_0)$ hat.
g ist **parallel** zu E und **liegt nicht in** E, wenn die Gleichung
$\quad \vec{p} + t \cdot \vec{u} = \vec{q} + r \cdot \vec{v} + s \cdot \vec{w}$ **keine** Lösung hat.
g **liegt in** E, wenn die Gleichung
$\quad \vec{p} + t \cdot \vec{u} = \vec{q} + r \cdot \vec{v} + s \cdot \vec{w}$ **unendlich viele** Lösungen hat.

Beispiel 1: (Bestimmung des Durchstoßpunktes; Ebenengleichung in Parameterform)

Die Gerade $g: \vec{x} = \begin{pmatrix} 2 \\ 2 \\ 1 \end{pmatrix} + t \begin{pmatrix} 1 \\ -1 \\ 1 \end{pmatrix}$ und die Ebene $E: \vec{x} = \begin{pmatrix} 1 \\ 1 \\ 5 \end{pmatrix} + r \begin{pmatrix} 2 \\ 0 \\ 1 \end{pmatrix} + s \begin{pmatrix} -1 \\ -1 \\ 3 \end{pmatrix}$ schneiden sich.

Bestimmen Sie den Durchstoßpunkt D.

Lösung:

Die Koordinaten des Durchstoßpunktes ergeben sich aus der Lösung der Gleichung

$\begin{pmatrix} 2 \\ 2 \\ 1 \end{pmatrix} + t \begin{pmatrix} 1 \\ -1 \\ 1 \end{pmatrix} = \begin{pmatrix} 1 \\ 1 \\ 5 \end{pmatrix} + r \begin{pmatrix} 2 \\ 0 \\ 1 \end{pmatrix} + s \begin{pmatrix} -1 \\ -1 \\ 3 \end{pmatrix}$ bzw. des LGS $\begin{cases} 2 + t = 1 + 2r - s \\ 2 - t = 1 \quad\quad - s \\ 1 + t = 5 + r + 3s \end{cases}$

$\begin{cases} t - 2r + s = -1 \\ -t \quad\quad + s = -1 \\ t - r - 3s = 4 \end{cases}$, also $\begin{cases} t - 2r + s = -1 \\ -2r + 2s = -2 \\ r - 4s = 5 \end{cases}$, also $\begin{cases} t - 2r + s = -1 \\ -2r + 2s = -2 \\ -3s = 4 \end{cases}$.

Man erhält $t = -\frac{1}{3}$; $r = -\frac{1}{3}$; $s = -\frac{4}{3}$.

Setzt man $t = -\frac{1}{3}$ in die Parametergleichung der Geraden ein, so erhält man den Ortsvektor des Durchstoßpunktes und somit auch den Durchstoßpunkt $D\left(1\frac{2}{3} \mid 2\frac{1}{3} \mid \frac{2}{3}\right)$.

Beispiel 2: (Bestimmung des Durchstoßpunktes; Ebenengleichung in Koordinatenform)

Die Gerade $g: \vec{x} = \begin{pmatrix} 3 \\ 4 \\ 7 \end{pmatrix} + t \begin{pmatrix} 2 \\ 1 \\ -1 \end{pmatrix}$ und die Ebene $E: 2x_1 + 5x_2 - x_3 = 49$ schneiden sich.

Bestimmen Sie den Durchstoßpunkt D.

Lösung:

Der Gleichung $\vec{x} = \begin{pmatrix} 3 \\ 4 \\ 7 \end{pmatrix} + t \begin{pmatrix} 2 \\ 1 \\ -1 \end{pmatrix}$ entspricht $\begin{aligned} x_1 &= 3 + 2t \\ x_2 &= 4 + t \\ x_3 &= 7 - t \end{aligned}$.

Setzt man x_1, x_2 und x_3 in die Koordinatengleichung ein, so erhält man die Gleichung:

$2(3 + 2t) + 5(4 + t) - (7 - t) = 49$,

hieraus folgt $10t + 19 = 49$, also $t = 3$.

Setzt man $t = 3$ in die Geradengleichung ein, so ergibt sich als Durchstoßpunkt $D(9 \mid 7 \mid 4)$.

In Beispiel 3 liegt der Punkt P nicht in der Ebene E. Also haben die Gerade g und die Ebene E keine gemeinsamen Punkte.

Beispiel 3: (Bestimmung einer Geraden, die zu einer gegebenen Ebene parallel ist)

Die Ebene E ist durch die Punkte $A(1 \mid 0 \mid 2)$, $B(0 \mid 2 \mid 1)$ und $C(1 \mid 3 \mid 0)$ festgelegt.

Geben Sie eine Gleichung einer Geraden an, die zu E parallel ist und durch den Punkt $P(4 \mid 4 \mid 4)$ geht.

Lösung:

Eine Parametergleichung der Ebene $E: \vec{x} = \begin{pmatrix} 1 \\ 0 \\ 2 \end{pmatrix} + r \begin{pmatrix} 0-1 \\ 2-0 \\ 1-2 \end{pmatrix} + s \begin{pmatrix} 1-1 \\ 3-0 \\ 0-2 \end{pmatrix}$

d.h. $E: \vec{x} = \begin{pmatrix} 1 \\ 0 \\ 2 \end{pmatrix} + r \begin{pmatrix} -1 \\ 2 \\ -1 \end{pmatrix} + s \begin{pmatrix} 0 \\ 3 \\ -2 \end{pmatrix}$.

Der Richtungsvektor der Geraden g und die Spannvektoren der Ebene E müssen linear abhängig sein.

Als Richtungsvektor kann man einen der Spannvektoren nehmen, z.B.: $\begin{pmatrix} -1 \\ 2 \\ -1 \end{pmatrix}$.

Somit gilt: Die Gerade $g: \vec{x} = \begin{pmatrix} 4 \\ 4 \\ 4 \end{pmatrix} + t \begin{pmatrix} -1 \\ 2 \\ -1 \end{pmatrix}$ ist parallel zur Ebene E.

Aufgaben

2 Die Gerade g schneidet die Ebene E. Berechnen Sie die Koordinaten des Durchstoßpunktes.

a) $g: \vec{x} = \begin{pmatrix} 1 \\ 0 \\ 1 \end{pmatrix} + t \begin{pmatrix} 2 \\ 1 \\ 0 \end{pmatrix}$, $E: \vec{x} = \begin{pmatrix} 1 \\ 2 \\ 3 \end{pmatrix} + s \begin{pmatrix} 0 \\ 0 \\ 1 \end{pmatrix} + t \begin{pmatrix} 0 \\ 1 \\ 0 \end{pmatrix}$

b) $g: \vec{x} = t \begin{pmatrix} 2 \\ 5 \\ 7 \end{pmatrix}$, $E: \vec{x} = \begin{pmatrix} 0 \\ 0 \\ 5 \end{pmatrix} + s \begin{pmatrix} 1 \\ 1 \\ 0 \end{pmatrix} + t \begin{pmatrix} 0 \\ 0 \\ 1 \end{pmatrix}$

c) $g: \vec{x} = \begin{pmatrix} 2 \\ 3 \\ 2 \end{pmatrix} + t \begin{pmatrix} -1 \\ 1 \\ 1 \end{pmatrix}$, $E: \vec{x} = s \begin{pmatrix} 2 \\ 3 \\ 0 \end{pmatrix} + t \begin{pmatrix} -3 \\ 2 \\ 0 \end{pmatrix}$

d) $g: \vec{x} = \begin{pmatrix} 2 \\ 0 \\ 3 \end{pmatrix} + t \begin{pmatrix} 5 \\ 1 \\ 1 \end{pmatrix}$, $E: \vec{x} = \begin{pmatrix} 1 \\ 0 \\ 0 \end{pmatrix} + s \begin{pmatrix} 0 \\ 1 \\ 1 \end{pmatrix} + t \begin{pmatrix} 1 \\ 0 \\ 1 \end{pmatrix}$

3 Bestimmen Sie den Durchstoßpunkt, falls sich die Gerade $g: \vec{x} = \begin{pmatrix} 4 \\ 6 \\ 2 \end{pmatrix} + t \begin{pmatrix} 1 \\ 2 \\ 3 \end{pmatrix}$ und die Ebene E schneiden.

a) $E: 2x_1 + 4x_2 + 6x_3 = 16$ b) $E: 5x_2 - 7x_3 = 13$ c) $E: x_1 + x_2 - x_3 = 1$

d) $E: 2x_1 + x_2 + 3x_3 = 0$ e) $E: x_1 + x_2 - x_3 = 7$ f) $E: x_1 + x_2 - x_3 = 8$

g) $E: 3x_1 - x_3 = 10$ h) $E: 3x_1 - x_3 = 12$ i) $E: 4x_1 - 5x_2 = 11$

4 Bestimmen Sie den Durchstoßpunkt von der Geraden g und der Ebene $E: 3x_1 + 5x_2 - 2x_3 = 7$.

a) $g: \vec{x} = \begin{pmatrix} 5 \\ 1 \\ 1 \end{pmatrix} + t \begin{pmatrix} 1 \\ 0 \\ 1 \end{pmatrix}$

b) $g: \vec{x} = \begin{pmatrix} 1 \\ 0 \\ 9 \end{pmatrix} + t \begin{pmatrix} 1 \\ 3 \\ 5 \end{pmatrix}$

c) $g: \vec{x} = \begin{pmatrix} 7 \\ 1 \\ 1 \end{pmatrix} + t \begin{pmatrix} 2 \\ 2 \\ 1 \end{pmatrix}$

5 Bestimmen Sie, falls möglich, den Schnittpunkt der Geraden g mit der x_1x_2-Ebene (x_1x_3-Ebene; x_2x_3-Ebene) (Fig. 1).

a) $g: \vec{x} = \begin{pmatrix} 2 \\ 4 \\ 1 \end{pmatrix} + t \begin{pmatrix} -2 \\ 2 \\ 1 \end{pmatrix}$

b) $g: \vec{x} = \begin{pmatrix} 2 \\ 2 \\ 2 \end{pmatrix} + t \begin{pmatrix} 1 \\ 3 \\ 0 \end{pmatrix}$

c) $g: \vec{x} = \begin{pmatrix} 2 \\ 1 \\ 7 \end{pmatrix} + t \begin{pmatrix} -1 \\ 2 \\ 1 \end{pmatrix}$

d) $g: \vec{x} = \begin{pmatrix} 7 \\ 0 \\ 7 \end{pmatrix} + t \begin{pmatrix} 1 \\ 1 \\ 1 \end{pmatrix}$

e) $g: \vec{x} = t \begin{pmatrix} 2 \\ 3 \\ -1 \end{pmatrix}$

f) $g: \vec{x} = \begin{pmatrix} 2 \\ 1 \\ 8 \end{pmatrix} + t \begin{pmatrix} 2 \\ 0 \\ -1 \end{pmatrix}$

g) $g: \vec{x} = \begin{pmatrix} 1 \\ 0 \\ 5 \end{pmatrix} + t \begin{pmatrix} 1 \\ 2 \\ 0 \end{pmatrix}$

h) $g: \vec{x} = \begin{pmatrix} 7 \\ 1 \\ 9 \end{pmatrix} + t \begin{pmatrix} 1 \\ 0 \\ 0 \end{pmatrix}$

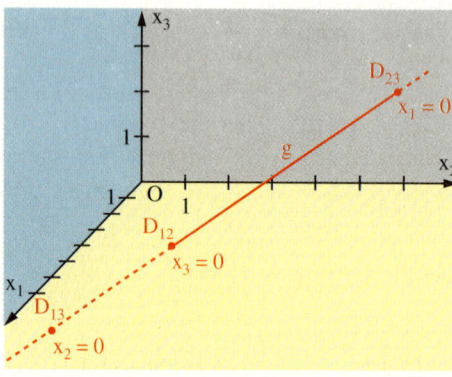

Fig. 1   Fig. 2

6 Bestimmen Sie die Schnittpunkte der Koordinatenachsen mit der Ebene E (Fig. 2).

a) $E: \vec{x} = \begin{pmatrix} 4 \\ 6 \\ 0 \end{pmatrix} + r \begin{pmatrix} 1 \\ 1 \\ 1 \end{pmatrix} + s \begin{pmatrix} 1 \\ 0 \\ 3 \end{pmatrix}$

b) $E: \vec{x} = \begin{pmatrix} 0 \\ 5 \\ 0 \end{pmatrix} + r \begin{pmatrix} 0 \\ 10 \\ -6 \end{pmatrix} + s \begin{pmatrix} 2 \\ 0 \\ -1 \end{pmatrix}$

c) $E: \vec{x} = r \begin{pmatrix} 1 \\ 2 \\ 5 \end{pmatrix} + s \begin{pmatrix} 3 \\ 0 \\ 2 \end{pmatrix}$

d) $E: 3x_1 + 2x_2 - x_3 = 12$

e) $E: -9x_1 - 7x_2 + 11x_3 = -7$

f) $E: x_1 - 2x_2 - 5x_3 = 0$

7   Die Gerade g ist durch die Punkte P und Q festgelegt, die Ebene E durch die Punkte A, B und C. Bestimmen Sie den Durchstoßpunkt von g durch E.
a) $P(1|0|1)$, $Q(3|1|1)$; $A(1|2|3)$, $B(1|2|4)$, $C(1|3|3)$
b) $P(0|0|0)$, $Q(2|5|7)$; $A(0|0|5)$, $B(1|1|5)$, $C(0|0|6)$
c) $P(2|3|2)$, $Q(1|4|3)$; $A(0|0|0)$, $B(1|3|0)$, $C(-3|2|0)$
d) $P(2|0|3)$, $Q(7|1|4)$; $A(1|0|1)$, $B(1|1|2)$, $C(2|0|2)$

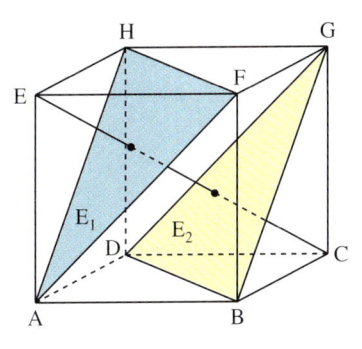

Fig. 1   Fig. 2

8   Der Würfel in Fig. 1 hat die Eckpunkte $A(0|0|0)$, $B(0|8|0)$, $C(-8|8|0)$, $E(0|0|8)$. Die Ebene E_1 ist durch die Punkte A, F und H, die Ebene E_2 durch die Punkte B, D und G festgelegt. Bestimmen Sie die Schnittpunkte der Geraden durch C und E mit den Ebenen E_1 und E_2.

9   Die Punkte M_1, M_2 und M_3 sind die Mittelpunkte dreier Seitenflächen des Würfels in Fig. 2. Bestimmen Sie die Durchstoßpunkte der Geraden g, h und k durch die Ebene, in der die Punkte B, D und E liegen.

Gegenseitige Lage von Gerade und Ebene

10   Gegeben ist die Ebene $E: \vec{x} = \begin{pmatrix} 3 \\ 4 \\ 7 \end{pmatrix} + r \begin{pmatrix} 1 \\ 0 \\ 1 \end{pmatrix} + s \begin{pmatrix} 4 \\ 7 \\ 2 \end{pmatrix}$. Geben Sie eine Gerade g an, die

a) die Ebene E schneidet,   b) zur Ebene E parallel ist und nicht in E liegt,
c) in der Ebene E liegt.

11   Untersuchen Sie die Anzahl der gemeinsamen Punkte von g und E. Bestimmen Sie gegebenenfalls den Durchstoßpunkt.

a) $g: \vec{x} = \begin{pmatrix} -2 \\ 1 \\ 4 \end{pmatrix} + t \begin{pmatrix} 7 \\ 8 \\ 6 \end{pmatrix}$, $E: \vec{x} = \begin{pmatrix} 1 \\ 4 \\ 3 \end{pmatrix} + r \begin{pmatrix} 0 \\ -1 \\ 1 \end{pmatrix} + s \begin{pmatrix} 1 \\ 0 \\ 3 \end{pmatrix}$

b) $g: \vec{x} = \begin{pmatrix} 22 \\ -18 \\ -7 \end{pmatrix} + t \begin{pmatrix} 4 \\ 1 \\ -5 \end{pmatrix}$, $E: \vec{x} = \begin{pmatrix} 2 \\ 1 \\ 0 \end{pmatrix} + r \begin{pmatrix} 4 \\ -7 \\ 1 \end{pmatrix} + s \begin{pmatrix} 0 \\ 4 \\ -3 \end{pmatrix}$

c) $g: \vec{x} = \begin{pmatrix} 0 \\ 4 \\ 3 \end{pmatrix} + t \begin{pmatrix} -3 \\ 2 \\ 5 \end{pmatrix}$, $E: 5x_1 + 2x_2 - x_3 = 7$

12   Gegeben ist die Ebene $E: \vec{x} = \begin{pmatrix} 3 \\ 0 \\ 7 \end{pmatrix} + r \begin{pmatrix} 1 \\ 3 \\ 2 \end{pmatrix} + s \begin{pmatrix} 2 \\ 5 \\ 7 \end{pmatrix}$. Bestimmen Sie eine reelle Zahl a so,

dass die Gerade g die Ebene E schneidet (zur Ebene E parallel ist).

a) $g: \vec{x} = \begin{pmatrix} 2 \\ 1 \\ 5 \end{pmatrix} + t \begin{pmatrix} 2 \\ a \\ 7 \end{pmatrix}$ b) $g: \vec{x} = \begin{pmatrix} 3 \\ 5 \\ 9 \end{pmatrix} + t \begin{pmatrix} 1 \\ a \\ 5 \end{pmatrix}$ c) $g: \vec{x} = \begin{pmatrix} 1 \\ 2 \\ 1 \end{pmatrix} + t \begin{pmatrix} 0 \\ a \\ -3 \end{pmatrix}$

6 Gegenseitige Lage von Ebenen

1 a) Bestimmen Sie eine Parametergleichung der Ebene E in Fig. 1.
b) Bestimmen Sie alle gemeinsamen Punkte
der Ebene E und der x_1x_2-Ebene.
c) Bestimmen Sie alle gemeinsamen Punkte
der Ebene E und der x_1x_3-Ebene.
d) Bestimmen Sie alle gemeinsamen Punkte
der Ebene E und der x_2x_3-Ebene.

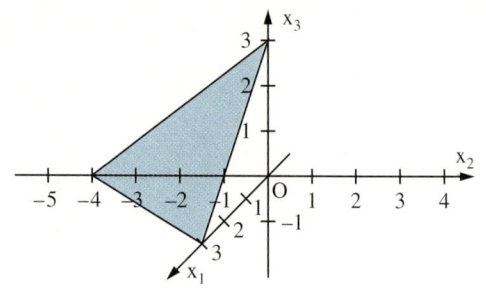

Fig. 1

Sind zwei Ebenengleichungen $E: \vec{x} = \vec{p} + r\vec{u} + s\vec{v}$ und $E^*: \overline{x^*} = \overline{p^*} + r^*\overline{u^*} + s^*\overline{v^*}$ gegeben,
so kann man mithilfe der Vektoren $\vec{u}, \vec{v}, \overline{u^*}, \overline{v^*}$ und $\vec{p} - \overline{p^*}$ die gegenseitige Lage von E und
E^* feststellen.

E und E* **schneiden** sich	E und E* sind **zueinander parallel** und **haben keine gemeinsamen Punkte**	E und E* sind **identisch**
![Fig. 2] Fig. 2	![Fig. 3] Fig. 3	![Fig. 4] Fig. 4
$\vec{u}, \vec{v}, \overline{u^*}$ **oder** $\vec{u}, \vec{v}, \overline{v^*}$ sind linear unabhängig	$\vec{u}, \vec{v}, \overline{u^*}$ **und** $\vec{u}, \vec{v}, \overline{v^*}$ sind linear abhängig	
	$\vec{p} - \overline{p^*}, \vec{u}, \vec{v}$ sind linear unabhängig	$\vec{p} - \overline{p^*}, \vec{u}, \vec{v}$ sind linear abhängig

Ob sich zwei verschiedene Ebenen in einer Geraden schneiden oder ob sie parallel zueinander
sind, kann man algebraisch untersuchen:

Satz: Für zwei **verschiedene** Ebenen $E: \vec{x} = \vec{p} + r\vec{u} + s\vec{v}$ und $E^*: \overline{x^*} = \overline{p^*} + r^*\overline{u^*} + s^*\overline{v^*}$
gilt:
E und E* **schneiden sich in einer Geraden**, wenn die Gleichung
$\quad \vec{p} + r\vec{u} + s\vec{v} = \overline{p^*} + r^*\overline{u^*} + s^*\overline{v^*}$ **unendlich viele Lösungen** besitzt.
E und E* sind **zueinander parallel**, wenn die Gleichung
$\quad \vec{p} + r\vec{u} + s\vec{v} = \overline{p^*} + r^*\overline{u^*} + s^*\overline{v^*}$ **keine** Lösung besitzt.

Beispiel 1: (Schnittgeradenbestimmung; zwei Parametergleichungen)

Schneiden sich die Ebenen $E_1: \vec{x} = \begin{pmatrix} 1 \\ 3 \\ 2 \end{pmatrix} + r\begin{pmatrix} 1 \\ -2 \\ 0 \end{pmatrix} + s\begin{pmatrix} 3 \\ 1 \\ 4 \end{pmatrix}$ und $E_2: \vec{x} = \begin{pmatrix} -1 \\ 5 \\ 2 \end{pmatrix} + k\begin{pmatrix} 1 \\ 1 \\ 2 \end{pmatrix} + m\begin{pmatrix} -2 \\ 1 \\ 3 \end{pmatrix}$?

Bestimmen Sie gegebenenfalls die Schnittgerade.

Lösung:

Der Gleichung $\begin{pmatrix} 1 \\ 3 \\ 2 \end{pmatrix} + r\begin{pmatrix} 1 \\ -2 \\ 0 \end{pmatrix} + s\begin{pmatrix} 3 \\ 1 \\ 4 \end{pmatrix} = \begin{pmatrix} -1 \\ 5 \\ 2 \end{pmatrix} + k\begin{pmatrix} 1 \\ 1 \\ 2 \end{pmatrix} + m\begin{pmatrix} -2 \\ 1 \\ 3 \end{pmatrix}$ entspricht das LGS mit drei

Gleichungen und vier Variablen:

$$\begin{cases} 1 + \ r + 3s = -1 + \ k - 2m \\ 3 - 2r + \ s = 5 \ + \ k + \ m \\ 2 \quad\quad + 4s = 2 \ + 2k + 3m \end{cases}, \text{ also } \begin{cases} r + 3s - \ k + 2m = -2 \\ -2r + \ s - \ k - \ m = 2 \\ 4s - 2k - 3m = 0 \end{cases}$$

und somit $\begin{cases} r + 3s - \ k + 2m = -2 \\ 7s - 3k + 3m = -2 \\ 4s - 2k - 3m = 0 \end{cases}$, also $\begin{cases} r + 3s - \ k + 2m = -2 \\ 7s - 3k + 3m = -2 \\ -2k - 33m = 8 \end{cases}$.

Aus der letzten Gleichung folgt: $k = -4 - \frac{33}{2}m$. Das LGS hat also unendlich viele Lösungen, d.h. die Ebenen schneiden sich.

Setzt man k in die Gleichung von E_2 ein, so erhält man eine Gleichung der Schnittgeraden:

$$g: \vec{x} = \begin{pmatrix} -5 \\ 1 \\ -6 \end{pmatrix} + m\begin{pmatrix} 37 \\ 31 \\ 60 \end{pmatrix}.$$

Beispiel 2: (Schnittgeradenbestimmung; zwei Koordinatengleichungen)

Bestimmen Sie die Schnittgerade der Ebenen $E_1: 3x_1 - 4x_2 + x_3 = 1$ und $E_2: 5x_1 + 2x_2 - 3x_3 = 6$.

Lösung:

Die beiden Gleichungen ergeben ein LGS mit zwei Gleichungen und drei Variablen:

$$\begin{cases} 3x_1 - 4x_2 + \ x_3 = 1 \\ 5x_1 + 2x_2 - 3x_3 = 6 \end{cases}, \text{ also } \begin{cases} 13x_1 \quad\quad - 5x_3 = 13 \\ 5x_1 + 2x_2 - 3x_3 = 6 \quad (*) \end{cases}.$$

Hinweis zu Beispiel 2: *Wer gerne mit Brüchen arbeitet, setzt in die Gleichung* $3x_1 - 5x_3 = 13$ *natürlich nicht* $x_3 = 13t$ *ein, sondern* $x_3 = t$.

Setzt man in der Gleichung $13x_1 - 5x_3 = 13$ für $x_3 = 13t$ ein, so erhält man $x_1 = 1 + 5t$. Setzt man $x_1 = 1 + 5t$ und $x_3 = 13t$ in die Gleichung (*) ein, so erhält man $x_2 = 0,5 + 7t$.

Insgesamt gilt: $\begin{aligned} x_1 &= 1 + 5t \\ x_2 &= 0,5 + 7t \\ x_3 &= 13t \end{aligned}$. Gesuchte Schnittgerade: $g: \vec{x} = \begin{pmatrix} 1 \\ 0,5 \\ 0 \end{pmatrix} + t\begin{pmatrix} 5 \\ 7 \\ 13 \end{pmatrix}$.

Beispiel 3: (Schnittgeradenbestimmung; eine Koordinaten- und eine Parametergleichung)

Bestimmen Sie die Schnittgerade von $E_1: x_1 - x_2 + 3x_3 = 12$ und $E_2: \vec{x} = \begin{pmatrix} 8 \\ 0 \\ 2 \end{pmatrix} + r\begin{pmatrix} -4 \\ 1 \\ 1 \end{pmatrix} + s\begin{pmatrix} 5 \\ 0 \\ -1 \end{pmatrix}$.

Lösung:

Der Parametergleichung von E_2 entsprechen die Gleichungen:

$x_1 = 8 - 4r + 5s$, $x_2 = r$ und $x_3 = 2 + r - s$.

Eingesetzt in $x_1 - x_2 + 3x_3 = 12$ ergibt: $(8 - 4r + 5s) - r + 3(2 + r - s) = 12$.

Hieraus folgt: $s = r - 1$.

Ersetzt man in der Gleichung von E_2 den Parameter s durch $r - 1$, so erhält man

die Gleichung der Schnittgeraden $g: \vec{x} = \begin{pmatrix} 3 \\ 0 \\ 3 \end{pmatrix} + r\begin{pmatrix} 1 \\ 1 \\ 0 \end{pmatrix}$.

Aufgaben

2 Bestimmen Sie die Schnittgerade der Ebenen E_1 und E_2.

Kommen in zwei Parametergleichungen die gleichen Bezeichnungen für die Parameter vor, so muss man in einer Gleichung die Parameter umbenennen.

a) $E_1: \vec{x} = \begin{pmatrix} 1 \\ 0 \\ 3 \end{pmatrix} + r\begin{pmatrix} 1 \\ 0 \\ 0 \end{pmatrix} + s\begin{pmatrix} 1 \\ 1 \\ 0 \end{pmatrix}$, $\quad E_2: \vec{x} = \begin{pmatrix} 2 \\ 3 \\ 2 \end{pmatrix} + r\begin{pmatrix} 0 \\ 1 \\ 1 \end{pmatrix} + s\begin{pmatrix} 2 \\ 0 \\ 1 \end{pmatrix}$

b) $E_1: \vec{x} = r\begin{pmatrix} 1 \\ 2 \\ 3 \end{pmatrix} + s\begin{pmatrix} -1 \\ 1 \\ 0 \end{pmatrix}$, $\quad E_2: \vec{x} = r\begin{pmatrix} 2 \\ 0 \\ 7 \end{pmatrix} + s\begin{pmatrix} 1 \\ -1 \\ 1 \end{pmatrix}$

c) $E_1: \vec{x} = \begin{pmatrix} 1 \\ 7 \\ 3 \end{pmatrix} + r\begin{pmatrix} 1 \\ -1 \\ 2 \end{pmatrix} + s\begin{pmatrix} 2 \\ -5 \\ 8 \end{pmatrix}$, $\quad E_2: \vec{x} = \begin{pmatrix} 3 \\ 5 \\ 7 \end{pmatrix} + r\begin{pmatrix} 2 \\ 3 \\ 0 \end{pmatrix} + s\begin{pmatrix} 1 \\ 1 \\ 2 \end{pmatrix}$

3 Bestimmen Sie die Schnittgerade der Ebenen E_1 und E_2.

a) $E_1: x_1 - x_2 + 2x_3 = 7,\qquad E_2: 6x_1 + x_2 - x_3 = -7$
b) $E_1: x_1 + x_2 - 2x_3 = -1,\qquad E_2: 2x_1 + x_2 - 3x_3 = 2$
c) $E_1: 8x_1 + x_2 - 13x_3 = -8,\qquad E_2: -8x_1 + 7x_2 + 5x_3 = 72$
d) $E_1: x_1 + 5x_3 = 8,\qquad E_2: x_1 + x_2 + x_3 = 1$
e) $E_1: 3x_1 + 2x_2 - 2x_3 = -1,\qquad E_2: x_1 - 4x_2 - 2x_3 = 9$
f) $E_1: 4x_2 = 5,\qquad E_2: 6x_1 + 5x_3 = 0$

4 Bestimmen Sie die Schnittgerade der Ebene E mit der Ebene $E_1: \vec{x} = \begin{pmatrix} 3 \\ 1 \\ 5 \end{pmatrix} + r\begin{pmatrix} 2 \\ -1 \\ 0 \end{pmatrix} + s\begin{pmatrix} -1 \\ 0 \\ 3 \end{pmatrix}$.

a) $E: 2x_1 - x_2 - x_3 = 1$ b) $E: 5x_1 + 2x_2 + x_3 = -6$ c) $E: 4x_2 + 5x_3 = 20$
d) $E: 3x_1 - x_2 - 5x_3 = -10$ e) $E: 2x_1 + 5x_2 + x_3 = 3$ f) $E: 3x_1 + 9x_2 + 6x_3 = 10$

5 Bestimmen Sie die Schnittgerade der Ebene E mit der x_1x_2-Ebene (x_1x_3-Ebene; x_2x_3-Ebene).

a) $E: \vec{x} = \begin{pmatrix} 4 \\ 5 \\ 0 \end{pmatrix} + s\begin{pmatrix} 1 \\ 3 \\ 5 \end{pmatrix} + t\begin{pmatrix} 1 \\ -1 \\ 1 \end{pmatrix}$ b) $E: \vec{x} = \begin{pmatrix} -8 \\ -4 \\ -4 \end{pmatrix} + s\begin{pmatrix} 4 \\ -3 \\ 1 \end{pmatrix} + t\begin{pmatrix} 4 \\ 1 \\ -1 \end{pmatrix}$

*Die Schnittgeraden einer Ebene mit den Koordinatenebenen nennt man auch **Spurgeraden**.*

c) $E: \vec{x} = \begin{pmatrix} -2 \\ 3 \\ -4 \end{pmatrix} + s\begin{pmatrix} 6 \\ 3 \\ -4 \end{pmatrix} + t\begin{pmatrix} 2 \\ 1 \\ 4 \end{pmatrix}$ d) $E: \vec{x} = \begin{pmatrix} 1 \\ 0 \\ 8 \end{pmatrix} + s\begin{pmatrix} 2 \\ 1 \\ 1 \end{pmatrix} + t\begin{pmatrix} 10 \\ -6 \\ 5 \end{pmatrix}$

e) $E: 2x_1 - 3x_2 + 5x_3 = 60$ f) $E: x_1 + x_2 + x_3 = 12$ g) $E: 4x_1 - 5x_2 + x_3 = 8$
h) $E: 6x_1 - 7x_2 + 8x_3 = 16$ i) $E: x_1 - x_2 = 5$ j) $E: x_2 + 2x_3 = 7$

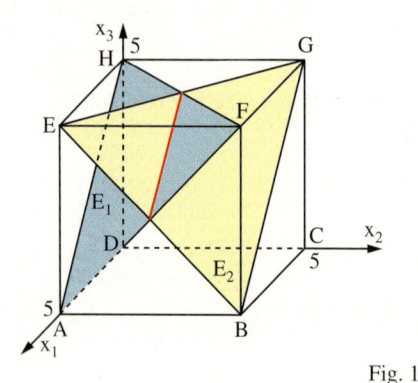

Fig. 1

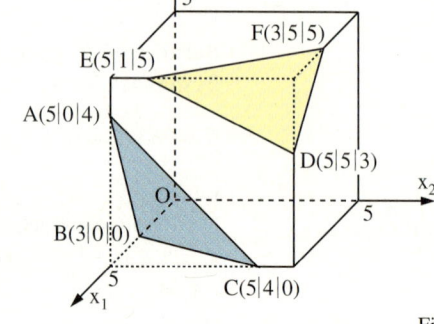

Fig. 2

6 a) Bestimmen Sie die Schnittgerade der beiden Ebenen E_1 und E_2 in Fig. 1.
b) Fig. 2 zeigt einen Würfel mit zwei abgeschnittenen Ecken. Die Schnittflächen legen zwei Ebenen fest. Bestimmen Sie die Schnittgerade dieser beiden Ebenen.

Lage zweier Ebenen

7 Schneiden sich die beiden Ebenen E_1 und E_2? Bestimmen Sie gegebenenfalls die Schnittgerade.

a) $E_1: \vec{x} = \begin{pmatrix} 2 \\ 5 \\ 3 \end{pmatrix} + r\begin{pmatrix} 1 \\ 0 \\ 1 \end{pmatrix} + s\begin{pmatrix} 0 \\ 1 \\ 0 \end{pmatrix}$, $\qquad E_2: \vec{x} = \begin{pmatrix} 4 \\ 0 \\ 0 \end{pmatrix} + r\begin{pmatrix} 1 \\ 1 \\ 1 \end{pmatrix} + s\begin{pmatrix} 1 \\ 3 \\ 1 \end{pmatrix}$

b) $E_1: \vec{x} = \begin{pmatrix} -1 \\ 0 \\ 0 \end{pmatrix} + r\begin{pmatrix} 1 \\ 3 \\ 1 \end{pmatrix} + s\begin{pmatrix} 0 \\ 2 \\ 1 \end{pmatrix}$, $\qquad E_2: \vec{x} = \begin{pmatrix} 1 \\ 4 \\ 1 \end{pmatrix} + r\begin{pmatrix} 1 \\ 1 \\ 0 \end{pmatrix} + s\begin{pmatrix} 2 \\ 8 \\ 3 \end{pmatrix}$

c) $E_1: \vec{x} = \begin{pmatrix} 5 \\ 0 \\ 5 \end{pmatrix} + r\begin{pmatrix} 1 \\ 2 \\ 4 \end{pmatrix} + s\begin{pmatrix} 3 \\ 1 \\ 0 \end{pmatrix}$, $\qquad E_2: \vec{x} = \begin{pmatrix} 4 \\ -2 \\ 1 \end{pmatrix} + r\begin{pmatrix} 1 \\ 1 \\ -1 \end{pmatrix} + s\begin{pmatrix} 6 \\ -1 \\ -2 \end{pmatrix}$

8 Geben Sie eine Parametergleichung der Ebene an, die zur Ebene E parallel ist und in der der Punkt P liegt.

a) $E: \vec{x} = \begin{pmatrix} 2 \\ 0 \\ 5 \end{pmatrix} + r\begin{pmatrix} 1 \\ 1 \\ 0 \end{pmatrix} + s\begin{pmatrix} 1 \\ 2 \\ 1 \end{pmatrix}$, $P(3|4|-1)$ $\qquad$ b) $E: \vec{x} = \begin{pmatrix} 1 \\ 9 \\ 1 \end{pmatrix} + r\begin{pmatrix} 2 \\ 1 \\ 2 \end{pmatrix} + s\begin{pmatrix} -1 \\ 1 \\ 3 \end{pmatrix}$, $P(0|4|-7)$

Lage und Schnitt dreier Ebenen

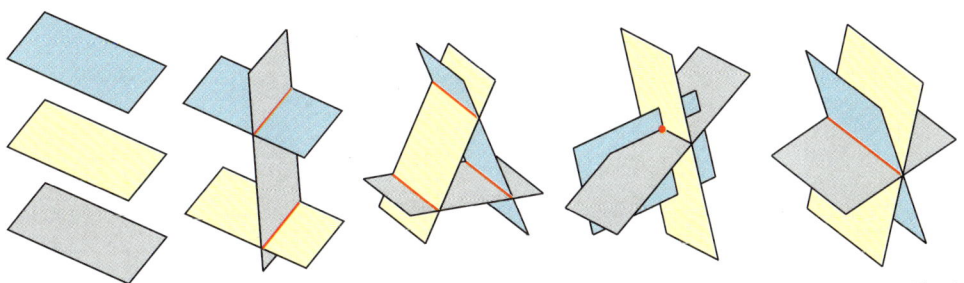

Fig. 1

9 Fig. 1 verdeutlicht die möglichen Lagen dreier Ebenen zueinander. Geben Sie für jeden Fall Parametergleichungen dreier Ebenen an.

Hinweis zu Aufgabe 10: Berechnen Sie zuerst die Schnittgerade zweier Ebenen und dann den Durchstoßpunkt dieser Geraden durch die dritte Ebene.

10 Die drei Ebenen E_1, E_2 und E_3 schneiden sich in einem Punkt. Berechnen Sie die Koordinaten dieses Punktes.

$E_1: \vec{x} = \begin{pmatrix} 4 \\ 8 \\ 4 \end{pmatrix} + r\begin{pmatrix} 2 \\ 1 \\ 3 \end{pmatrix} + s\begin{pmatrix} 1 \\ 1 \\ 0 \end{pmatrix}$, $E_2: \vec{x} = \begin{pmatrix} 4 \\ 9 \\ 9 \end{pmatrix} + r\begin{pmatrix} 1 \\ 2 \\ 5 \end{pmatrix} + s\begin{pmatrix} 0 \\ 1 \\ 1 \end{pmatrix}$, $E_3: \vec{x} = \begin{pmatrix} 2 \\ 4 \\ 3 \end{pmatrix} + r\begin{pmatrix} 1 \\ 1 \\ 1 \end{pmatrix} + s\begin{pmatrix} 2 \\ -1 \\ 4 \end{pmatrix}$

Darstellung einer Geraden durch zwei Koordinatengleichungen

Eine Gerade im Raum kann nicht durch eine einzige Koordinatengleichung festgelegt werden.

11 Bestimmen Sie aus der Parametergleichung der Geraden $g: \vec{x} = \begin{pmatrix} 1 \\ 0 \\ 3 \end{pmatrix} + t\begin{pmatrix} 3 \\ -1 \\ 4 \end{pmatrix}$ eine mögliche Gleichung mit Koordinaten. Bilden alle Punkte, die diese Gleichung erfüllen, eine Gerade? Begründen Sie Ihre Antwort.

12 Warum legen die beiden Gleichungen eine Gerade fest? Berechnen Sie eine Parametergleichung dieser Geraden.

a) $x_1 + x_2 - x_3 = 1$; $2x_1 - x_2 + 3x_3 = 0$ $\qquad$ b) $x_1 - x_2 = 7$; $x_3 = 0$

81

7 Teilverhältnisse

1 a) Bestimmen Sie für Fig. 1 das Verhältnis der Streckenlängen $\overline{AT}:\overline{TB}$ und das Verhältnis der Streckenlängen $\overline{AR}:\overline{RB}$.
b) Stellen Sie den Vektor $\overrightarrow{TB}$ als Vielfaches des Vektors $\overrightarrow{AT}$ und den Vektor $\overrightarrow{RB}$ als Vielfaches des Vektors $\overrightarrow{AR}$ dar.
Welche Information, die man nicht durch die Teilverhältnisse erhält, liefert die Vektordarstellung?

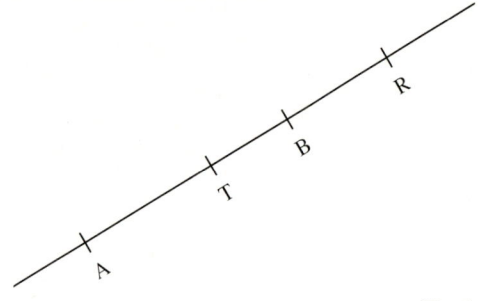

Fig. 1

Liegt ein Punkt T innerhalb einer Strecke AB (Fig. 2), so sagt man:
T ist ein **innerer Teilpunkt**, der die Strecke AB im Verhältnis $\overline{AT}:\overline{TB}$ teilt.
Für dieses Teilverhältnis $t = \overline{AT}:\overline{TB}$ gilt: $\overrightarrow{AT} = t\cdot\overrightarrow{TB}$.
In Fig. 2 ist $\overrightarrow{AT} = 2\cdot\overrightarrow{TB}$. Das Teilverhältnis beträgt $2:1$.

Diese Überlegungen lassen sich auf diejenigen Fälle übertragen, bei denen T auf einer Geraden durch zwei Punkte A und B, aber außerhalb der Strecke AB liegt.

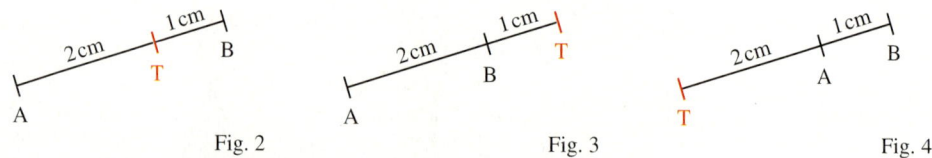

Fig. 2   Fig. 3   Fig. 4

In Fig. 3 und Fig. 4 nennt man T einen **äußeren Teilpunkt** der Strecke AB.
In Fig. 3 gilt: $\overrightarrow{AT} = (-3)\cdot\overrightarrow{TB}$. Man sagt: Das Teilverhältnis beträgt $(-3):1$.
In Fig. 4 gilt: $\overrightarrow{AT} = \left(-\frac{2}{3}\right)\cdot\overrightarrow{TB}$. Man sagt: Das Teilverhältnis beträgt $(-2):3$.

> **Definition:** Ist T ein Punkt der Geraden durch die Punkte A und B und gilt $\overrightarrow{AT} = t\cdot\overrightarrow{TB}$, dann nennt man die Zahl t **Teilverhältnis** des Punktes T bezüglich der Strecke AB.

Beachten Sie:
Ist $t > 0$, dann ist T ein innerer Teilpunkt der Strecke AB.
Ist $t < 0$, dann ist T ein äußerer Teilpunkt der Strecke AB.

Sind die Endpunkte einer Strecke AB sowie ein Teilverhältnis t gegeben, so kann man die Koordinaten des Teilpunktes T berechnen.
Hierzu benötigt man den

Warum kann es kein Teilverhältnis mit $t = -1$ geben?

> **Satz:** Ist T ein Punkt einer Geraden durch zwei Punkte A und B, dann gilt:
> Aus $\overrightarrow{AT} = t\cdot\overrightarrow{TB}$ folgt $\overrightarrow{AT} = \frac{t}{1+t}\,\overrightarrow{AB}$ ($t \neq -1$).

Beweis:
Ist $\overrightarrow{AT} = t\cdot\overrightarrow{TB}$ mit $t \neq -1$, so gilt:
$\overrightarrow{AB} = \overrightarrow{AT} + \overrightarrow{TB} = t\cdot\overrightarrow{TB} + \overrightarrow{TB} = (1+t)\,\overrightarrow{TB}$, d.h. $(1+t)\,\overrightarrow{TB} = \overrightarrow{AB}$.
Also ist $\overrightarrow{TB} = \frac{1}{1+t}\,\overrightarrow{AB}$ und somit $\overrightarrow{AT} = t\cdot\overrightarrow{TB} = \frac{t}{1+t}\,\overrightarrow{AB}$.

Beispiel 1: (Teilverhältnis bestimmen)
In welchem Verhältnis teilt in Fig. 1
a) B die Strecke AE,   b) E die Strecke BD,   c) A die Strecke BD?

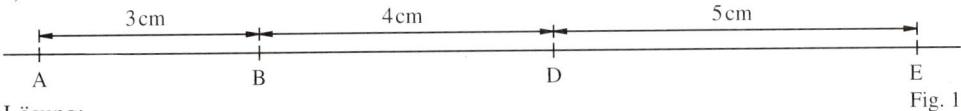

Fig. 1

Lösung:
a) $\overrightarrow{AB} = 3\,\text{cm}$, $\overrightarrow{BE} = 9\,\text{cm}$; also ist $\overrightarrow{AB} = \frac{1}{3}\,\overrightarrow{BE}$; das gesuchte Teilverhältnis ist $1:3$.
b) $\overrightarrow{BE} = 9\,\text{cm}$, $\overrightarrow{ED} = 5\,\text{cm}$; also ist $\overrightarrow{BE} = -\frac{9}{5}\,\overrightarrow{ED}$; das gesuchte Teilverhältnis ist $(-9):5$.
c) $\overrightarrow{BA} = 3\,\text{cm}$, $\overrightarrow{AD} = 7\,\text{cm}$; also ist $\overrightarrow{BA} = -\frac{3}{7}\,\overrightarrow{AD}$; das gesuchte Teilverhältnis ist $(-3):7$.

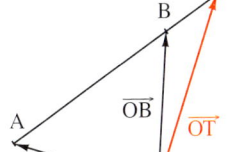

Fig. 2

Beispiel 2: (Teilpunkt bestimmen)
Gegeben sind die Punkte $A(2\,|\,3\,|\,9)$ und $B(12\,|\,8\,|\,6)$. Der Punkt T teilt die Strecke AB im Verhältnis $(-3):1$. Bestimmen Sie die Koordinaten von T.
Lösung:
Den Koordinaten des Punktes T entsprechen die Koordinaten seines Ortsvektors $\overrightarrow{OT}$.
Es gilt: $\overrightarrow{OT} = \overrightarrow{OA} + \overrightarrow{AT}$. Ferner ist $\overrightarrow{AT} = (-3)\cdot\overrightarrow{TB}$, das heißt $\overrightarrow{AT} = \frac{-3}{1+(-3)}\,\overrightarrow{AB} = \frac{3}{2}\,\overrightarrow{AB}$.
Insgesamt ist also:
$$\overrightarrow{OT} = \overrightarrow{OA} + \frac{3}{2}\,\overrightarrow{AB} = \overrightarrow{OA} + \frac{3}{2}\,(\overrightarrow{OB} - \overrightarrow{OA}) = \begin{pmatrix} 2 \\ 3 \\ 9 \end{pmatrix} + \frac{3}{2}\left(\begin{pmatrix} 12 \\ 8 \\ 6 \end{pmatrix} - \begin{pmatrix} 2 \\ 3 \\ 9 \end{pmatrix}\right) = \begin{pmatrix} 17 \\ 10{,}5 \\ 4{,}5 \end{pmatrix}.$$
Gesuchter Teilpunkt: $T(17\,|\,10{,}5\,|\,4{,}5)$.

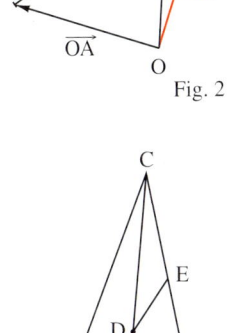

Fig. 3

Beispiel 3: (Berechnung von Teilverhältnissen)
In Fig. 3 ist D der Mittelpunkt der Seitenhalbierenden CM_c. E ist der Schnittpunkt der Geraden durch A und D mit der Geraden durch B und C. Zeigen Sie, dass der Punkt D die Strecke AE im Verhältnis $3:1$ teilt und der Punkt E die Strecke BC im Verhältnis $2:1$ teilt.
Lösung:
1. Schritt:
D teilt die Strecke AE, deshalb stellt man eine geschlossene Vektorkette auf, die die Punkte A, D und E berücksichtigt (Fig. 4):

$$\overrightarrow{AD} + \overrightarrow{DE} + \overrightarrow{EB} + \overrightarrow{BA} = \vec{o}.$$

2. Schritt:
Man wählt zwei geeignete linear unabhängige Vektoren aus.

z. B. $\vec{a} = \overrightarrow{AB}$ und $\vec{b} = \overrightarrow{AC}$

3. Schritt:
Man beschreibt jeden Vektor der Vektorkette als Linearkombination der beiden ausgewählten Vektoren.

$\overrightarrow{AD} = \frac{1}{2}\vec{a} + \frac{1}{2}(\vec{b} - \frac{1}{2}\vec{a}) = \frac{1}{4}\vec{a} + \frac{1}{2}\vec{b}$
$\overrightarrow{DE} = x\cdot\overrightarrow{AD} = x\cdot(\frac{1}{4}\vec{a} + \frac{1}{2}\vec{b})$
$\overrightarrow{EB} = y\cdot\overrightarrow{CB} = y\cdot(\vec{a} - \vec{b})$
$\overrightarrow{BA} = -\overrightarrow{AB} = -\vec{a}$

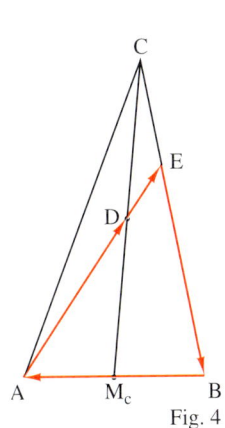

Fig. 4

4. Schritt:
Man setzt in die Vektorkette ein und berechnet x und y.

$\overrightarrow{AD} + \overrightarrow{DE} + \overrightarrow{EB} + \overrightarrow{BA} = \vec{o}$
$\frac{1}{4}\vec{a} + \frac{1}{2}\vec{b} + x\cdot(\frac{1}{4}\vec{a} + \frac{1}{2}\vec{b}) + y\cdot(\vec{a} - \vec{b}) + (-\vec{a}) = \vec{o}$
$(\frac{1}{4}\vec{a} + \frac{1}{4}x\vec{a} + y\vec{a} - \vec{a}) + (\frac{1}{2}\vec{b} + \frac{1}{2}x\vec{b} - y\vec{b}) = \vec{o}$
$(\frac{1}{4} + \frac{1}{4}x + y - 1)\vec{a} + (\frac{1}{2} + \frac{1}{2}x - y)\vec{b} = \vec{o}$

Da $\vec{a}$ und $\vec{b}$ linear unabhängig sind, gilt:
Hieraus folgt:

$\frac{1}{4} + \frac{1}{4}x + y - 1 = 0$ und $\frac{1}{2} + \frac{1}{2}x - y = 0$
$x = \frac{1}{3}$ und $y = \frac{2}{3}$

Somit ist $\overrightarrow{DE} = \frac{1}{3}\overrightarrow{AD}$ und $\overrightarrow{BE} = \frac{2}{3}\overrightarrow{BC}$, also ist $\overrightarrow{AD} = 3\overrightarrow{DE}$ und $\overrightarrow{BE} = 2\overrightarrow{EC}$. Der Punkt D teilt die Strecke AE im Verhältnis $3:1$. Der Punkt E teilt die Strecke BC im Verhältnis $2:1$.

83

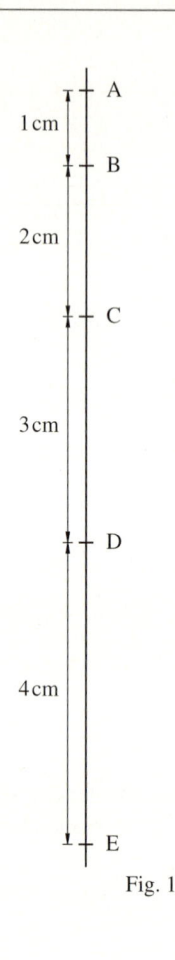

Fig. 1

Aufgaben

2 In welchem Verhältnis teilt in Fig. 1
a) der Punkt B die Strecke AC,
b) der Punkt A die Strecke BC,
c) der Punkt D die Strecke AC,
d) der Punkt C die Strecke DE?

3 In Fig. 2 sind die Geraden durch A und B sowie durch C und D zueinander parallel. In welchem Verhältnis teilt
a) A die Strecke SD, falls $\overrightarrow{DC} = 2\,\overrightarrow{AB}$,
b) D die Strecke AS, falls $\overrightarrow{DC} = 3\,\overrightarrow{AB}$,
c) S die Strecke BD, falls $\overrightarrow{DC} = 1{,}5\,\overrightarrow{AB}$?

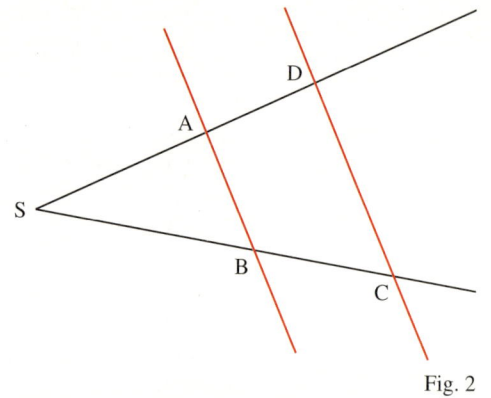

Fig. 2

4 Der Punkt T liegt auf der Geraden durch A und B. In welchem Verhältnis teilt T die Strecke AB?
a) $A(1|1|1)$, $T(2|4|5)$, $B(5|13|17)$
b) $A(-1|0|2)$, $T(7|10|-6)$, $B(3|5|-2)$
c) $A(4|4|1)$, $T(-2|-8|1)$, $B(3|2|1)$
d) $A(1|0|0)$, $T(4|0|2)$, $B(31|0|20)$
e) $A(-1|-2|-3)$, $T(-1|1|1)$, $B(-1|4|5)$
f) $A(-12|1|4)$, $T(15|1|4)$, $B(2|1|4)$

5 Der Punkt T teilt die Strecke AB im Verhältnis t. Bestimmen Sie die Koordinaten von T.
a) $A(0|-2|7)$, $B(6|1|-5)$, $t = \frac{1}{2}$
b) $A(5|-2|-7)$, $B(1|6|9)$, $t = 3$
c) $A(1|2|-3)$, $B(5|4|7)$, $t = \frac{1}{3}$
d) $A(2|-1|0)$, $B(3|8|-5)$, $t = 0{,}2$
e) $A(8|5|9)$, $B(-3|7|-5)$, $t = 0{,}75$
f) $A(8|5|-1)$, $B(-3|-4|-6)$, $t = 1{,}2$

6 Die Ebene in Fig. 3 teilt den Raum in zwei Teilräume auf.
Prüfen Sie mithilfe eines Teilverhältnisses, ob A und B im gleichen Teilraum liegen, wenn
a) $A(1|2|3)$, $B(3|6|5)$, E: $3x_1 - x_2 + 5x_3 = 22$,
b) $A(0|-4|5)$, $B(1|1|10)$, E: $5x_1 + 5x_2 + 5x_3 = 16$,
c) $A(3|-4|5)$, $B(6|3|7)$, E: $6x_1 + x_2 - 6x_3 = 10$,
d) $A(7|1|-4)$, $B(3|4|0)$, E: $x_1 + x_2 + x_3 = 4$.

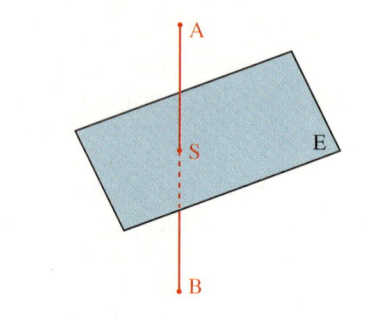

Fig. 3

7 Beweisen Sie:
a) In jedem Dreieck schneiden sich die Seitenhalbierenden in einem Punkt S. Dieser Punkt S teilt jede der Seitenhalbierenden im Verhältnis $2:1$ (Fig. 4).
b) Sind $\vec{a}$, $\vec{b}$ und $\vec{c}$ die Ortsvektoren der Eckpunkte eines Dreiecks und $\vec{s}$ der Ortsvektor des Schnittpunktes der Seitenhalbierenden, dann gilt $\vec{s} = \frac{1}{3}(\vec{a} + \vec{b} + \vec{c})$.

Erinnern Sie sich?
Der Punkt S
in Fig. 4 ist der

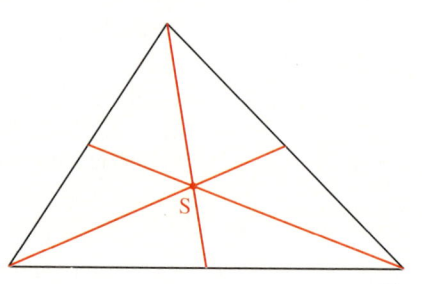

Fig. 4

8 Beweisen Sie:
Teilt ein Punkt T eine Strecke AB im Verhältnis t_1 und die Strecke BA im Verhältnis t_2, so gilt: $t_1 \cdot t_2 = 1$.

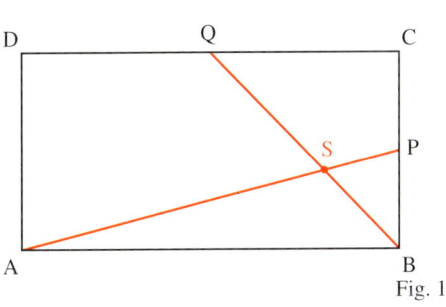

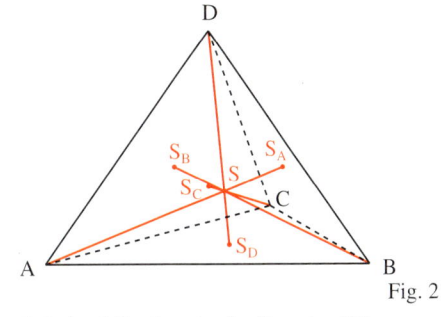

Fig. 1

Fig. 2

9 In Fig. 1 ist P der Mittelpunkt der Strecke BC und Q der Mittelpunkt der Strecke CD. Beweisen Sie:
Der Punkt S teilt die Strecke AP im Verhältnis 4 : 1 und die Strecke BQ im Verhältnis 2 : 3.

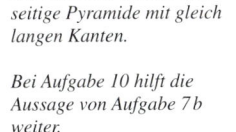

Ein Tetraeder ist eine dreiseitige Pyramide mit gleich langen Kanten.

Bei Aufgabe 10 hilft die Aussage von Aufgabe 7b weiter.

10 Bei einem Tetraeder (Fig. 2) bezeichnet man eine Verbindungsstrecke einer Ecke mit dem Schnittpunkt der Seitenhalbierenden des gegenüberliegenden Dreiecks als Raumschwerlinie. Die Raumschwerlinien eines Tetraeders schneiden sich in einem Punkt S. Beweisen Sie:
Dieser Punkt S teilt jede der Raumschwerlinien eines Tetraeders im Verhältnis 3 : 1.

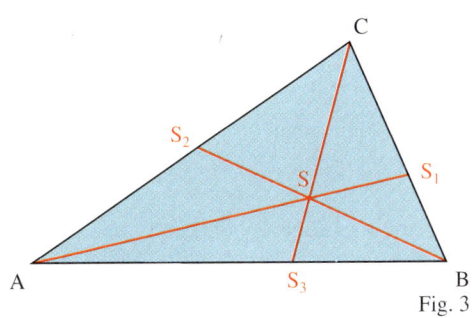

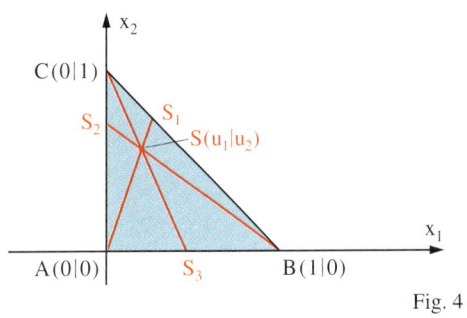

Fig. 3

Fig. 4

Die Aussage von Aufgabe 11 ist bekannt als **Satz von Ceva.** Giovanni Ceva *(1648–1734) war ein italienischer Mathematiker, der ein Buch ausschließlich über Schwerpunkte geschrieben hat.*

11 Gegeben ist ein Dreieck ABC und ein Punkt S, der im Innern dieses Dreiecks liegt.
Die Gerade durch A und S schneidet die Seite BC im Punkt S_1, die Gerade durch B und S die Seite AC in S_2 und die Gerade durch C und S die Seite AB in S_3 (Fig. 3). S_1 teilt die Strecke BC im Verhältnis t_1, S_2 die Strecke CA im Verhältnis t_2 und S_3 die Strecke AB im Verhältnis t_3. Es gilt: $t_1 \cdot t_2 \cdot t_3 = 1$. Überprüfen Sie dies algebraisch für das spezielle Dreieck in Fig. 4.

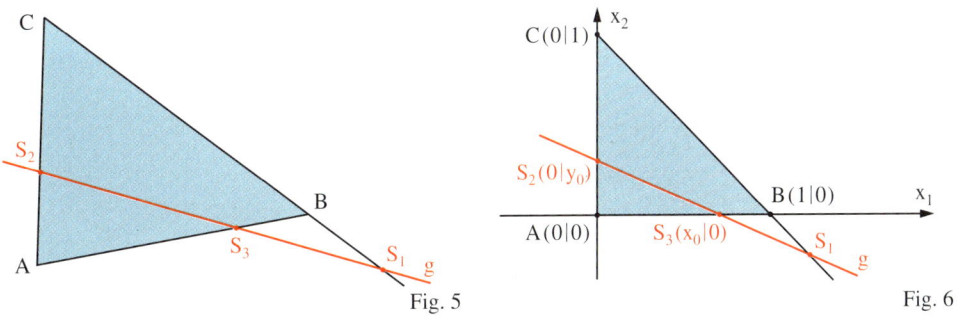

Fig. 5

Fig. 6

Die Aussage von Aufgabe 12 ist bekannt als **Satz von Menelaos.** Menelaos von Alexandria *lebte um 100 n. Chr.*

12 Gegeben sind ein Dreieck ABC und eine Gerade g. Die Gerade g schneidet die Gerade durch B und C im Punkt S_1, die Gerade durch A und C im Punkt S_2 und die Gerade durch A und B im Punkt S_3 (Fig. 5). S_1 teilt die Strecke BC im Verhältnis t_1, S_2 die Strecke CA im Verhältnis t_2 und S_3 die Strecke AB im Verhältnis t_3.
Es gilt: $t_1 \cdot t_2 \cdot t_3 = -1$. Überprüfen Sie dies algebraisch für das spezielle Dreieck in Fig. 6.

85

8 Vermischte Aufgaben

1 Überprüfen Sie, ob die Punkte A, B und C auf einer gemeinsamen Geraden liegen.

a) $A(2|1|0)$, $B(5|5|-1)$, $C(-4|-7|2)$ b) $A(1|-2|5)$, $B(8|-7|3)$, $C(7|11|4)$

c) $A(6|-1|13)$, $B(-2|7|5)$, $C(9|-4|16)$ d) $A(20|11|2)$, $B(-10|-4|2)$, $C(14|8|2)$

e) $A(11|10|1)$, $B(10|7|-8)$, $C(0|-23|-98)$ f) $A(2|17|-8)$, $B(-5|17|13)$, $C(1|17|-3)$

2 Überprüfen Sie, ob die Punkte A, B, C und D in einer gemeinsamen Ebene liegen.

a) $A(8|1|-3)$, $B(7|5|9)$, $C(-11|4|3)$, $D(6|-1|0)$

b) $A(2|1|0)$, $B(8|7|-3)$, $C(5|5|-1)$, $D(-4|-7|2)$

c) $A(3|-4|1)$, $B(6|7|-13)$, $C(-9|8|1)$, $D(5|-10|5)$

d) $A(-2|5|6)$, $B(1|2|3)$, $C(-1|4|5)$, $D(0|3|4)$

e) $A(2|4|7)$, $B(-3|-5|6)$, $C(6|12|0)$, $D(13|25|8)$

f) $A(8|-7|4)$, $B(9|5|-1)$, $C(0|0|6)$, $D(-1|-2|-4)$

3 Untersuchen Sie die gegenseitige Lage der Geraden g und h. Berechnen Sie gegebenenfalls die Koordinaten des Schnittpunktes.

a) $g: \vec{x} = \begin{pmatrix} 5 \\ 6 \\ 8 \end{pmatrix} + r \begin{pmatrix} -1 \\ 1 \\ 1 \end{pmatrix}$, $h: \vec{x} = \begin{pmatrix} 4 \\ 5 \\ 7 \end{pmatrix} + s \begin{pmatrix} 1 \\ 2 \\ 3 \end{pmatrix}$ b) $g: \vec{x} = \begin{pmatrix} 4 \\ 5 \\ -3 \end{pmatrix} + r \begin{pmatrix} -1 \\ 2 \\ -3 \end{pmatrix}$, $h: \vec{x} = \begin{pmatrix} 6 \\ 1 \\ 3 \end{pmatrix} + s \begin{pmatrix} 1 \\ 0 \\ 5 \end{pmatrix}$

c) $g: \vec{x} = \begin{pmatrix} 2 \\ 3 \\ 4 \end{pmatrix} + r \begin{pmatrix} 10 \\ 15 \\ -20 \end{pmatrix}$, $h: \vec{x} = \begin{pmatrix} 16 \\ 1 \\ -7 \end{pmatrix} + s \begin{pmatrix} -2 \\ -3 \\ 4 \end{pmatrix}$ d) $g: \vec{x} = \begin{pmatrix} 3 \\ 1 \\ 5 \end{pmatrix} + r \begin{pmatrix} 2 \\ -1 \\ 1 \end{pmatrix}$, $h: \vec{x} = \begin{pmatrix} 7 \\ -1 \\ 7 \end{pmatrix} + s \begin{pmatrix} 5 \\ 0 \\ 3 \end{pmatrix}$

4 Untersuchen Sie die gegenseitige Lage der Ebenen E_1 und E_2. Bestimmen Sie gegebenenfalls eine Gleichung der Schnittgeraden.

a) $E_1: \vec{x} = \begin{pmatrix} 3 \\ 3 \\ 3 \end{pmatrix} + r_1 \begin{pmatrix} -5 \\ 5 \\ 1 \end{pmatrix} + s_1 \begin{pmatrix} 2 \\ 4 \\ 9 \end{pmatrix}$, $E_2: \vec{x} = \begin{pmatrix} -9 \\ 9 \\ -4 \end{pmatrix} + r_2 \begin{pmatrix} 4 \\ -4 \\ 5 \end{pmatrix} + s_2 \begin{pmatrix} 1 \\ 1 \\ 1 \end{pmatrix}$

b) $E_1: x_1 - 2x_2 - x_3 = 5$, $E_2: \vec{x} = \begin{pmatrix} 3 \\ 8 \\ 8 \end{pmatrix} + r \begin{pmatrix} 5 \\ 1 \\ 3 \end{pmatrix} + s \begin{pmatrix} 1 \\ 0 \\ 1 \end{pmatrix}$

5 Bestimmen Sie $a, b, c \in \mathbb{R}$ in $g: \vec{x} = \begin{pmatrix} 1 \\ 2 \\ 3 \end{pmatrix} - r \begin{pmatrix} 7 \\ a \\ b \end{pmatrix}$, $E: \vec{x} = \begin{pmatrix} c \\ 1 \\ 0 \end{pmatrix} + s \begin{pmatrix} 1 \\ 3 \\ 5 \end{pmatrix} + t \begin{pmatrix} -1 \\ 9 \\ 3 \end{pmatrix}$ so, dass gilt:

a) g liegt in E,   b) g ist parallel zu E, liegt aber nicht in E,   c) g schneidet E.

6 Bestimmen Sie $a, b, c \in \mathbb{R}$ in $E_1: \vec{x} = \begin{pmatrix} a \\ 2 \\ 3 \end{pmatrix} + r \begin{pmatrix} 5 \\ b \\ 1 \end{pmatrix} + s \begin{pmatrix} 1 \\ 2 \\ c \end{pmatrix}$, $E_2: \vec{x} = \begin{pmatrix} 2 \\ 1 \\ 1 \end{pmatrix} + t \begin{pmatrix} 5 \\ 1 \\ 1 \end{pmatrix} + u \begin{pmatrix} 1 \\ 0 \\ 2 \end{pmatrix}$ so, dass gilt:

a) $E_1 = E_2$,   b) E_1 ist parallel zu E_2, aber $E_1 \neq E_2$,   c) E_1 schneidet E_2.

7 Bestimmen Sie die Spurgeraden der Ebene E. Tragen Sie diese Geraden in ein räumliches Koordinatensystem ein und kennzeichnen Sie alle Punkte von E, deren Koordinaten sämtlich größer null sind.

a) $E: \vec{x} = \begin{pmatrix} 2 \\ 3 \\ 6 \end{pmatrix} + r \begin{pmatrix} 1 \\ 1 \\ 0 \end{pmatrix} + s \begin{pmatrix} 0 \\ 2 \\ 3 \end{pmatrix}$ b) $E: \vec{x} = \begin{pmatrix} -1 \\ -3 \\ 5 \end{pmatrix} + r \begin{pmatrix} 1 \\ 1 \\ 2 \end{pmatrix} + s \begin{pmatrix} 3 \\ 4 \\ 0 \end{pmatrix}$

c) $E: 2x_1 + 3x_2 + 5x_3 = 10$ d) $E: -x_1 + 3x_2 + 5x_3 = 7$

8 Gegeben sind die Punkte A$(9|0|0)$, B$(0|4,5|0)$ und C$(0|0|4,5)$ sowie die Punkte P$(2|3|0)$ und Q$(3|1|2)$.
a) Begründen Sie, dass die Punkte A, B und C nicht auf einer gemeinsamen Geraden liegen. Bestimmen Sie eine Koordinatengleichung der Ebene E, in der die Punkte A, B und C liegen.
b) Die Gerade durch die Punkte P und Q schneidet die Ebene E im Punkt S. Berechnen Sie die Koordinaten von S.
c) Zeichnen Sie in ein räumliches Koordinatensystem das Dreieck ABC, die Gerade durch die Punkte P und Q sowie den Punkt S.

9 Gegeben ist die Gerade g durch die Punkte P$(4|-1|4)$ und Q$(1|5|-2)$. Weiterhin beschreibt für jedes $k \in \mathbb{R}$ die Gleichung $k x_1 + 2 k x_2 + 6 x_3 = 9 k$ eine Ebene E_k.
a) Bestimmen Sie eine reelle Zahl k so, dass die entsprechende Ebene E_k parallel zu einer von den Koordinatenachsen festgelegten Ebene ist.
b) Bestimmen Sie eine reelle Zahl k so, dass die entsprechende Ebene E_k parallel zur Gerade g ist.

10 Gegeben sind die Punkte A$(3|-3|0)$, B$(3|3|0)$, C$(-3|3|0)$ und S$(0|0|4)$.
a) Das Dreieck ABC hat bei A einen rechten Winkel. Das Viereck ABCD ist ein Quadrat. Berechnen Sie die Koordinaten des Punktes D.
b) Bestimmen Sie die gegenseitige Lage der Gerade, die durch die Punkte A und B geht, und der Gerade, die durch die Punkte S und C geht.
c) Die Punkte A, B, C, D und S sind die Ecken bzw. Spitze einer quadratischen Pyramide. Zeichnen Sie diese Pyramide in ein räumliches Koordinatensystem.
d) Bestimmen Sie eine Koordinatengleichung der Ebene, in der die Punkte A, B und S liegen, und eine Koordinatengleichung der Ebene, in der die Punkte B, C und S liegen.

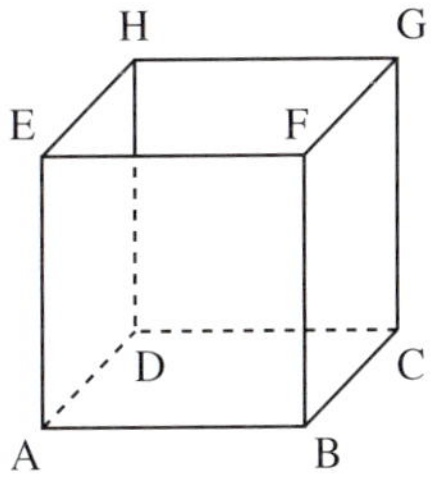

11 Gegeben sind die Punkte A$(3|2|0)$, B$(7|5|0)$, C$(4|9|0)$, D$(0|6|0)$ und G$(4|9|5)$ sowie die Gerade $g: \vec{x} = \begin{pmatrix} 6,5 \\ 1,5 \\ -8 \end{pmatrix} + t \cdot \begin{pmatrix} -1,5 \\ 2 \\ 8 \end{pmatrix}$.

a) A, B, C und D sind die Ecken der Grundfläche eines Würfels ABCDEFGH. Berechnen Sie die Koordinaten der restlichen Ecken.
b) Die Gerade g schneidet die Würfelkante AB im Punkt T. Berechnen Sie die Koordinaten von T. In welchem Verhältnis teilt T die Strecke AB?
c) Zeichnen Sie in ein räumliches Koordinatensystem den Würfel ABCDEFGH, die Gerade g und den Punkt T ein.
d) Zeigen Sie, dass die Gerade g und die Ebene durch die Punkte B, C und G zueinander parallel sind und keine gemeinsamen Punkte besitzen.

Fig. 1

12 Gegeben sind die Ebene
E: $x_1 + x_2 + x_3 = 6$ und der Quader in Fig. 2.
a) Die Gerade durch die Punkte O und Q_2 schneidet die Ebene E im Punkt S. Berechnen Sie die Koordinaten von S.
b) Bestimmen Sie eine Gleichung der Schnittgeraden von der Ebene E und der Ebene durch die Punkte P_1, P_3 und Q_3.
c) Berechnen Sie die Koordinaten der Punkte, in denen die Ebene E die Kanten Q_4Q_1 und Q_4Q_3 des Quaders schneidet.

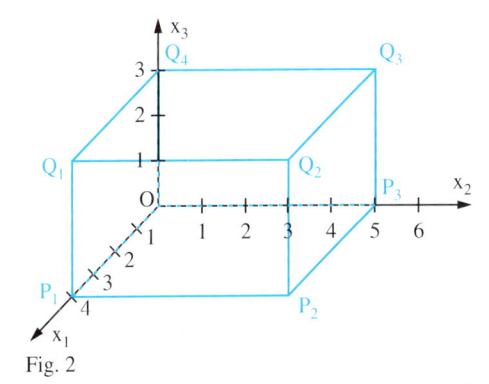

Fig. 2

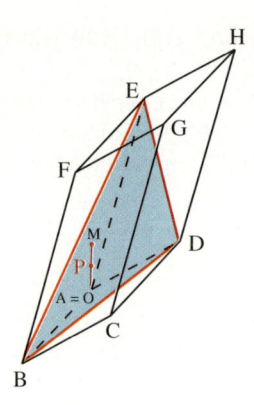

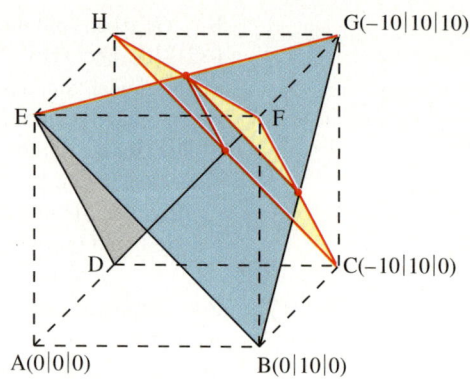

Fig. 1   Fig. 2

13 Der Spat in Fig. 1 wird durch die Vektoren $\overrightarrow{AB} = \begin{pmatrix} 5 \\ 0 \\ 0 \end{pmatrix}$, $\overrightarrow{AD} = \begin{pmatrix} -3 \\ 1 \\ 0 \end{pmatrix}$ und $\overrightarrow{AE} = \begin{pmatrix} -1 \\ 1 \\ 4 \end{pmatrix}$ aufgespannt.

a) M ist der Mittelpunkt des Parallelogramms BCGF. Berechnen Sie die Koordinaten des Durchstoßpunktes

(1) der Strecke AM durch das Dreieck BDE,   (2) der Strecke DM durch das Dreieck ACH,

(3) der Strecke EM durch das Dreieck AFH,   (4) der Strecke HM durch das Dreieck DEG.

b) Bestimmen Sie eine Koordinatengleichung der Ebene

(1) durch die Punkte B, F und H in Fig. 1,   (2) durch die Punkte A, C und G in Fig. 1,

(3) durch die Punkte D, E und G in Fig. 1,   (4) durch die Punkte A, B und H in Fig. 2,

(5) durch die Punkte D, E und G in Fig. 2,   (6) durch die Punkte A, C und G in Fig. 2.

14 In Fig. 2 legen die Punkte B, E und G die Ebene E_1 fest, die Punkte C, F und H die Ebene E_2 sowie die Punkte D, E und G die Ebene E_3.

a) Bestimmen Sie jeweils eine Gleichung der Schnittgeraden von E_1 und E_2, von E_2 und E_3 sowie von E_1 und E_3.

b) Die Ebenen E_1, E_2 und E_3 schneiden sich in einem einzigen Punkt S. Berechnen Sie die Koordinaten von S.

15 a) Zeichnen Sie einen Würfel ABCDEFGH wie in Fig. 2. Tragen Sie in diesen Würfel die Dreiecke ACF, BDE und AFH ein.

b) Kennzeichnen Sie die Strecken, in denen sich die Dreiecke schneiden, und bestimmen Sie jeweils eine Gleichung derjenigen Geraden, auf denen die Schnittstrecken liegen.

c) Der Würfel ist durchsichtig. Die Dreiecke sind nicht durchsichtig. Schraffieren Sie die sichtbaren Teile.

16 Überprüfen Sie, ob die Ebenen E_1, E_2 und E_3 einen einzigen gemeinsamen Punkt S besitzen. Berechnen Sie gegebenenfalls die Koordinaten des Punktes S.

a) E_1: $x_1 = 0$, E_2: $x_2 = 0$, E_3: $x_3 = 0$

b) E_1: $x_1 + x_2 = 1$, E_2: $x_2 - x_3 = 2$, E_3: $x_1 - x_3 = 3$

c) E_1: $2x_1 - x_2 + x_3 = -8$, E_2: $5x_1 - 4x_2 + x_3 = 0$, E_3: $4x_1 - 2x_2 + x_3 = 5$

d) E_1: $3x_1 - x_2 - x_3 = 0$, E_2: $3x_1 + 4x_2 + 5x_3 = 6$, E_3: $\vec{x} = \begin{pmatrix} 1 \\ 5 \\ 0 \end{pmatrix} + r\begin{pmatrix} 0 \\ -1 \\ 1 \end{pmatrix} + s\begin{pmatrix} 1 \\ 3 \\ 0 \end{pmatrix}$

e) E_1: $x_1 + x_2 + 2x_3 = 16$, E_2: $\vec{x} = \begin{pmatrix} -1 \\ 3 \\ 3 \end{pmatrix} + r\begin{pmatrix} 1 \\ 1 \\ 1 \end{pmatrix} + s\begin{pmatrix} 5 \\ 3 \\ 1 \end{pmatrix}$, E_3: $\vec{x} = r\begin{pmatrix} 5 \\ 6 \\ 1 \end{pmatrix} + s\begin{pmatrix} 1 \\ 0 \\ 1 \end{pmatrix}$

17 In Fig. 1 ist S der Schnittpunkt der Seitenhalbierenden, der so genannte Schwerpunkt.

a) Drücken Sie die Vektoren $\overrightarrow{SA}$, $\overrightarrow{SB}$, $\overrightarrow{SC}$ mithilfe von $\overrightarrow{AB}$, $\overrightarrow{BC}$ und $\overrightarrow{AC}$ aus. Beweisen Sie damit, dass gilt: $\overrightarrow{SA} + \overrightarrow{SB} + \overrightarrow{SC} = \vec{o}$.

b) Zeigen Sie: Für jeden Punkt P der Ebene gilt $\overrightarrow{PA} + \overrightarrow{PB} + \overrightarrow{PC} = 3\overrightarrow{PS}$.

c) Zeichnen Sie ein Dreieck ABC und wählen Sie einen Punkt P. Zeichnen Sie einen Pfeil zum Vektor $\overrightarrow{PA} + \overrightarrow{PB} + \overrightarrow{PC}$. Bestimmen Sie damit den Schwerpunkt S.

d) Wie sollte man in c) den Punkt P wählen, damit die Bestimmung des Schwerpunktes besonders einfach wird?

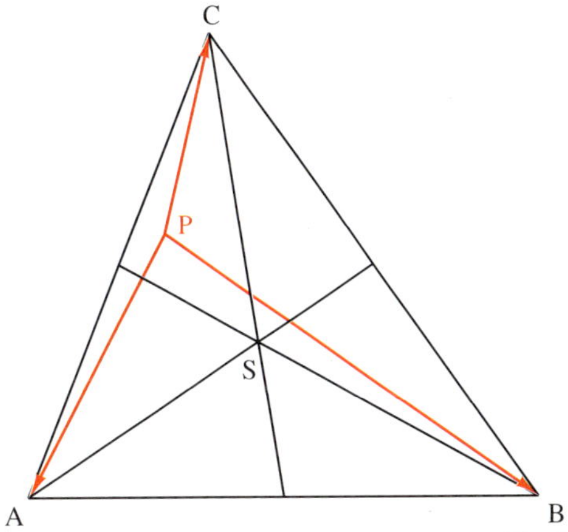

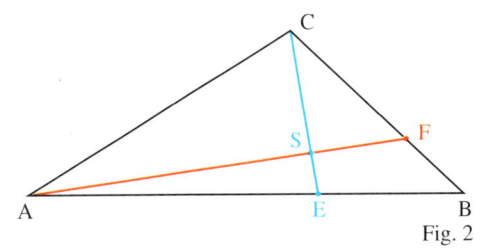

Fig. 1

18 In Fig. 2 teilt der Punkt E die Dreiecksseite AB im Verhältnis $2:1$.

Der Punkt S teilt die Strecke CE im Verhältnis $3:1$.

Die Gerade durch die Punkte A und S schneidet die Dreiecksseite BC im Punkt F.

a) In welchem Verhältnis teilt der Punkt F die Dreiecksseite BC?

b) In welchem Verhältnis teilt der Punkt S die Strecke AF?

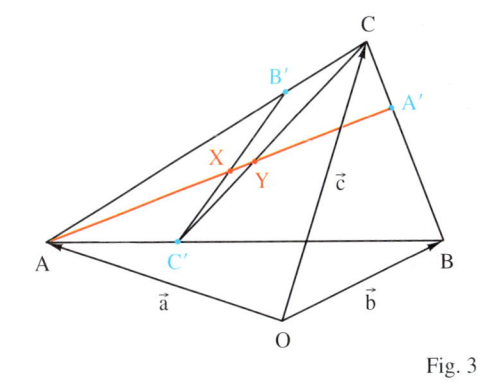

Fig. 2

19 In Fig. 3 teilt der Punkt C′ die Strecke AB im Verhältnis $1:2$.

Der Punkt A′ teilt die Strecke AC im Verhältnis $2:1$.

Der Punkt B′ teilt die Strecke CA im Verhältnis $1:3$.

a) Berechnen Sie das Teilverhältnis, in dem der Punkt X die Strecke AA′ teilt.

b) Berechnen Sie das Teilverhältnis, in dem der Punkt Y die Strecke AA′ teilt.

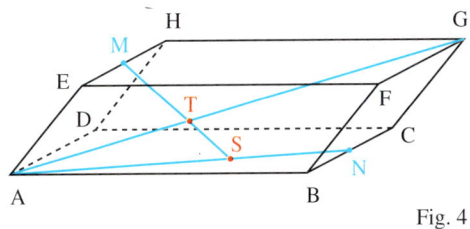

Fig. 3

20 Im Spat von Fig. 4 ist M der Mittelpunkt der Strecke EH und N ist der Mittelpunkt der Strecke BC. Der Punkt T liegt auf der Strecke AG.

Die Gerade g geht durch M und T.

Die Ebene L geht durch A, B und C.

a) Zeigen Sie:

Der Schnittpunkt S von g und L liegt auf der Geraden durch die Punkte A und N.

b) Der Punkt T teilt die Strecke AG im Verhältnis t, d. h. $\overrightarrow{AT} = t \cdot \overrightarrow{TG}$.

In welchem Verhältnis teilt der Punkt T die Strecke MS?

In welchem Verhältnis teilt der Punkt S die Strecke AN?

Fig. 4

Mathematische Exkursionen

Grundriss und Aufriss

Fig. 1 zeigt das Schrägbild eines „burgähnlichen Hauses" in einem räumlichen Koordinatensystem. In diesem Schrägbild sind die wahren Maße oft nur schwer erkennbar. Deshalb zeichnet der Architekt maßstäblich einen **Grundriss** (Ansicht von oben) und einen **Aufriss** (Ansicht von „vorn"). Mathematisch gesprochen sind Grund- und Aufriss Bilder unter einer „senkrechten Parallelprojektion" auf die x_1x_2-Ebene (der Grundriss) bzw. x_2x_3-Ebene (der Aufriss).

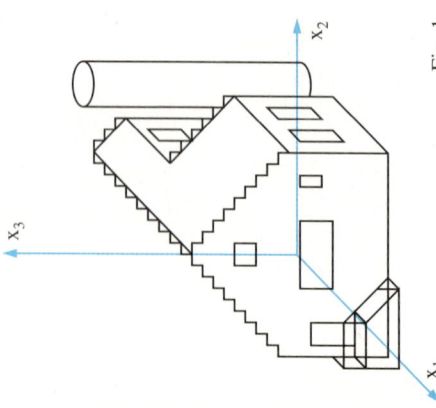

Fig. 1

Grund- und Aufriss vermitteln eine stets eindeutige Information über die jeweiligen Ansichten. Bei einem Schrägbild dagegen ist dies ohne zusätzliche Angaben oft schwierig.

Der französische Künstler Victor VASARELY (1901-1997) hat in seiner Op-Art (kurz für: Optical Art) u.a. Bilder geschaffen, die ganz unterschiedlich gesehen werden können. Das 1970 enstandene Werk „Torony Gordes" lässt drei (!) ganz unterschiedliche Ansichten zu.

VASARELY: Torony Gordes

Stellen Sie diese Seite senkrecht zur Tischfläche und damit auch senkrecht zur gegenüberliegenden Seite. Vergleichen Sie Grund- und Aufriss von Fig. 2 mit dem Schrägbild in Fig. 1. (Wo steckt der Fehler?)

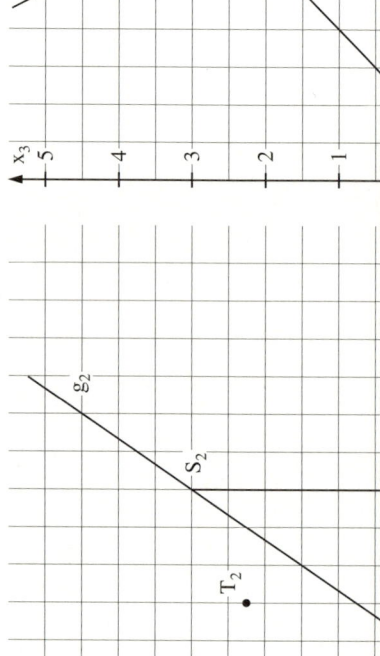

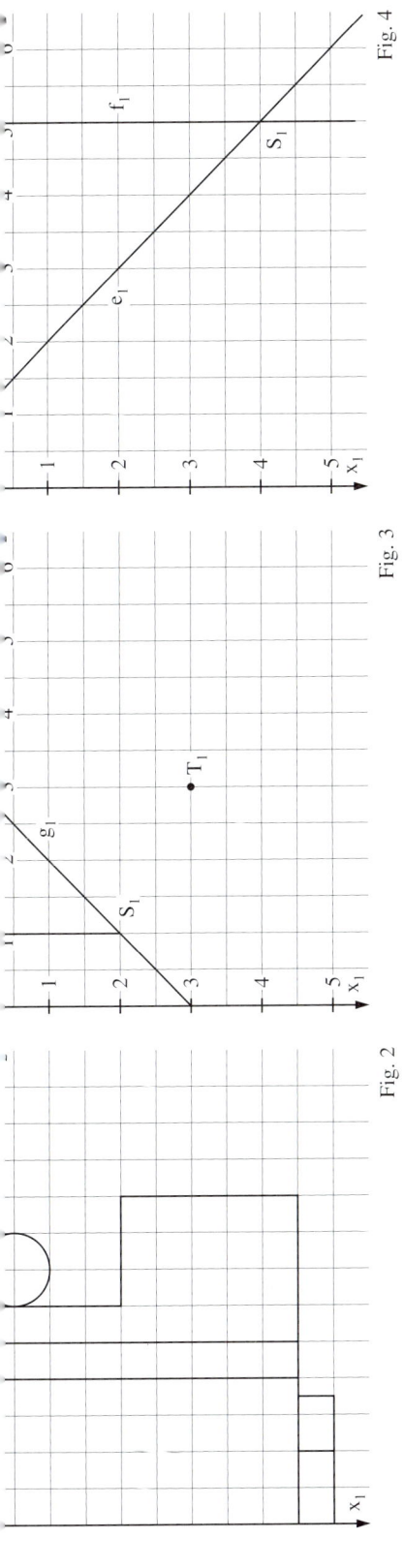

Fig. 2

Fig. 3

Fig. 4

Kennt man Grund- und Aufriss wie in Fig. 2, so kann man sich allein daraus eine Vorstellung des Hauses machen.
Schwieriger ist es, aus **Grundriss und Aufriss einer Geraden** zu erkennen, wie diese liegt.

1 Stellen Sie die gegenüberliegende Seite senkrecht zur Tischfläche.
a) Eine Gerade g hat mit der x_1x_2-Ebene den Schnittpunkt S_1 und mit der x_2x_3-Ebene den Schnittpunkt S_2 (Fig. 3). Zeigen Sie die Lage dieser Geraden g im Raum mithilfe eines Fadens, eines Streichholzes o. ä..
b) Erläutern Sie, warum die Geraden g_1 und g_2 den Grundriss bzw. den Aufriss von g darstellen.
c) Stellen Sie jeweils eine Geradengleichung von g und von g_1 auf. Vergleichen Sie.
d) Geben Sie auch eine Geradengleichung von g_2 an.

2 T_1 und T_2 sind die Durchstoßpunkte einer Geraden h durch die x_1x_2-Ebene bzw. x_2x_3-Ebene.
a) Übertragen Sie Fig. 3 ins Heft und zeichnen Sie auch Grund- und Aufriss der Geraden h ein.
b) g und h haben einen Schnittpunkt. Bestimmen Sie seine Lage.
c) Zeichnen Sie Grund- und Aufriss einer Geraden k ein, die die Gerade g nicht schneidet.

Will man **Ebenen in Grund- und Aufriss** darstellen, so zeichnet man statt ihrer Projektion nur ihre Spurgerade in der x_1x_2-Ebene bzw. x_2x_3-Ebene. (Denn das Bild einer Ebene unter einer Parallelprojektion ist im Allgemeinen wiederum eine Ebene.)

3 a) Eine Ebene E hat die Spurgeraden e_1 und e_2 (Fig. 4). Zeigen Sie die Lage dieser Ebene z. B. mit Ihrer Hand oder einem Zeichendreieck.
b) Begründen Sie, dass sich die Spurgeraden e_1 und e_2 auf der x_2-Achse schneiden müssen.

4 In Fig. 4 sind f_1 und f_2 Spurgeraden einer Ebene F. Die Lage der Schnittgeraden g von E und F soll bestimmt werden (Fig. 5).
a) Erläutern Sie, dass der Schnittpunkt S_1 der Geraden e_1 und f_1 zugleich Durchstoßpunkt der Schnittgeraden g durch die x_1x_2-Ebene ist. Gilt eine entsprechende Aussage auch für S_2?
b) Bestimmen Sie auch die Lage von Grund- und Aufriss der Schnittgeraden g.

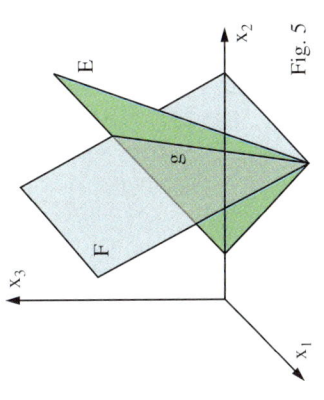

Fig. 5

Katzenaugen

Bei Katzenaugen denkt man oft an reflektierende Teile am Fahrrad, am Auto, an Straßenleitpfosten. Diese Rückstrahler (so heißen die Katzenaugen in der Technik) haben eine Eigenschaft, die auch auf die Augen vieler Tiere (eben auch der Katzen) zutrifft: Sie reflektieren einfallendes Licht in einer Art, dass man meinen könnte, sie leuchten selbst.

Wenn man z. B. ein Fahrradrücklicht von innen genau betrachtet, dann sieht man, dass lauter kleine Würfel scheinbar auf einer Ecke stehend eng zusammengepackt sind. Jeder dieser kleinen optischen Bausteine reflektiert das einfallende Licht, alle zusammen lassen die gesamte Fläche des Rückstrahlers leuchten.

Jedes dieser Teile eines Würfels wirkt wie ein Winkelspiegel. Dieser besteht aus drei Spiegeln, die wie eine Ecke eines Würfels zusammenstehen. (In der Physiksammlung ist evtl. ein solcher Winkelspiegel zu finden.)

Wenn nun ein Lichtstrahl auf den Rückstrahler bzw. auf einen solchen Winkelspiegel fällt, so passiert Folgendes:

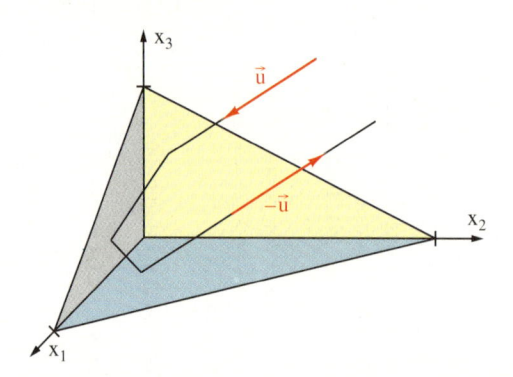

Der Lichtstrahl mit Richtungsvektor $\vec{u} = \begin{pmatrix} u_1 \\ u_2 \\ u_3 \end{pmatrix}$ wird durch die Reflexion an z. B. der x_2x_3-Ebene so reflektiert, dass der Richtungsvektor das Vorzeichen der x_1-Koordinate, also u_1, „wechselt".

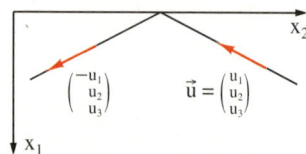

Blick von „oben" auf die x_1x_2-Ebene bei Spiegelung an der x_2x_3-Ebene.

Bei der Reflexion an der x_1x_3-Ebene wechselt entsprechend u_2 das Vorzeichen. Schließlich wechselt bei der dritten Reflexion an der x_1x_2-Ebene u_3 das Vorzeichen. Damit ist der Richtungsvektor des austretenden Lichtstrahls gerade $\begin{pmatrix} -u_1 \\ -u_2 \\ -u_3 \end{pmatrix} = -\vec{u}$.

Erfolgen die Reflexionen in einer anderen Reihenfolge, so ergibt sich dieselbe Richtungsumkehr. Das reflektierte Licht verlässt damit das Katzenauge genau in Richtung zurück zur Lichtquelle, auch dann, wenn das einfallende Licht schräg (aber nicht zu schräg) auf das Katzenauge fällt.

Im Jahr 1969 brachten die Astronauten von Apollo 11 ein aus 100 kleinen Winkelspiegeln bestehendes „Katzenauge" auf den Mond. Ein von der Erde ausgesandtes Laserlicht wurde damit reflektiert und genau zu seinem Ausgangspunkt zurückgesandt.
Aus der Laufzeit des Lichts konnte die Entfernung Erde–Mond sehr genau bestimmt werden.

Mathematische Exkursionen

Vektor-Grafik – das Geheimnis von Computer-Zeichenprogrammen

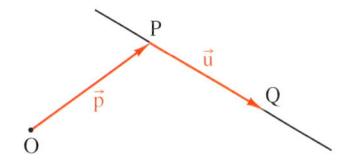

Ein Fernsehbild besteht aus vielen kleinen Punkten. Dies gilt ebenso für das Monitor-Bild oder den Ausdruck eines Computers. Die Anzahl dieser Punkte gibt man als „Auflösung" in dpi („dots per inch") an. Z. B. bedeuten 600 dpi also 600 Punkte pro inch. Ein so gedrucktes Bild von $10\,\mathrm{cm} \times 10\,\mathrm{cm}$ besteht damit aus rund 5 Millionen kleinen Punkten.

Erfasst man mit einem Scanner ein Bild, so wird dieses vom Computer als „Bitmap-Grafik" gespeichert, d. h. Punkt für Punkt. Will man eine solche Bitmap-Grafik ändern, so muss man die einzelnen Punkte ändern.

Im Gegensatz dazu benutzen Computer-Zeichenprogramme die Idee des Vektors, es wird eine „Vektor-Grafik" erstellt. Hier werden nicht die einzelnen Punkte gespeichert, sondern z. B. Strecken durch Vektoren beschrieben. Die für den Monitor oder Drucker benötigten Punkte werden dann vom Computer berechnet.

Die Gerade durch P und Q wird durch die Gleichung $\vec{x} = \vec{p} + t \cdot \vec{u}$ beschrieben. Für Parameterwerte t mit $0 \leqq t \leqq 1$ erhält man genau die Ortsvektoren der Punkte der Strecke PQ. Durch $\vec{x} = \vec{p} + t \cdot \vec{u}$ und $0 \leqq t \leqq 1$ wird die Strecke PQ beschrieben.

Wird bei einer Vektor-Grafik eine Strecke auf diese Weise festgelegt, so benötigt man nur den Punkt P (und damit seinen Ortsvektor $\vec{p}$) und den Vektor $\overrightarrow{PQ}$. Durch P (bzw. $\vec{p}$) und die Vektoren $\vec{u}, \vec{v}, \vec{w}, \ldots$ kann man entsprechend ganze Streckenzüge festlegen.

Wählt man die Länge der Teilstrecken, also den Betrag der Vektoren, genügend klein, so kann man auch Kreise, Kurven u. ä. angenähert erzeugen.

1 Zeichnen Sie die durch P(5|5) und die Vektorkette $\vec{u} = \begin{pmatrix} -2 \\ -4 \end{pmatrix}$, $\vec{v} = \begin{pmatrix} 4 \\ 4 \end{pmatrix}$, $\vec{w} = \begin{pmatrix} -4 \\ 4 \end{pmatrix}$, $\vec{z} = \begin{pmatrix} 2 \\ -4 \end{pmatrix}$ beschriebene Figur.

2 Beschreiben Sie vektoriell
a) den Buchstaben K,
b) das Spiegelbild des Buchstabens K an der x_1-Achse (x_2-Achse),
c) die Quadrate der Figur,
d) die Quadrate dieser Figur in doppelter Größe.

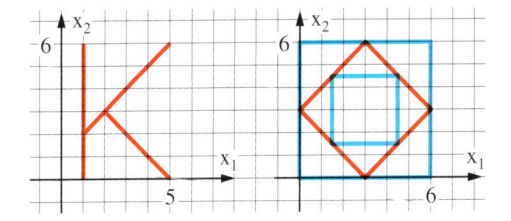

Gegenüber Bitmap-Grafiken haben Vektor-Grafiken viele Vorteile:
– Vektor-Grafiken sind völlig flexibel, sie lassen sich ohne Qualitätsverlust verkleinern oder vergrößern, sogar durch bloßes Ziehen beliebig verformen.
– Vektor-Grafiken setzen sich aus einzelnen Objekten wie Strecken oder Kreisbögen zusammen. Jedes Objekt kann einzeln bewegt, kopiert oder verändert werden (und zwar sowohl in der Form als auch in der Farbe).
– Vektor-Grafiken benötigen wesentlich weniger Speicherplatz als Bitmap-Grafiken und können dadurch auch schneller angezeigt oder gedruckt werden.

Geradengleichung

g: $\vec{x} = \vec{p} + t \cdot \vec{u}$ ($t \in \mathbb{R}$)

$\vec{p}$ ist ein Stützvektor; $\vec{u}$ ($\vec{u} \neq \vec{o}$) ist ein Richtungsvektor.

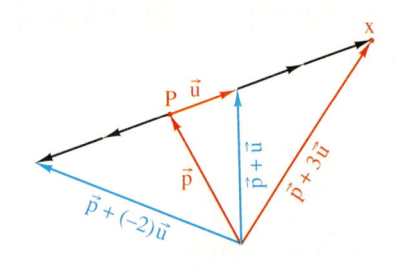

Ebenengleichungen

Parameterform: E: $\vec{x} = \vec{p} + r \cdot \vec{u} + s \cdot \vec{v}$ ($r, s \in \mathbb{R}$)

$\vec{p}$ ist ein Stützvektor, die linear unabhängigen Vektoren $\vec{u}$ und $\vec{v}$ ($\vec{u} \neq \vec{o}$; $\vec{v} \neq \vec{o}$) sind zwei Spannvektoren.

Koordinatengleichung: E: $a x_1 + b x_2 + c x_3 = d$.

Hierbei sind die Koeffizienten a, b und c nicht alle null.

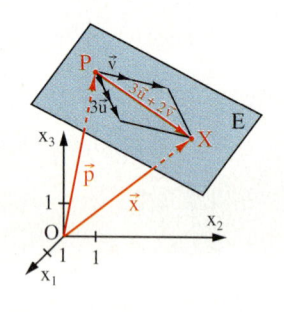

Gegenseitige Lage von Geraden

Für zwei Geraden g: $\vec{x} = \vec{p} + r \cdot \vec{u}$ und h: $\vec{x} = \vec{q} + t \cdot \vec{v}$ gilt

Fall 1: Sind $\vec{u}$ und $\vec{v}$ linear abhängig, dann ist entweder g = h oder g und h sind parallel und haben keine gemeinsamen Punkte. Es ist g = h, wenn der Punkt P mit dem Ortsvektor $\vec{p}$ auch auf h liegt.

Fall 2: Sind $\vec{u}$ und $\vec{v}$ linear unabhängig, dann schneiden sich g und h oder sie sind windschief. g und h schneiden sich, wenn die Gleichung $\vec{p} + r \cdot \vec{u} = \vec{q} + t \cdot \vec{v}$ genau eine Lösung (r_0; t_0) hat.

Gegenseitige Lage einer Geraden und einer Ebene

So kann man ermitteln, ob eine Gerade g: $\vec{x} = \vec{p} + t \cdot \vec{u}$ eine Ebene E: $\vec{x} = \vec{q} + r \cdot \vec{v} + s \cdot \vec{w}$ schneidet, parallel zu ihr ist und keine gemeinsamen Punkte mit ihr hat oder ganz in ihr liegt:

a) Sind $\vec{u}$, $\vec{v}$ und $\vec{w}$ linear abhängig, dann sind g und E zueinander parallel. Liegt zusätzlich der Punkt Q mit dem Ortsvektor $\vec{q}$ auf g, dann liegt die Gerade g ganz in der Ebene E.

b) Sind $\vec{u}$, $\vec{v}$ und $\vec{w}$ linear unabhängig, dann schneidet die Gerade g die Ebene E. Die Koordinaten des Schnittpunktes erhält man mithilfe der Lösung der Gleichung $\vec{p} + t \cdot \vec{u} = \vec{q} + r \cdot \vec{v} + s \cdot \vec{w}$.

Gegenseitige Lage von Ebenen

Für zwei verschiedene Ebenen E: $\vec{x} = \vec{p} + r \cdot \vec{u} + s \cdot \vec{v}$ und E*: $\overline{x^*} = \overline{p^*} + r^* \overline{u^*} + s^* \overline{v^*}$ gilt:

Wenn die Gleichung $\vec{p} + r \cdot \vec{u} + s \cdot \vec{v} = \overline{p^*} + r^* \overline{u^*} + s^* \overline{v^*}$

– unendlich viele Lösungen besitzt, dann schneiden sich E und E* in einer Geraden.

– keine Lösung besitzt, dann sind E und E* zueinander parallel.

Teilverhältnisse

Ist T ein Punkt einer Geraden durch zwei Punkte A und B mit $\overline{AT} = t \cdot \overline{TB}$, dann nennt man die Zahl t Teilverhältnis des Punktes T bezüglich der Strecke AB.

Ist t > 0, dann liegt T innerhalb der Strecke AB.

Ist t < 0, dann liegt T außerhalb der Strecke AB.

Es ist stets t $\neq$ –1.

Für die beiden Geraden g und h mit

g: $\vec{x} = \begin{pmatrix} 7 \\ -2 \\ 2 \end{pmatrix} + r \cdot \begin{pmatrix} 2 \\ 3 \\ 2 \end{pmatrix}$, h: $\vec{x} = \begin{pmatrix} 4 \\ -6 \\ -2 \end{pmatrix} + t \cdot \begin{pmatrix} 1 \\ 1 \\ 2 \end{pmatrix}$

gilt:

Ihre Richtungsvektoren $\begin{pmatrix} 2 \\ 3 \\ 2 \end{pmatrix}$ *und* $\begin{pmatrix} 1 \\ 1 \\ 2 \end{pmatrix}$

sind linear unabhängig.

Das LGS $\begin{cases} 7 + 2r = 4 + t \\ -2 + 3r = -6 + t \\ 2 + 2r = -2 + 2t \end{cases}$ *hat die*

Lösung (–1; 1). *g und h schneiden sich somit in dem Punkt* S (5 | –5 | 0).

Bestimmung der Schnittgeraden der Ebenen E_1: $2x_1 - 2x_2 + x_3 = 9$ *und*

E_2: $\vec{x} = \begin{pmatrix} 4 \\ 5 \\ 0 \end{pmatrix} + s \begin{pmatrix} 1 \\ 3 \\ 5 \end{pmatrix} + r \begin{pmatrix} 1 \\ -1 \\ 1 \end{pmatrix}$

Aus der Gleichung von E_2 *ergibt sich:*

$x_1 = 4 + s + r$, $x_2 = 5 + 3s - r$ *und* $x_3 = 5s + r$.

Setzt man dies in $2x_1 - 2x_2 + x_3 = 9$ *ein, so erhält man*

$2(4 + s + r) - 2(5 + 3s - r) + (5s + r) = 9$ *und somit* $s = -5r + 11$.

Ersetzt man in der Gleichung von E_2 *s durch* $-5r + 11$, *so erhält man die Gleichung der Schnittgeraden*

g: $\vec{x} = \begin{pmatrix} 15 \\ 38 \\ 55 \end{pmatrix} - r \begin{pmatrix} 4 \\ 16 \\ 24 \end{pmatrix}$.

1 Untersuchen Sie die gegenseitige Lage der Geraden g und h.

a) $g: \vec{x} = \begin{pmatrix} 1 \\ 0 \\ 3 \end{pmatrix} + r\begin{pmatrix} 3 \\ 4 \\ 0 \end{pmatrix}$, $h: \vec{x} = \begin{pmatrix} 5 \\ 6 \\ 1 \end{pmatrix} + s\begin{pmatrix} -1 \\ 1 \\ 1 \end{pmatrix}$
b) $g: \vec{x} = \begin{pmatrix} 7 \\ 1 \\ 0 \end{pmatrix} + r\begin{pmatrix} 2 \\ -4 \\ 6 \end{pmatrix}$, $h: \vec{x} = \begin{pmatrix} 8 \\ -1 \\ 3 \end{pmatrix} + s\begin{pmatrix} -1 \\ 2 \\ -3 \end{pmatrix}$

c) $g: \vec{x} = \begin{pmatrix} 1 \\ 3 \\ 4 \end{pmatrix} + r\begin{pmatrix} 2 \\ 0 \\ 5 \end{pmatrix}$, $h: \vec{x} = \begin{pmatrix} 3 \\ 3 \\ 9 \end{pmatrix} + s\begin{pmatrix} 2 \\ 4 \\ 1 \end{pmatrix}$
d) $g: \vec{x} = \begin{pmatrix} 2 \\ 5 \\ 7 \end{pmatrix} + r\begin{pmatrix} 2 \\ 1 \\ -4 \end{pmatrix}$, $h: \vec{x} = \begin{pmatrix} 1 \\ 5 \\ 1 \end{pmatrix} + s\begin{pmatrix} -4 \\ -2 \\ 8 \end{pmatrix}$

2 Untersuchen Sie die gegenseitige Lage der Ebenen E_1 und E_2. Bestimmen Sie gegebenenfalls eine Gleichung der Schnittgeraden.

a) $E_1: \vec{x} = \begin{pmatrix} 4 \\ 1 \\ 1 \end{pmatrix} + r_1\begin{pmatrix} 1 \\ 0 \\ 5 \end{pmatrix} + s_1\begin{pmatrix} -2 \\ 3 \\ 7 \end{pmatrix}$, $E_2: \vec{x} = \begin{pmatrix} -8 \\ 13 \\ 9 \end{pmatrix} + r_2\begin{pmatrix} -8 \\ 1 \\ 5 \end{pmatrix} + s_2\begin{pmatrix} 2 \\ 1 \\ -4 \end{pmatrix}$

b) $E_1: \vec{x} = \begin{pmatrix} 1 \\ 0 \\ 1 \end{pmatrix} + r_1\begin{pmatrix} 1 \\ 2 \\ 3 \end{pmatrix} + s_1\begin{pmatrix} 4 \\ -1 \\ 0 \end{pmatrix}$, $E_2: \vec{x} = \begin{pmatrix} 11 \\ -5 \\ -3 \end{pmatrix} + r_2\begin{pmatrix} 2 \\ 1 \\ 2 \end{pmatrix} - s_2\begin{pmatrix} 10 \\ 11 \\ 18 \end{pmatrix}$

c) $E_1: 4x_1 + 6x_2 - 11x_3 = 0$, $\qquad E_2: x_1 - x_2 - x_3 = 0$

d) $E_1: \vec{x} = \begin{pmatrix} 3 \\ 4 \\ 7 \end{pmatrix} + r\begin{pmatrix} 1 \\ -2 \\ 1 \end{pmatrix} + s\begin{pmatrix} 7 \\ 4 \\ 0 \end{pmatrix}$, $\qquad E_2: x_1 - 3x_2 - 9x_3 = -70$

3 Untersuchen Sie die gegenseitige Lage der Gerade g und der Ebene E. Bestimmen Sie gegebenenfalls den Durchstoßpunkt.

a) $g: \vec{x} = \begin{pmatrix} 4 \\ 0 \\ 8 \end{pmatrix} + r\begin{pmatrix} 1 \\ 3 \\ 0 \end{pmatrix}$, $\qquad E: \vec{x} = \begin{pmatrix} 1 \\ 2 \\ -1 \end{pmatrix} + s\begin{pmatrix} 2 \\ 3 \\ 1 \end{pmatrix} + t\begin{pmatrix} 1 \\ 4 \\ -3 \end{pmatrix}$

b) $g: \vec{x} = \begin{pmatrix} 4 \\ 4 \\ -7 \end{pmatrix} + r\begin{pmatrix} 5 \\ 1 \\ -1 \end{pmatrix}$, $\qquad E: 4x_1 + 3x_2 - 5x_3 = 7$

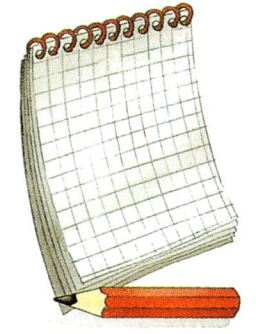

D F C
E
S
A B
Fig. 1

4 Bestimmen Sie eine Koordinatengleichung der Ebene E.

a) $E: \vec{x} = \begin{pmatrix} 7 \\ 6 \\ -2 \end{pmatrix} + r\begin{pmatrix} 1 \\ 0 \\ 2 \end{pmatrix} + s\begin{pmatrix} -1 \\ 1 \\ 4 \end{pmatrix}$
b) $E: \vec{x} = \begin{pmatrix} -1 \\ 2 \\ 5 \end{pmatrix} - r\begin{pmatrix} 7 \\ 8 \\ 1 \end{pmatrix} + s\begin{pmatrix} 1 \\ 8 \\ 7 \end{pmatrix}$
c) $E: \vec{x} = \begin{pmatrix} 4 \\ 4 \\ 5 \end{pmatrix} + r\begin{pmatrix} 3 \\ 2 \\ 3 \end{pmatrix} + s\begin{pmatrix} 9 \\ 8 \\ 0 \end{pmatrix}$

5 Bestimmen Sie eine Parametergleichung der Ebene E.

a) $E: 2x_1 + 5x_2 - 6x_3 = 13$
b) $E: x_1 - 7x_2 + 15x_3 = 9$
c) $E: 4x_1 + 7x_2 - 5x_3 = 16$
d) $E: 2x_1 - 5x_3 = 0$
e) $E: 3x_2 + 5x_3 = 6$
f) $E: x_1 - x_2 = 1$

6 In Fig. 1 teilt der Punkt E die Rechtecksseite BC im Verhältnis 4 : 1. Der Punkt F ist Mittelpunkt der Seite CD. In welchem Verhältnis teilt der Punkt S die Strecke AE (BF)?

7 Gegeben ist der Würfel ABCDEFGH (Fig. 2). Der Punkt T teilt die Raumdiagonale AG im Verhältnis 2 : 3.
Berechnen Sie die Koordinaten des gemeinsamen Punktes der Geraden durch die Punkte D und T und der Ebene durch die Punkte A, E und F.

Die Lösungen zu den Aufgaben dieser Seite finden Sie auf Seite 191.

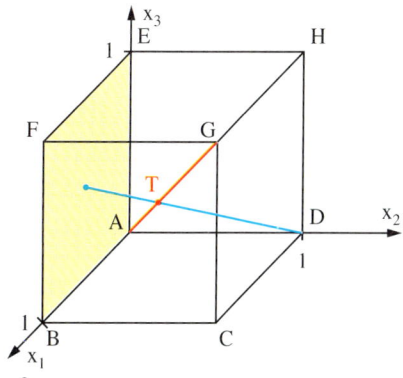
Fig. 2

1 Betrag eines Vektors, Länge einer Strecke

1 a) Durch eine Verschiebung wird der Punkt P(3|1) auf den Punkt Q(7|6) abgebildet. Berechnen Sie die Länge des Verschiebungspfeils.

b) Berechnen Sie zu $\vec{a} = \begin{pmatrix} 12 \\ 5 \end{pmatrix}$ die Länge der zugehörigen Verschiebungspfeile.

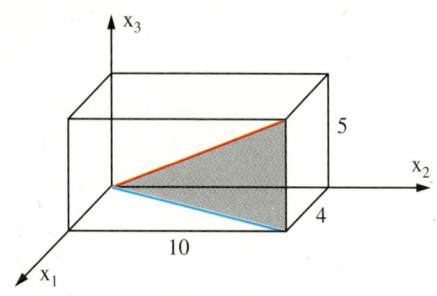

2 Berechnen Sie zu Fig. 1 die Länge der Diagonalen des Quaders.

Fig. 1

Als Einheit für die Längenmessung dient stets die Koordinateneinheit. So gemessene Längen werden ohne Einheiten geschrieben.

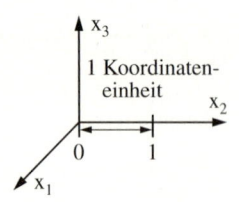

Bisher wurden mithilfe von Vektoren Geraden und Ebenen sowie Teilverhältnisse beschrieben. In diesem Kapitel wird der Zusammenhang von Vektoren mit der Länge einer Strecke und der Größe eines Winkels betrachtet.

Der Länge einer Strecke entspricht der „Betrag" eines Vektors.

> **Definition:** Unter dem **Betrag eines Vektors** $\vec{a}$ versteht man die Länge der zu $\vec{a}$ gehörenden Pfeile. Der Betrag von $\vec{a}$ wird mit $|\vec{a}|$ bezeichnet.

Für den Nullvektor gilt: $|\vec{o}| = 0$.

Dreiecksungleichung:

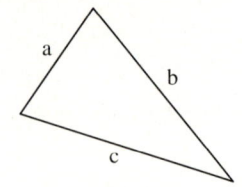

In einem Dreieck ist die Summe zweier Seitenlängen stets größer als die Länge der dritten Seite. Z.B.:
$a + b \geqq c.$

Aufgrund der Dreiecksungleichung gilt für je zwei Vektoren $\vec{a}$, $\vec{b}$ (Fig. 2):
$$|\vec{a} + \vec{b}| \leqq |\vec{a}| + |\vec{b}|.$$

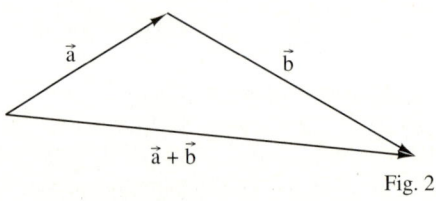

Fig. 2

Fig. 3

Kennt man die Koordinaten des Vektors $\vec{a}$, so kann man seinen Betrag mithilfe des Satzes von Pythagoras berechnen (vgl. Fig. 3).

> **Satz:** Für $\vec{a} = \begin{pmatrix} a_1 \\ a_2 \end{pmatrix}$ gilt: $\qquad |\vec{a}| = \sqrt{a_1^2 + a_2^2}$.
>
> Für $\vec{a} = \begin{pmatrix} a_1 \\ a_2 \\ a_3 \end{pmatrix}$ gilt: $\qquad |\vec{a}| = \sqrt{a_1^2 + a_2^2 + a_3^2}$.

Einen Vektor mit dem Betrag 1 nennt man **Einheitsvektor**.

Ist $\vec{a} \neq \vec{o}$, so bezeichnet man mit $\vec{a_0}$ den Einheitsvektor, der die gleiche Richtung wie $\vec{a}$ hat.

Man nennt $\vec{a_0}$ auch den Einheitsvektor zu $\vec{a}$. Für $\vec{a} \neq \vec{o}$ gilt: $\vec{a_0} = \dfrac{1}{|\vec{a}|} \cdot \vec{a}$.

Beispiel 1: (Betrag eines Vektors, Berechnung des Einheitsvektors)

Bestimmen Sie für $\vec{a} = \begin{pmatrix} 12 \\ -4 \\ 3 \end{pmatrix}$ den Betrag $|\vec{a}|$ und den Einheitsvektor $\vec{a_0}$.

Lösung:

Berechnung des Betrages: $|\vec{a}| = \sqrt{12^2 + (-4)^2 + 3^2} = \sqrt{169} = 13$.

Einheitsvektor zu $\vec{a}$: $\qquad \vec{a_0} = \frac{1}{13}\vec{a} = \frac{1}{13}\begin{pmatrix} 12 \\ -4 \\ 3 \end{pmatrix} = \begin{pmatrix} \frac{12}{13} \\ -\frac{4}{13} \\ \frac{3}{13} \end{pmatrix}$.

Beispiel 2: (Länge einer gegebenen Strecke)

Bestimmen Sie die Länge der Strecke PQ mit $P(-6|-2|3)$ und $Q(9|-2|11)$.

Lösung:

Die Länge der Strecke PQ ist gleich dem Betrag des Vektors $\overrightarrow{PQ}$:

$$\overrightarrow{PQ} = \overrightarrow{OQ} - \overrightarrow{OP} = \begin{pmatrix} 9 \\ -2 \\ 11 \end{pmatrix} - \begin{pmatrix} -6 \\ -2 \\ 3 \end{pmatrix} = \begin{pmatrix} 15 \\ 0 \\ 8 \end{pmatrix}.$$

Daraus ergibt sich: $|\overrightarrow{PQ}| = \sqrt{225 + 0 + 64} = 17$ (Koordinateneinheiten).

Aufgaben

3 Berechnen Sie die Beträge der Vektoren. Bestimmen Sie auch jeweils den zugehörigen Einheitsvektor.

$\vec{a} = \begin{pmatrix} 1 \\ 2 \end{pmatrix}$, $\vec{b} = \begin{pmatrix} 3 \\ -4 \end{pmatrix}$, $\vec{c} = \begin{pmatrix} 0 \\ 3 \end{pmatrix}$, $\vec{d} = \begin{pmatrix} 0 \\ -3 \end{pmatrix}$, $\vec{e} = \begin{pmatrix} -2 \\ -5 \end{pmatrix}$, $\vec{f} = \frac{1}{\sqrt{5}}\begin{pmatrix} 4 \\ 3 \end{pmatrix}$, $\vec{g} = \frac{1}{\sqrt{2}}\begin{pmatrix} -1 \\ 1 \end{pmatrix}$

4 Berechnen Sie die Beträge der Vektoren.

$\vec{a} = \begin{pmatrix} 3 \\ -2 \\ 4 \end{pmatrix}$, $\vec{b} = \begin{pmatrix} 1 \\ 1 \\ 1 \end{pmatrix}$, $\vec{c} = \begin{pmatrix} 1 \\ 2 \\ -2 \end{pmatrix}$, $\vec{d} = \begin{pmatrix} 0 \\ 7 \\ 0 \end{pmatrix}$, $\vec{e} = \begin{pmatrix} \sqrt{11} \\ \sqrt{12} \\ \sqrt{13} \end{pmatrix}$, $\vec{f} = \frac{1}{3}\begin{pmatrix} \sqrt{2} \\ \sqrt{3} \\ 2 \end{pmatrix}$, $\vec{g} = \frac{1}{2}\sqrt{2}\begin{pmatrix} 1 \\ 0 \\ -1 \end{pmatrix}$

5 Bestimmen Sie den Einheitsvektor zu

$\vec{a} = \begin{pmatrix} 1 \\ 0 \\ 2 \end{pmatrix}$, $\vec{b} = \begin{pmatrix} 3 \\ -2 \\ 1 \end{pmatrix}$, $\vec{c} = \begin{pmatrix} 0 \\ -1 \\ 0 \end{pmatrix}$, $\vec{d} = \begin{pmatrix} 0{,}2 \\ 0{,}2 \\ 0{,}1 \end{pmatrix}$, $\vec{e} = \begin{pmatrix} \sqrt{2} \\ \sqrt{3} \\ \sqrt{5} \end{pmatrix}$, $\vec{f} = \frac{1}{4}\begin{pmatrix} 3 \\ 1 \\ 4 \end{pmatrix}$, $\vec{g} = 0{,}1\begin{pmatrix} 4 \\ 3 \\ 0 \end{pmatrix}$.

6 Untersuchen Sie, ob das Dreieck ABC gleichschenklig ist.

a) $A(1|-5)$, $B(0|3)$, $C(-8|2)$ b) $A(-1|7)$, $B(8|-3)$, $C(-5|-6)$

c) $A(1|-2|2)$, $B(3|2|1)$, $C(3|0|3)$ d) $A(7|0|-1)$, $B(5|-3|-1)$, $C(4|0|1)$

7 Berechnen Sie die Längen der drei Seitenhalbierenden des Dreiecks ABC mit

a) $A(4|2|-1)$, $B(10|-8|9)$ und $C(4|0|1)$,

b) $A(1|2|-1)$, $B(-1|10|15)$ und $C(9|6|-5)$.

8 Bestimmen Sie die fehlende Koordinate p_3 so, dass der Punkt $P(5|0|p_3)$ vom Punkt $Q(4|-2|5)$ den Abstand 3 hat.

9 In welchen Fällen gilt für Vektoren $\vec{a}$, $\vec{b}$ die Gleichung $|\vec{a} + \vec{b}| = |\vec{a}| + |\vec{b}|$?

10 Für zwei Vektoren $\vec{u}$ und $\vec{v}$ gilt $\vec{u} = r \cdot \vec{v}$ mit $r \in \mathbb{R}$. Vergleichen Sie $|\vec{u}|$ mit $|\vec{v}|$.

2 Skalarprodukt von Vektoren, Größe von Winkeln

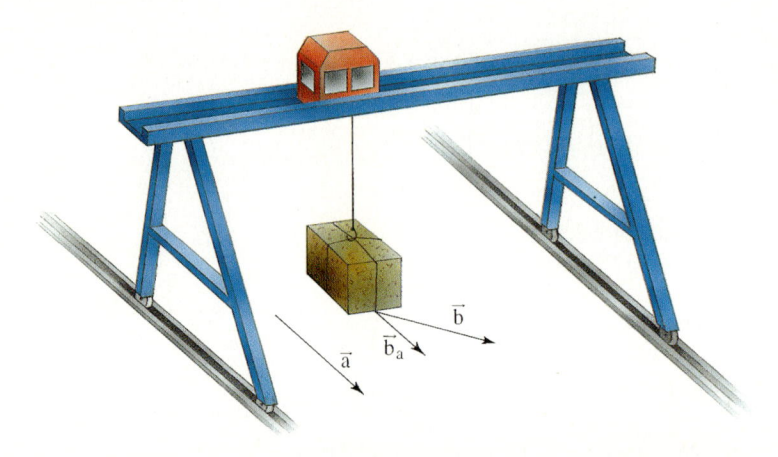

1 Mit dem Brückenkran soll eine Last entsprechend dem Vektor $\vec{b}$ verschoben werden. Dazu muss man die Kranbrücke um einen Vektor $\vec{b_a}$ in Richtung des Vektors $\vec{a}$ verschieben. Gleichzeitig wird die Laufkatze, an der die Last hängt, senkrecht dazu bewegt.
a) Die Last soll um 5 m verschoben werden in einem Winkel von $\varphi = 30°$ zur Richtung von $\vec{a}$. Berechnen Sie die Länge des Vektors $\vec{b_a}$, um den die Kranbrücke verschoben wird.
b) Wie hängt $|\vec{b_a}|$ von φ und $\vec{b}$ ab?

Unter dem **Winkel φ zwischen den Vektoren $\vec{a}$ und $\vec{b}$** versteht man den kleineren der Winkel zwischen einem Pfeil von $\vec{a}$ und einem Pfeil von $\vec{b}$ mit gleichem Anfangspunkt (Fig. 1).

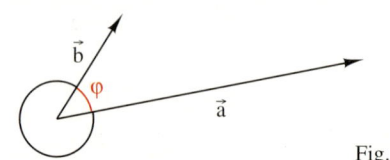

Fig. 1

In Fig. 2 ist $\vec{b_a}$ die **Projektion** von $\vec{b}$ auf $\vec{a}$ und $\vec{a_b}$ die Projektion von $\vec{a}$ auf $\vec{b}$.
Für diese Projektionen gilt im Fall $0 < \varphi < 90°$:
$|\vec{b_a}| = |\vec{b}| \cdot \cos \varphi$ und $|\vec{a_b}| = |\vec{a}| \cdot \cos \varphi$,
woraus sich ergibt:
$|\vec{a}| \cdot |\vec{b_a}| = |\vec{a}| \cdot |\vec{b}| \cdot \cos \varphi = |\vec{a_b}| \cdot |\vec{b}|$.
Diese Gleichung beschreibt ein Produkt, das von den Vektoren $\vec{a}$ und $\vec{b}$ sowie von ihrem Zwischenwinkel φ abhängt.

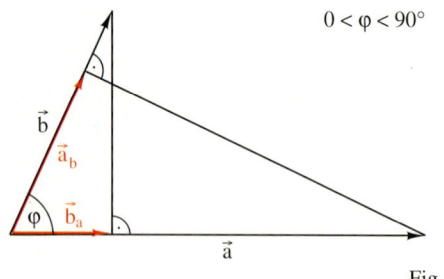

$0 < \varphi < 90°$

Fig. 2

Für die in diesem Kapitel auftretenden Fragestellungen wird sich das Produkt $|\vec{a}| \cdot |\vec{b}| \cdot \cos \varphi$ als nützlich erweisen.

*Die Bezeichnung **Skalarprodukt** erinnert daran, dass dieses Produkt der Vektoren kein Vektor, sondern ein „Skalar" (d. h. eine „Maßzahl"), also hier eine reelle Zahl, ist.*

> **Definition:** Ist φ der Winkel zwischen den Vektoren $\vec{a}$ und $\vec{b}$, so heißt $\vec{a} \cdot \vec{b} = |\vec{a}| \cdot |\vec{b}| \cdot \cos \varphi$ das **Skalarprodukt** von $\vec{a}$ und $\vec{b}$.

Für $0° \leq \varphi < 90°$ ist das Skalarprodukt positiv, da die Beträge von Vektoren und $\cos \varphi$ positiv sind.
Für $90° < \varphi \leq 180°$ ist das Skalarprodukt negativ, da in diesem Bereich $\cos \varphi$ negativ ist.

Sonderfälle:
$\varphi = 0°$,   die Vektoren $\vec{a}$ und $\vec{b}$ haben gleiche Richtungen: $\vec{a} \cdot \vec{b} = |\vec{a}| \cdot |\vec{b}|$;
       speziell gilt: $\vec{a} \cdot \vec{a} = |\vec{a}|^2$ und damit: $|\vec{a}| = \sqrt{\vec{a} \cdot \vec{a}}$.
$\varphi = 180°$, die Vektoren $\vec{a}$ und $\vec{b}$ haben entgegengesetzte Richtungen: $\vec{a} \cdot \vec{b} = -|\vec{a}| \cdot |\vec{b}|$.

orthos (griech.): richtig, recht
(vgl. auch Orthographie)
gonia (griech.): Ecke
Orthogonal bedeutet wörtlich „rechteckig", wird aber in der Mathematik als Synonym für senkrecht verwendet.

Zwei Vektoren $\vec{a}, \vec{b}$ ($\neq \vec{o}$) heißen zueinander **orthogonal** (senkrecht), wenn ihre zugehörigen Pfeile mit gleichem Anfangspunkt ebenfalls zueinander orthogonal (d. h. senkrecht) sind. In Zeichen: $\vec{a} \perp \vec{b}$.

Für zueinander orthogonale Vektoren gilt:

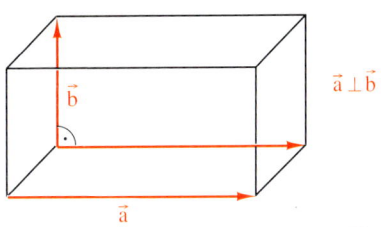

Fig. 1

cos 90° = 0!

> **Satz:** Für $\vec{a}, \vec{b}$ mit $\vec{a} \neq \vec{o}$, $\vec{b} \neq \vec{o}$ gilt: $\vec{a} \perp \vec{b}$ genau dann, wenn $\vec{a} \cdot \vec{b} = 0$.

Sind die Vektoren $\vec{a}$ und $\vec{b}$ durch ihre **Koordinaten** gegeben, so kann man das Skalarprodukt auch durch die Koordinaten von $\vec{a}$ und $\vec{b}$ ausdrücken.

Die Seitenlängen des Dreiecks OAB in Fig. 2 betragen $|\vec{a}|$, $|\vec{b}|$ und $|\vec{a} - \vec{b}|$. Damit kann man den Kosinussatz in der Form schreiben:
$|\vec{a} - \vec{b}|^2 = |\vec{a}|^2 + |\vec{b}|^2 - 2 \cdot |\vec{a}| \cdot |\vec{b}| \cos \varphi$.
Mit der Definition des Skalarproduktes folgt daraus für $\vec{a} = \begin{pmatrix} a_1 \\ a_2 \\ a_3 \end{pmatrix}$ und $\vec{b} = \begin{pmatrix} b_1 \\ b_2 \\ b_3 \end{pmatrix}$:

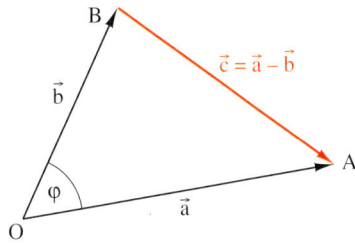

Fig. 2

Bei Vektoren in der Ebene entfallen natürlich a_3 und b_3.

$$\vec{a} \cdot \vec{b} = |\vec{a}| \cdot |\vec{b}| \cdot \cos \varphi = \tfrac{1}{2}(|\vec{a}|^2 + |\vec{b}|^2 - |\vec{a} - \vec{b}|^2) \qquad \text{(Kosinussatz)}$$
$$= \tfrac{1}{2}\{[a_1^2 + a_2^2 + a_3^2] + [b_1^2 + b_2^2 + b_3^2] - [(a_1 - b_1)^2 + (a_2 - b_2)^2 + (a_3 - b_3)^2]\}$$
$$= \tfrac{1}{2}(2 a_1 b_1 + 2 a_2 b_2 + 2 a_3 b_3)$$
$$= a_1 b_1 + a_2 b_2 + a_3 b_3.$$

Die Koordinatenform des Skalarproduktes wurde aus der „geometrischen Form", der Definition des Skalarproduktes, abgeleitet. Umgekehrt kann man die geometrische Form auch aus der Koordinatenform ableiten.

> **Koordinatenform des Skalarproduktes:**
> $$\vec{a} \cdot \vec{b} = \begin{pmatrix} a_1 \\ a_2 \end{pmatrix} \cdot \begin{pmatrix} b_1 \\ b_2 \end{pmatrix} = a_1 b_1 + a_2 b_2; \quad \text{bzw.} \quad \vec{a} \cdot \vec{b} = \begin{pmatrix} a_1 \\ a_2 \\ a_3 \end{pmatrix} \cdot \begin{pmatrix} b_1 \\ b_2 \\ b_3 \end{pmatrix} = a_1 b_1 + a_2 b_2 + a_3 b_3.$$

Die Koordinatenform des Skalarproduktes ermöglicht nun, die Größe des Winkels φ zwischen zwei Vektoren aus ihren Koordinaten zu berechnen.
Sind von $\vec{a}$ und $\vec{b}$ die Koordinaten gegeben, so folgt aus $\vec{a} \cdot \vec{b} = |\vec{a}| \cdot |\vec{b}| \cos \varphi$ und der Koordinatenform des Skalarproduktes die
Formel zur Berechnung des Winkels zwischen Vektoren $\vec{a}$ und $\vec{b}$:

$$\cos \varphi = \frac{a_1 b_1 + a_2 b_2}{\sqrt{a_1^2 + a_2^2} \cdot \sqrt{b_1^2 + b_2^2}} \quad \text{bzw.} \quad \cos \varphi = \frac{a_1 b_1 + a_2 b_2 + a_3 b_3}{\sqrt{a_1^2 + a_2^2 + a_3^2} \cdot \sqrt{b_1^2 + b_2^2 + b_3^2}}$$

Beispiel 1: (Bestimmung des Skalarproduktes mithilfe von Projektionen)
Bestimmen Sie $\vec{c} \cdot \vec{b}$ zu Fig. 3. Interpretieren Sie das Ergebnis als einen Flächeninhalt.
Lösung:
$\vec{c} \cdot \vec{b} = |\vec{c}| \cdot |\vec{b_c}|$. Dies ist der vom Kathetensatz her bekannte Flächeninhalt des Rechtecks aus Hypotenuse und Hypotenusenabschnitt.

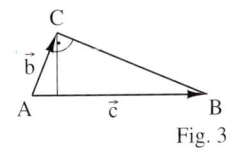

Fig. 3

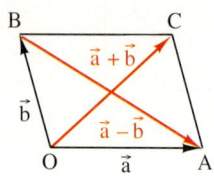

Fig. 1

Beispiel 2: (Nachweis der Orthogonalität von Vektoren)
Das Parallelogramm OACB in Fig. 1 wird von den Vektoren $\vec{a}$ und $\vec{b}$ „aufgespannt".
Es ist bekannt, dass $(\vec{a} + \vec{b}) \cdot (\vec{a} - \vec{b}) = 0$ ist. Welche Eigenschaft des Vierecks wird dadurch beschrieben?
Lösung:
In Fig. 1 sind OC und BA die Diagonalen des Vierecks. Es gilt $\overrightarrow{OC} = \vec{a} + \vec{b}$ und $\overrightarrow{BA} = \vec{a} - \vec{b}$.
Wegen $(\vec{a} + \vec{b}) \cdot (\vec{a} - \vec{b}) = 0$ sind $\overrightarrow{OC}$ und $\overrightarrow{BA}$ und damit die Diagonalen des Vierecks OACB zueinander orthogonal (senkrecht).

Beispiel 3: (Berechnung des Skalarproduktes aus den Koordinaten der Vektoren)
Berechnen Sie $\vec{a} \cdot \vec{b}$. In welchem Bereich liegt der Winkel φ zwischen $\vec{a}$ und $\vec{b}$?

a) $a = \begin{pmatrix} 3 \\ 2 \end{pmatrix}$ und $b = \begin{pmatrix} -1 \\ 4 \end{pmatrix}$

b) $a = \begin{pmatrix} 2 \\ -1 \\ 5 \end{pmatrix}$ und $b = \begin{pmatrix} 4 \\ 2 \\ -3 \end{pmatrix}$

Lösung:

a) $\vec{a} \cdot \vec{b} = 3 \cdot (-1) + 2 \cdot 4 = 5$
Da $5 > 0$, gilt $0 < \varphi < 90°$.

b) $\vec{a} \cdot \vec{b} = 2 \cdot 4 + (-1) \cdot 2 + 5 \cdot (-3) = -9$
Da $-9 < 0$, gilt $90° < \varphi < 180°$.

Beispiel 4: (Winkelberechnung)
Berechnen Sie für die Pyramide OABS in Fig. 2 die Größe des Winkels φ.
Lösung:
Der Winkel φ wird eingeschlossen von den Kanten SA und SB.

Aus $\overrightarrow{SA} = \begin{pmatrix} 2 \\ 2 \\ -6 \end{pmatrix}$ und $\overrightarrow{SB} = \begin{pmatrix} -2 \\ 3 \\ -6 \end{pmatrix}$ folgt

$$\cos \varphi = \frac{2 \cdot (-2) + 2 \cdot 3 + (-6) \cdot (-6)}{\sqrt{4 + 4 + 36} \cdot \sqrt{4 + 9 + 36}} \approx 0{,}8184$$

und somit $\varphi \approx 35{,}1°$.

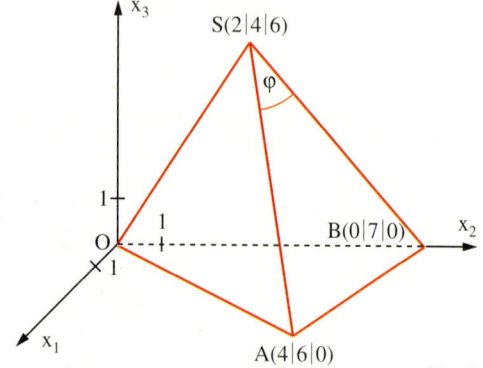

Fig. 2

Beispiel 5: (Bestimmung zueinander orthogonaler Vektoren)

Bestimmen Sie alle Vektoren, die zu $\vec{a} = \begin{pmatrix} 3 \\ 2 \\ 4 \end{pmatrix}$ und auch zu $\vec{b} = \begin{pmatrix} 6 \\ 5 \\ 4 \end{pmatrix}$ orthogonal sind.

Lösung:

Ist $\vec{x} = \begin{pmatrix} x_1 \\ x_2 \\ x_3 \end{pmatrix}$ ein zu $\vec{a}$ und zu $\vec{b}$ orthogonaler Vektor, so muss gelten:

$$\vec{a} \cdot \vec{x} = 3 x_1 + 2 x_2 + 4 x_3 = 0$$

und $\quad \vec{b} \cdot \vec{x} = 6 x_1 + 5 x_2 + 4 x_3 = 0.$

Umwandlung dieses LGS in Stufenform:

$$3 x_1 + 2 x_2 + 4 x_3 = 0$$
$$x_2 - 4 x_3 = 0$$

Wählt man $x_3 = t$ als Parameter, so hat dieses LGS die Lösungsmenge

Damit sind alle Vektoren mit der gleichen bzw. entgegengesetzten Richtung wie $\begin{pmatrix} -4 \\ 4 \\ 1 \end{pmatrix}$ zu $\vec{a}$ und zu $\vec{b}$ orthogonal.

$L = \{(-4t; 4t; t) \mid t \in \mathbb{R}\}.$
Für die gesuchten Vektoren gilt damit

$$\vec{x} = \begin{pmatrix} -4t \\ 4t \\ t \end{pmatrix} = t \cdot \begin{pmatrix} -4 \\ 4 \\ 1 \end{pmatrix} \quad (t \in \mathbb{R}).$$

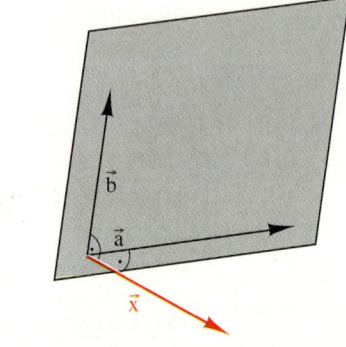

Fig. 3

100

Aufgaben

2 Berechnen Sie das Skalarprodukt $\vec{a} \cdot \vec{b}$ für
a) $|\vec{a}| = 3{,}5$; $|\vec{b}| = 4$; $\varphi = 55°$,
b) $|\vec{a}| = 8$; $|\vec{b}| = 4{,}2$; $\varphi = 145°$,
c) $|\vec{a}| = 4{,}5$; $|\vec{b}| = 2 \cdot \sqrt{2}$; $\varphi = 45°$,
d) $|\vec{a}| = 5{,}5$; $|\vec{b}| = 6$; $\varphi = 120°$.

3 Berechnen Sie für das regelmäßige Sechseck PQRSTU in Fig. 1:
a) $\vec{a} \cdot \vec{b}$, $\vec{a} \cdot \vec{g}$, $\vec{b} \cdot \vec{g}$, $\vec{f} \cdot \vec{g}$,
b) $\vec{c} \cdot \vec{d}$, $\vec{a} \cdot \vec{f}$, $\vec{e} \cdot \vec{a}$, $\vec{c} \cdot \vec{f}$.

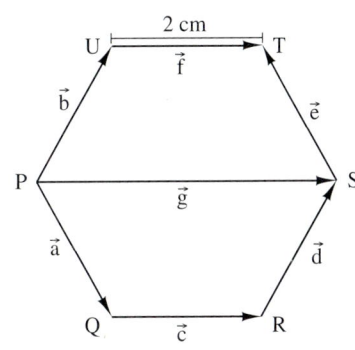

Fig. 1

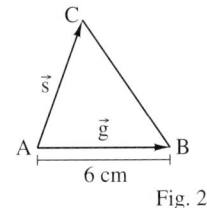 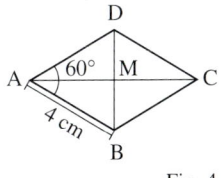 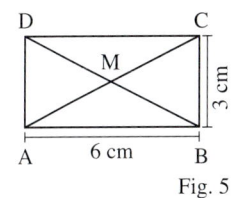

Fig. 2   Fig. 3   Fig. 4   Fig. 5

Denken Sie an geeignete Projektionen.

4 a) Bestimmen Sie $\vec{g} \cdot \vec{s}$ für das gleichschenklige Dreieck ABC in Fig. 2.
b) Bestimmen Sie $\vec{a} \cdot \vec{b}$, $\vec{a} \cdot \vec{c}$ und $\vec{b} \cdot \vec{c}$ für das rechtwinklige Dreieck PQR in Fig. 3.

5 Bestimmen Sie $\overrightarrow{AB} \cdot \overrightarrow{AD}$, $\overrightarrow{AB} \cdot \overrightarrow{AM}$, $\overrightarrow{AB} \cdot \overrightarrow{BC}$, $\overrightarrow{AB} \cdot \overrightarrow{CD}$, $\overrightarrow{AC} \cdot \overrightarrow{BC}$, $\overrightarrow{AM} \cdot \overrightarrow{BC}$ für
a) die Raute in Fig. 4,   b) das Rechteck in Fig. 5.

6 Berechnen Sie für die Vektoren $\vec{a} = \begin{pmatrix} 1 \\ 2 \\ -1 \end{pmatrix}$, $\vec{b} = \begin{pmatrix} -2 \\ 1 \\ 3 \end{pmatrix}$, $\vec{c} = \begin{pmatrix} 2 \\ 1 \\ 1 \end{pmatrix}$:

a) $\vec{a} \cdot \vec{b}$,   b) $\vec{a} \cdot \vec{c}$,   c) $\vec{b} \cdot \vec{c}$,   d) $\vec{a} \cdot (\vec{b} + \vec{c})$,
e) $\vec{b} \cdot (\vec{a} + \vec{c})$,   f) $\vec{c} \cdot (\vec{a} + \vec{b})$,   g) $\vec{a} \cdot (\vec{b} - \vec{c})$,   h) $(\vec{a} + \vec{b}) \cdot (\vec{b} - \vec{c})$.

Winkelberechnungen

7 Berechnen Sie die Größe des Winkels zwischen den Vektoren $\vec{a}$ und $\vec{b}$.

a) $\vec{a} = \begin{pmatrix} 2 \\ -3 \end{pmatrix}$, $\vec{b} = \begin{pmatrix} 5 \\ 7 \end{pmatrix}$ b) $\vec{a} = \begin{pmatrix} 2 \\ -4 \end{pmatrix}$, $\vec{b} = \begin{pmatrix} 2 \\ 1 \end{pmatrix}$ c) $\vec{a} = \begin{pmatrix} 4 \\ 9 \end{pmatrix}$, $\vec{b} = \begin{pmatrix} -3 \\ 5 \end{pmatrix}$

d) $\vec{a} = \begin{pmatrix} 1 \\ 3 \\ 1 \end{pmatrix}$, $\vec{b} = \begin{pmatrix} 5 \\ 0 \\ 3 \end{pmatrix}$ e) $\vec{a} = \begin{pmatrix} 1 \\ 3 \\ 5 \end{pmatrix}$, $\vec{b} = \begin{pmatrix} 5 \\ 3 \\ 1 \end{pmatrix}$ f) $\vec{a} = \begin{pmatrix} -11 \\ 4 \\ 1 \end{pmatrix}$, $\vec{b} = \begin{pmatrix} 1 \\ 2 \\ 3 \end{pmatrix}$

8 Berechnen Sie die Längen der Seiten und die Größen der Winkel im Dreieck ABC.
a) $A(2|1)$; $B(5|-1)$; $C(4|3)$
b) $A(8|1)$; $B(17|-5)$; $C(10|9)$

9 Berechnen Sie zu Fig. 6 die Längen der Seiten und die Größen der Winkel
a) des Dreiecks ABC,
b) des Dreiecks EDF.

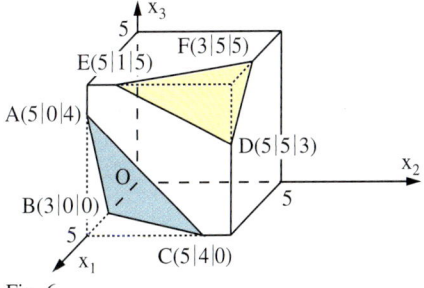

Fig. 6

101

10 Die Ebene E schneidet die 1., 2. und 3. Achse in A, B bzw. C (Fig. 1). Berechnen Sie die Längen der Seiten und die Größen der Winkel des Dreiecks ABC für

a) E: $3x_1 + 5x_2 + 4x_3 = 30$,

b) E: $\vec{x} = \begin{pmatrix} 12 \\ 15 \\ 14 \end{pmatrix} + r \begin{pmatrix} 4 \\ -3 \\ 0 \end{pmatrix} + s \begin{pmatrix} -4 \\ 0 \\ 7 \end{pmatrix}$.

11 Ein Viereck hat die Eckpunkte $O(0|0|0)$, $P(2|3|5)$, $Q(5|5|6)$, $R(1|4|9)$. Berechnen Sie die Längen der Seiten und die Größen der Innenwinkel des Vierecks.

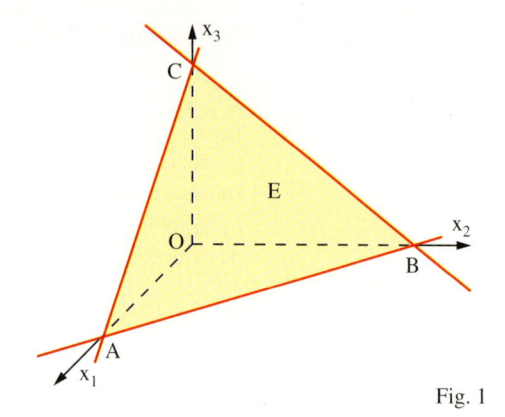

Fig. 1

12 a) Zeichnen Sie die Punkte $A(2|-2|-2)$, $B(-2|5,5|-2)$, $C(-6|2|4)$ und $D(1|-2|1)$ in ein Koordinatensystem. Verbinden Sie der Reihe nach die Punkte A, B, C, D, A.

b) Berechnen Sie die Größen der Winkel $\sphericalangle BAD$, $\sphericalangle CBA$, $\sphericalangle DCB$, $\sphericalangle CDA$ und davon die Winkelsumme. Was fällt Ihnen auf? Geben Sie dazu eine Erklärung an.

13 a) Bestimmen Sie anhand von Fig. 2 die Größe des Winkels α zwischen der Flächendiagonalen CB und der Raumdiagonalen CA.

b) Wie groß ist der Winkel β zwischen den Raumdiagonalen CA und OB?

Eine Skizze ist hier

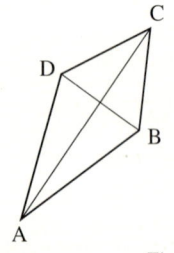

hilfreich!

14 Ein Quader hat als Grundfläche ein Rechteck ABCD mit den Seitenlängen 8 cm und 5 cm. Die Höhe des Quaders beträgt 3 cm. Sei M der Schnittpunkt der Raumdiagonalen. Berechnen Sie $\sphericalangle AMB$ und $\sphericalangle BMC$.

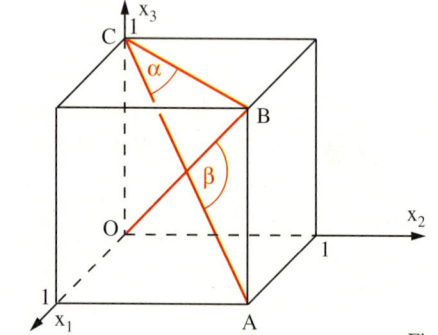

Fig. 2

15 Fig. 3 zeigt die Anordnung der Balken eines Daches. Zur Längsaussteifung werden schräg liegende Bretter angebracht, die rot angezeichneten Windrispen.

a) Wählen Sie ein geeignetes Koordinatensystem und beschreiben Sie jeweils die Lage eines Sparren und einer Windrispe durch einen passenden Vektor.

b) Berechnen Sie die Länge der Windrispe und die Größe des Winkels zwischen Windrispe und Sparren.

Maße in m

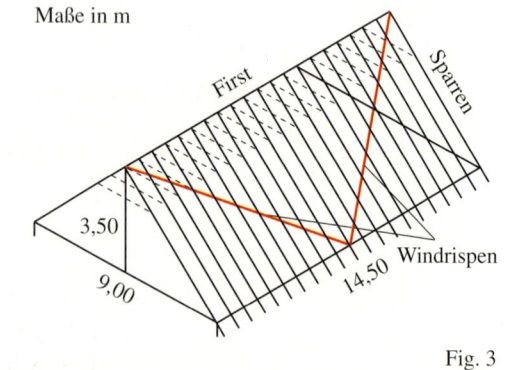

Fig. 3

Skalarprodukt und Orthogonalität

16 Beschreiben Sie mithilfe eines geeigneten Skalarproduktes, dass

a) das Dreieck ABC bei C rechtwinklig ist,

b) das Dreieck ABC bei A rechtwinklig ist,

c) das Viereck ABCD ein Rechteck ist,

d) das Viereck ABCD ein Quadrat ist.

17 Drücken Sie die Diagonalen des Vierecks ABCD mit $A(-2|-2)$, $B(0|3)$, $C(3|3)$ und $D(3|0)$ durch Vektoren aus. Sind sie zueinander orthogonal?

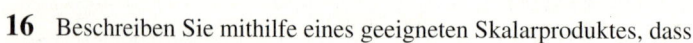

Fig. 4

18 Zeichnen Sie eine Figur, sodass gilt:
a) $\overrightarrow{PQ} \cdot \overrightarrow{QR} = 0$, b) $\overrightarrow{PQ} \cdot \overrightarrow{PR} = 0$, c) $(\overrightarrow{AC} - \overrightarrow{AB}) \cdot \overrightarrow{AB} = 0$, d) $(\overrightarrow{AC} - \overrightarrow{AB}) \cdot (\overrightarrow{AC} - \overrightarrow{AD}) = 0$.

19 Prüfen Sie, ob $\vec{a}$ und $\vec{b}$ zueinander orthogonal sind.
a) $\vec{a} = \begin{pmatrix} -1 \\ 2 \end{pmatrix}$, $\vec{b} = \begin{pmatrix} 6 \\ 3 \end{pmatrix}$
b) $\vec{a} = \begin{pmatrix} 2 \\ -1 \\ 1 \end{pmatrix}$, $\vec{b} = \begin{pmatrix} 1 \\ -2 \\ -3 \end{pmatrix}$
c) $\vec{a} = \begin{pmatrix} 1 \\ 2 \\ -1 \end{pmatrix}$, $\vec{b} = \begin{pmatrix} 2 \\ 0 \\ 2 \end{pmatrix}$

20 Prüfen Sie, welche der Vektoren zueinander orthogonal sind.
$\vec{a} = \begin{pmatrix} 1 \\ 1 \\ \sqrt{2} \end{pmatrix}$, $\vec{b} = \begin{pmatrix} 1 \\ 1 \\ \sqrt{3} \end{pmatrix}$, $\vec{c} = \begin{pmatrix} 1 \\ 1 \\ -\sqrt{2} \end{pmatrix}$, $\vec{d} = \begin{pmatrix} \sqrt{2} \\ -\sqrt{2} \\ 0 \end{pmatrix}$, $\vec{e} = \begin{pmatrix} -1 \\ -2 \\ \sqrt{3} \end{pmatrix}$

Alles orthogonal?

21 Bestimmen Sie die fehlende Koordinate so, dass $\vec{a} \perp \vec{b}$.
a) $\vec{a} = \begin{pmatrix} 2 \\ 3 \end{pmatrix}$, $\vec{b} = \begin{pmatrix} b_1 \\ -4 \end{pmatrix}$
b) $\vec{a} = \begin{pmatrix} 1 \\ a_2 \\ 3 \end{pmatrix}$, $\vec{b} = \begin{pmatrix} 2 \\ -1 \\ 1 \end{pmatrix}$
c) $\vec{a} = \begin{pmatrix} -1 \\ 4 \\ 2 \end{pmatrix}$, $\vec{b} = \begin{pmatrix} 3 \\ 0 \\ b_3 \end{pmatrix}$

22 Bestimmen Sie alle Vektoren, die zu $\vec{a}$ und zu $\vec{b}$ orthogonal sind.
a) $\vec{a} = \begin{pmatrix} 1 \\ 2 \\ 3 \end{pmatrix}$, $\vec{b} = \begin{pmatrix} 2 \\ 0 \\ 3 \end{pmatrix}$
b) $\vec{a} = \begin{pmatrix} 2 \\ 3 \\ -1 \end{pmatrix}$, $\vec{b} = \begin{pmatrix} 5 \\ -1 \\ -2 \end{pmatrix}$
c) $\vec{a} = \begin{pmatrix} 1 \\ 2 \\ 5 \end{pmatrix}$, $\vec{b} = \begin{pmatrix} 4 \\ -1 \\ 5 \end{pmatrix}$

23 Bestimmen Sie zwei linear unabhängige Vektoren, die zu $\vec{a}$ orthogonal sind.
a) $\vec{a} = \begin{pmatrix} 2 \\ -1 \\ 0 \end{pmatrix}$
b) $\vec{a} = \begin{pmatrix} 3 \\ 0 \\ 5 \end{pmatrix}$
c) $\vec{a} = \begin{pmatrix} 1 \\ 1 \\ 1 \end{pmatrix}$

d) $\vec{a} = \begin{pmatrix} 2 \\ 0 \\ 5 \end{pmatrix}$
e) $\vec{a} = \begin{pmatrix} 2 \\ 1 \\ -1 \end{pmatrix}$
f) $\vec{a} = \begin{pmatrix} 2 \\ 3 \\ 4 \end{pmatrix}$

24 Bestimmen Sie Gleichungen zweier verschiedener Geraden h_1 und h_2 so, dass die Geraden h_1 und h_2 orthogonal zur Geraden g sind und durch den Punkt $P(2|0|1)$ gehen.
a) g: $\vec{x} = \begin{pmatrix} 3 \\ -1 \\ 7 \end{pmatrix} + t \begin{pmatrix} 2 \\ -2 \\ 1 \end{pmatrix}$
b) g: $\vec{x} = \begin{pmatrix} -5 \\ 8 \\ 1 \end{pmatrix} + t \begin{pmatrix} 7 \\ 2 \\ -5 \end{pmatrix}$

25 Gegeben ist ein Dreieck ABC mit $A(-4|8)$, $B(5|-4)$ und $C(7|10)$.
a) Bestimmen Sie eine Gleichung der Mittelsenkrechten von AB und eine Gleichung der Mittelsenkrechten von BC.
b) Bestimmen Sie den Umkreismittelpunkt des Dreiecks ABC.

26 Auf einer ebenen Wiese ist ein rechtwinkliges Dreieck ABC mit dem rechten Winkel bei B abgesteckt. In der Ecke A wird ein Pfahl lotrecht eingeschlagen. Von der Spitze S des Pfahls werden dann Seile zu B und C gespannt (Fig. 1).
Zeigen Sie, dass man zwischen die Seile eine Zeltplane in Form eines rechtwinkligen Dreiecks so spannen kann, dass eine Kante der Plane den Boden berührt. (Sie brauchen hierzu kein Koordinatensystem!)

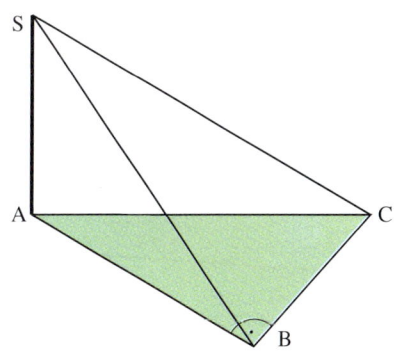

Fig. 1

103

3 Eigenschaften der Skalarmultiplikation

1 a) In Fig. 1 ist $\vec{a} \cdot \vec{c} = |\vec{a_c}| \cdot |\vec{c}|$.
Drücken Sie entsprechend $\vec{b} \cdot \vec{c}$ aus.
Vergleichen Sie $\vec{a} \cdot \vec{c} + \vec{b} \cdot \vec{c}$ mit
$(\vec{a} + \vec{b}) \cdot \vec{c}$.
b) Welchen Einfluss hat die Multiplikation
eines Vektors $\vec{p}$ mit einer positiven reellen
Zahl r auf ein Skalarprodukt $\vec{p} \cdot \vec{q}$?

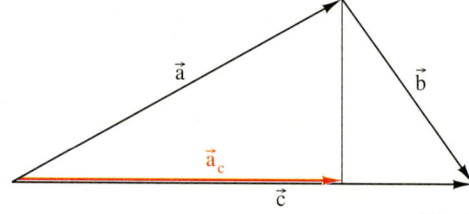

Fig. 1

Für die Multiplikation reeller Zahlen gelten eine Reihe von Gesetzen, u. a. das Kommutativgesetz, das Assoziativgesetz und bezüglich der Addition das Distributivgesetz.
Für die Skalarmultiplikation gelten jedoch nicht alle diese Gesetze. So ist im Allgemeinen
$$(\vec{a} \cdot \vec{b}) \cdot \vec{c} \neq \vec{a} \cdot (\vec{b} \cdot \vec{c}),$$
denn $(\vec{a} \cdot \vec{b}) \cdot \vec{c} = r \cdot \vec{c}$ und $\vec{a} \cdot (\vec{b} \cdot \vec{c}) = \vec{a} \cdot s = s \cdot \vec{a}$ für geeignete r, s aus $\mathbb{R}$.
Es gilt jedoch:

Satz: Für die Skalarmultiplikation von Vektoren $\vec{a}, \vec{b}, \vec{c}$ gilt:

(1) $\qquad \vec{a} \cdot \vec{b} = \vec{b} \cdot \vec{a}$ $\qquad\qquad\qquad$ (Kommutativgesetz)

(2) $\qquad r\vec{a} \cdot \vec{b} = r(\vec{a} \cdot \vec{b})$, für jede reelle Zahl r

(3) $(\vec{a} + \vec{b}) \cdot \vec{c} = \vec{a} \cdot \vec{c} + \vec{b} \cdot \vec{c}$ $\qquad\qquad$ (Distributivgesetz)

(4) $\qquad \vec{a} \cdot \vec{a} \geq 0$; $\quad \vec{a} \cdot \vec{a} = 0$ nur für $\vec{a} = \vec{o}$

Für reelle Zahlen gilt:
Aus $a \cdot c = b \cdot c$ und $c \neq 0$
folgt $a = b$.
Gilt eine entsprechende
Eigenschaft auch für
Vektoren?

Für $\vec{a} \cdot \vec{a}$ schreibt man auch kurz $\vec{a}^2$.

Zum Beweis des Satzes:
(1) folgt direkt aus der Definition des Skalarproduktes:
$\vec{a} \cdot \vec{b} = |\vec{a}| \cdot |\vec{b}| \cdot \cos\varphi = |\vec{b}| \cdot |\vec{a}| \cdot \cos\varphi = \vec{b} \cdot \vec{a}$.
(2) kann man mithilfe der Koordinatenform des Skalarproduktes nachrechnen.

Für $\vec{a} = \begin{pmatrix} a_1 \\ a_2 \\ a_3 \end{pmatrix}$ und $\vec{b} = \begin{pmatrix} b_1 \\ b_2 \\ b_3 \end{pmatrix}$ gilt:

$r\vec{a} \cdot \vec{b} = (ra_1) \cdot b_1 + (ra_2) \cdot b_2 + (ra_3) \cdot b_3 = r(a_1b_1 + a_2b_2 + a_3b_3) = r(\vec{a} \cdot \vec{b})$.
(3) für eine „günstige Lage" von $\vec{a}, \vec{b}$ und $\vec{c}$: vgl. Aufgabe 1, allgemein: vgl. Aufgabe 2.
(4) ergibt sich direkt aus der Definition des Skalarproduktes:
$\vec{a} \cdot \vec{a} = |\vec{a}| \cdot |\vec{a}| \cos 0° = (|\vec{a}|)^2 \geq 0$, denn $|\vec{a}|$ ist eine reelle Zahl.
Da der Nullvektor der einzige Vektor mit der Länge 0 ist, gilt nur für ihn $\vec{a} \cdot \vec{a} = 0$.

Beispiel 1: (Skalarprodukt von Summen)
Für die Vektoren $\vec{p}, \vec{q}$ gilt: $\vec{p}^2 = \vec{q}^2 = 1$ und $\vec{p} \cdot \vec{q} = 0$.
Berechnen Sie $(2\vec{p} + 3\vec{q}) \cdot (3\vec{p} + \vec{q})$.
Lösung:

Bei den Rechnungen im
Beispiel 1 werden die
Eigenschaften (1), (2)
und (3) der Skalarmulti-
plikation verwendet.

$$(2\vec{p} + 3\vec{q}) \cdot (3\vec{p} + \vec{q}) = 2\vec{p} \cdot 3\vec{p} + 2\vec{p} \cdot \vec{q} + 3\vec{q} \cdot 3\vec{p} + 3\vec{q} \cdot \vec{q}$$
$$= 6\vec{p}^2 + 2(\vec{p} \cdot \vec{q}) + 3(\vec{q} \cdot \vec{p}) + 3\vec{q}^2$$
$$= 6 \cdot 1 + 2 \cdot 0 + 3 \cdot 0 + 3 \cdot 1$$
$$= 9.$$

Beispiel 2 zeigt, wie man einen Vektor, der zu $\vec{b}$ orthogonal ist, als passende Linearkombination von Vektoren $\vec{a}$ und $\vec{b}$ erhält. Diese Idee erweist sich z. B. bei der Bestimmung von Höhen eines Dreiecks als nützlich. Vgl. Aufgabe 10.

„Erst Term vereinfachen, dann ausrechnen."

Beispiel 2:

Gegeben sind $\vec{a} = \begin{pmatrix} 2 \\ 16 \\ -9 \end{pmatrix}$ und $\vec{b} = \begin{pmatrix} -1 \\ 5 \\ 2 \end{pmatrix}$.

Bestimmen Sie eine Zahl r so, dass $\vec{a} - r\vec{b}$ orthogonal zu $\vec{b}$ ist.

Lösung:

$\vec{a} - r\vec{b}$ soll orthogonal zu $\vec{b}$ sein, d. h.

Klammern auflösen:

Einsetzen von

und

ergibt:

Damit ist $\vec{a} - 2\vec{b}$ orthogonal zu $\vec{b}$.

$(\vec{a} - r\vec{b}) \cdot \vec{b} = 0.$

$\vec{a} \cdot \vec{b} - r \cdot \vec{b}^2 = 0$

$\vec{a} \cdot \vec{b} = 2 \cdot (-1) + 16 \cdot 5 + (-9) \cdot 2 = 60$

$\vec{b}^2 = (-1)^2 + 5^2 + 2^2 = 30$

$60 - r \cdot 30 = 0,\ \text{also}\ r = 2.$

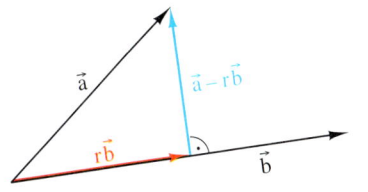

Fig. 1

Aufgaben

2 Überprüfen Sie das Distributivgesetz mithilfe der Koordinatenform des Skalarproduktes.

3 Geben Sie Vektoren $\vec{a}, \vec{b}, \vec{c}\ (\neq \vec{o})$ an, für die gilt: $\vec{a} \cdot \vec{c} = \vec{b} \cdot \vec{c}$, aber $\vec{a} \neq \vec{b}$.

4 Begründen Sie mithilfe der Rechenregeln für die Skalarmultiplikation.
a) $\vec{a} \cdot (r\vec{b}) = r \cdot (\vec{a} \cdot \vec{b})$ (Benutzen Sie zweimal das Kommutativgesetz)
b) $(\vec{a} - \vec{b}) \cdot \vec{c} = \vec{a} \cdot \vec{c} - \vec{b} \cdot \vec{c}$ (Setzen Sie $\vec{a} - \vec{b} = \vec{a} + (-1) \cdot \vec{b}$)

5 Begründen Sie die „binomischen Formeln" für die Skalarmultiplikation.
a) $(\vec{a} + \vec{b})^2 = \vec{a}^2 + 2\vec{a} \cdot \vec{b} + \vec{b}^2$ b) $(\vec{a} + \vec{b}) \cdot (\vec{a} - \vec{b}) = \vec{a}^2 - \vec{b}^2$

6 Lösen Sie die Klammern auf.
a) $(3\vec{a} - 5\vec{b}) \cdot (2\vec{a} + 7\vec{b})$ b) $(3\vec{e}) \cdot \vec{f} + \vec{f} \cdot (2\vec{e}) - 4(\vec{e} \cdot \vec{f})$
c) $(3\vec{u} - 2\vec{v}) \cdot (\vec{u} + 2\vec{v}) - 7(\vec{u} \cdot \vec{v})$ d) $(2\vec{a} + 3\vec{b} - \vec{c}) \cdot (\vec{a} - \vec{b})$
e) $(\vec{x} + \vec{y})^2 - (\vec{x} - \vec{y})^2$ f) $(\vec{g} + 3\vec{h})^2 - \vec{g} \cdot (\vec{g} + 6\vec{h})$

7 Für die Vektoren $\vec{u}, \vec{v}$ gelte $\vec{u}^2 = \vec{v}^2 = 1$ und $\vec{u} \cdot \vec{v} = 0$. Berechnen Sie
a) $\vec{u} \cdot (\vec{u} + \vec{v})$,   b) $(\vec{u} + \vec{v}) \cdot (\vec{u} - \vec{v})$,   c) $(3\vec{u} + 4\vec{v}) \cdot (7\vec{u} - 2\vec{v})$.

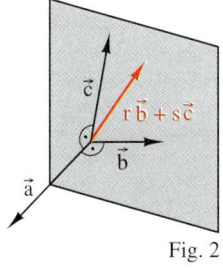

Fig. 2

8 Beweisen Sie:
a) Aus $\vec{a} \perp \vec{b}$ folgt $r\vec{a} \perp s\vec{b}$ für alle reellen Zahlen r und s.
b) Aus $\vec{a} \perp \vec{b}$ und $\vec{a} \perp \vec{c}$ folgt $\vec{a} \perp (r\vec{b} + s\vec{c})$ für alle reellen Zahlen r und s.
c) Aus $\vec{a} \perp \vec{b}$ und $\vec{c} \perp \vec{d}$ folgt $\vec{a} \cdot (r\vec{b} + \vec{d}) = (\vec{a} + s\vec{c}) \cdot \vec{d}$ für alle r, s $\in \mathbb{R}$.

9 Bestimmen Sie eine Zahl r so, dass $\vec{a} - r\vec{b}$ orthogonal zu $\vec{b}$ ist.

a) $\vec{a} = \begin{pmatrix} -7 \\ 1 \end{pmatrix}$, $\vec{b} = \begin{pmatrix} 3 \\ 1 \end{pmatrix}$ b) $\vec{a} = \begin{pmatrix} 1 \\ 3 \\ 2 \end{pmatrix}$, $\vec{b} = \begin{pmatrix} -1 \\ 3 \\ 2 \end{pmatrix}$ c) $\vec{a} = \begin{pmatrix} 1 \\ -2 \\ 3 \end{pmatrix}$, $\vec{b} = \begin{pmatrix} 2 \\ 3 \\ 6 \end{pmatrix}$

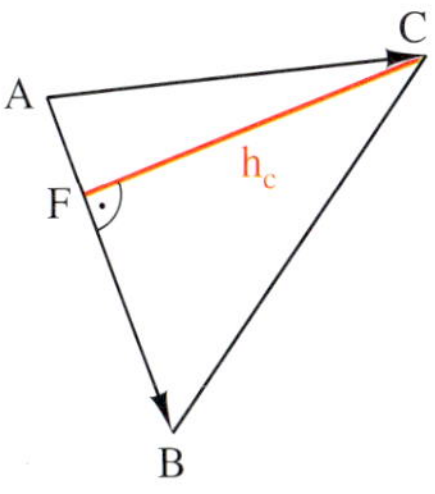

10 Gegeben ist ein Dreieck ABC mit $A(-4|8)$, $B(5|-4)$ und $C(7|10)$.
Bestimmen Sie den Fußpunkt F der Höhe h_c.
Anleitung: Setzen Sie $\overrightarrow{AF} = r \cdot \overrightarrow{AB}$ (Fig. 3) und bestimmen Sie r so, dass $\overrightarrow{FC} = \overrightarrow{AC} - r \cdot \overrightarrow{AB}$ orthogonal zu $\overrightarrow{AB}$ ist.

Fig. 3

4 Beweise mithilfe des Skalarproduktes

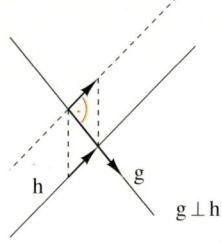

g ⊥ h

Fig. 3

Unter zueinander **orthogonalen Geraden** oder Strecken versteht man solche Geraden bzw. Strecken, deren Richtungsvektoren zueinander orthogonal sind. Damit können auch Geraden, die sich im Raum nicht schneiden, zueinander orthogonal sein (Fig. 3).

Mithilfe des Skalarproduktes lassen sich viele Sätze der Geometrie, bei denen die Orthogonalität von Geraden oder Strecken eine Rolle spielt, algebraisch beweisen. Die bisher verwendeten Schritte für einen Beweis mithilfe von Vektoren erweisen sich auch hier als günstig.

Beispiel 1: (Beweis der Orthogonalität von Strecken bzw. Vektoren)
Beweisen Sie den Satz:
In einem Quader mit quadratischer Grundfläche ist jede Raumdiagonale orthogonal zu der Diagonalen der Grundfläche, die mit der Raumdiagonalen keinen gemeinsamen Punkt hat.
Lösung:
1. Schritt:
Veranschaulichung durch eine Zeichnung, dabei Einführung von Bezeichnungen:
Fig. 1.

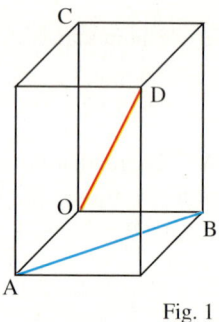

Fig. 1   Fig. 2

2. Schritt:
Beschreibung der Voraussetzung durch geeignete Vektoren (vgl. Fig. 2).

Quader bedeutet insbesondere
OA ⊥ OB, OA ⊥ OC, OB ⊥ OC, also
$\vec{a} \cdot \vec{b} = 0$, $\vec{a} \cdot \vec{c} = 0$, $\vec{b} \cdot \vec{c} = 0$.
Quadratische Grundfläche bedeutet
$|\vec{a}| = |\vec{b}|$.

3. Schritt:
Beschreibung der Behauptung durch Vektoren.

OD ⊥ AB, also $\vec{d} \cdot \vec{e} = 0$.

4. Schritt:
a) Aufstellung von Beziehungen zwischen den Vektoren der Behauptung und den Vektoren der Voraussetzung.
b) Ableitung der Behauptung aus der Voraussetzung unter Verwendung der aufgestellten Beziehungen.

$\vec{d} = \vec{a} + \vec{b} + \vec{c}$
$\vec{e} = \vec{b} - \vec{a}$

$$\begin{aligned}
\vec{d} \cdot \vec{e} &= (\vec{a} + \vec{b} + \vec{c}) \cdot (\vec{b} - \vec{a}) \\
&= \vec{a} \cdot \vec{b} - \vec{a}^2 + \vec{b}^2 - \vec{b} \cdot \vec{a} + \vec{c} \cdot \vec{b} - \vec{c} \cdot \vec{a} \\
&= 0 - \vec{a}^2 + \vec{b}^2 - 0 + 0 - 0 \\
&= 0, \quad \text{da } |\vec{a}| = |\vec{b}|.
\end{aligned}$$

Aus $\vec{d} \cdot \vec{e} = 0$ folgt:
Die Raumdiagonale OD ist orthogonal zur Diagonalen AB der Grundfläche.

Beispiel 2: (Ein Satz über Flächeninhalte von Quadraten bzw. Rechtecken)
Beweisen Sie den **Höhensatz:**
Für jedes rechtwinklige Dreieck gilt: Das Quadrat über der Höhe ist flächengleich zum Rechteck aus den beiden Hypotenusenabschnitten: $h^2 = p \cdot q$ (Fig. 1).
Lösung:
(1)

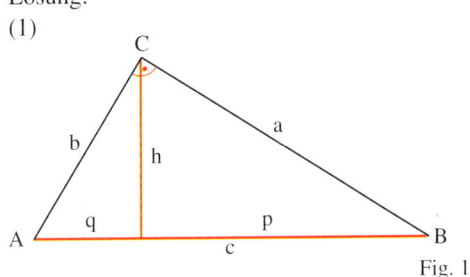

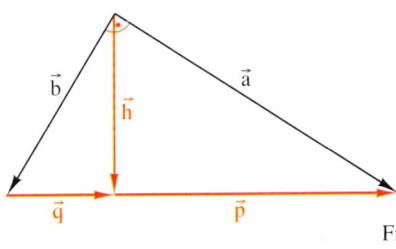

Fig. 1   Fig. 2

1. Schritt:
Veranschaulichung durch eine Zeichnung.

2. Schritt:
Beschreibung der Voraussetzung mittels geeigneter Vektoren.

3. Schritt:
Beschreibung der Behauptung mittels Vektoren.

4. Schritt:
Aufstellung von Beziehungen zwischen den Vektoren der Behauptung und den Vektoren der Voraussetzung. Ableitung der Behauptung aus der Voraussetzung unter Verwendung der im 4. Schritt aufgestellten Beziehungen.

(2) Nach Voraussetzung ist das Dreieck ABC rechtwinklig, also $\vec{a} \cdot \vec{b} = 0$.
h ist die Höhe auf c, insbesondere ist h orthogonal zu p und q: $\vec{h} \cdot \vec{p} = 0$, $\vec{h} \cdot \vec{q} = 0$.
(3) Es ist $h = |\vec{h}|$, $p = |\vec{p}|$, $q = |\vec{q}|$.
Damit kann die Behauptung geschrieben werden als: $|\vec{h}|^2 = |\vec{p}| \cdot |\vec{q}|$.
(4) Zwischen $\vec{p}$, $\vec{q}$ und $\vec{h}$ sowie $\vec{a}$ und $\vec{b}$ gilt: $\vec{a} = \vec{h} + \vec{p}$, $\vec{b} = \vec{h} - \vec{q}$.
Daraus folgt:

$$\vec{a} \cdot \vec{b} = (\vec{h} + \vec{p}) \cdot (\vec{h} - \vec{q})$$
$$= \vec{h}^2 - \vec{h} \cdot \vec{q} + \vec{p} \cdot \vec{h} - \vec{p} \cdot \vec{q}$$

Mit (2) ergibt sich:

$$0 = \vec{h}^2 - 0 + 0 - \vec{p} \cdot \vec{q},$$

also

$$\vec{h}^2 = \vec{p} \cdot \vec{q}.$$

Wegen $\vec{p} \cdot \vec{q} = |\vec{p}| \cdot |\vec{q}| \cdot \cos 0° = |\vec{p}| \cdot |\vec{q}|$ folgt daraus $|\vec{h}|^2 = |\vec{p}| \cdot |\vec{q}|$.
Dies entpricht der Behauptung $h^2 = p \cdot q$ des Höhensatzes.

Aufgaben

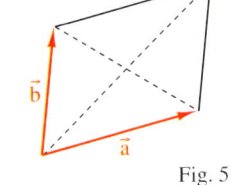

Fig. 5

1 Eine Raute ist ein Parallelogramm mit gleich langen Seiten. Beweisen Sie mithilfe des Skalarproduktes:
a) In einer Raute sind die Diagonalen zueinander orthogonal.
b) Sind die Diagonalen eines Parallelogramms zueinander orthogonal, dann ist es eine Raute.

2 Beweisen Sie mithilfe des Skalarproduktes: Ein Parallelogramm mit gleich langen Diagonalen ist ein Rechteck.

3 Beweisen Sie mithilfe des Skalarproduktes: Im gleichschenkligen Dreieck sind die Seitenhalbierende der Grundseite und die Grundseite selbst zueinander orthogonal.

4 Der Würfel in Fig. 3 wird von den Vektoren $\vec{a}, \vec{b}, \vec{c}$ „aufgespannt". Drücken Sie die Vektoren $\overrightarrow{AG}$ und $\overrightarrow{BH}$ durch $\vec{a}, \vec{b}, \vec{c}$ aus. Untersuchen Sie, ob die Raumdiagonalen AG und BH zueinander orthogonal sind.

5 In einem Tetraeder sind alle Kanten gleich lang und alle von den Kanten eingeschlossenen Winkel gleich groß.
Beweisen Sie mit den Vektoren von Fig. 4, dass je zwei gegenüberliegende Kanten zueinander orthogonal sind.

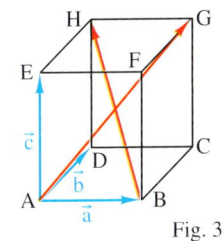

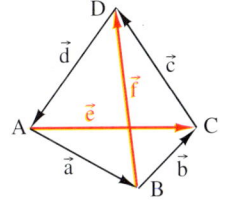

Fig. 3   Fig. 4

107

6 a) Formulieren Sie den Kathetensatz mithilfe geeigneter Vektoren.
b) Beweisen Sie den Kathetensatz mithilfe des Skalarproduktes.

7 Für jedes Parallelogramm gilt:
Die Quadrate über den vier Seiten haben zusammen den gleichen Flächeninhalt wie die beiden Quadrate über den Diagonalen (Fig. 1).
Beweisen Sie diesen Satz, indem Sie die Diagonalenvektoren $\vec{e}$ und $\vec{f}$ durch $\vec{a}$ und $\vec{b}$ ausdrücken und $\vec{e}^{\,2} + \vec{f}^{\,2}$ berechnen.

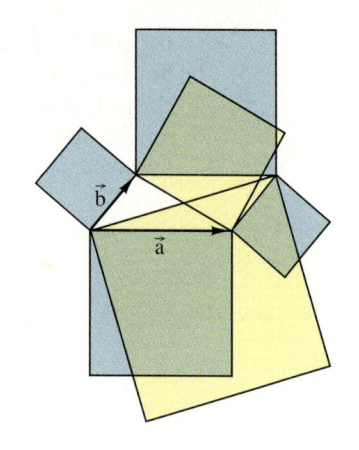

Fig. 1

8 a) Stellen Sie zu Fig. 2 die Vektoren $\overrightarrow{AC}$ und $\overrightarrow{BC}$ durch $\overrightarrow{MC}$ und $\overrightarrow{MA}$ dar. Bestimmen Sie $\overrightarrow{AC} \cdot \overrightarrow{BC}$.
b) Beweisen Sie mithilfe von a) den Satz des Thales und seine Umkehrung:
(1) Liegt im Dreieck ABC der Punkt C auf dem Kreis mit dem Durchmesser AB, dann ist $\sphericalangle ACB = 90°$.
(2) Hat das Dreieck ABC bei C einen rechten Winkel, dann liegt C auf dem Kreis mit dem Durchmesser AB.

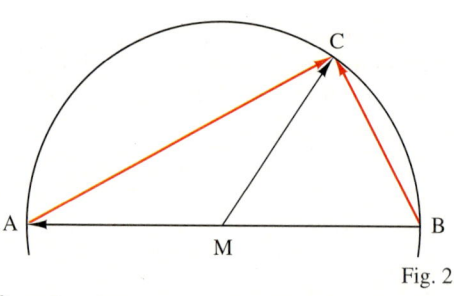

Fig. 2

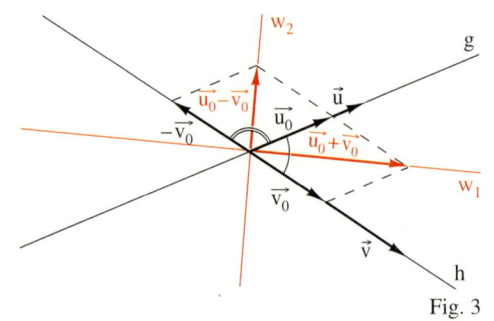

Fig. 3

9 Gegeben sind zwei sich schneidende Geraden g und h. Dann kann man zu den Winkeln, die von g und h gebildet werden, zwei Winkelhalbierende w_1 und w_2 betrachten.
a) In Fig. 3 sind $\vec{u}$ und $\vec{v}$ Richtungsvektoren der Geraden g bzw. h, ferner $\vec{u_0}$, $\vec{v_0}$ die zu $\vec{u}$, $\vec{v}$ gehörenden Einheitsvektoren. Begründen Sie, dass $\vec{u_0} + \vec{v_0}$ und $\vec{u_0} - \vec{v_0}$ Richtungsvektoren der Winkelhalbierenden w_1 und w_2 sind, indem Sie z. B. das von $\vec{u_0}$ und $\vec{v_0}$ aufgespannte Parallelogramm betrachten.
b) Zeigen Sie mit a): Die beiden Winkelhalbierenden w_1 und w_2 sind zueinander orthogonal.

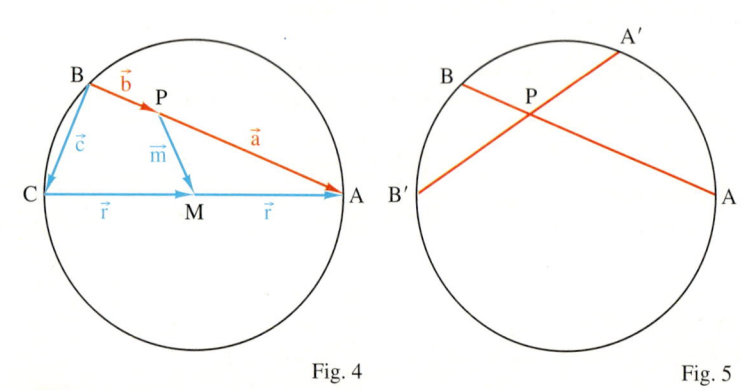

Fig. 4

Fig. 5

10 a) Gegeben ist ein Kreis um M mit dem Radius r. Zeigen Sie: Für jede Sehne AB des Kreises und jeden Punkt P auf AB gilt: $\overline{PA} \cdot \overline{PB} = r^2 - \overline{PM}^2$.
Anleitung: Drücken Sie $\vec{a}$ und $\vec{b}$ durch $\vec{m}$, $\vec{r}$ und $\vec{c}$ aus und berechnen Sie $\vec{a} \cdot \vec{b}$ (Fig. 4). Nutzen Sie $\vec{a} \cdot \vec{c} = 0$ aus (Satz des THALES).
b) Beweisen Sie mit a) den Sehnensatz: Schneiden sich zwei Sehnen AB und A′B′ eines Kreises in einem Punkt P, so gilt: $\overline{AP} \cdot \overline{PB} = \overline{A'P} \cdot \overline{PB'}$ (Fig. 5).

108

5 Normalenform der Ebenengleichung

1 a) Beschreiben Sie die Lage der Waagschalen zueinander, die Lage der rot gezeichneten Haltestangen zueinander und die Lage der Haltestangen zu den Waagschalen.
b) Wie können sich die Haltestangen bewegen? Was bedeutet das für die Waagschalen?

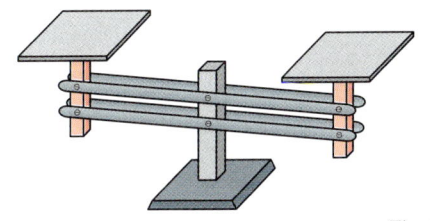

Fig. 1

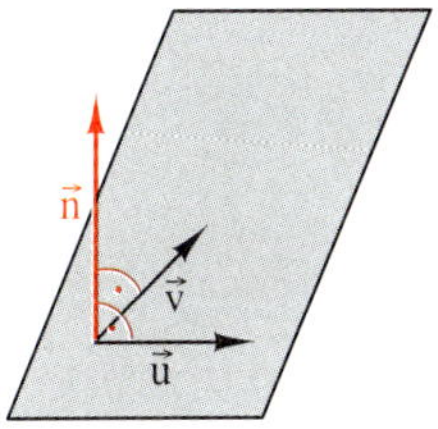

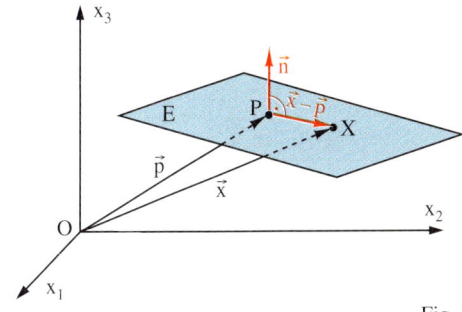

Fig. 2

normalis (lat.): rechtwinklig

Eine Ebene im Raum kann man vektoriell durch einen Stützvektor $\vec{p}$ und zwei Spannvektoren $\vec{u}, \vec{v}$ beschreiben. Eine weitere Möglichkeit, eine Ebene im Raum zu beschreiben, erhält man mithilfe eines Vektors, der orthogonal zu den Spannvektoren $\vec{u}$ und $\vec{v}$ ist.

Einen Vektor $\vec{n}$ nennt man einen **Normalenvektor** der Ebene E, wenn er orthogonal zu zwei gegebenen (linear unabhängigen) Spannvektoren von E ist.

Damit ist $\vec{n}$ orthogonal zu allen Vektoren $\overrightarrow{PQ}$ mit den Punkten P und Q der Ebene E. Denn aus $\overrightarrow{PQ} = r\vec{u} + s\vec{v}$ folgt: $\overrightarrow{PQ} \cdot \vec{n} = (r\vec{u} + s\vec{v}) \cdot \vec{n} = r\vec{u} \cdot \vec{n} + s\vec{v} \cdot \vec{n} = 0 + 0 = 0$.

Ist $\vec{n}$ ein Normalenvektor der Ebene E mit
$$\vec{x} = \vec{p} + r\vec{u} + s\vec{v},$$
so liegt ein Punkt X genau dann in E, wenn für den Ortsvektor $\vec{x} = \overrightarrow{OX}$ gilt:
$$\vec{x} - \vec{p} \text{ ist orthogonal zu } \vec{n}.$$
Daher ist auch $(\vec{x} - \vec{p}) \cdot \vec{n} = 0$ eine Gleichung der Ebene E.

Da n ein Normalenvektor ist, spricht man von einer Ebenengleichung in **Normalenform**.

Fig. 3

> **Satz 1:** Eine Ebene E mit dem Stützvektor $\vec{p}$ und dem Normalenvektor $\vec{n}$ wird beschrieben durch die Gleichung $(\vec{x} - \vec{p}) \cdot \vec{n} = 0$ (Normalenform der Ebenengleichung).

Im Gegensatz zur bisherigen Ebenengleichung enthält die Gleichung in Normalenform keine Parameter, sie wird daher auch als „parameterfreie Ebenengleichung" bezeichnet.

Die Koordinatengleichung $a_1 x_1 + a_2 x_2 + a_3 x_3 = b$ einer Ebene E kann man auch in der Form
$\begin{pmatrix} x_1 \\ x_2 \\ x_3 \end{pmatrix} \cdot \begin{pmatrix} a_1 \\ a_2 \\ a_3 \end{pmatrix} = b$ schreiben, d.h. als $\vec{x} \cdot \vec{n} = b$ mit $\vec{x} = \begin{pmatrix} x_1 \\ x_2 \\ x_3 \end{pmatrix}$; $\vec{n} = \begin{pmatrix} a_1 \\ a_2 \\ a_3 \end{pmatrix}$.

Zu $\vec{n}$ und b kann man einen Vektor $\vec{p}$ finden, sodass $\vec{p} \cdot \vec{n} = b$ (vgl. Beispiel 2).
Aus $\vec{x} \cdot \vec{n} = \vec{p} \cdot \vec{n}$ folgt $(\vec{x} - \vec{p}) \cdot \vec{n} = 0$, also ist $\vec{n}$ ein Normalenvektor der Ebene E.

> **Satz 2:** Ist $a_1 x_1 + a_2 x_2 + a_3 x_3 = b$ eine Koordinatengleichung der Ebene E, so ist der Vektor mit den Koordinaten a_1, a_2, a_3 ein Normalenvektor von E.

Aus Satz 2 ergibt sich insbesondere: Unterscheiden sich die Koordinatengleichungen zweier Ebenen nur in der Konstanten b, so sind die Ebenen zueinander parallel.

109

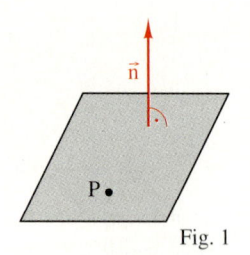

$\vec{n}$

P

Fig. 1

Ein Punkt und ein Norma-
lenvektor legen bereits eine
Ebene fest.

Beispiel 1: (Von der Normalenform der Ebenengleichung zur Koordinatengleichung)

Eine Ebene durch $P(4\,|\,1\,|\,3)$ hat den Normalenvektor $\vec{n} = \begin{pmatrix} 2 \\ -1 \\ 5 \end{pmatrix}$.

a) Geben Sie eine Gleichung der Ebene in Normalenform an.

b) Bestimmen Sie aus der Normalenform eine Koordinatengleichung der Ebene.

Lösung:

a) Einsetzen von $\vec{p} = \overrightarrow{OP}$ und $\vec{n}$ in $(\vec{x} - \vec{p}) \cdot \vec{n} = 0$ ergibt:

Ebenengleichung in Normalenform: $\left[\vec{x} - \begin{pmatrix} 4 \\ 1 \\ 3 \end{pmatrix} \right] \cdot \begin{pmatrix} 2 \\ -1 \\ 5 \end{pmatrix} = 0$.

b) Einsetzen von $\vec{x} = \begin{pmatrix} x_1 \\ x_2 \\ x_3 \end{pmatrix}$ in $\left[\vec{x} - \begin{pmatrix} 4 \\ 1 \\ 3 \end{pmatrix} \right] \cdot \begin{pmatrix} 2 \\ -1 \\ 5 \end{pmatrix} = 0$ ergibt $\begin{pmatrix} x_1 \\ x_2 \\ x_3 \end{pmatrix} \cdot \begin{pmatrix} 2 \\ -1 \\ 5 \end{pmatrix} = \begin{pmatrix} 4 \\ 1 \\ 3 \end{pmatrix} \begin{pmatrix} 2 \\ -1 \\ 5 \end{pmatrix}$.

Ausrechnen der Skalarprodukte ergibt die Koordinatengleichung: $2\,x_1 - x_2 + 5\,x_3 = 22$.

Beispiel 2: (Von der Koordinatengleichung zur Normalenform)

Bestimmen Sie für die Ebene mit der Koordinatengleichung $2\,x_1 + 5\,x_2 + 3\,x_3 = 12$ eine Ebenengleichung in Normalenform.

Lösung:

Bestimmung eines Stützvektors $\vec{p}$:

Ist in der Koordinaten-
gleichung der Koeffizient
von x_1 gleich 0 und der
Koeffizient von x_3 un-
gleich 0, so setzt man
$x_1 = x_2 = 0$.

es ist geschickt, zwei Koordinaten als 0 zu wählen, z. B. x_2 und x_3. Die fehlende Koordinate ergibt sich durch Einsetzen in die Koordinatengleichung.

Aus $x_2 = x_3 = 0$ folgt $2\,x_1 + 5 \cdot 0 + 3 \cdot 0 = 12$, also $x_1 = 6$. Damit ist $\vec{p} = \begin{pmatrix} 6 \\ 0 \\ 0 \end{pmatrix}$.

Die Koeffizienten 2, 5 und 3 der Koordinatengleichung $2\,x_1 + 5\,x_2 + 3\,x_3 = 12$ sind die Koordinaten eines Normalenvektors: $\vec{n} = \begin{pmatrix} 2 \\ 5 \\ 3 \end{pmatrix}$.

Daraus ergibt sich als eine Normalenform der Ebenengleichung: $\left[\vec{x} - \begin{pmatrix} 6 \\ 0 \\ 0 \end{pmatrix} \right] \cdot \begin{pmatrix} 2 \\ 5 \\ 3 \end{pmatrix} = 0$.

Beispiel 3: (Von der Parameterform zur Normalenform)

Bestimmen Sie für die Ebene E: $\vec{x} = \begin{pmatrix} 5 \\ 2 \\ 3 \end{pmatrix} + r \begin{pmatrix} 1 \\ 0 \\ 2 \end{pmatrix} + s \begin{pmatrix} 0 \\ -5 \\ 8 \end{pmatrix}$ eine Gleichung in Normalenform.

Lösung:

Jeder Normalenvektor $\vec{n}$ muss zu den Richtungsvektoren orthogonal sein, also muss für

$\vec{n} = \begin{pmatrix} n_1 \\ n_2 \\ n_3 \end{pmatrix}$ gelten: $\begin{pmatrix} 1 \\ 0 \\ 2 \end{pmatrix} \cdot \begin{pmatrix} n_1 \\ n_2 \\ n_3 \end{pmatrix} = 0$ und $\begin{pmatrix} 0 \\ -5 \\ 8 \end{pmatrix} \cdot \begin{pmatrix} n_1 \\ n_2 \\ n_3 \end{pmatrix} = 0$.

Ausrechnen der Skalarprodukte ergibt das LGS

$\begin{cases} n_1 \quad\;\; + 2\,n_3 = 0 \\ \quad\; -5\,n_2 + 8\,n_3 = 0 \end{cases}$, das sich umformen lässt in $\begin{cases} n_1 \quad\;\; = -2\,n_3 \\ \quad\; n_2 = \frac{8}{5}\,n_3 \end{cases}$.

Setzt man $n_3 = 5$, so ergibt sich eine ganzzahlige Lösung mit $n_2 = 8$ und $n_1 = -10$.

Um einen „schönen" Nor-
malenvektor zu erhalten,
wählt man n_3 so, dass
auch n_2 und n_1 ganzzahlig
werden.

Damit erhält man als einen Normalenvektor $\vec{n} = \begin{pmatrix} -10 \\ 8 \\ 5 \end{pmatrix}$

Den benötigten Stützvektor
$\vec{p}$ kann man direkt der ge-
gebenen Ebenengleichung
entnehmen.

und als eine Normalenform der Ebenengleichung $\left[\vec{x} - \begin{pmatrix} 5 \\ 2 \\ 3 \end{pmatrix} \right] \cdot \begin{pmatrix} -10 \\ 8 \\ 5 \end{pmatrix} = 0$.

110

Beispiel 4: (Von der Normalenform zur Parameterform)

Bestimmen Sie für eine Ebene E mit der Gleichung $\left[\vec{x} - \begin{pmatrix} 1 \\ -1 \\ 2 \end{pmatrix}\right] \cdot \begin{pmatrix} 2 \\ 3 \\ 4 \end{pmatrix} = 0$

eine Ebenengleichung in Parameterform.

Eine andere Lösungsmöglichkeit besteht darin, die Ebenengleichung in eine Koordinatengleichung umzuwandeln (vgl. Beispiel 1b)) und daraus dann wie im Kapitel III eine Ebenengleichung in Parameterform abzuleiten.

Lösung:
Für eine Ebenengleichung in Parameterform benötigt man einen Stützvektor (Schritt 1) und zwei linear unabhängige Spannvektoren (Schritt 2).

1. Einen möglichen Stützvektor kann man direkt der Normalenform entnehmen: $\vec{p} = \begin{pmatrix} 1 \\ -1 \\ 2 \end{pmatrix}$.

2. Die linear unabhängigen Spannvektoren $\vec{u}$, $\vec{v}$ sind orthogonal zum Normalenvektor $\vec{n}$. Sie bilden also zwei linear unabhängige Lösungsvektoren von $\vec{n} \cdot \vec{x} = 0$, also von

Man muss x_2 und x_3 so wählen, dass die Vektoren $\vec{u}$ und $\vec{v}$ linear unabhängig sind, indem man z.B. einmal $x_2 = 0$ und $x_3 \neq 0$ wählt, beim zweiten Vektor aber $x_2 \neq 0$ und $x_3 = 0$.

$2x_1 + 3x_2 + 4x_3 = 0$.
Wählt man für $\vec{u}$ z.B. $x_2 = 0$ und $x_3 = 1$, so erhält man aus $2x_1 + 3x_2 + 4x_3 = 0$: $x_1 = -2$; wählt man für $\vec{v}$ z.B. $x_2 = 2$ und $x_3 = 0$, so erhält man aus $2x_1 + 3x_2 + 4x_3 = 0$: $x_1 = -3$.
3. Einsetzen der in 1. und 2. gefundenen Vektoren in die Parameterform:

Mit $\vec{p} = \begin{pmatrix} 1 \\ -1 \\ 2 \end{pmatrix}$, $\vec{u} = \begin{pmatrix} -2 \\ 0 \\ 1 \end{pmatrix}$ und $\vec{v} = \begin{pmatrix} -3 \\ 2 \\ 0 \end{pmatrix}$ ist $\vec{x} = \begin{pmatrix} 1 \\ -1 \\ 2 \end{pmatrix} + r\begin{pmatrix} -2 \\ 0 \\ 1 \end{pmatrix} + s\begin{pmatrix} -3 \\ 2 \\ 0 \end{pmatrix}$

eine Gleichung der Ebene E in Parameterform.

Beispiel 5: (Parallelebene durch einen gegebenen Punkt)
Gegeben ist eine Ebene E mit der Gleichung $x_1 - 2x_2 + x_3 = 1$ und der Punkt $P(2|-1|4)$.
Gesucht ist eine zu E parallele Ebene F, die durch P geht.
Bestimmen Sie eine Gleichung dieser Ebene F.
Lösung:
Die Ebenen E und F sollen zueinander parallel sein. Damit haben sie gleiche Normalenvektoren.
Also hat eine Gleichung von F die Form $x_1 - 2x_2 + x_3 = b$.
Da der Punkt $P(2|-1|4)$ in F liegen soll, erfüllen seine Koordinaten die Gleichung von F.
Aus $2 - 2\cdot(-1) + 4 = b$ folgt: $b = 8$.
Also hat die Ebene F die Gleichung $x_1 - 2x_2 + x_3 = 8$.

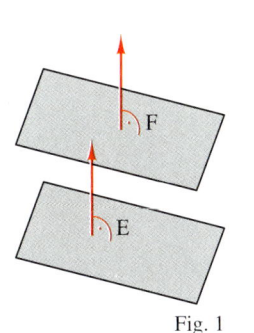

Fig. 1

Aufgaben

2 Geben Sie eine Koordinatengleichung der Ebene E an.

a) $E: \left[\vec{x} - \begin{pmatrix} -1 \\ 2 \\ 5 \end{pmatrix}\right] \cdot \begin{pmatrix} 4 \\ 5 \\ -1 \end{pmatrix} = 0$
b) $E: \left[\vec{x} - \begin{pmatrix} 5 \\ 3 \\ 0 \end{pmatrix}\right] \cdot \begin{pmatrix} -1 \\ -2 \\ 0 \end{pmatrix} = 0$
c) $E: \left[\vec{x} - \begin{pmatrix} -2 \\ -4 \\ -6 \end{pmatrix}\right] \cdot \begin{pmatrix} 5 \\ 0 \\ 1 \end{pmatrix} = 0$

3 Geben Sie eine Koordinatengleichung der Ebene an, für die gilt: Die Ebene geht durch den Punkt P und hat den Normalenvektor $\vec{n}$.

a) $P(-1|2|1)$; $\vec{n} = \begin{pmatrix} 3 \\ -2 \\ 7 \end{pmatrix}$
b) $P(9|1|-2)$; $\vec{n} = \begin{pmatrix} 0 \\ 8 \\ 3 \end{pmatrix}$
c) $P(0|0|0)$; $\vec{n} = \begin{pmatrix} 7 \\ -7 \\ 3 \end{pmatrix}$

4 Eine Ebene E geht durch den Punkt $P(2|-5|7)$ und hat den Normalenvektor $\begin{pmatrix} 2 \\ 1 \\ -2 \end{pmatrix}$.

Prüfen Sie, ob die folgenden Punkte in der Ebene E liegen.

a) $A(2|7|1)$
b) $B(0|-1|7)$
c) $C(3|-1|10)$
d) $D(4|6|-2)$

„Der Normalenvektor muss nicht jucken, du brauchst nur auf die Gleichung gucken."

5 Bestimmen Sie für die Ebene E eine Gleichung in Normalenform.

a) E: $2x_1 + 3x_2 + 5x_3 = 10$ b) E: $x_1 - x_2 + x_3 = 1$ c) E: $4x_1 + 3x_2 = 17$

d) E: $4x_2 - 5x_3 = 11$ e) E: $x_1 + x_2 + x_3 = 100$ f) E: $x_2 = -5$

6 Bestimmen Sie eine Gleichung der Ebene E in Normalenform und daraus eine Gleichung in Koordinatenform.

a) E: $\vec{x} = \begin{pmatrix} 2 \\ 1 \\ 2 \end{pmatrix} + r\begin{pmatrix} 1 \\ 3 \\ 0 \end{pmatrix} + s\begin{pmatrix} -2 \\ 1 \\ 3 \end{pmatrix}$ b) E: $\vec{x} = \begin{pmatrix} 6 \\ 9 \\ 1 \end{pmatrix} + r\begin{pmatrix} 4 \\ 1 \\ -4 \end{pmatrix} + s\begin{pmatrix} 1 \\ -2 \\ -4 \end{pmatrix}$ c) E: $\vec{x} = r\begin{pmatrix} 2 \\ 1 \\ 2 \end{pmatrix} + s\begin{pmatrix} 1 \\ 1 \\ 5 \end{pmatrix}$

d) E: $\vec{x} = \begin{pmatrix} 13 \\ 11 \\ 12 \end{pmatrix} + r\begin{pmatrix} 1 \\ 1 \\ 1 \end{pmatrix} + s\begin{pmatrix} 6 \\ 5 \\ 3 \end{pmatrix}$ e) E: $\vec{x} = \begin{pmatrix} 1 \\ 0 \\ 8 \end{pmatrix} + r\begin{pmatrix} -1 \\ 1 \\ -2 \end{pmatrix} + s\begin{pmatrix} 4 \\ 7 \\ 11 \end{pmatrix}$ f) E: $\vec{x} = r\begin{pmatrix} 5 \\ 7 \\ 1 \end{pmatrix} + s\begin{pmatrix} 1 \\ 2 \\ 4 \end{pmatrix}$

7 Bestimmen Sie eine Gleichung der Ebene E in Parameterform.

a) E: $\left[\vec{x} - \begin{pmatrix} -1 \\ 2 \\ 4 \end{pmatrix}\right] \cdot \begin{pmatrix} 1 \\ 1 \\ 1 \end{pmatrix} = 0$ b) E: $\left[\vec{x} - \begin{pmatrix} -1 \\ -2 \\ -3 \end{pmatrix}\right] \cdot \begin{pmatrix} 3 \\ 5 \\ 0 \end{pmatrix} = 0$ c) E: $\left[\vec{x} - \begin{pmatrix} 2 \\ 4 \\ -3 \end{pmatrix}\right] \cdot \begin{pmatrix} 1 \\ -1 \\ 1 \end{pmatrix} = 0$

d) E: $\left[\vec{x} - \begin{pmatrix} 4 \\ 0 \\ 5 \end{pmatrix}\right] \cdot \begin{pmatrix} 2 \\ 0 \\ 3 \end{pmatrix} = 0$ e) E: $\left[\vec{x} - \begin{pmatrix} 2 \\ 4 \\ 6 \end{pmatrix}\right] \cdot \begin{pmatrix} 0 \\ 1 \\ 0 \end{pmatrix} = 0$ f) E: $\vec{x} \cdot \begin{pmatrix} 4 \\ 0 \\ -2 \end{pmatrix} = 0$

8 Gegeben sind die Gleichungen von zwei sich schneidenden Geraden. Beide Geraden liegen damit in einer Ebene. Bestimmen Sie für diese Ebene eine Gleichung in Normalenform.

a) $\vec{x} = \begin{pmatrix} 2 \\ 0 \\ 3 \end{pmatrix} + t\begin{pmatrix} 4 \\ 1 \\ 0 \end{pmatrix}$, $\vec{x} = \begin{pmatrix} 2 \\ 0 \\ 3 \end{pmatrix} + t\begin{pmatrix} 7 \\ 1 \\ 1 \end{pmatrix}$ b) $\vec{x} = \begin{pmatrix} 2 \\ 5 \\ 1 \end{pmatrix} + t\begin{pmatrix} 9 \\ 5 \\ 7 \end{pmatrix}$, $\vec{x} = \begin{pmatrix} 2 \\ 5 \\ 1 \end{pmatrix} + t\begin{pmatrix} 8 \\ -2 \\ 3 \end{pmatrix}$

c) $\vec{x} = \begin{pmatrix} 5 \\ 6 \\ -1 \end{pmatrix} + t\begin{pmatrix} 1 \\ 5 \\ -2 \end{pmatrix}$, $\vec{x} = \begin{pmatrix} 2 \\ -9 \\ 5 \end{pmatrix} + t\begin{pmatrix} 1 \\ 3 \\ 1 \end{pmatrix}$ d) $\vec{x} = \begin{pmatrix} -2 \\ 2 \\ 7 \end{pmatrix} + t\begin{pmatrix} 1 \\ 2 \\ 3 \end{pmatrix}$, $\vec{x} = \begin{pmatrix} 1 \\ 1 \\ 2 \end{pmatrix} + t\begin{pmatrix} -3 \\ 1 \\ 5 \end{pmatrix}$

Tipp zu Aufgabe 9:
Verwandeln Sie die Ebenengleichungen in eine geeignete andere Form.

9 Bestimmen Sie eine Gleichung der Schnittgeraden der Ebenen E und F.

a) E: $\left[\vec{x} - \begin{pmatrix} 1 \\ 0 \\ 1 \end{pmatrix}\right] \cdot \begin{pmatrix} -1 \\ 2 \\ 3 \end{pmatrix} = 0$ b) E: $\left[\vec{x} - \begin{pmatrix} 1 \\ -1 \\ 2 \end{pmatrix}\right] \cdot \begin{pmatrix} 2 \\ 0 \\ -1 \end{pmatrix} = 0$ c) E: $\left[\vec{x} - \begin{pmatrix} 4 \\ 2 \\ 1 \end{pmatrix}\right] \cdot \begin{pmatrix} -1 \\ 2 \\ 1 \end{pmatrix} = 0$

F: $\left[\vec{x} - \begin{pmatrix} 2 \\ 0 \\ -1 \end{pmatrix}\right] \cdot \begin{pmatrix} 1 \\ 1 \\ 1 \end{pmatrix} = 0$ F: $\left[\vec{x} - \begin{pmatrix} 2 \\ 3 \\ 0 \end{pmatrix}\right] \cdot \begin{pmatrix} 1 \\ 1 \\ 0 \end{pmatrix} = 0$ F: $3x_1 - x_2 + x_3 = 1$

10 a) Untersuchen Sie, welche der Ebenen E_1, E_2, E_3, E_4 zueinander parallel sind:

E_1: $2x_1 - x_2 + 3x_3 = 10$; E_2: $3x_1 + 5x_2 + 3x_3 = 1$;

E_3: $-4x_1 + 2x_2 - 3x_3 = -19$; E_4: $-3x_1 - 5x_2 - 3x_3 = -1$.

b) Geben Sie eine Koordinatengleichung einer Ebene F an, sodass F parallel zu E_1 (zu E_2) ist und durch den Punkt $P(2|3|7)$ geht.

11 Untersuchen Sie, ob die Gerade g zur Ebene E parallel ist.

a) g: $\vec{x} = \begin{pmatrix} 1 \\ 0 \\ 2 \end{pmatrix} + t\begin{pmatrix} -2 \\ 1 \\ 1 \end{pmatrix}$; E: $x_1 + x_2 + x_3 = 1$ b) g: $\vec{x} = t\begin{pmatrix} 1 \\ -2 \\ 3 \end{pmatrix}$; E: $x_1 + 3x_2 + 2x_3 = 4$

12 Gegeben ist die Koordinatengleichung einer Ebene E. Bestimmen Sie zu E einen Normalenvektor $\vec{n}$, der zugleich ein Stützvektor von E ist.
Geben Sie auch die zugehörigen Ebenengleichung in Normalenform an.

a) E: $3x_1 - x_2 + 5x_3 = 105$ b) E: $x_1 - 3x_2 - 2x_3 = 7$

112

6 Orthogonalität von Geraden und Ebenen

1 a) Zwei Stellwände sollen „senkrecht zueinander" aufgestellt werden. Wie kann man dies mit einem Geodreieck überprüfen? Wie muss man es dazu halten?
b) Wie müssen eine Gerade g auf der einen Stellwand und eine Gerade h auf der anderen Stellwand liegen, damit man aus ihrer Orthogonalität auf die Orthogonalität der Stellwände schließen kann?
c) Was bedeutet die Orthogonalität von Ebenen für ihre Normalenvektoren?

Die Orthogonalität von Geraden und Ebenen lässt sich mithilfe geeigneter Vektoren beschreiben.

*Eine Gerade, die orthogonal zu einer Ebene E ist, nennt man auch eine **Normale** von E.*

> **Definition: Zwei Geraden** heißen zueinander orthogonal, wenn ihre Richtungsvektoren zueinander orthogonal sind.
> Eine **Gerade** und eine **Ebene** heißen zueinander orthogonal, wenn ein Richtungsvektor der Geraden zu den Spannvektoren der Ebene orthogonal ist.

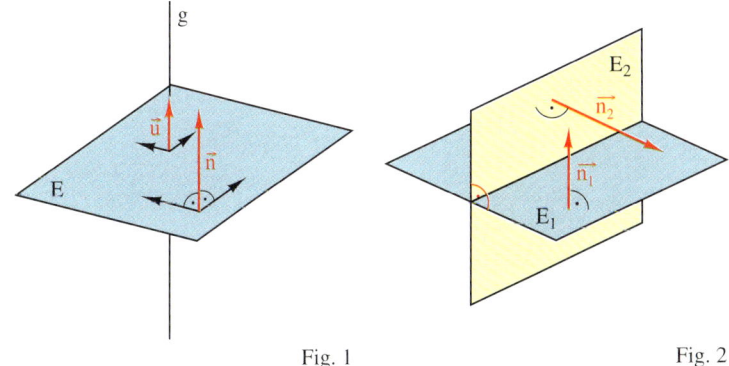

Fig. 1 Fig. 2

Eine Gerade g ist auch dann zu einer Ebene E orthogonal, wenn gilt: Ein Richtungsvektor von g und ein Normalenvektor von E haben die gleiche oder entgegengesetzte Richtung, d.h. Richtungsvektor und Normalenvektor sind Vielfache voneinander (Fig. 1).

Schneiden sich **zwei Ebenen** E_1 und E_2 in einer Geraden s, so heißen sie zueinander orthogonal, wenn für eine in E_1 liegende Gerade g_1 mit $g_1 \perp s$ und eine in E_2 liegende Gerade g_2 mit $g_2 \perp s$ gilt: $g_1 \perp g_2$.

Dies ist stets der Fall, wenn die Normalenvektoren von E und F zueinander orthogonal sind (Fig. 2). Diese Eigenschaft lässt sich leichter als die in der Definition prüfen.

> **Satz: Zwei Ebenen** sind zueinander orthogonal, wenn ihre Normalenvektoren zueinander orthogonal sind.

Beispiel 1: (Zueinander orthogonale Ebenen)
Untersuchen Sie, ob die Ebenen mit den Gleichungen $2x_1 + x_2 - 4x_3 = 7$ und $3x_1 - x_2 + x_3 = 4$ zueinander orthogonal sind.
Lösung:
Die Koeffizienten der Gleichungen sind jeweils die Koordinaten eines Normalenvektors.

Das Skalarprodukt dieser Normalenvektoren $\begin{pmatrix} 2 \\ 1 \\ -4 \end{pmatrix} \cdot \begin{pmatrix} 3 \\ -1 \\ 1 \end{pmatrix} = 2 \cdot 3 + 1 \cdot (-1) - 4 \cdot 1 = 1$

ist nicht 0. Die Normalenvektoren und damit die Ebenen sind nicht zueinander orthogonal.

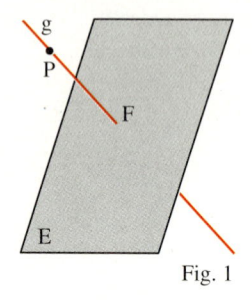

*Eine Gerade g durch den Punkt P, die zur Ebene E orthogonal ist, nennt man auch ein **Lot** von P auf E. Den Punkt F nennt man entsprechend den **Fußpunkt des Lotes**.*

Fig. 1

Beispiel 2: (Gerade, die zu einer gegebenen Ebene orthogonal ist)

a) Bestimmen Sie zu der Ebene $E: \vec{x} = \begin{pmatrix} 7 \\ 5 \\ 2 \end{pmatrix} + r \begin{pmatrix} -1 \\ 3 \\ -6 \end{pmatrix} + s \begin{pmatrix} 0 \\ -1 \\ 2 \end{pmatrix}$ eine Gerade g durch $P(6|9|4)$, die orthogonal zu E ist.

b) Berechnen Sie den Schnittpunkt F der Geraden g mit der Ebene E.

Lösung:

a) Die Gerade g soll orthogonal zur Ebene E sein, also ist jeder Normalenvektor $\vec{n}$ von E ein Richtungsvektor von g. Da $\vec{n}$ orthogonal zu den Spannvektoren $\vec{u}$, $\vec{v}$ der Ebene ist, gilt:

$$\vec{u} \cdot \vec{n} = \begin{pmatrix} -1 \\ 3 \\ -6 \end{pmatrix} \cdot \begin{pmatrix} n_1 \\ n_2 \\ n_3 \end{pmatrix} = 0; \quad \vec{v} \cdot \vec{n} = \begin{pmatrix} 0 \\ -1 \\ 2 \end{pmatrix} \cdot \begin{pmatrix} n_1 \\ n_2 \\ n_3 \end{pmatrix} = 0.$$

Ausrechnen der Skalarprodukte ergibt das LGS: $\begin{cases} -n_1 + 3n_2 - 6n_3 = 0 \\ \qquad\quad -n_2 + 2n_3 = 0 \end{cases}$.

Setzt man $n_3 = 1$, so ergibt sich eine ganzzahlige Lösung mit $n_1 = 0$; $n_2 = 2$; $n_3 = 1$.

Mit $\vec{n} = \begin{pmatrix} 0 \\ 2 \\ 1 \end{pmatrix}$ und $\vec{p} = \overrightarrow{OP} = \begin{pmatrix} 6 \\ 9 \\ 4 \end{pmatrix}$ hat die Gerade g die Gleichung $\vec{x} = \begin{pmatrix} 6 \\ 9 \\ 4 \end{pmatrix} + t \begin{pmatrix} 0 \\ 2 \\ 1 \end{pmatrix}$.

b) Den gemeinsamen Punkt F von E und g erhält man durch Gleichsetzen der Gleichungen von E und von g.

$$\begin{pmatrix} 7 \\ 5 \\ 2 \end{pmatrix} + r \begin{pmatrix} -1 \\ 3 \\ -6 \end{pmatrix} + s \begin{pmatrix} 0 \\ -1 \\ 2 \end{pmatrix} = \begin{pmatrix} 6 \\ 9 \\ 4 \end{pmatrix} + t \begin{pmatrix} 0 \\ 2 \\ 1 \end{pmatrix}.$$

Der Vergleich der Koordinaten führt zu dem LGS: $\begin{cases} -r \qquad\qquad\; = -1 \\ 3r - \; s - 2t = 4 \\ -6r + 2s - \; t = 2 \end{cases}$.

Bringt man das LGS in Stufenform, so erhält man als 3. Gleichung $-5t = 10$.
Damit ist $t = -2$.

Einsetzen in die Geradengleichung ergibt $\vec{x} = \begin{pmatrix} 6 \\ 9 \\ 4 \end{pmatrix} + (-2) \begin{pmatrix} 0 \\ 2 \\ 1 \end{pmatrix} = \begin{pmatrix} 6 \\ 5 \\ 2 \end{pmatrix}$.

Der gesuchte Punkt ist somit $F(6|5|2)$.

Beispiel 3: (Gerade, die zu einer gegebenen Geraden orthogonal ist)

Gegeben ist eine Gerade $g: \vec{x} = \begin{pmatrix} 5 \\ 4 \\ 6 \end{pmatrix} + t \begin{pmatrix} 2 \\ -1 \\ 4 \end{pmatrix}$ und der Punkt $P(2|3|2)$.

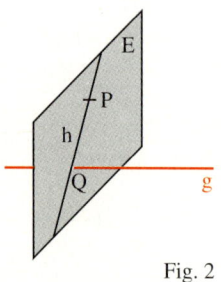

Fig. 2

Bestimmen Sie einen Punkt Q auf g so, dass die Gerade h durch P und Q orthogonal zur Geraden g ist.

Lösung:

Die Gerade h durch die Punkte P und Q soll orthogonal zur Geraden g sein. Sie liegt damit in der Ebene E, die orthogonal zu g ist und in der der Punkt P liegt (Fig. 2).

1. Schritt: Bestimmung einer Gleichung von E:

Da der Richtungsvektor der Geraden g Normalenvektor der Ebene E ist, gilt für die Koordinatengleichung von E: $2x_1 - x_2 + 4x_3 = b$.

Da der Punkt P in der Ebene E liegt, erfüllen seine Koordinaten die Gleichung von E:
$2 \cdot 2 - 3 + 4 \cdot 2 = b$, also $b = 9$. Damit lautet die Koordinatengleichung $2x_1 - x_2 + 4x_3 = 9$.

2. Schritt: Den gesuchten Punkt Q erhält man als Schnittpunkt von E und g.

Der Gleichung der Geraden g entnimmt man: $x_1 = 5 + 2t$; $x_2 = 4 - t$; $x_3 = 6 + 4t$.

Einsetzen in die Gleichung von E ergibt $2(5 + 2t) - (4 - t) + 4(6 + 4t) = 9$.

Hieraus folgt $t = -1$.

Einsetzen von $t = -1$ in die Geradengleichung führt zu $Q(3|5|2)$.

Aufgaben

Lage von Ebenen zueinander

2 Welche der folgenden Ebenen sind zueinander orthogonal, welche zueinander parallel?

$$E_1: \left[\vec{x} - \begin{pmatrix} 1 \\ 1 \\ 2 \end{pmatrix}\right] \cdot \begin{pmatrix} 9 \\ 0 \\ 7 \end{pmatrix} = 0 \qquad E_2: \left[\vec{x} - \begin{pmatrix} 7 \\ 4 \\ 11 \end{pmatrix}\right] \cdot \begin{pmatrix} 0 \\ 13 \\ 0 \end{pmatrix} = 0 \qquad E_3: \left[\vec{x} - \begin{pmatrix} 4 \\ 5 \\ 7 \end{pmatrix}\right] \cdot \begin{pmatrix} 2 \\ 1 \\ 4 \end{pmatrix} = 0$$

$$E_4: \left[\vec{x} - \begin{pmatrix} 1 \\ 1 \\ 1 \end{pmatrix}\right] \cdot \begin{pmatrix} 2 \\ 0 \\ -1 \end{pmatrix} = 0 \qquad E_5: \left[\vec{x} - \begin{pmatrix} 5 \\ 6 \\ 7 \end{pmatrix}\right] \cdot \begin{pmatrix} 4 \\ 2 \\ 8 \end{pmatrix} = 0 \qquad E_6: \left[\vec{x} - \begin{pmatrix} 5 \\ 5 \\ 5 \end{pmatrix}\right] \cdot \begin{pmatrix} 0 \\ 1 \\ 0 \end{pmatrix} = 0$$

3 Untersuchen Sie, ob die Ebenen E_1 und E_2 zueinander orthogonal sind.
a) $E_1: 2x_1 + x_2 - 2x_3 = 6$ b) $E_1: x_1 + 5x_2 + x_3 = 1$ c) $E_1: -x_1 + 2x_2 - x_3 = 3$
    $E_2: 2x_1 - 2x_2 + x_3 = 11$ $E_2: 3x_1 + x_2 - 15x_3 = 0$ $E_2: 9x_1 - x_2 - 11x_3 = 4$

4 Untersuchen Sie, ob die Ebenen E_1 und E_2 zueinander orthogonal sind.

a) $E_1: \vec{x} = \begin{pmatrix} 2 \\ 5 \\ 9 \end{pmatrix} + r\begin{pmatrix} 1 \\ 1 \\ 1 \end{pmatrix} + s\begin{pmatrix} 2 \\ 0 \\ 3 \end{pmatrix}$ b) $E_1: \vec{x} = \begin{pmatrix} 3 \\ 4 \\ 5 \end{pmatrix} + r\begin{pmatrix} 1 \\ 0 \\ 1 \end{pmatrix} + s\begin{pmatrix} 3 \\ 4 \\ 7 \end{pmatrix}$

     $E_2: \vec{x} = \begin{pmatrix} 4 \\ 1 \\ 10 \end{pmatrix} + r\begin{pmatrix} 1 \\ -2 \\ 1 \end{pmatrix} + s\begin{pmatrix} 3 \\ 5 \\ -2 \end{pmatrix}$ $E_2: \vec{x} = \begin{pmatrix} 1 \\ 2 \\ 3 \end{pmatrix} + r\begin{pmatrix} 0 \\ 1 \\ 0 \end{pmatrix} + s\begin{pmatrix} 1 \\ 1 \\ 1 \end{pmatrix}$

c) $E_1: \vec{x} = \begin{pmatrix} 2 \\ 8 \\ 1 \end{pmatrix} + r\begin{pmatrix} 8 \\ 1 \\ 9 \end{pmatrix} + s\begin{pmatrix} 5 \\ -1 \\ 1 \end{pmatrix}$ d) $E_1: \vec{x} = \begin{pmatrix} 3 \\ 0 \\ 9 \end{pmatrix} + r\begin{pmatrix} 1 \\ 1 \\ 0 \end{pmatrix} + s\begin{pmatrix} 3 \\ 1 \\ 2 \end{pmatrix}$

     $E_2: x_1 - 8x_2 + 3x_3 = 1$ $E_2: 7x_1 + 4x_2 + 3x_3 = 9$

5 Die Ebenen E_1 und E_2 sollen zueinander orthogonal sein. Bestimmen Sie den Parameter a in der Gleichung von E_2 so, dass dies der Fall ist.
a) $E_1: 2x_1 - 5x_2 + x_3 = 7$ b) $E_1: 3x_1 + 7x_2 - 2x_3 = 3$ c) $E_1: 4x_1 + ax_2 - 3x_3 = 12$
    $E_2: 3x_1 + x_2 + ax_3 = 10$ $E_2: ax_1 + 5x_2 + 10x_3 = 1$ $E_2: 2x_1 - x_2 + ax_3 = 3$

Tipp zu Aufgabe 6:
Überlegen Sie, was Sie einfacher bestimmen können: zwei Spannvektoren von F oder einen Normalenvektor von F.

6 Gegeben sind zwei Punkte A und B und eine Ebene E. Bestimmen Sie eine Gleichung einer Ebene F, für die gilt: F geht durch die Punkte A und B und ist zur Ebene E orthogonal.
a) $A(2|-1|7)$; $B(0|3|9)$; $E: 2x_1 + 2x_2 + x_3 = 7$
b) $A(1|3|4)$; $B(2|3|2)$; $E: 3x_1 - x_2 + 2x_3 = 16$

7 Gegeben ist die quadratische Pyramide von Fig. 1.
a) Eine Ebene E geht durch die Mittelpunkte der Kanten SB und SC und ist orthogonal zur Seitenfläche BCS. Bestimmen Sie eine Gleichung für E.
b) Eine zweite Ebene F geht durch die Mittelpunkte der Kanten SA und SB und ist orthogonal zur Seitenfläche ABS. Bestimmen Sie eine Gleichung für F.
c) Bestimmen Sie eine Gleichung für die Schnittgerade von E und F.

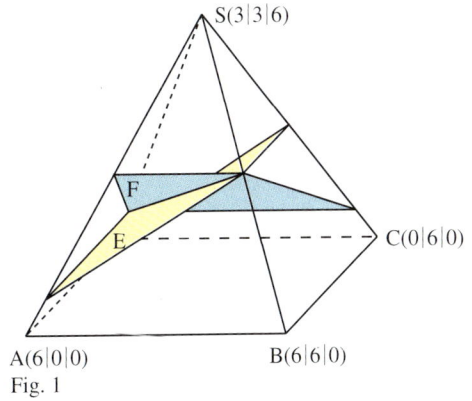

Fig. 1

8 Die Ebene F durch den Punkt $P(3|-1|4)$ ist orthogonal zu den Ebenen E_1 und E_2. Bestimmen Sie eine Gleichung von F.

a) $E_1: \vec{x} = \begin{pmatrix} 3 \\ -1 \\ 4 \end{pmatrix} + r \begin{pmatrix} 4 \\ 2 \\ -1 \end{pmatrix} + s \begin{pmatrix} 7 \\ 1 \\ 0 \end{pmatrix}$

$E_2: \vec{x} = \begin{pmatrix} 3 \\ -1 \\ 4 \end{pmatrix} + u \begin{pmatrix} 7 \\ 1 \\ 0 \end{pmatrix} + v \begin{pmatrix} 1 \\ 1 \\ 7 \end{pmatrix}$

b) $E_1: 2x_1 - x_2 + 3x_3 = 19$
$E_2: 2x_1 + x_2 - x_3 = 1$

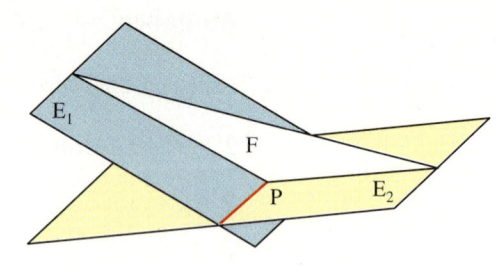

Fig. 1

9 Eine Ebene E ist orthogonal zur x_1x_2-Ebene und zur x_1x_3-Ebene und geht durch den Punkt $A(1|1|1)$. Bestimmen Sie eine Gleichung von E.

10 Bestimmen Sie einen Vektor $\vec{u}$ so, dass die Ebene mit den Spannvektoren $\vec{u}$ und $\begin{pmatrix} 2 \\ 3 \\ 1 \end{pmatrix}$ orthogonal zur Ebene mit den Spannvektoren $\begin{pmatrix} 1 \\ -5 \\ 9 \end{pmatrix}$ und $\begin{pmatrix} 3 \\ 0 \\ 2 \end{pmatrix}$ ist.

Orthogonalität zwischen einer Geraden und einer Ebene

11 Zu welcher der Ebenen aus Aufgabe 2, Seite 115, ist die Gerade g orthogonal?

a) $g: \vec{x} = \begin{pmatrix} -2 \\ 0 \\ 1 \end{pmatrix} + t \begin{pmatrix} 0 \\ 5 \\ 0 \end{pmatrix}$

b) $g: \vec{x} = \begin{pmatrix} 2 \\ 4 \\ 6 \end{pmatrix} + t \begin{pmatrix} 6 \\ 3 \\ 12 \end{pmatrix}$

12 Eine Ebene E geht durch den Punkt $P(7|3|-1)$ und ist zu einer Geraden mit dem Richtungsvektor $\vec{u}$ orthogonal. Geben Sie eine Gleichung von E in Parameterform an.

a) $\vec{u} = \begin{pmatrix} 1 \\ -1 \\ 2 \end{pmatrix}$

b) $\vec{u} = \begin{pmatrix} 1 \\ 0 \\ 1 \end{pmatrix}$

c) $\vec{u} = \begin{pmatrix} 1 \\ 2 \\ 3 \end{pmatrix}$

d) $\vec{u} = \begin{pmatrix} 1 \\ -1 \\ -1 \end{pmatrix}$

13 Eine Gerade g durch $A(2|3|-1)$ ist orthogonal zur Ebene E. Bestimmen Sie eine Gleichung von g.

a) $E: \vec{x} = \begin{pmatrix} 2 \\ 3 \\ 0 \end{pmatrix} + r \begin{pmatrix} 1 \\ 2 \\ 1 \end{pmatrix} + s \begin{pmatrix} 3 \\ 0 \\ 5 \end{pmatrix}$

b) $E: \vec{x} = \begin{pmatrix} -1 \\ 5 \\ 7 \end{pmatrix} + r \begin{pmatrix} 1 \\ 1 \\ 1 \end{pmatrix} + s \begin{pmatrix} -3 \\ 5 \\ 7 \end{pmatrix}$

c) $E: \vec{x} = \begin{pmatrix} 2 \\ 5 \\ 7 \end{pmatrix} + r \begin{pmatrix} 0 \\ 3 \\ -1 \end{pmatrix} + s \begin{pmatrix} 2 \\ -1 \\ 0 \end{pmatrix}$

d) $E: \vec{x} = \begin{pmatrix} 1 \\ 0 \\ 0 \end{pmatrix} + r \begin{pmatrix} 1 \\ 5 \\ -4 \end{pmatrix} + s \begin{pmatrix} 3 \\ -10 \\ 8 \end{pmatrix}$

14 a) In Fig. 2 ist M der Mittelpunkt der Raumdiagonalen BH eines Würfels. Eine Ebene geht durch diesen Punkt M und ist orthogonal zu BH. Geben Sie eine Gleichung dieser Ebene in Normalenform an.
b) Bestimmen Sie rechnerisch die Koordinaten der Schnittpunkte dieser Ebene mit den Kanten des Würfels.
c) Bestimmen Sie auch die Gleichung der durch M gehenden und zu AG (zu CE) orthogonalen Ebene.

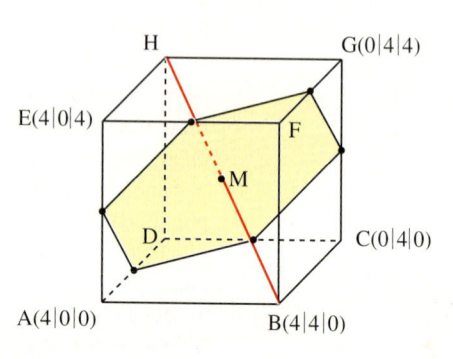

Fig. 2

15 In einer Ecke zwischen Haus und Garage muss das Fallrohr der Regenrinne im Erdreich erneuert werden. Dazu wird eine Grube ausgehoben und eine rechteckige Spanplatte als Wetterschutz darüber gestellt (Fig. 1).
Zur Stabilisierung soll im Diagonalenschnittpunkt M des Rechtecks der Spanplatte eine zur Platte orthogonale Stütze montiert werden. Wo ist ihr anderes Ende am Haus zu befestigen?
Anleitung: Stellen Sie eine Gleichung der Geraden g durch M auf, für die gilt: g ist orthogonal zur Ebene durch die Punkte A, B, C und D.

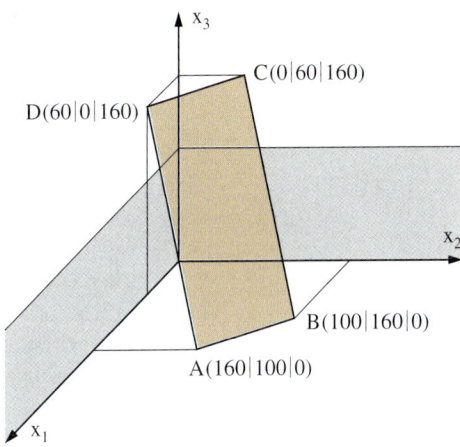

Fig. 1

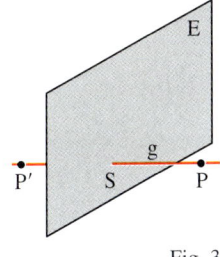

Fig. 3

16 Gegeben sind ein Punkt $P(4|-1|3)$ und die Ebene $E: 3x_1 - 2x_2 + x_3 = 3$.
Gesucht ist das Spiegelbild P' des Punktes P bei Spiegelung an der Ebene E.
a) Bestimmen Sie eine Gleichung der zu E orthogonalen und durch P gehenden Geraden g.
b) Berechnen Sie den Schnittpunkt S der Geraden g mit der Ebene E.
c) Bestimmen Sie P' auf der Geraden g so, dass S der Mittelpunkt von PP' ist.

Zueinander orthogonale Geraden im Raum

17 Gegeben sind ein Punkt P und eine Gerade g. Bestimmen Sie den Punkt Q auf g so, dass die Gerade h durch P und Q orthogonal zu g ist.
Geben Sie auch eine Gleichung für h an.

a) $P(-4|0|3)$, $g: \vec{x} = \begin{pmatrix} 2 \\ 1 \\ 3 \end{pmatrix} + t \begin{pmatrix} 1 \\ 1 \\ -1 \end{pmatrix}$

b) $P(0|1|1)$, $g: \vec{x} = \begin{pmatrix} 2 \\ 4 \\ 6 \end{pmatrix} + t \begin{pmatrix} 2 \\ 3 \\ 1 \end{pmatrix}$

c) $P(6|-2|0)$, $g: \vec{x} = \begin{pmatrix} 4 \\ 2 \\ 3 \end{pmatrix} + t \begin{pmatrix} 0 \\ 1 \\ 2 \end{pmatrix}$

d) $P(0|0|0)$, $g: \vec{x} = \begin{pmatrix} 2 \\ -3 \\ 6 \end{pmatrix} + t \begin{pmatrix} -2 \\ 3 \\ 1 \end{pmatrix}$

18 Gegeben sind die Gerade $g: \vec{x} = \begin{pmatrix} 4 \\ 1 \\ 1 \end{pmatrix} + t \begin{pmatrix} 0 \\ 2 \\ 1 \end{pmatrix}$ und die Punkte $A(6|0|-2)$ und $B(4|3|5)$.

Bestimmen Sie auf g einen Punkt C so, dass das Dreieck ABC bei C einen rechten Winkel hat.

19 Gegeben sind die zueinander windschiefen Geraden g und h.
Bestimmen Sie einen Richtungsvektor $\vec{u}$ der Geraden k, die zu g und zu h orthogonal ist.
Bestimmen Sie dann die Schnittpunkte A und B der Geraden k mit g bzw. h.

In der Ebene gilt:
Wenn $g \perp h$ und $h \perp k$, dann ist $g \parallel k$.
Gilt dies auch im Raum?
Kann evtl. sogar $g \perp k$ sein?

a) $g: \vec{x} = \begin{pmatrix} 1 \\ 8 \\ -9 \end{pmatrix} + t \begin{pmatrix} 0 \\ 2 \\ -1 \end{pmatrix}$, $h: \vec{x} = \begin{pmatrix} -2 \\ 1 \\ 5 \end{pmatrix} + t \begin{pmatrix} 4 \\ 1 \\ -1 \end{pmatrix}$

b) $g: \vec{x} = \begin{pmatrix} 7 \\ -3 \\ -3 \end{pmatrix} + t \begin{pmatrix} 3 \\ -2 \\ -2 \end{pmatrix}$, $h: \vec{x} = \begin{pmatrix} 0 \\ -8 \\ 5 \end{pmatrix} + t \begin{pmatrix} 3 \\ 6 \\ 2 \end{pmatrix}$

Anleitung:
Setzen Sie $\overrightarrow{AB} = r \cdot \vec{u}$ und benutzen Sie, dass A auf g und B auf h liegt, ihre Koordinaten also die Gleichungen von g bzw. h erfüllen.

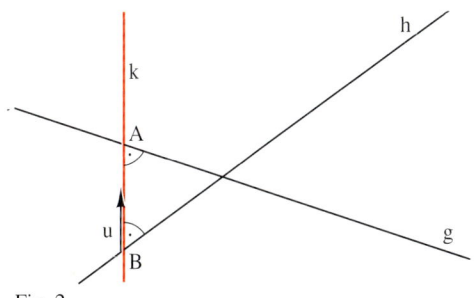

Fig. 2

117

7 Abstand eines Punktes von einer Ebene

1 An der schrägen Holzdecke eines Dachzimmers hängt eine Lampe (Fig. 1). Wie groß ist ihr Abstand zur Holzdecke?
a) Wie bestimmt man diesen Abstand? Von welcher Strecke im Raum muss man die Länge berechnen?
b) Berechnen Sie den Abstand Mitte der Lampenglocke–Holzdecke für eine Dachneigung von 45°.

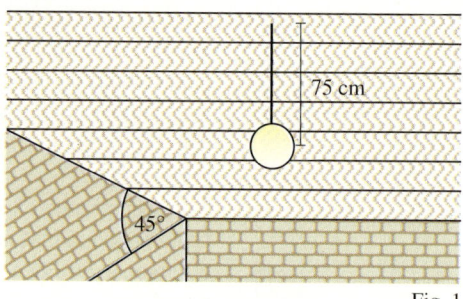

75 cm

45°

Fig. 1

2 Gegeben ist eine Ebene E und ein Normalenvektor $\vec{n_0}$ von E mit $|\vec{n_0}| = 1$. Die Punkte A, B, C liegen auf einer Geraden, die parallel zu E ist. Berechnen und vergleichen Sie: $\vec{n_0} \cdot \vec{PA}$, $\vec{n_0} \cdot \vec{PB}$ und $\vec{n_0} \cdot \vec{PC}$. Welche geometrische Bedeutung haben diese Skalarprodukte für die Punkte A, B und C?

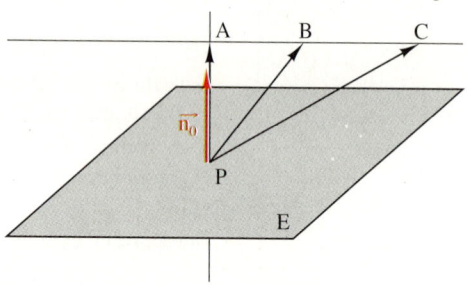

Fig. 2

Unter dem **Abstand** d eines Punktes R von einer Ebene E versteht man die Länge d seines Lotes von R auf die Ebene, d. h. die Länge d der Strecke von R zum Lotfußpunkt F (Fig. 3).

In Fig. 3 gilt für den Abstand des Punktes R von der Ebene E: $d = |(\vec{r} - \vec{p}) \cdot \vec{n_0}|$.
Denn:
Ist n_0 ein Normalenvektor mit $|\vec{n_0}| = 1$ und liegt R zu $\vec{n_0}$ wie in Fig. 3, dann ist
$\vec{PR} \cdot \vec{n_0} = |\vec{PR}| \cdot 1 \cdot \cos\delta = d$.
Mit $\vec{PR} = \vec{OR} - \vec{OP} = \vec{r} - \vec{p}$ ist somit
$d = (\vec{r} - \vec{p}) \cdot \vec{n_0}$.
Liegt R auf der anderen Seite der Ebene E, so ist $\vec{PR} \cdot \vec{n_0}$ negativ. Es ergibt sich
$d = -\vec{PR} \cdot \vec{n_0} = -(\vec{r} - \vec{p}) \cdot \vec{n_0}$.

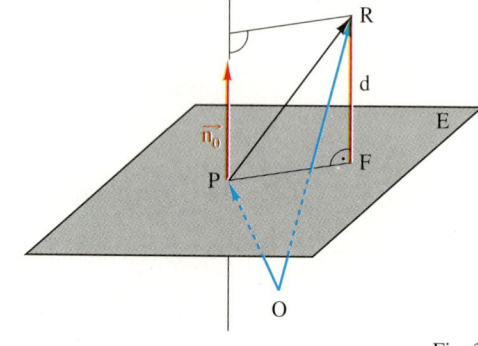

Fig. 3

Der Term $(\vec{r} - \vec{p}) \cdot \vec{n_0}$ entspricht dem Term in der Normalenform der Ebenengleichung $(\vec{x} - \vec{p}) \cdot \vec{n} = 0$, wenn man $\vec{x}$ durch $\vec{r}$ und $\vec{n}$ durch $\vec{n_0}$ ersetzt. Dies führt zu einer speziellen Form der Ebenengleichung in Normalenform:
Ist $\vec{n_0}$ ein „Normalen-Einheitsvektor", d. h. ein Normalenvektor mit dem Betrag 1, so nennt man die Ebenengleichung $(\vec{x} - \vec{p}) \cdot \vec{n_0} = 0$ die **Hesse'sche Normalform**.

LUDWIG OTTO HESSE (1811–1874), deutscher Mathematiker. 1861 erschien sein viel beachtetes Buch „Vorlesungen über analytische Geometrie des Raumes".

> **Satz 1:** Ist $(\vec{x} - \vec{p}) \cdot \vec{n_0} = 0$ die Hesse'sche Normalform einer Gleichung der Ebene E, so gilt für den Abstand d eines Punktes R mit dem Ortsvektor $\vec{r}$ von der Ebene E:
> $$d = |(\vec{r} - \vec{p}) \cdot \vec{n_0}|.$$

In der Koordinatengleichung $a_1 x_1 + a_2 x_2 + a_3 x_3 = b$ einer Ebene bilden die Koeffizienten a_1, a_2, a_3 die Koordinaten eines Normalenvektors $\vec{n}$. Dividiert man die Koordinatengleichung

durch den Betrag von $\vec{n} = \begin{pmatrix} a_1 \\ a_2 \\ a_3 \end{pmatrix}$, so erhält man die

Koordinatendarstellung der Hesse'schen Normalenform: $\dfrac{a_1 x_1 + a_2 x_2 + a_3 x_3 - b}{\sqrt{a_1{}^2 + a_2{}^2 + a_3{}^2}} = 0$.

Entsprechend dem ersten Satz gilt:

> **Satz 2:** Ist $a_1 x_1 + a_2 x_2 + a_3 x_3 = b$ eine Koordinatengleichung der Ebene E, so gilt für den Abstand d eines Punktes $R\,(r_1 \mid r_2 \mid r_3)$ von der Ebene E:
> $$d = \left| \frac{a_1 r_1 + a_2 r_2 + a_3 r_3 - b}{\sqrt{a_1{}^2 + a_1{}^2 + a_3{}^2}} \right|$$

Beispiel 1: (Abstandsberechnung, Ebenengleichung in Normalenform)
Bestimmen Sie den Abstand des Punktes $R\,(9 \mid 4 \mid -3)$ von der Ebene mit der Gleichung
$$\left[\vec{x} - \begin{pmatrix} 1 \\ -3 \\ 1 \end{pmatrix} \right] \cdot \begin{pmatrix} 1 \\ 2 \\ 2 \end{pmatrix} = 0.$$

Lösung:
1. Schritt: Umwandlung der Normalenform in die Hesse'sche Normalenform.

Man kann auch erst die Normalenform in die Koordinatengleichung umwandeln und dann wie im Beispiel 2 vorgehen.

Mit $|\vec{n}| = \left\| \begin{pmatrix} 1 \\ 2 \\ 2 \end{pmatrix} \right\| = \sqrt{1^2 + 2^2 + 2^2} = 3$ ist $\vec{n_0} = \frac{1}{3} \begin{pmatrix} 1 \\ 2 \\ 2 \end{pmatrix}$, also lautet die

Hesse'sche Normalenform $\left[\vec{x} - \begin{pmatrix} 1 \\ -3 \\ 1 \end{pmatrix} \right] \cdot \frac{1}{3} \begin{pmatrix} 1 \\ 2 \\ 2 \end{pmatrix} = 0$.

2. Schritt: Berechnung des Abstandes mithilfe des 1. Satzes.

$$d = \left| \left[\begin{pmatrix} 9 \\ 4 \\ -3 \end{pmatrix} - \begin{pmatrix} 1 \\ -3 \\ 1 \end{pmatrix} \right] \cdot \frac{1}{3} \begin{pmatrix} 1 \\ 2 \\ 2 \end{pmatrix} \right| = \frac{1}{3} \cdot \left| \begin{pmatrix} 8 \\ 7 \\ -4 \end{pmatrix} \cdot \begin{pmatrix} 1 \\ 2 \\ 2 \end{pmatrix} \right| = \frac{14}{3}.$$

Beispiel 2: (Abstandsberechnung, Ebenengleichung in Koordinatenform)
Bestimmen Sie den Abstand des Punktes $R\,(1 \mid 6 \mid 2)$ von der Ebene E mit der Koordinatengleichung $x_1 - 2x_2 + 4x_3 = 1$.
Lösung:
1. Schritt: Umwandlung der Koordinatengleichung in die Hesse'sche Normalenform.

Hier kann man natürlich auch gleich in die „Koordinatenformel" des zweiten Satzes einsetzen.

Mit $\sqrt{1^2 + (-2)^2 + 4^2} = \sqrt{21}$ ist die Hesse'sche Normalenform $\dfrac{x_1 - 2x_2 + 4x_3 - 1}{\sqrt{21}} = 0$.

2. Schritt: Berechnung des Abstandes mithilfe des 2. Satzes.

$$d = \left| \frac{1 - 2 \cdot 6 + 4 \cdot 2 - 1}{\sqrt{21}} \right| = \left| \frac{-4}{\sqrt{21}} \right| = \frac{4}{\sqrt{21}} = \frac{4}{21} \sqrt{21} \approx 0{,}87.$$

Beispiel 3: (Anwendung: Berechnung der Höhe einer Pyramide)
Berechnen Sie für eine dreiseitige Pyramide mit der Grundfläche ABC und der Spitze D die Höhe für $A\,(4 \mid 0 \mid 0)$; $B\,(4 \mid 5 \mid 1)$; $C\,(0 \mid 0 \mid 1)$ und $D\,(-1 \mid 4 \mid 3)$.
Lösung:
1. Schritt: Aufstellung einer Koordinatengleichung der Ebene E durch A, B, C.
Einsetzen der Koordinaten von A, B, C in die Gleichung $a_1 x_1 + a_2 x_2 + a_3 x_3 = b$ ergibt das

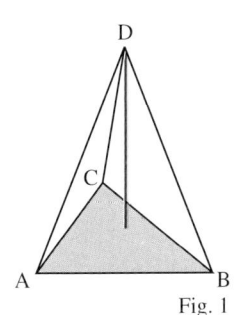

Fig. 1

$$\text{LGS:} \begin{cases} 4\,a_1 & = b \\ 4\,a_1 + 5\,a_2 + a_3 = b \\ a_3 = b \end{cases} \text{umgeformt in} \begin{cases} 4\,a_1 & = b \\ 5\,a_2 & = -b \ (\text{II} - \text{I} - \text{III}) \\ a_3 = b \end{cases}$$

Für $b = 20$ erhält man eine ganzzahlige Lösung mit $a_1 = 5$; $a_2 = -4$ und $a_3 = 20$.
Damit ist $5\,x_1 - 4\,x_2 + 20\,x_3 = 20$ eine Koordinatengleichung von E.
2. Schritt: Umwandlung der Koordinatengleichung in die Hesse'sche Normalenform.
Mit $\sqrt{5^2 + (-4)^2 + 20^2} = \sqrt{441} = 21$ ist die Hesse'sche Normalenform $\dfrac{5\,x_1 - 4\,x_2 + 20\,x_3 - 20}{21} = 0$.
3. Schritt: Berechnung der Höhe h mithilfe des zweiten Satzes.
$h = \left| \dfrac{5 \cdot (-1) - 4 \cdot 4 + 20 \cdot 3 - 20}{21} \right| = \dfrac{19}{21}$.

Aufgaben

3   Berechnen Sie die Abstände der Punkte A, B und C von der Ebene E.

a) $A(2|0|2)$, $B(2|1|-8)$, $C(5|5|5)$, $E: \left[\vec{x} - \begin{pmatrix} 3 \\ 5 \\ -1 \end{pmatrix} \right] \cdot \begin{pmatrix} 2 \\ -1 \\ 2 \end{pmatrix} = 0$

b) $A(2|-1|2)$, $B(2|10|-6)$, $C(4|6|8)$, $E: \left[\vec{x} - \begin{pmatrix} 5 \\ 1 \\ 0 \end{pmatrix} \right] \cdot \begin{pmatrix} 4 \\ -4 \\ 2 \end{pmatrix} = 0$

c) $A(1|1|-2)$, $B(5|1|0)$, $C(1|3|3)$, $E: 2\,x_1 - 10\,x_2 + 11\,x_3 = 0$

d) $A(2|3|1)$, $B(5|6|3)$, $C(0|0|0)$, $E: 6\,x_1 + 17\,x_2 - 6\,x_3 = 19$

e) $A(4|-1|-1)$, $B(-1|2|-4)$, $C(7|3|4)$, $E: \vec{x} = \begin{pmatrix} 2 \\ -1 \\ -4 \end{pmatrix} + r \begin{pmatrix} 3 \\ 4 \\ -6 \end{pmatrix} + s \begin{pmatrix} 1 \\ -1 \\ 0 \end{pmatrix}$

f) $A(0|0|1)$, $B(5|-7|-8)$, $C(9|19|22)$, $E: \vec{x} = \begin{pmatrix} 2 \\ 0 \\ 2 \end{pmatrix} + r \begin{pmatrix} 1 \\ 1 \\ 2 \end{pmatrix} + s \begin{pmatrix} 2 \\ 3 \\ 5 \end{pmatrix}$

4   Berechnen Sie die Abstände der Punkte A, B und C von der Ebene durch die Punkte P, Q und R.
a) $A(3|3|-4)$, $B(-4|-8|-18)$, $C(1|0|19)$, $P(2|0|4)$, $Q(6|7|1)$, $R(-2|3|7)$
b) $A(4|4|-4)$, $B(5|-8|-1)$, $C(0|0|10)$, $P(1|2|6)$, $Q(3|3|4)$, $R(4|5|6)$

Wer bei Aufgabe 5 mehr als eine Differenz berechnet, ist selber Schuld!

5   Der Abstand des Punktes $P(5|15|9)$ von der Ebene E durch die Punkte $A(2|2|0)$, $B(-2|2|6)$ und $C(3|2|5)$ ist gesucht.
Bestimmen Sie diesen Abstand ohne Benutzung der Hesse'schen Normalenform.

Der Sicherheitsabstand, der bei Abluftrohren einzuhalten ist, hängt auch von der Temperatur und der Schadstoffbelastung der Abluft ab.

6   Fig. 1 zeigt eine Werkstatthalle mit einem Pultdach. Die Koordinaten der angegebenen Ecken entsprechen ihren Abständen in m.
Die Abluft wird durch ein lotrechtes Edelstahlrohr aus der Halle geführt, sein Endpunkt ist $R(10|10|8)$.
a) Berechnen Sie den Abstand des Luftauslasses von der Dachfläche. Ist der Sicherheitsabstand von $1{,}50\,\text{m}$ eingehalten?
b) Berechnen Sie auch die Länge des Edelstahlrohres, das über die Dachfläche hinausragt.

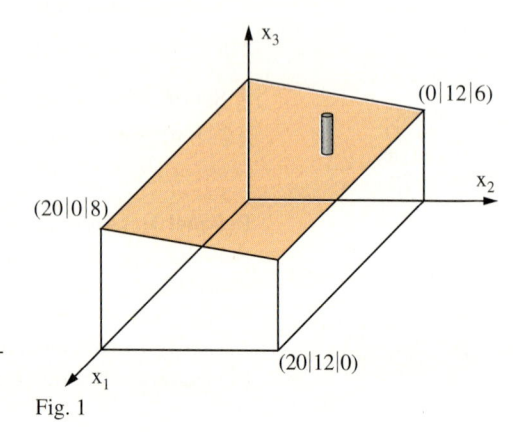

Fig. 1

*Sind zwei Ebenen E und F zueinander parallel, so haben alle Punkte A von E denselben Abstand zu F, und dieser Abstand ist auch gleich dem Abstand aller Punkte B von F zur Ebene E. Diesen gemeinsamen Abstand nennt man den **Abstand der Ebenen** E und F.*

7 Zeigen Sie, dass die Ebenen E und F zueinander parallel sind. Berechnen Sie ihren Abstand.

a) $E: \left[\vec{x} - \begin{pmatrix} 2 \\ 3 \\ 1 \end{pmatrix}\right] \cdot \begin{pmatrix} 1 \\ -1 \\ 1 \end{pmatrix} = 0$ $F: \left[\vec{x} - \begin{pmatrix} 6 \\ -5 \\ 0 \end{pmatrix}\right] \cdot \begin{pmatrix} -2 \\ 2 \\ -2 \end{pmatrix} = 0$

b) $E: \left[\vec{x} - \begin{pmatrix} 2 \\ 3 \\ 4 \end{pmatrix}\right] \cdot \begin{pmatrix} 1 \\ 1 \\ 2 \end{pmatrix} = 0$ $F: \left[\vec{x} - \begin{pmatrix} 3 \\ 7 \\ 1 \end{pmatrix}\right] \cdot \begin{pmatrix} 1 \\ 1 \\ 2 \end{pmatrix} = 0$

c) $E: 4x_1 + 3x_2 - 12x_3 = 25$ $F: -4x_1 - 3x_2 + 12x_3 = 14$

d) $E: 4x_1 - 2x_2 + 4x_3 = 9$ $F: -6x_1 + 3x_2 - 6x_3 = 4,5$

e) $E: \vec{x} = \begin{pmatrix} 2 \\ 5 \\ -1 \end{pmatrix} + r\begin{pmatrix} 7 \\ 6 \\ -4 \end{pmatrix} + s\begin{pmatrix} 2 \\ -1 \\ 0 \end{pmatrix}$ $F: \vec{x} = \begin{pmatrix} 1 \\ -3 \\ 0 \end{pmatrix} + r\begin{pmatrix} 9 \\ 5 \\ -4 \end{pmatrix} + s\begin{pmatrix} 1 \\ -10 \\ 4 \end{pmatrix}$

f) $E: \vec{x} = \begin{pmatrix} 2 \\ 3 \\ 5 \end{pmatrix} + r\begin{pmatrix} 1 \\ 1 \\ 0 \end{pmatrix} + s\begin{pmatrix} 0 \\ 1 \\ 2 \end{pmatrix}$ $F: \vec{x} = \begin{pmatrix} 1 \\ 3 \\ 7 \end{pmatrix} + r\begin{pmatrix} 1 \\ 2 \\ 2 \end{pmatrix} + s\begin{pmatrix} 2 \\ 5 \\ 6 \end{pmatrix}$

8 Gegeben sind die Ebene $E: x_1 + 3x_2 - 2x_3 = 0$ und die Punkte $A(0|2|0)$ und $B(5|-1|-2)$.
a) Zeigen Sie, dass die Gerade durch A und B parallel zu E ist.
b) Bestimmen Sie den Abstand der Punkte der Geraden durch A und B zur Ebene E.

9 Gegeben sind die Ebene $E: 3x_2 + 4x_3 = 0$ und der Punkt $P(3|-1|7)$.
a) Stellen Sie eine Gleichung der Geraden g auf, die orthogonal zur Ebene E ist und durch den Punkt P geht.
b) Bestimmen Sie den Lotfußpunkt, d. h. den Schnittpunkt Q der Geraden g mit der Ebene E. Berechnen Sie den Abstand der Punkte P und Q.
c) Berechnen Sie direkt den Abstand von P zur Ebene E. Kontrollieren Sie damit Ihr Ergebnis von b).

10 Gegeben sind die Punkte $A(3|3|2)$, $B(5|3|0)$ und $C(3|5|0)$.
a) Zeigen Sie, dass das Dreieck ABC gleichseitig ist. Berechnen Sie seinen Flächeninhalt.
b) Berechnen Sie den Abstand des Punktes $O(0|0|0)$ von der Ebene durch A, B, C.
c) Berechnen Sie das Volumen der Pyramide mit der Grundfläche ABC und der Spitze O.
d) Bestimmen Sie den Fußpunkt F der Pyramidenhöhe. Berechnen Sie den Abstand der Punkte O und F. Kontrollieren Sie damit Ihr Ergebnis von b).

Zur Erinnerung:
Das Volumen einer Pyramide oder eines Kegels mit Grundfläche G und Höhe h ist $V = \frac{1}{3} G \cdot h$.

11 Gegeben ist der Punkt $S(8|14|8)$ und die Ebene $E: \left[\vec{x} - \begin{pmatrix} -3 \\ 3,5 \\ 7 \end{pmatrix}\right] \cdot \begin{pmatrix} 4 \\ 7 \\ 4 \end{pmatrix} = 0$.

a) Bestimmen Sie den Fußpunkt M des Lotes von S auf die Ebene E.
b) Zeigen Sie, dass $R(2|7,5|-5)$ ein Punkt der Ebene E ist, und berechnen Sie den Abstand r von R zu M.
c) Berechnen Sie die Länge der Strecke MS auf zwei Arten: einmal direkt aus den Koordinaten von M und S und zur Kontrolle mit der Hesse'schen Normalenform.
d) Berechnen Sie das Volumen des Kegels, der durch Rotation der Strecke RS um das Lot von S auf E entsteht.

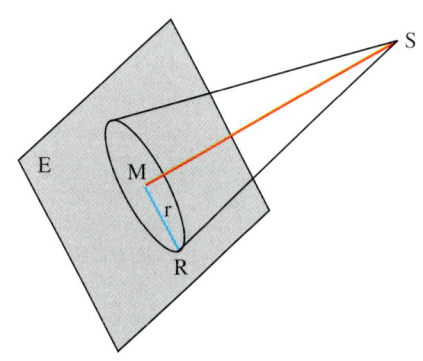

Fig. 1

12 Gegeben ist die Gerade $g: \vec{x} = \begin{pmatrix} 0 \\ 1 \\ 0 \end{pmatrix} + t \begin{pmatrix} 2 \\ 3 \\ 1 \end{pmatrix}$ und die Ebene $E: x_1 + 2x_2 - 2x_3 = 6$.

a) Zeigen Sie, dass die Gerade g und die Ebene E einen Schnittpunkt haben, ohne diesen gleich zu berechnen.

b) Bestimmen Sie den Abstand eines Punktes X auf g von der Ebene E in Abhängigkeit vom Parameter t. Für welchen Wert von t ist $d = 0$? Bestimmen Sie daraus den Schnittpunkt von g mit E.

c) Berechnen Sie wie bisher den Schnittpunkt der Geraden g und der Ebene E. Vergleichen Sie mit dem Ergebnis von b).

Beachten Sie:
*Die Aufgaben 13 bis 17 führen jeweils auf eine Betragsgleichung mit 2 Lösungen.
So folgt z. B. aus*
$|x + 2| = 5$
zunächst
$x + 2 = 5$ *oder*
$x + 2 = -5$.

13 Bestimmen Sie die Koordinate a_2 des Punktes $A(3 \mid a_2 \mid 0)$ so, dass A den Abstand 5 von der Ebene E hat.

a) $E: 2x_1 + x_2 - 2x_3 = 4$ b) $E: \left[\vec{x} - \begin{pmatrix} 9 \\ -2 \\ 4 \end{pmatrix} \right] \cdot \begin{pmatrix} 0 \\ 4 \\ -3 \end{pmatrix} = 0$

14 Bestimmen Sie alle Punkte R auf der x_1-Achse (der x_3-Achse), die von den Ebenen
$E: 2x_1 + 2x_2 - x_3 = 6$ und $F: 6x_1 + 9x_2 + 2x_3 = -22$
den gleichen Abstand haben.

15 Die Menge aller Punkte, die zu einer Ebene E einen festen Abstand haben, bilden zwei zu E parallele Ebenen F_1 und F_2.
Bestimmen Sie Gleichungen der Ebenen F_1 und F_2 so, dass F_1 und F_2 von
$E: 4x_1 + 12x_2 - 3x_3 = 8$ den Abstand 2 haben.
Anleitung:
Wählen Sie einen „günstigen" Punkt, z. B. einen Punkt auf der x_1-Achse. Bestimmen Sie dann seine Koordinaten so, dass sein Abstand von der Ebene E gerade 2 beträgt (zwei Lösungen). Die gesuchten Ebenen gehen durch diese Punkte und sind parallel zu E.

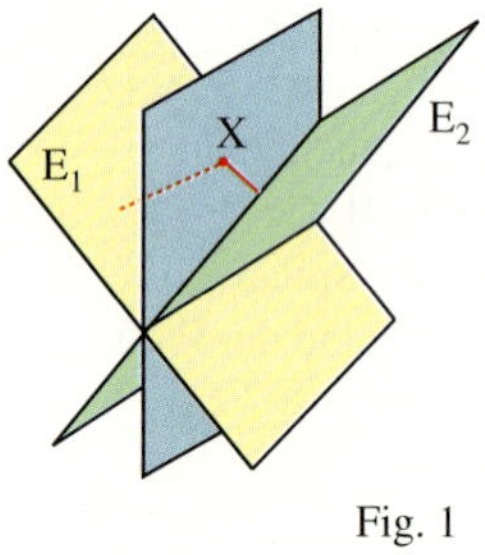

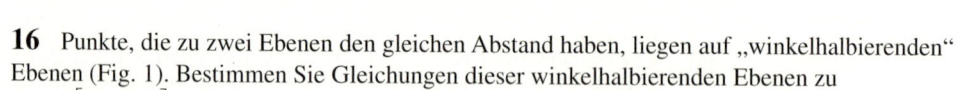

16 Punkte, die zu zwei Ebenen den gleichen Abstand haben, liegen auf „winkelhalbierenden" Ebenen (Fig. 1). Bestimmen Sie Gleichungen dieser winkelhalbierenden Ebenen zu

a) $E_1: \left[\vec{x} - \begin{pmatrix} 1 \\ 2 \\ 1 \end{pmatrix} \right] \cdot \begin{pmatrix} -4 \\ 4 \\ 2 \end{pmatrix} = 0,$ b) $E_1: \vec{x} = \begin{pmatrix} 1 \\ -2 \\ -1 \end{pmatrix} + r \begin{pmatrix} 6 \\ 1 \\ 4 \end{pmatrix} + s \begin{pmatrix} 3 \\ 4 \\ 4 \end{pmatrix},$

$E_2: \left[\vec{x} - \begin{pmatrix} 2 \\ 1 \\ -3 \end{pmatrix} \right] \cdot \begin{pmatrix} 4 \\ -8 \\ -1 \end{pmatrix} = 0,$ $E_2: \vec{x} = \begin{pmatrix} 1 \\ 1 \\ 3 \end{pmatrix} + r \begin{pmatrix} 4 \\ 1 \\ 1 \end{pmatrix} + s \begin{pmatrix} 0 \\ 1 \\ 2 \end{pmatrix}.$

Fig. 1

17 Ein 2,60 m langes und 1,00 m breites Brett liegt schräg an einer Wand. Die Befestigung ist 1,00 m hoch. Wie viel cm darf der Durchmesser eines Balls höchstens betragen, damit der Ball noch unter das Brett passt?

a) Bestimmen Sie zu Fig. 2 die Hesse'sche Normalenform der Gleichung von E. Wählen Sie dabei als Koordinatenein-heit 1 m.

b) Geben Sie die Koordinaten des Mittel-punktes M der Kugel mit Radius r an.

c) Setzen Sie den Abstand von M zur Ebene E gleich r. Lösen Sie die sich erge-bende Betragsgleichung. Beantworten Sie die anfangs gestellte Frage.

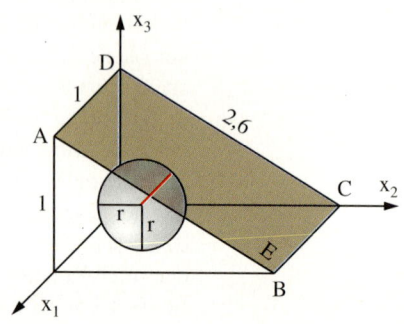

Fig. 2

8 Abstand eines Punktes von einer Geraden

1 Für Bäume in Hausgärten gelten Mindestabstände zu den Grundstücksgrenzen. Bestimmen Sie zu Fig. 1 den Abstand der Mitte des Baumstammes vom Zaun.

2 Wie viele Geraden im Raum gibt es, die durch einen gegebenen Punkt R gehen und zu einer gegebenen Gerade g orthogonal sind? Beschreiben Sie die Lage dieser Geraden.

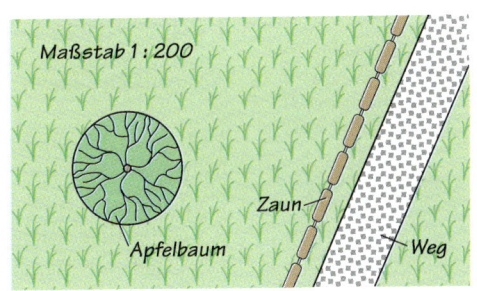

Fig. 1

Gleichungen in Normalenform gibt es im Raum nur für Ebenen, aber nicht für Geraden, denn im Raum gibt es zu einer Geraden viele zu ihr orthogonale Geraden. In der Ebene dagegen bestimmen ein Punkt einer Geraden und eine Normale von g die Lage dieser Geraden. Deshalb ist es möglich, für Geraden in der Ebene eine Gleichung in Normalenform anzugeben.

Abstand Punkt–Gerade in der **Ebene**:
Fig. 2 verdeutlicht:

$$(\vec{x} - \vec{p}) \cdot \vec{n} = 0$$

stellt eine Normalenform einer Gleichung einer Geraden in der Ebene dar.
Mit dem Normalen-Einheitsvektor $\vec{n_0}$ und $\overrightarrow{OR} = \vec{r}$ gilt dann wie beim Abstand Punkt–Ebene für den Abstand d von R zu g:

$$d = |(\vec{r} - \vec{p}) \cdot \vec{n_0}|.$$

Für eine Gerade mit der Gleichung
$a_1 x_1 + a_2 x_2 = b$
gilt entsprechend:
$$d = \left| \frac{a_1 r_1 + a_2 r_2 - b}{\sqrt{a_1^2 + a_2^2}} \right|.$$

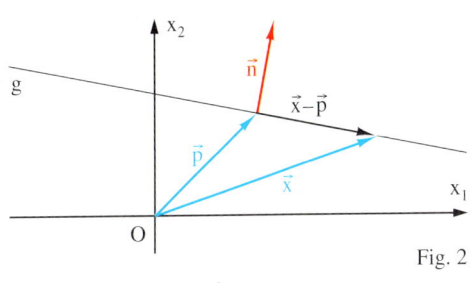

Fig. 2

Abstand Punkt–Gerade im **Raum**:
Den Abstand eines Punktes R von einer Geraden g im Raum bestimmt man in drei Schritten:
– Aufstellen einer Gleichung der zu g orthogonalen Ebene E durch R (Fig. 3),
– Berechnung des Schnittpunktes F,
– Berechnung des Betrages von $\overrightarrow{RF}$.

Vergleichen Sie hierzu auch Beispiel 3 von Seite 114.

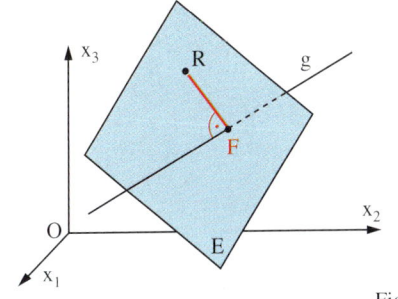

Fig. 3

Beispiel 1: (Abstand Punkt–Gerade in der Ebene)
Berechnen Sie den Abstand des Punktes $R(2|-3)$ von der Geraden g.

a) $g: \left[\vec{x} - \begin{pmatrix} 4 \\ 1 \end{pmatrix}\right] \cdot \begin{pmatrix} 1 \\ 0 \end{pmatrix} = 0$ b) $g: 3x_1 + 4x_2 = 11$

Lösung:

a) Wegen $\left| \begin{pmatrix} 1 \\ 0 \end{pmatrix} \right| = 1$ hat die Geradengleichung bereits die Hesse'sche Normalenform.

Einsetzen von $\begin{pmatrix} 2 \\ -3 \end{pmatrix}$ ergibt: $d = \left| \left[\begin{pmatrix} 2 \\ -3 \end{pmatrix} - \begin{pmatrix} 4 \\ 1 \end{pmatrix} \right] \cdot \begin{pmatrix} 1 \\ 0 \end{pmatrix} \right| = |-2 \cdot 1 + (-4) \cdot 0| = 2$.

b) Umwandlung der Geradengleichung in die Hesse'sche Normalenform:

Mit $\sqrt{3^2 + 4^2} = 5$ ist die Hesse'sche Normalenform $\frac{3x_1 + 4x_2 - 11}{5} = 0$.

Einsetzen der Koordinaten von R ergibt: $d = \left| \frac{3 \cdot 2 + 4 \cdot (-3) - 11}{5} \right| = \left| \frac{-17}{5} \right| = \frac{17}{5}$.

123

Beispiel 2: (Abstand Punkt–Gerade im Raum)

Berechnen Sie den Abstand des Punktes R$(2|-3|5)$ von der Geraden g: $\vec{x} = \begin{pmatrix} 4 \\ 3 \\ 3 \end{pmatrix} + t \begin{pmatrix} 2 \\ 1 \\ -1 \end{pmatrix}$.

Lösung:

1. Schritt: Bestimmung der zu g orthogonalen Ebene E durch R.

Aus dem Richtungsvektor $\begin{pmatrix} 2 \\ 1 \\ -1 \end{pmatrix}$ von g ergibt sich als Gleichung für E: $2x_1 + x_2 - x_3 = b$.

R$(2|-3|5)$ liegt in E, also müssen seine Koordinaten

die Gleichung $2x_1 + x_2 - x_3 = b$ erfüllen: $2 \cdot 2 + (-3) - 5 = b$.

Daraus folgt $b = -4$ und damit E: $2x_1 + x_2 - x_3 = -4$.

2. Schritt: Berechnung des Fußpunktes F als Schnittpunkt von g mit E.

Der gegebenen Geradengleichung entnimmt man: $x_1 = 4 + 2t$; $x_2 = 3 + t$; $x_3 = 3 - t$.

Einsetzen in die Ebenengleichung: $2(4 + 2t) + (3 + t) - (3 - t) = -4$.

Lösen der Gleichung ergibt: $t = -2$.

Einsetzen von $t = -2$ in die Geradengleichung führt zu F$(0|1|5)$.

3. Schritt: Berechnung des Abstandes des Punktes R von g als Betrag des Vektors $\overrightarrow{RF}$.

$d = |\overrightarrow{RF}| = \sqrt{(0 - 2)^2 + (1 + 3)^2 + (5 - 5)^2} = \sqrt{20} = 2 \cdot \sqrt{5}$.

> Abstand
> Punkt–Gerade
> im Raume messe'?
> Da kannst du den
> Hesse
> grad' vergesse'!

Aufgaben

Geraden in der Ebene

3 Berechnen Sie den Abstand des Punktes P von der Geraden g.

a) P$(2|4)$, g: $\left[\vec{x} - \begin{pmatrix} 3 \\ 5 \end{pmatrix}\right] \cdot \begin{pmatrix} 1 \\ 2 \end{pmatrix} = 0$

b) P$(-1|5)$, g: $\left[\vec{x} - \begin{pmatrix} 1 \\ 2 \end{pmatrix}\right] \cdot \begin{pmatrix} -5 \\ 12 \end{pmatrix} = 0$

c) P$(-1|9)$, g: $8x_1 - 15x_2 = -7$

d) P$(6|11)$, g: $3x_1 + 4x_2 = 7$

e) P$(7|9)$, g: $\vec{x} = \begin{pmatrix} 9 \\ -5 \end{pmatrix} + t \begin{pmatrix} -4 \\ 3 \end{pmatrix}$

f) P$(2|4)$, g: $\vec{x} = \begin{pmatrix} -11 \\ 12 \end{pmatrix} + t \begin{pmatrix} 21 \\ 20 \end{pmatrix}$

4 Berechnen Sie den Flächeninhalt des Dreiecks ABC.

a) A$(1|2)$, B$(8|-1)$, C$(6|5)$

b) A$(7|7)$, B$(11|9)$, C$(3|8)$

c) A$(2|1)$, B$(5|4)$, C$(-1|8)$

d) A$(-8|-3)$, B$(4|0)$, C$(0|7)$

5 Die Schnittpunkte der Geraden g: $3x_1 - 4x_2 = 0$; h: $x_1 + 2x_2 = 0$ und k: $14x_1 - 2x_2 = 75$ bilden die Ecken eines Dreiecks.

Berechnen Sie die Längen der drei Höhen dieses Dreiecks.

6 Gegeben sind die Geraden g: $3x_1 - 4x_2 + 10 = 0$ und h: $3x_1 - 4x_2 + 20 = 0$.

a) Begründen Sie, dass g und h zueinander parallel sind. Berechnen Sie ihren Abstand.

b) Bestimmen Sie eine Gleichung der Geraden, auf der alle Punkte liegen, die zu g und h den gleichen Abstand haben.

Die Aufgaben 7 und 8 führen auf Betragsgleichungen mit zwei Lösungen.

7 Gegeben sind die Punkte A$(-1|-1)$ und B$(3|-4)$. Bestimmen Sie alle Punkte C auf der x_1-Achse so, dass das Dreieck ABC den Flächeninhalt 12,5 hat.

8 Bestimmen Sie alle Punkte P auf der x_2-Achse, die von den Geraden g: $\vec{x} = \begin{pmatrix} 0 \\ 6 \end{pmatrix} + t \begin{pmatrix} 3 \\ 4 \end{pmatrix}$ und h: $\vec{x} = \begin{pmatrix} 9 \\ 6 \end{pmatrix} + t \begin{pmatrix} 15 \\ 8 \end{pmatrix}$ den gleichen Abstand haben.

Geraden im Raum

9 Berechnen Sie den Abstand des Punktes R von der Geraden g.

a) $R(6|7|-3)$, g: $\vec{x} = \begin{pmatrix} 2 \\ 1 \\ 4 \end{pmatrix} + t\begin{pmatrix} 3 \\ 0 \\ -2 \end{pmatrix}$

b) $R(-2|-6|1)$, g: $\vec{x} = \begin{pmatrix} 5 \\ 9 \\ 1 \end{pmatrix} + t\begin{pmatrix} 3 \\ 2 \\ 2 \end{pmatrix}$

c) $R(9|11|6)$, g: $\vec{x} = \begin{pmatrix} -1 \\ 1 \\ -7 \end{pmatrix} + t\begin{pmatrix} 2 \\ -1 \\ 2 \end{pmatrix}$

d) $R(9|4|9)$, g: $\vec{x} = \begin{pmatrix} 4 \\ -9 \\ -2 \end{pmatrix} + t\begin{pmatrix} 3 \\ -4 \\ 1 \end{pmatrix}$

10 Berechnen Sie den Flächeninhalt des Dreiecks ABC.

a) $A(1|1|1)$, $B(7|4|7)$, $C(5|6|-1)$
b) $A(1|-6|0)$, $B(5|-8|4)$, $C(5|7|7)$
c) $A(4|-2|1)$, $B(-2|7|7)$, $C(6|6|8)$
d) $A(2|1|0)$, $B(1|1|0)$, $C(5|1|1)$

11 $A(-7|-5|2)$, $B(1|9|-6)$, $C(5|-2|-1)$ und $D(-2|0|9)$ sind Ecken einer dreiseitigen Pyramide. Berechnen Sie den Inhalt der Grundfläche ABC und das Volumen der Pyramide.

12 Berechnen Sie den Abstand der zueinander parallelen Geraden mit den Gleichungen

a) $\vec{x} = \begin{pmatrix} -5 \\ 6 \\ 8 \end{pmatrix} + t\begin{pmatrix} 1 \\ 0 \\ -2 \end{pmatrix}$, $\vec{x} = \begin{pmatrix} 6 \\ 4 \\ 1 \end{pmatrix} + t\begin{pmatrix} -1 \\ 0 \\ 2 \end{pmatrix}$,

b) $\vec{x} = \begin{pmatrix} 5 \\ 8 \\ -7 \end{pmatrix} + t\begin{pmatrix} -3 \\ 4 \\ 4 \end{pmatrix}$, $\vec{x} = \begin{pmatrix} 6 \\ -1 \\ 13 \end{pmatrix} + t\begin{pmatrix} 3 \\ -4 \\ -4 \end{pmatrix}$.

Aufgabe 13 bringt Ihnen „Glück", wenn Sie erst genau hinschauen, bevor Sie losrechnen.

13 Bestimmen Sie die Gerade k, die in der gleichen Ebene wie die Geraden g und h liegt und deren Punkte von g und h den gleichen Abstand haben.

a) g: $\vec{x} = \begin{pmatrix} 2 \\ 6 \\ 8 \end{pmatrix} + t\begin{pmatrix} -4 \\ 3 \\ -2 \end{pmatrix}$, h: $\vec{x} = t\begin{pmatrix} -4 \\ 3 \\ -2 \end{pmatrix}$

b) g: $\vec{x} = \begin{pmatrix} 5 \\ 0 \\ 2 \end{pmatrix} + t\begin{pmatrix} 1 \\ -1 \\ -2 \end{pmatrix}$, h: $\vec{x} = \begin{pmatrix} -5 \\ 6 \\ 8 \end{pmatrix} + t\begin{pmatrix} -1 \\ 1 \\ 2 \end{pmatrix}$

14 Die Gerade g durch $A(5|7|9)$ hat den Richtungsvektor $\vec{u} = \begin{pmatrix} 12 \\ 4 \\ 3 \end{pmatrix}$.

a) Bestimmen Sie den Fußpunkt F des Lotes von $R(-7|-3|14)$ auf die Gerade g. Berechnen Sie den Flächeninhalt des Dreiecks ARF.

b) Die Strecke AR rotiert um die Gerade g. Berechnen Sie das Volumen des so gebildeten Kegels.

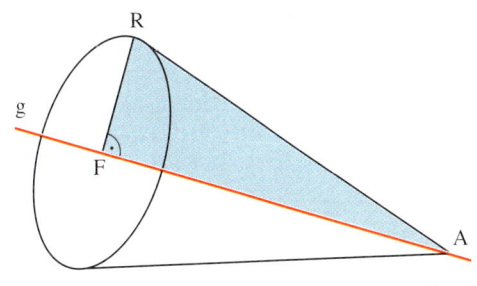

Fig. 1

15 Bezogen auf das eingezeichnete Koordinatensystem befindet sich ein Flugzeug im Steigflug längs der Geraden

g: $\vec{x} = \begin{pmatrix} 1 \\ 1 \\ 0 \end{pmatrix} + t\begin{pmatrix} 2 \\ 3 \\ 1 \end{pmatrix}$

(1 Koordinateneinheit = 1 km).
In der Nähe befindet sich ein Berg mit einer Kirche.
Berechnen Sie den minimalen Abstand des Flugzeugs von der Kirchturmspitze im Punkt $S(1|2|0{,}08)$.

9 Abstand windschiefer Geraden

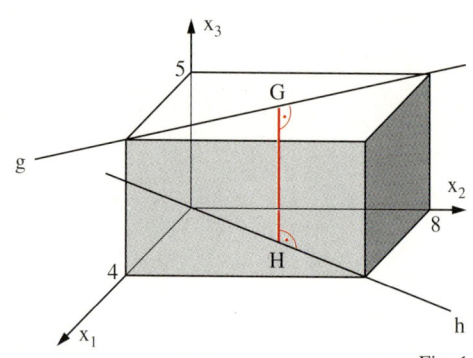

Fig. 1

1 Die Durchfahrtshöhe zwischen der Straße und der Bahnstrecke soll bestimmt werden. Dazu misst man die Länge einer geeigneten Strecke. Wie muss diese Strecke zur Straße, wie zum Bahngleis liegen?

2 a) Wie liegen in Fig. 1 die Geraden g und h zueinander? Wie liegt die Strecke GH zu den Geraden g und h? Geben Sie auch die Länge dieser Strecke an.
b) Vergleichen Sie die Abstände
(1) von Grund- und Deckfläche des Quaders in Fig. 1,
(2) von der Geraden g zur Grundfläche des Quaders,
(3) von der Geraden g zur Geraden h.
Wie groß sind diese Abstände?

Unter dem **Abstand** zweier windschiefer Geraden g und h versteht man die kleinste Entfernung zwischen den Punkten von g und den Punkten von h. Dieser Abstand ist gleich der Länge des gemeinsamen Lotes der beiden Geraden.

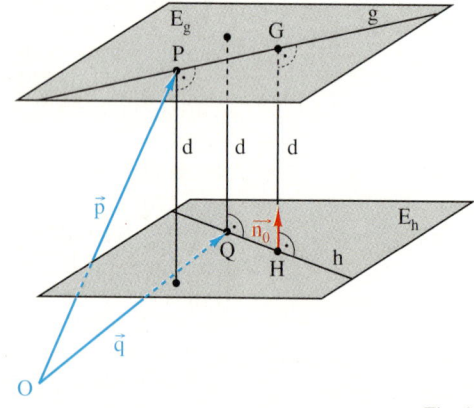

Diesen Abstand findet man so (Fig. 2): Zu den windschiefen Geraden g und h gibt es zueinander parallele Ebenen E_g und E_h durch g bzw. h. Der Abstand von E_g und E_h ist gleich dem Abstand von g und h.

Fig. 2

In Fig. 2 ist der Abstand von g und h auch gleich dem Abstand des Punktes Q von der Ebene E_g. Für den Abstand von Q zu E_g gilt: $d = |(\vec{q} - \vec{p}) \cdot \vec{n_0}|$, wobei $\vec{q}$ und $\vec{p}$ Ortsvektoren von Q bzw. P sind und $\vec{n_0}$ ein gemeinsamer Normalen-Einheitsvektor von E_g und E_h.

Satz: Sind g und h windschiefe Geraden im Raum mit g: $\vec{x} = \vec{p} + t\vec{u}$ und h: $\vec{x} = \vec{q} + t\vec{v}$ und ist $\vec{n_0}$ ein Einheitsvektor mit $\vec{n_0} \perp \vec{u}$ und $\vec{n_0} \perp \vec{v}$, dann haben g und h den Abstand:
$$d = |(\vec{q} - \vec{p}) \cdot \vec{n_0}|.$$

Beispiel: (Abstandsberechnung)

Berechnen Sie den Abstand der Geraden $g: \vec{x} = \begin{pmatrix} 6 \\ 1 \\ -4 \end{pmatrix} + t\begin{pmatrix} 4 \\ 1 \\ -6 \end{pmatrix}$ und $h: \vec{x} = \begin{pmatrix} 4 \\ 0 \\ 3 \end{pmatrix} + t\begin{pmatrix} 0 \\ -1 \\ 3 \end{pmatrix}$.

Lösung:

Es ist günstig, n_3 so zu wählen, dass sich für n_1 und n_2 ganzzahlige Werte ergeben.

Ist $\vec{n} = \begin{pmatrix} n_1 \\ n_2 \\ n_3 \end{pmatrix}$ zu $\begin{pmatrix} 4 \\ 1 \\ -6 \end{pmatrix}$ und zu $\begin{pmatrix} 0 \\ -1 \\ 3 \end{pmatrix}$ orthogonal, so gilt: $\begin{cases} 4n_1 + n_2 - 6n_3 = 0 \\ -n_2 + 3n_3 = 0 \end{cases}$.

Setzt man $n_3 = 4$, so erhält man eine ganzzahlige Lösung des LGS mit $n_2 = 12$ und $n_1 = 3$.

Aus $\vec{n} = \begin{pmatrix} 3 \\ 12 \\ 4 \end{pmatrix}$ ergibt sich $|\vec{n}| = \sqrt{3^2 + 12^2 + 4^2} = 13$ und daraus $\vec{n_0} = \frac{1}{13}\begin{pmatrix} 3 \\ 12 \\ 4 \end{pmatrix}$.

Damit ist der Abstand von g und h: $d = \left| \left[\begin{pmatrix} 4 \\ 0 \\ 3 \end{pmatrix} - \begin{pmatrix} 6 \\ 1 \\ -4 \end{pmatrix} \right] \cdot \frac{1}{13}\begin{pmatrix} 3 \\ 12 \\ 4 \end{pmatrix} \right| = \left| \frac{(-2)\cdot 3 + (-1)\cdot 12 + 7\cdot 4}{13} \right| = \frac{10}{13}$.

Aufgaben

3 Berechnen Sie den Abstand zwischen den Geraden mit den Gleichungen

a) $\vec{x} = \begin{pmatrix} 7 \\ 7 \\ 4 \end{pmatrix} + t\begin{pmatrix} 1 \\ -2 \\ 6 \end{pmatrix}$, $\vec{x} = \begin{pmatrix} -3 \\ 0 \\ 5 \end{pmatrix} + t\begin{pmatrix} 1 \\ 0 \\ -3 \end{pmatrix}$, b) $\vec{x} = \begin{pmatrix} 1 \\ 1 \\ 1 \end{pmatrix} + t\begin{pmatrix} -3 \\ 0 \\ 2 \end{pmatrix}$, $\vec{x} = \begin{pmatrix} 6 \\ 6 \\ 18 \end{pmatrix} + t\begin{pmatrix} 3 \\ -4 \\ 1 \end{pmatrix}$,

c) $\vec{x} = \begin{pmatrix} 2 \\ 5 \\ 5 \end{pmatrix} + t\begin{pmatrix} 1 \\ 1 \\ 3 \end{pmatrix}$, $\vec{x} = t\begin{pmatrix} -1 \\ -1 \\ -3 \end{pmatrix}$, d) $\vec{x} = \begin{pmatrix} 0 \\ 1 \\ 2 \end{pmatrix} + t\begin{pmatrix} 0 \\ 1 \\ 1 \end{pmatrix}$, $\vec{x} = \begin{pmatrix} 7 \\ 7 \\ 0 \end{pmatrix} + t\begin{pmatrix} 4 \\ -5 \\ 2 \end{pmatrix}$.

4 a) Die Geraden mit den Gleichungen $\vec{x} = \begin{pmatrix} 5 \\ 11 \\ 17 \end{pmatrix} + t\begin{pmatrix} 1 \\ 2 \\ 0 \end{pmatrix}$ und $\vec{x} = \begin{pmatrix} 7 \\ 12 \\ 23 \end{pmatrix} + t\begin{pmatrix} 9 \\ 11 \\ 0 \end{pmatrix}$ sind beide parallel zu einer Koordinatenebene. Erläutern Sie, wie man den Gleichungen direkt entnehmen kann, dass der Abstand der Geraden 6 beträgt.

b) Bestimmen Sie entsprechend den Abstand der Geraden mit den Gleichungen

$\vec{x} = \begin{pmatrix} -14 \\ 7 \\ 112 \end{pmatrix} + t\begin{pmatrix} 23 \\ 0 \\ 47 \end{pmatrix}$ und $\vec{x} = \begin{pmatrix} 113 \\ 27 \\ -45 \end{pmatrix} + t\begin{pmatrix} 17 \\ 0 \\ 37 \end{pmatrix}$ $\vec{x} = \begin{pmatrix} 3 \\ 7 \\ 5 \end{pmatrix} + t\begin{pmatrix} 1 \\ 0 \\ 0 \end{pmatrix}$ und $\vec{x} = \begin{pmatrix} 2 \\ 1 \\ 9 \end{pmatrix} + t\begin{pmatrix} 0 \\ 1 \\ 0 \end{pmatrix}$.

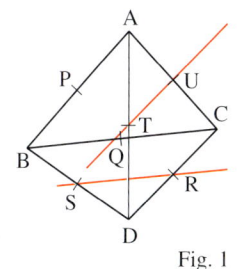

Fig. 1

Tipp zu Aufgabe 6b):
$\overline{HG}$ *und der Richtungsvektor von h spannen eine Ebene E auf, die g in G schneidet.*

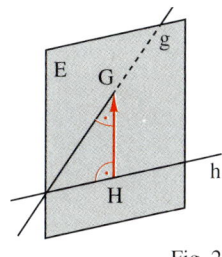

Fig. 2

5 Gegeben ist eine Pyramide mit den Ecken $A(-9|3|-3)$, $B(-3|-6|0)$, $C(-7|5|5)$ und $D(4|8|0)$. P, Q, R, S, T, U sind jeweils die Kantenmitten der Pyramide (Fig. 1).
Berechnen Sie

a) den Abstand der Geraden durch A und C zur Geraden durch B und D,

b) den Abstand des Punktes A zur Ebene durch B, C und D,

c) den Abstand der Geraden durch T und U zur Geraden durch R und S.

6 Gegeben sind die Geraden $g: \vec{x} = \begin{pmatrix} 3 \\ 0 \\ -2 \end{pmatrix} + t\begin{pmatrix} -2 \\ 2 \\ 1 \end{pmatrix}$ und $h: \vec{x} = \begin{pmatrix} 8 \\ 6 \\ -7 \end{pmatrix} + t\begin{pmatrix} 2 \\ -1 \\ 0 \end{pmatrix}$.

a) Zeigen Sie, dass g und h windschief sind und bestimmen Sie den Abstand dieser Geraden.

b) Bestimmen Sie die Fußpunkte G auf g und H auf h des gemeinsamen Lotes von g und h.

c) Berechnen Sie mit Ihrem Ergebnis von b) die Länge von GH. Vergleichen Sie mit a).

7 Zeichnen Sie ein Schrägbild eines Würfels mit der Kantenlänge a, der Grundfläche ABCD und der Raumdiagonalen AG. Berechnen Sie den Abstand dieser Raumdiagonalen AG von der Flächendiagonalen BD. Wählen Sie dazu das Koordinatensystem geschickt.

127

10 Schnittwinkel

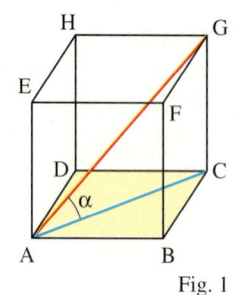

Fig. 1

Zu Aufgabe 3a) können Sie auch ein Kantenmodell des Würfels aus z. B. Draht, Holzzahnstochern oder Trinkhalmen basteln und mit einem Blatt Papier die Ebene markieren.

1 Die Raumdiagonalen eines Würfels schneiden sich in einem gemeinsamen Punkt. Berechnen Sie mithilfe eines geeigneten Skalarproduktes die Größe des Winkels zwischen zwei der Raumdiagonalen.

2 Die Raumdiagonale AG des Würfels bildet mit der Grundfläche ABCD einen Winkel α.
a) Welcher Zusammenhang besteht zwischen α und dem Winkel zwischen $\overrightarrow{AG}$ und $\overrightarrow{AE}$?
b) Berechnen Sie die Größe von α.

3 a) Fig. 2 zeigt einen Würfel mit einer Schnittebene. Alle Kanten, die die Ebene trifft, werden von ihr halbiert. Schätzen Sie, wie groß der Winkel zwischen dieser Ebene und der Grundfläche ABCD sein könnte. Versuchen Sie, Argumente für Ihre Anwort zu finden.
b) Bestimmen Sie geeignete Normalenvektoren dieser Ebene und der Grundfläche. Berechnen Sie die Größe ihres Zwischenwinkels. Wie hängt dieser mit dem Winkel zwischen den Ebenen zusammen?

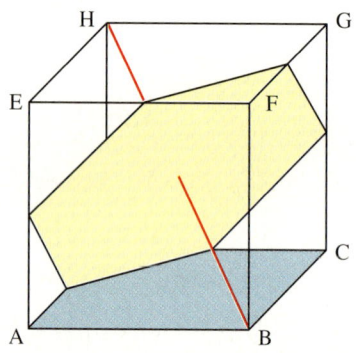

Fig. 2

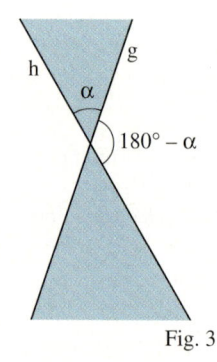

Fig. 3

Beachten Sie:
Die Betragsstriche im Zähler der Formel sichern, dass $\cos\alpha \geqq 0$ und damit $0° \leqq \alpha \leqq 90°$ ist.

Schneiden sich zwei Geraden g und h, so entstehen vier Winkel, je zwei der Größe $\sphericalangle(g, h) = \alpha$ und je zwei der Größe $\sphericalangle(h, g) = 180° - \alpha$ (Fig. 3). Im Folgenden wird unter dem **Schnittwinkel zweier Geraden** der Winkel verstanden, der kleiner oder gleich 90° ist.

Aus dem Skalarprodukt der Richtungsvektoren $\vec{u} \cdot \vec{v} = |\vec{u}| \cdot |\vec{v}| \cos\alpha$ ergibt sich:

> **Satz 1:** Schneiden sich die Geraden $g: \vec{x} = \vec{p} + t\vec{u}$ und $h: \vec{x} = \vec{q} + t\vec{v}$,
>
> dann gilt für ihren Schnittwinkel α: $\qquad \cos\alpha = \dfrac{|\vec{u} \cdot \vec{v}|}{|\vec{u}| \cdot |\vec{v}|}$.

Betrachtet werden eine Gerade g und eine Ebene E, die sich schneiden. Ist g nicht orthogonal zu E, dann gibt es genau eine zu E orthogonale Ebene F durch g. Unter dem **Schnittwinkel zwischen der Geraden g und der Ebene E** versteht man dann den Schnittwinkel der Geraden g und s (Fig. 4).

In Fig. 4 ist die Ebene F orthogonal zur Ebene E. Die Pfeile des Normalenvektors $\vec{n}$ von E und der Richtungsvektoren $\vec{u}$ und $\vec{v}$ der Geraden g bzw. s liegen alle in der Ebene F. Da $\vec{n} \perp \vec{v}$, gilt für den Winkel zwischen $\vec{u}$ und $\vec{n}$:

$$\cos(90° - \alpha) = \frac{|\vec{u} \cdot \vec{n}|}{|\vec{u}| \cdot |\vec{n}|}$$

Mit $\cos(90° - \alpha) = \sin\alpha$ ist:

$$\sin\alpha = \frac{|\vec{u} \cdot \vec{n}|}{|\vec{u}| \cdot |\vec{n}|}.$$

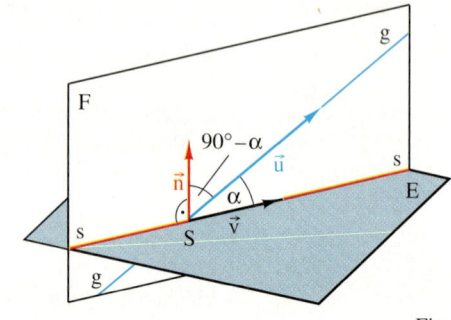

Fig. 4

Dieser Satz gilt auch dann, wenn $g \perp E$. Rechnen Sie nach!

> **Satz 2:** Schneiden sich die Gerade $g: \vec{x} = \vec{p} + t\,\vec{u}$ und die Ebene $E: (\vec{x} - \vec{q}) \cdot \vec{n} = 0$, dann gilt für ihren Schnittwinkel α ($\leq 90°$):
> $$\sin\alpha = \frac{|\vec{u} \cdot \vec{n}|}{|\vec{u}| \cdot |\vec{n}|}.$$

Betrachtet werden zwei Ebenen E_1 und E_2, die sich in einer Geraden s schneiden. Zu dieser Geraden s gibt es eine orthogonale Ebene F. Unter dem **Schnittwinkel der Ebenen** E_1 und E_2 versteht man dann den Schnittwinkel α der Schnittgeraden s_1 und s_2 von E_1 bzw. E_2 mit F (Fig. 1).

Fig. 2 zeigt diese Ebene F mit den Schnittgeraden s_1 und s_2 und dem Schnittwinkel α der Ebenen E_1 und E_2. Dieser Winkel ist gleich dem Winkel zwischen $\vec{n_1}$ und $\vec{n_2}$, den Normalenvektoren der Ebenen E_1 und E_2.

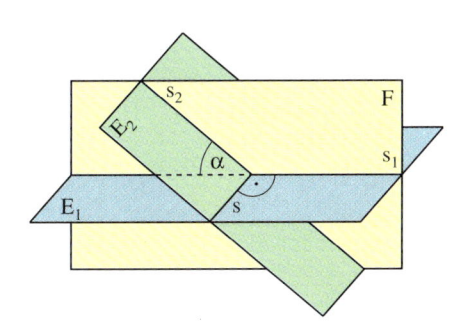

Fig. 1   Fig. 2

> **Satz 3:** Schneiden sich zwei Ebenen mit den Normalenvektoren $\vec{n_1}$ und $\vec{n_2}$, dann gilt für ihren Schnittwinkel α ($\leq 90°$):
> $$\cos\alpha = \frac{|\vec{n_1} \cdot \vec{n_2}|}{|\vec{n_1}| \cdot |\vec{n_2}|}.$$

Beispiel 1: (Schnittwinkel zweier Geraden)

Zeigen Sie, dass die Geraden $g: \vec{x} = \begin{pmatrix} 2 \\ 1 \\ -1 \end{pmatrix} + r\begin{pmatrix} 1 \\ 3 \\ 2 \end{pmatrix}$ und $h: \vec{x} = \begin{pmatrix} 5 \\ 3 \\ 0 \end{pmatrix} + s\begin{pmatrix} -2 \\ 1 \\ 1 \end{pmatrix}$ einen Schnittpunkt

haben. Berechnen Sie dann den Schnittwinkel von g und h.

Lösung:

Berechnung des Schnittpunktes:

Gleichsetzen der Geradengleichungen ergibt das lineare Gleichungssystem:

$$\begin{cases} 2 + r = 5 - 2s \\ 1 + 3r = 3 + s \\ -1 + 2r = s \end{cases} \quad \text{bzw.} \quad \begin{cases} r + 2s = 3 \\ 3r - s = 2 \\ 2r - s = 1. \end{cases}$$

Aus der Lösung $s = 1$ (und $r = 1$) ergibt sich der Schnittpunkt $P(3\,|\,4\,|\,1)$.

Berechnung der Schnittwinkels:

$$\cos\alpha = \frac{|\vec{u} \cdot \vec{v}|}{|\vec{u}| \cdot |\vec{v}|} = \frac{|1 \cdot (-2) + 3 \cdot 1 + 2 \cdot 1|}{\sqrt{1^2 + 3^2 + 2^2} \cdot \sqrt{(-2)^2 + 1^2 + 1^2}} = \frac{3}{\sqrt{14} \cdot \sqrt{6}} = \frac{3}{2\sqrt{21}} = \frac{1}{14}\sqrt{21} \approx 0{,}3273.$$

und somit $\alpha \approx 70{,}9°$.

Beachten Sie:
Die Formel für den Schnittwinkel von Geraden führt auch dann zu einem „Ergebnis", wenn gar kein Schnittpunkt und damit kein Schnittwinkel existiert.

129

Bemerkung:
Ergibt sich beim Einsetzen in die Formel für den Schnittwinkel zwischen Gerade und Ebene $\sin\alpha = 0$ und damit $\alpha = 0°$, so ist g parallel zu E. In diesem Fall hat g mit E keinen Punkt gemeinsam oder g liegt ganz in E.

Beispiel 2: (Schnittwinkel einer Geraden mit einer Ebene)

Berechnen Sie den Schnittwinkel zwischen der Geraden $g: \vec{x} = \begin{pmatrix} 3 \\ 0 \\ 1 \end{pmatrix} + t \begin{pmatrix} 1 \\ -1 \\ 2 \end{pmatrix}$

und der Ebene $E: 7x_1 - x_2 + 5x_3 = 24$.

Lösung:

Der Ebenengleichung kann man den Normalenvektor $\vec{n} = \begin{pmatrix} 7 \\ -1 \\ 5 \end{pmatrix}$ entnehmen. Damit ist

$$\sin\alpha = \frac{|\vec{u}\cdot\vec{n}|}{|\vec{u}|\cdot|\vec{n}|} = \frac{|1\cdot 7 + (-1)\cdot(-1) + 2\cdot 5|}{\sqrt{1^2 + (-1)^2 + 2^2}\cdot\sqrt{7^2 + (-1)^2 + 5^2}} = \frac{18}{\sqrt{6}\cdot\sqrt{75}} = \frac{6}{5\sqrt{2}} = \frac{3}{5}\sqrt{2} \approx 0{,}8485, \text{ also } \alpha \approx 58{,}1°.$$

Bemerkung:
Auch für den Schnittwinkel zweier Ebenen gilt: Ergibt sich beim Einsetzen in die Formel $\cos\alpha = 1$ und damit $\alpha = 0°$, so sind die Ebenen zueinander parallel.

Beispiel 3: (Schnittwinkel zweier Ebenen)

Berechnen Sie den Schnittwinkel zwischen den Ebenen
$E_1: 2x_1 + x_2 - x_3 = 12$ und $E_2: -3x_1 + x_2 + x_3 = 7$.

Lösung:

Den Gleichungen entnimmt man die Normalenvektoren $\vec{n_1} = \begin{pmatrix} 2 \\ 1 \\ -1 \end{pmatrix}$ und $\vec{n_2} = \begin{pmatrix} -3 \\ 1 \\ 1 \end{pmatrix}$. Damit ist

$$\cos\alpha = \frac{|\vec{n_1}\cdot\vec{n_2}|}{|\vec{n_1}|\cdot|\vec{n_2}|} = \frac{|2\cdot(-3) + 1\cdot 1 + (-1)\cdot 1|}{\sqrt{2^2 + 1^2 + (-1)^2}\cdot\sqrt{(-3)^2 + 1^2 + 1^2}} = \frac{6}{\sqrt{6}\cdot\sqrt{11}} = \frac{1}{11}\sqrt{66} \approx 0{,}7385, \text{ also } \alpha \approx 42{,}4°.$$

Aufgaben

Schnittwinkel zweier Geraden

4 Zeigen Sie, dass sich die Geraden mit den gegebenen Gleichungen im Raum schneiden, berechnen Sie dazu ihren Schnittpunkt. Berechnen Sie dann ihren Schnittwinkel.

a) $\vec{x} = \begin{pmatrix} 1 \\ 1 \\ 0 \end{pmatrix} + r\begin{pmatrix} 1 \\ 0 \\ 3 \end{pmatrix}$, $\vec{x} = \begin{pmatrix} 2 \\ 2 \\ 3 \end{pmatrix} + s\begin{pmatrix} 1 \\ -1 \\ 3 \end{pmatrix}$
b) $\vec{x} = \begin{pmatrix} 2 \\ 0 \\ 7 \end{pmatrix} + r\begin{pmatrix} 1 \\ 1 \\ 1 \end{pmatrix}$, $\vec{x} = \begin{pmatrix} 0 \\ 4 \\ -5 \end{pmatrix} + s\begin{pmatrix} 5 \\ 2 \\ 10 \end{pmatrix}$

c) $\vec{x} = \begin{pmatrix} 2 \\ 7 \\ 11 \end{pmatrix} + r\begin{pmatrix} 3 \\ 9 \\ -1 \end{pmatrix}$, $\vec{x} = \begin{pmatrix} 0 \\ 6 \\ -5 \end{pmatrix} + s\begin{pmatrix} 1 \\ 2 \\ 3 \end{pmatrix}$
d) $\vec{x} = r\begin{pmatrix} 4 \\ 5 \\ 6 \end{pmatrix}$, $\vec{x} = \begin{pmatrix} 6 \\ 4 \\ 7 \end{pmatrix} + s\begin{pmatrix} -2 \\ 1 \\ -1 \end{pmatrix}$

Zu Aufgabe 5:
In der Ebene haben zwei Geraden stets einen Schnittpunkt oder sind zueinander parallel. Man kann daher sofort die Formel für den Schnittwinkel benutzen. Im Fall der Parallelität ergibt sich $\alpha = 0°$.

5 Die durch die folgenden Gleichungen gegebenen Geraden liegen in der Ebene. Berechnen Sie ihren Schnittwinkel.

a) $\vec{x} = \begin{pmatrix} 2 \\ 1 \end{pmatrix} + r\begin{pmatrix} 1 \\ -1 \end{pmatrix}$, $\vec{x} = \begin{pmatrix} 5 \\ 0 \end{pmatrix} + s\begin{pmatrix} 3 \\ 2 \end{pmatrix}$
b) $\left[\vec{x} - \begin{pmatrix} 2 \\ 5 \end{pmatrix}\right]\cdot\begin{pmatrix} 2 \\ -1 \end{pmatrix} = 0$, $\left[\vec{x} - \begin{pmatrix} 3 \\ 7 \end{pmatrix}\right]\cdot\begin{pmatrix} 4 \\ 1 \end{pmatrix} = 0$

c) $\left[\vec{x} - \begin{pmatrix} 0 \\ 1 \end{pmatrix}\right]\cdot\begin{pmatrix} -2 \\ 5 \end{pmatrix} = 0$, $\vec{x} = \begin{pmatrix} 8 \\ 6 \end{pmatrix} + r\begin{pmatrix} 7 \\ -1 \end{pmatrix}$

d) $\vec{x} = \begin{pmatrix} -6 \\ 5 \end{pmatrix} + r\begin{pmatrix} 1 \\ 1 \end{pmatrix}$, $\vec{x}\cdot\begin{pmatrix} -1 \\ 2 \end{pmatrix} - 5 = 0$

6 In Fig. 1 sind A, B, C, D, E, F die Mittelpunkte der Flächen des Quaders.

Berechnen Sie die Winkel zwischen den Kanten:

a) AB und BC
b) BC und CD
c) AE und EB
d) EB und BF
e) EC und CF
f) EC und CD

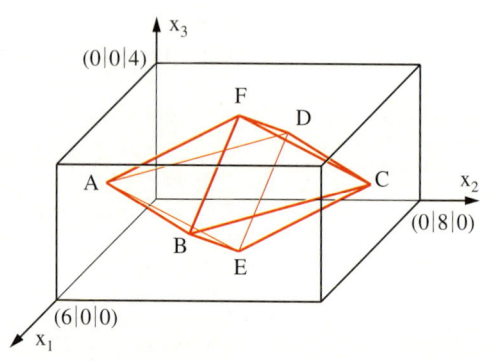

Fig. 1

Schnittwinkel einer Geraden mit einer Ebene

7 Berechnen Sie den Schnittwinkel der Geraden $g: \vec{x} = \begin{pmatrix} 1 \\ 4 \\ 9 \end{pmatrix} + t \begin{pmatrix} 1 \\ 2 \\ 1 \end{pmatrix}$ mit der Ebene E.

a) $E: 3x_1 + 5x_2 - 2x_3 = 7$ b) $E: x_1 + 2x_2 + x_3 = 5$ c) $E: 2x_1 - 3x_2 + 4x_3 = 12$

8 In welchem Punkt und unter welchem Winkel schneidet die Gerade g die Ebene E?

a) $g: \vec{x} = t \begin{pmatrix} 4 \\ 3 \\ -1 \end{pmatrix}$, $E: 5x_1 + x_2 + x_3 = 22$ b) $g: \vec{x} = \begin{pmatrix} 2 \\ 4 \\ -9 \end{pmatrix} + t \begin{pmatrix} 1 \\ 4 \\ -2 \end{pmatrix}$, $E: x_1 + 5x_2 + 7x_3 = -27$

c) $g: \vec{x} = \begin{pmatrix} 6 \\ 0 \\ 0 \end{pmatrix} + t \begin{pmatrix} 1 \\ -1 \\ 1 \end{pmatrix}$, $E: 2x_1 + x_2 + x_3 = 0$ d) $g: \vec{x} = \begin{pmatrix} 9 \\ -5 \\ 2 \end{pmatrix} + t \begin{pmatrix} 6 \\ 1 \\ 3 \end{pmatrix}$, $E: 6x_1 + x_2 + 3x_3 = 9$

e) $g: \vec{x} = \begin{pmatrix} 3 \\ 6 \\ 9 \end{pmatrix} + t \begin{pmatrix} -1 \\ 2 \\ 0 \end{pmatrix}$, $E: \left[\vec{x} - \begin{pmatrix} 8 \\ 0 \\ 1 \end{pmatrix} \right] \cdot \begin{pmatrix} 4 \\ 5 \\ 1 \end{pmatrix} = 0$ f) $g: \vec{x} = \begin{pmatrix} 1 \\ 1 \\ 1 \end{pmatrix} + t \begin{pmatrix} 4 \\ 5 \\ 1 \end{pmatrix}$, $E: \vec{x} = \begin{pmatrix} 4 \\ 0 \\ 1 \end{pmatrix} + r \begin{pmatrix} 7 \\ 1 \\ 0 \end{pmatrix} + s \begin{pmatrix} 1 \\ 2 \\ 3 \end{pmatrix}$

g) $g: \vec{x} = \begin{pmatrix} 5 \\ 1 \\ 1 \end{pmatrix} + t \begin{pmatrix} 5 \\ 1 \\ 1 \end{pmatrix}$, $E: \vec{x} = \begin{pmatrix} 4 \\ 3 \\ 1 \end{pmatrix} + r \begin{pmatrix} 7 \\ 3 \\ 1 \end{pmatrix} + s \begin{pmatrix} 1 \\ 0 \\ 1 \end{pmatrix}$

9 Bestimmen Sie für die dreiseitige Pyramide von Fig. 1 die Winkel
a) zwischen den Kanten AD, BD, CD und der Dreiecksfläche ABC,
b) zwischen den Kanten AC, BC, CD und der Dreiecksfläche ABD.

Zur Erinnerung:
Ein Tetraeder ist eine dreiseitige Pyramide, bei der alle Kanten gleich lang sind.

10 Gegeben ist ein Tetraeder mit den Ecken A, B, C, D.
Unter welchem Winkel ist die Kante AD zur Fläche ABC geneigt?

Fig. 1

11 Untersuchen Sie durch Berechnung des Schnittwinkels, ob die Gerade g zur Ebene E parallel ist und gegebenenfalls ob g in E liegt.

a) $g: \vec{x} = \begin{pmatrix} 1 \\ 1 \\ 2 \end{pmatrix} + t \begin{pmatrix} 1 \\ 2 \\ 3 \end{pmatrix}$, $E: x_1 - 2x_2 + x_3 = 1$ b) $g: \vec{x} = \begin{pmatrix} 2 \\ 3 \\ 1 \end{pmatrix} + t \begin{pmatrix} 1 \\ 9 \\ 3 \end{pmatrix}$, $E: 3x_1 - x_2 + 2x_3 = 2$

c) $g: \vec{x} = \begin{pmatrix} 0 \\ 3 \\ 1 \end{pmatrix} + t \begin{pmatrix} 1 \\ 2 \\ 3 \end{pmatrix}$, $E: x_1 + 2x_2 - 3x_3 = 4$ d) $g: \vec{x} = t \begin{pmatrix} 4 \\ 1 \\ 2 \end{pmatrix}$, $E: x_1 - x_2 - x_3 = 1$

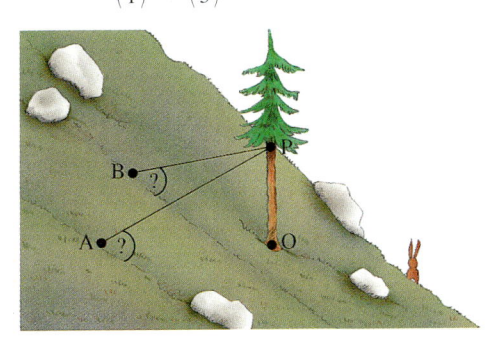

12 Eine sturmgefährdete Fichte an einem gleichmäßig geneigten Hang soll mit Seilen in den Punkten A und B befestigt werden. Mit einem passenden Koordinatensystem (1 Einheit = 1 m) steht die Fichte im Ursprung O und es ist $A(3|-4|2)$ und $B(-5|-2|1)$. Die Seile werden in einer Höhe von 5 m an der Fichte befestigt. Berechnen Sie die Winkel, die die Seile mit der Hangebene bilden.

131

Schnittwinkel zweier Ebenen

13 Berechnen Sie den Schnittwinkel zwischen den Ebenen E_1 und E_2.

a) E_1: $\left[\vec{x} - \begin{pmatrix} 1 \\ 2 \\ 0 \end{pmatrix}\right] \cdot \begin{pmatrix} 5 \\ 0 \\ 1 \end{pmatrix} = 0$, E_2: $\left[\vec{x} - \begin{pmatrix} 2 \\ 3 \\ 7 \end{pmatrix}\right] \cdot \begin{pmatrix} 6 \\ 1 \\ 0 \end{pmatrix} = 0$

b) E_1: $x_1 + x_2 + x_3 = 10$, E_2: $x_1 - x_2 + 7 x_3 = 0$

c) E_1: $3 x_1 - x_2 + 7 x_3 = 11$, E_2: $4 x_1 + 6 x_2 - 11 x_3 = 17$

d) E_1: $3 x_1 + 5 x_2 = 0$, E_2: $2 x_1 - 3 x_2 - 3 x_3 = 13$

14 Bestimmen Sie Normalenvektoren der gegebenen Ebenen E_1 und E_2. Berechnen Sie den Schnittwinkel zwischen den Ebenen.

a) E_1: $6 x_1 - 7 x_2 + 2 x_3 = 13$, E_2: $\vec{x} = \begin{pmatrix} 2 \\ 1 \\ 9 \end{pmatrix} + r \begin{pmatrix} 3 \\ 1 \\ 2 \end{pmatrix} + s \begin{pmatrix} 2 \\ -1 \\ 0 \end{pmatrix}$

b) E_1: $\vec{x} = \begin{pmatrix} 2 \\ 4 \\ 9 \end{pmatrix} + r \begin{pmatrix} 5 \\ 1 \\ 0 \end{pmatrix} + s \begin{pmatrix} 6 \\ 2 \\ 1 \end{pmatrix}$, E_2: $\vec{x} = \begin{pmatrix} 7 \\ 11 \\ 1 \end{pmatrix} + r \begin{pmatrix} 1 \\ 0 \\ 1 \end{pmatrix} + s \begin{pmatrix} 6 \\ 1 \\ 5 \end{pmatrix}$

c) E_1: $\vec{x} = \begin{pmatrix} 2 \\ 1 \\ 0 \end{pmatrix} + r \begin{pmatrix} 0 \\ 1 \\ 1 \end{pmatrix} + s \begin{pmatrix} 2 \\ 1 \\ 0 \end{pmatrix}$, E_2: $\vec{x} = \begin{pmatrix} 2 \\ 1 \\ 0 \end{pmatrix} + r \begin{pmatrix} 0 \\ 1 \\ 1 \end{pmatrix} + s \begin{pmatrix} 3 \\ -1 \\ 2 \end{pmatrix}$

15 Bestimmen Sie für die dreiseitige Pyramide von Fig. 1 der vorherigen Seite die Winkel zwischen je zwei der vier Flächen der Pyramide.

16 Berechnen Sie für die Ebene E die Winkel α_1, α_2, α_3, die sie mit den Koordinatenebenen einschließt, sowie die Winkel β_1, β_2, β_3, unter denen sie von den Koordinatenachsen geschnitten wird.

a) E: $2 x_1 - x_2 + 5 x_3 = 1$ b) E: $4 x_1 + 3 x_2 + 2 x_3 = 5$

c) E: $2 x_1 + 5 x_2 = 7$ d) E: $7 x_1 + x_3 = 0$

Beachten Sie:
Die Winkel zwischen den Flächen der Körper müssen nicht unbedingt gleich dem Schnittwinkel der Ebenen sein. Auch der Nebenwinkel des Schnittwinkels ist denkbar.

17 a) Verbindet man die Mittelpunkte der Flächen eines Würfels, so erhält man ein Oktaeder (Fig. 1). Begründen Sie ohne Rechnung, dass die Flächen des Oktaeders gleichseitige Dreiecke sind.

b) Betrachten Sie zwei der Dreiecksflächen des Oktaeders,

(1) die eine gemeinsame Kante haben,

(2) die nur einen gemeinsamen Punkt haben.

Berechnen Sie jeweils den Winkel zwischen den Ebenen durch diese beiden Flächen.

18 a) Verbindet man die Mittelpunkte der Kanten eines Würfels, so erhält man ein Kuboktaeder (Fig. 2). Begründen Sie ohne Rechnung, dass die Flächen des Kuboktaeders gleichseitige Dreiecke und Quadrate sind.

b) Betrachten Sie

(1) eine Dreiecksfläche und ein Quadrat mit gemeinsamer Kante,

(2) zwei der Dreiecksflächen mit einem gemeinsamen Punkt.

Berechnen Sie jeweils den Winkel zwischen den Ebenen durch diese beiden Flächen.

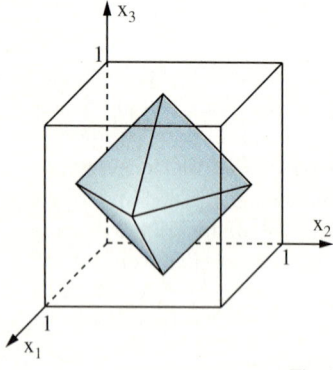

Fig. 1   Fig. 2

11 Vermischte Aufgaben

1 Skizzieren Sie das Dreieck ABC in einem Koordinatensystem. Berechnen Sie die Längen der Seiten und die Größe der Winkel des Dreiecks.
a) $A(1|1|1)$, $B(6,5|2|5)$, $C(4|8|2)$ b) $A(4,5|1|4)$, $B(10,5|2|0)$, $C(9|5|-2)$

2 Zeichnen Sie in ein Koordinatensystem einen Würfel OABCDEFG mit $O(0|0|0)$ und der Kantenlänge 6.
Tragen Sie das Dreieck ACG ein. Berechnen Sie die Längen der Seiten und die Größen der Winkel des Dreiecks.

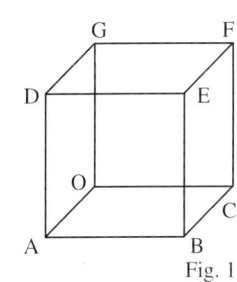
Fig. 1

3 Prüfen Sie, ob die Punkte $A(0|0|0)$, $B(15|21|3)$, $C(37|5|5)$, $D(22|-16|2)$ die Ecken einer Raute (eines Rechtecks, eines Quadrats) bilden.

4 Prüfen Sie, ob je zwei der drei Vektoren zueinander orthogonal sind.
$$\vec{p} = \begin{pmatrix} 1 \\ -1 \\ 0 \end{pmatrix}, \quad \vec{q} = \begin{pmatrix} 1 \\ 1 \\ -1 \end{pmatrix}, \quad \vec{r} = \begin{pmatrix} 1 \\ 0 \\ 1 \end{pmatrix}$$

5 Bestimmen Sie die Koordinaten p_1, p_2 von $P(p_1|p_2|5)$ so, dass für $A(2|-1|3)$ und $B(-4|6|8)$ gilt: $|\overrightarrow{PA}| = 7$ und $|\overrightarrow{PB}| = 5$.

6 Bestimmen Sie alle reellen Zahlen a so, dass $\left| \begin{pmatrix} a \\ 2a \\ a-1 \end{pmatrix} \right| = 7$.

7 Bestimmen Sie Zahlen r und s so, dass $\vec{a} - r\vec{b} - s\vec{c}$ orthogonal zu $\vec{b}$ und zu $\vec{c}$ ist.
a) $\vec{a} = \begin{pmatrix} -9 \\ 11 \\ 2 \end{pmatrix}$, $\vec{b} = \begin{pmatrix} -4 \\ 0 \\ 1 \end{pmatrix}$, $\vec{c} = \begin{pmatrix} -1 \\ 1 \\ -2 \end{pmatrix}$ b) $\vec{a} = \begin{pmatrix} 9 \\ 11 \\ 3 \end{pmatrix}$, $\vec{b} = \begin{pmatrix} 1 \\ 1 \\ -1 \end{pmatrix}$, $\vec{c} = \begin{pmatrix} 3 \\ -4 \\ -2 \end{pmatrix}$

8 Bestimmen Sie alle Vektoren $\vec{x}$, die zu $\vec{a}$ und zu $\vec{b}$ orthogonal sind.
a) $\vec{a} = \begin{pmatrix} 1 \\ 1 \\ 0 \end{pmatrix}$, $\vec{b} = \begin{pmatrix} 3 \\ -4 \\ 5 \end{pmatrix}$ b) $\vec{a} = \begin{pmatrix} -2 \\ 1 \\ 1 \end{pmatrix}$, $\vec{b} = \begin{pmatrix} 7 \\ 0 \\ 3 \end{pmatrix}$ c) $\vec{a} = \begin{pmatrix} 2 \\ 3 \\ 4 \end{pmatrix}$, $\vec{b} = \begin{pmatrix} 4 \\ 1 \\ -1 \end{pmatrix}$

9 Berechnen Sie den Abstand der Punkte P, Q und R von der Ebene E.
a) $P(4|-1|0)$, $Q(3|4|-1)$, $R(4|8|-1)$, $E: \left[\vec{x} - \begin{pmatrix} 1 \\ 2 \\ 3 \end{pmatrix} \right] \cdot \begin{pmatrix} 6 \\ 9 \\ 18 \end{pmatrix} = 0$

b) $P(3|-1|5)$, $Q(2|9|7)$, $R(0|0|0)$, $E: 7x_1 - 6x_2 + 6x_3 = 2$

c) $P(7|0|7)$, $Q(1|1|1)$, $R(2|7|-9)$, $E: \vec{x} = \begin{pmatrix} 2 \\ 3 \\ 1 \end{pmatrix} + r \begin{pmatrix} 5 \\ 1 \\ 2 \end{pmatrix} + s \begin{pmatrix} 3 \\ 1 \\ 0 \end{pmatrix}$

10 Bestimmen Sie den Fußpunkt F des Lotes vom Punkt P auf die Ebene E.
Bestimmen Sie dazu zuerst die Gleichung der zur Ebene E orthogonalen Geraden g durch den Punkt P. Berechnen Sie dann die Koordinaten von F.
a) $P(5|2|7)$, $E: 2x_1 + x_2 + 3x_3 = 5$
b) $P(4|5|6)$, $E: \vec{x} = \begin{pmatrix} 11 \\ 12 \\ 1 \end{pmatrix} + r \begin{pmatrix} 1 \\ 0 \\ 0 \end{pmatrix} + s \begin{pmatrix} 0 \\ 1 \\ -1 \end{pmatrix}$

11 Die Gerade g durch P ist orthogonal zur Ebene E. Bestimmen Sie den Schnittpunkt Q der Geraden g mit der Ebene E und den Bildpunkt P' von P bei Spiegelung an der Ebene E.
a) $P(-3|4|0)$; E: $3x_1 - 2x_2 + x_3 = 11$ b) $P(11|9|-3)$; E: $x_1 + 5x_2 - 2x_3 = 2$

12 Gegeben sind zwei Punkte A und B. Eine Ebene E hat $\overrightarrow{AB}$ als einen Normalenvektor und geht durch den Mittelpunkt der Strecke AB. Bestimmen Sie eine Gleichung für die Ebene E.
a) $A(0|0|0)$; $B(6|3|-4)$ b) $A(3|-1|7)$; $B(7|3|-7)$

13 Zeigen Sie, dass die Gerade g parallel zur Ebene E ist. Berechnen Sie ihren Abstand von E.

a) g: $\vec{x} = \begin{pmatrix} 3 \\ -9 \\ -9 \end{pmatrix} + t \begin{pmatrix} 0 \\ 1 \\ -1 \end{pmatrix}$ E: $\begin{pmatrix} 7 \\ -4 \\ -4 \end{pmatrix} \cdot \vec{x} - 3 = 0$

b) g: $\vec{x} = \begin{pmatrix} 1 \\ 1 \\ 1 \end{pmatrix} + t \begin{pmatrix} 5 \\ -4 \\ 2 \end{pmatrix}$ E: $8x_1 + 8x_2 - 4x_3 = 9$

c) g: $\vec{x} = \begin{pmatrix} 1 \\ 3 \\ 3 \end{pmatrix} + t \begin{pmatrix} -1 \\ 2 \\ -1 \end{pmatrix}$ E: $\vec{x} = \begin{pmatrix} 4 \\ 1 \\ 2 \end{pmatrix} + r \begin{pmatrix} 3 \\ -2 \\ -1 \end{pmatrix} + s \begin{pmatrix} 0 \\ 1 \\ -1 \end{pmatrix}$

14 Gegeben sind eine Ebene
E: $x_1 - x_2 + 6x_3 = 2$ und eine Gerade
g: $\vec{x} = \begin{pmatrix} 3 \\ 1 \\ 2 \end{pmatrix} + t \begin{pmatrix} 2 \\ 0 \\ -1 \end{pmatrix}$.

a) Gesucht ist die zu E orthogonale Ebene F, in der die Gerade g liegt.
Durch welche Vektoren wird die Ebene F aufgespannt? Geben Sie eine Gleichung der Ebene in Parameterform an.
Wandeln Sie diese in eine Koordinatengleichung um.

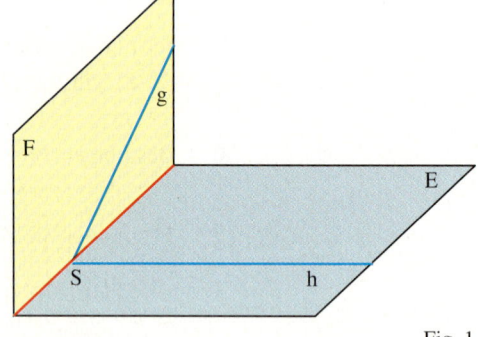
Fig. 1

b) Berechnen Sie den Schnittpunkt S der Geraden g mit der Ebene E.
c) Die Gerade h ist orthogonal zu g und liegt in E. Geben Sie eine Gleichung für h an.

15 Die Ebene E_1: $2x_1 - x_2 + 2x_3 = 7$ schneidet die Ebene E_2: $5x_1 + 3x_2 + x_3 = 1$ in einer Geraden g. Bestimmen Sie eine Gleichung der Ebene F, für die gilt:
Die Ebene F schneidet die Ebenen E_1 und E_2 ebenfalls in der Geraden g und
a) F ist orthogonal zu E_1, b) F ist orthogonal zu E_2, c) F geht durch $P(5|-3|4)$.

16 Berechnen Sie den Flächeninhalt des Dreiecks ABC.
a) $A(1|-1|2)$, $B(5|-1|6)$, $C(-4|6|9)$ b) $A(1|-2|-6)$, $B(11|-17|0)$, $C(7|8|9)$

17 Berechnen Sie das Volumen der dreiseitigen Pyramide ABCD.
a) $A(-8|5|-2)$, $B(10|-7|2)$, $C(7|6|-6)$, $D(3|5|9)$
b) $A(1|10|9)$, $B(2|3|-1)$, $C(4|4|4)$, $D(8|1|-4)$

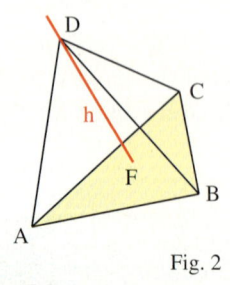
Fig. 2

18 Eine Pyramide hat als Grundfläche ein Dreieck ABC und die Spitze D. Die Gerade h geht durch D und ist orthogonal zur Grundfläche.
Bestimmen Sie für $A(5|0|0)$, $B(2|5|1)$, $C(-2|2|2)$ und $D(7|4|10)$
a) eine Gleichung der Geraden h, b) den Fußpunkt F von h, c) die Höhe der Pyramide.

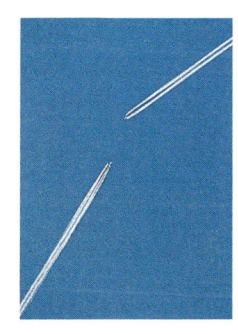

19 Bezogen auf ein Koordinatensystem mit einem Flughafen im Ursprung verlaufen die Bahnen zweier Flugzeuge auf den Geraden

$$g: \vec{x} = \begin{pmatrix} 0 \\ 5 \\ 1 \end{pmatrix} + t \begin{pmatrix} 1 \\ 2 \\ 2 \end{pmatrix} \quad \text{und} \quad h: \vec{x} = \begin{pmatrix} 4 \\ 9 \\ 3 \end{pmatrix} + t \begin{pmatrix} 1 \\ 1 \\ 0 \end{pmatrix} \quad (1 \text{ Koordinateneinheit} = 1\,\text{km}).$$

Berechnen Sie, wie nah sich die Flugzeuge im ungünstigsten Fall kommen können.

20 a) Berechnen Sie den Abstand der Geraden

$$g: \vec{x} = \begin{pmatrix} 1 \\ 3 \\ 0 \end{pmatrix} + t \begin{pmatrix} 1 \\ 1 \\ 0 \end{pmatrix} \quad \text{und} \quad h: \vec{x} = \begin{pmatrix} 5 \\ 1 \\ 5 \end{pmatrix} + t \begin{pmatrix} 1 \\ 0 \\ 1 \end{pmatrix}.$$

b) Berechnen Sie jeweils die Größe des Winkels zwischen den Geraden g und h und der

Ebene $E: 7x_1 - 6x_2 + 6x_3 = 2 \quad \left(\text{der Ebene } F: \vec{x} = \begin{pmatrix} 4 \\ 1 \\ 2 \end{pmatrix} + r \begin{pmatrix} 3 \\ -2 \\ -1 \end{pmatrix} + s \begin{pmatrix} 0 \\ 1 \\ -1 \end{pmatrix} \right).$

21 Fig. 1 zeigt einen Würfel der Kantenlänge 4 und eine ihn schneidende Ebene E.
a) Stellen Sie eine Koordinatengleichung für
die Ebene E auf.
b) Berechnen Sie die Winkel zwischen der
Ebene E und den Koordinatenebenen.
c) Unter welchen Winkeln schneiden die
Koordinatenachsen die Ebene E?
d) Berechnen Sie die Innenwinkel des
Schnittvierecks ABCD.
e) Berechnen Sie den Flächeninhalt des
Vierecks ABCD. Zerlegen Sie es dazu in
die Dreiecke ABD und CDB. Wählen Sie
jeweils BD als Grundseite.

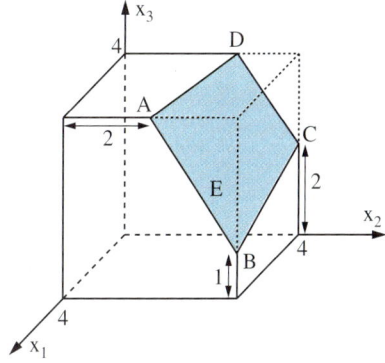

Fig. 1

Tipp zu Aufgabe 22:
Es ist $h = |\vec{b}| \cdot \sin\alpha$
und es gilt
$\sin^2\alpha = 1 - \cos^2\alpha$.

22 Gegeben ist ein Parallelogramm PQRS
mit den Vektoren $\vec{a} = \overrightarrow{PQ}$ und $\vec{b} = \overrightarrow{PS}$
(Fig. 2).
a) Beweisen Sie: Für den Flächeninhalt A des
Parallelogramms gilt:

$$A = \sqrt{\vec{a}^2 \vec{b}^2 - (\vec{a} \cdot \vec{b})^2}\,.$$

b) Berechnen Sie den Flächeninhalt des
Parallelogramms PQRS für $P(1|-2|5)$,
$Q(3|7|2)$ und $S(1|5|1)$.

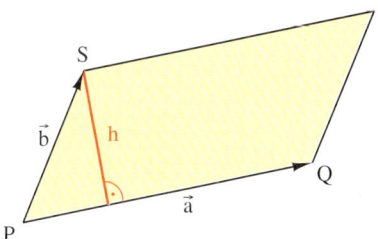

Fig. 2

Tipp zu Aufgabe 23:
*Wählen Sie zu Fig. 3 ein
x_1-x_2-Koordinatensystem
so, dass C im Ursprung
und A und B auf den Ach-
sen liegen. Dann können
Sie leicht die Koordinaten
von P, Q und R angeben.*

23 Fig. 3 zeigt eine „PYTHAGORAS-Figur":
ein rechtwinkliges Dreieck ABC mit Quadraten über den Seiten.
Beweisen Sie vektoriell:
a) Die Punkte P, C und Q liegen auf einer
Geraden.
b) Die Strecken PQ und CR sind gleich lang.
c) Die Gerade durch P und Q und die Gerade
durch C und R sind zueinander orthogonal.

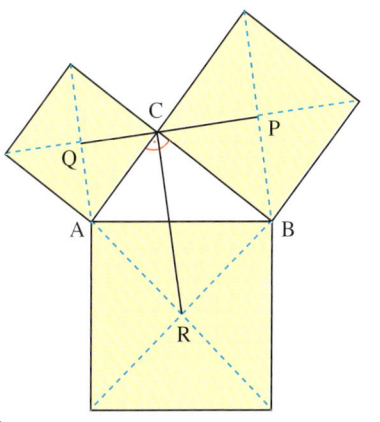

Fig. 3

135

Das Vektorprodukt – oder: Der kurze Weg zum Normalenvektor

> Kann man eigentlich durch Vektoren dividieren?

Dividieren bedeutet: Umkehren der Multiplikation. Da $3 \cdot 4 = 12$, ist z. B. $12 : 3 = 4$. Eine Division $b : a$ reeller Zahlen kann man als Lösung der Gleichung $a \cdot x = b$ auffassen. Für alle Zahlen $a \neq 0$ ist so $b : a$ bestimmt; bei $b : 0$ gäbe es unendlich viele Möglichkeiten. Daher kann man nicht durch 0 dividieren.

Wollte man einen Vektor durch einen anderen „dividieren", so müsste man z. B. die Skalarmultiplikation umkehren. Das ergäbe aber höchstens einen „Quotienten" von „Zahl durch Vektor" (außerdem wäre das Ergebnis nicht eindeutig).

Bei dem hier vorgestellten Vektorprodukt kann man zwar versuchen, eine Gleichung $\vec{a} \cdot \vec{x} = \vec{b}$ zu lösen, aber hier gibt es wiederum unendlich viele Lösungen. So ist auch hier eine Division von Vektoren nicht möglich.

In diesem Kapitel wurden u. a. zwei Fragestellungen behandelt:
- Definition und Anwendung des Skalarproduktes.
- Bestimmung und Anwendung von Normalenvektoren von Ebenen.

Bei der Skalarmultiplikation werden zwei Vektoren multipliziert, das Produkt ist eine reelle Zahl und kein Vektor. Speziell im Raum kann man auch ein „richtiges" Produkt von Vektoren definieren, d. h. eine Verknüpfung, die Vektoren $\vec{a}$ und $\vec{b}$ einen Vektor $\vec{c}$ als Produkt zuordnet:

$$\vec{c} = \vec{a} \times \vec{b}.$$

Will man zu zwei Vektoren im Raum ein solches „Vektorprodukt" bilden, so muss für den Vektor $\vec{c}$ eine geeignete Richtung gefunden werden. Es liegt nahe, für $\vec{c}$ einen der Normalenvektoren zu nehmen. Damit das Vektorprodukt eindeutig ist, muss noch der Betrag des Normalenvektors und seine Orientierung in Bezug auf $\vec{a}$ und $\vec{b}$ festgelegt werden.

Ein solches Vektorprodukt bietet dann zugleich die Möglichkeit, „schnell" einen Normalenvektor zu finden. Diese Bedingungen erfüllt die

Definition: Zu Vektoren $\vec{a} = \begin{pmatrix} a_1 \\ a_2 \\ a_3 \end{pmatrix}$ und $\vec{b} = \begin{pmatrix} b_1 \\ b_2 \\ b_3 \end{pmatrix}$ des Raums nennt man $\vec{a} \times \vec{b}$ (lies „a Kreuz b") das **Vektorprodukt** von $\vec{a}$ und $\vec{b}$, wenn gilt:

$$\vec{a} \times \vec{b} = \begin{pmatrix} a_1 \\ a_2 \\ a_3 \end{pmatrix} \times \begin{pmatrix} b_1 \\ b_2 \\ b_3 \end{pmatrix} = \begin{pmatrix} a_2 b_3 - a_3 b_2 \\ a_3 b_1 - a_1 b_3 \\ a_1 b_2 - a_2 b_1 \end{pmatrix}.$$

Beispiel:

Aus $\vec{a} = \begin{pmatrix} 1 \\ 0 \\ 0 \end{pmatrix}$, $\vec{b} = \begin{pmatrix} 0 \\ 1 \\ 0 \end{pmatrix}$ ergibt sich $\vec{a} \times \vec{b} = \begin{pmatrix} 0 \cdot 0 - 0 \cdot 1 \\ 0 \cdot 0 - 1 \cdot 0 \\ 1 \cdot 1 - 0 \cdot 0 \end{pmatrix} = \begin{pmatrix} 0 \\ 0 \\ 1 \end{pmatrix}.$

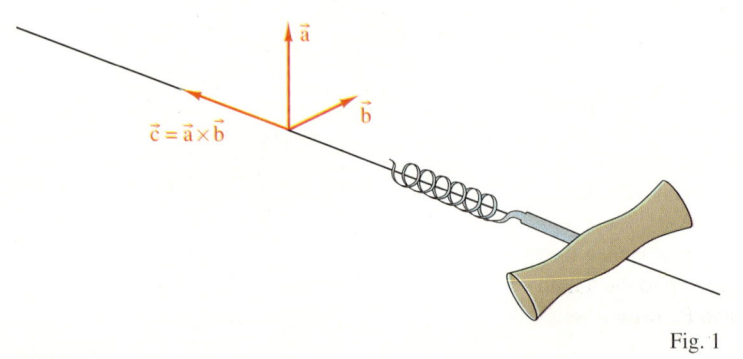

Fig. 1

An diesem Beispiel sieht man sofort, dass $\vec{c} = \vec{a} \times \vec{b}$ orthogonal zu $\vec{a}$ und zu $\vec{b}$ ist. Ferner bilden $\vec{a}, \vec{b}$ und $\vec{c}$ ein „Rechtssystem", d. h.: dreht man wie in Fig. 1 den Korkenzieher (oder eine Schraube) so, dass sich der Pfeil von $\vec{a}$ zu dem von $\vec{b}$ dreht, so bewegt sich der Korkenzieher in Richtung von $\vec{c} = \vec{a} \times \vec{b}$. Schließlich ist der Betrag von $\vec{c}$ gleich dem Flächeninhalt des von $\vec{a}$ und $\vec{b}$ aufgespannten Parallelogramms (Quadrats).

Allgemein gilt:

Satz: Für Vektoren $\vec{a}$ und $\vec{b}$ und $\vec{a} \times \vec{b}$ im Raum gilt:
(1) $\vec{a} \times \vec{b}$ ist orthogonal zu $\vec{a}$ und zu $\vec{b}$.
(2) $\vec{a}$, $\vec{b}$ und $\vec{a} \times \vec{b}$ bilden ein Rechtssystem.
(3) Der Betrag von $\vec{a} \times \vec{b}$ ist gleich dem Flächeninhalt des von $\vec{a}$ und $\vec{b}$ aufgespannten Parallelogramms:
$| \vec{a} \times \vec{b} | = | \vec{a} | \cdot | \vec{b} | \cdot \sin\varphi$.

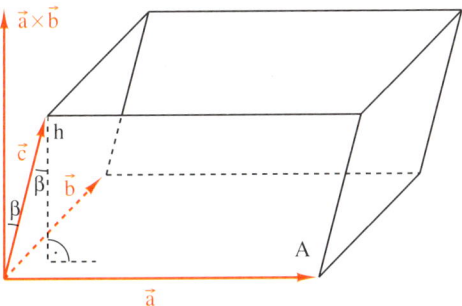

Fig. 1

Die letzte Eigenschaft ermöglicht auch, das Volumen V eines Spats zu berechnen:
Für den Flächeninhalt A der Grundfläche des Spats in Fig. 2 gilt: $A = | \vec{a} \times \vec{b} |$.
Für die Höhe h des Prismas in Fig. 2 gilt:
$h = | \vec{c} | \cdot \cos\beta$. Damit ist
$V = A \cdot h = | \vec{a} \times \vec{b} | \cdot | \vec{c} | \cdot \cos\beta$.
Dieser Term ist aber zugleich das Skalarprodukt von $\vec{a} \times \vec{b}$ mit $\vec{c}$.
Somit gilt für das **Volumen V des Spats**:
$$V = | (\vec{a} \times \vec{b}) \cdot \vec{c} |.$$

*$(\vec{a} \times \vec{b}) \cdot \vec{c}$ wird gelegentlich auch das **Spatprodukt** der Vektoren $\vec{a}$, $\vec{b}$, $\vec{c}$ genannt.*

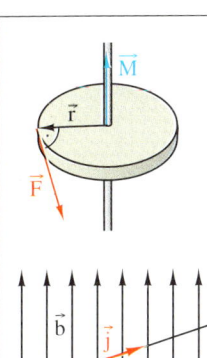

Fig. 2

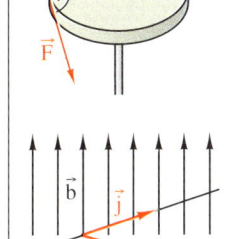

In der Physik wird das Vektorprodukt an mehreren Stellen verwendet. Hierzu zwei Beispiele:

Das Drehmoment
Ein starrer Körper ist um eine Achse drehbar. Greift wie in der Figur eine Kraft $\vec{F}$ an, so versteht man unter dem Drehmoment $\vec{M} = \vec{r} \times \vec{F}$.

Das Induktionsgesetz
Fließt durch den Leiter ein Strom $\vec{j}$ und werden die Feldlinien des Magnetfeldes durch $\vec{b}$ beschrieben, so gilt für die an den Leiter der Länge l angreifende Kraft $\vec{k} = l \, (\vec{j} \times \vec{b})$

Die Grundideen der heutigen Vektorrechnung gehen auf HERMANN GRAßMANN (1809–1877), Lehrer an einem Gymnasium in Stettin, zurück. 1844 bewies er geometrische Sätze mithilfe eines „linearen Produkts", dem heutigen Skalarprodukt. Neben weiteren Produkten betrachtete er auch ein „geometrisches Produkt", das heutige Vektorprodukt.
Die Bezeichnung Vektor benutzte 1845 zuerst der englische Mathematiker GEORGE HAMILTON.

Aufgaben

1 Zeigen Sie, dass $(\vec{a} \times \vec{b}) \cdot \vec{a} = 0$ und $(\vec{a} \times \vec{b}) \cdot \vec{b} = 0$ gilt.
Was haben Sie damit bewiesen?

2 Beweisen Sie:
a) Für linear abhängige Vektoren $\vec{a}$, $\vec{b}$ gilt
$\vec{a} \times \vec{b} = \vec{o}$.
b) Das Vektorprodukt ist „antikommutativ", d.h. es gilt für alle $\vec{a}$, $\vec{b}$ des Raums:
$\vec{b} \times \vec{a} = -(\vec{a} \times \vec{b})$.

3 Gegeben sind die Punkte $A\,(2|5|-1)$, $B\,(3|7|2)$ und $C\,(9|6|3)$. Berechnen Sie $\overrightarrow{AB} \times \overrightarrow{AC}$ und bestimmen Sie daraus den Flächeninhalt des Dreiecks ABC.

4 Berechnen Sie das Volumen des Spats mit
a) $\vec{a} = \begin{pmatrix} 2 \\ 3 \\ 5 \end{pmatrix}$, $\vec{b} = \begin{pmatrix} 2 \\ -1 \\ 7 \end{pmatrix}$, $\vec{c} = \begin{pmatrix} 3 \\ 9 \\ 2 \end{pmatrix}$,
b) $\vec{a} = \begin{pmatrix} 3 \\ 2 \\ -3 \end{pmatrix}$, $\vec{b} = \begin{pmatrix} 4 \\ 2 \\ -5 \end{pmatrix}$, $\vec{c} = \begin{pmatrix} 7 \\ 1 \\ -3 \end{pmatrix}$.

137

Betrag eines Vektors $\vec{a}$: Länge der zu $\vec{a}$ gehörenden Pfeile.

Für $\vec{a} = \begin{pmatrix} a_1 \\ a_2 \\ a_3 \end{pmatrix}$ gilt: $|\vec{a}| = \sqrt{a_1^2 + a_2^2 + a_3^2}$.

Ein Vektor mit dem Betrag 1 heißt **Einheitsvektor**: $\vec{a_0} = \frac{\vec{a}}{|\vec{a}|}$.

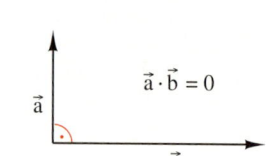

Skalarprodukt:

Geometrische Form: $\vec{a} \cdot \vec{b} = |\vec{a}| \cdot |\vec{b}| \cdot \cos\varphi$

Koordinatenform: $\begin{pmatrix} a_1 \\ a_2 \\ a_3 \end{pmatrix} \cdot \begin{pmatrix} b_1 \\ b_2 \\ b_3 \end{pmatrix} = a_1 b_1 + a_2 b_2 + a_3 b_3$

$\vec{a} \perp \vec{b}$ genau dann, wenn $\vec{a} \cdot \vec{b} = 0$ (für $\vec{a} \neq \vec{o}$, $\vec{b} \neq \vec{o}$).

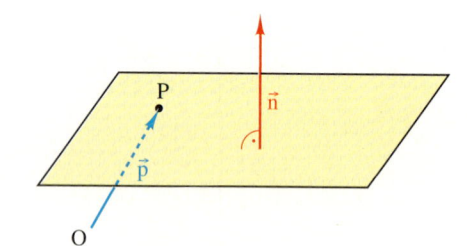

Normalenform der Ebenengleichung:

E: $(\vec{x} - \vec{p}) \cdot \vec{n} = 0$.

Dabei ist $\vec{p}$ ein Stützvektor und $\vec{n}$ ein Normalenvektor von E.

Sonderfall: Ist $\vec{n} = \vec{n_0}$ ein Einheitsvektor, so spricht man von der **Hesse'schen Normalenform**.

Koordinatengleichung der Ebene:

E: $a_1 x_1 + a_2 x_2 + a_3 x_3 = b$

Dabei ist $\begin{pmatrix} a_1 \\ a_2 \\ a_3 \end{pmatrix}$ ein Normalenvektor von E.

Abstände im Raum:

1. Abstand **Punkt–Ebene**:

Ist E: $(\vec{x} - \vec{p}) \cdot \vec{n_0} = 0$ (Hesse'sche Normalenform), so gilt für den Abstand d eines Punktes R mit $\overrightarrow{OR} = \vec{r}$ von der Ebene:

$d = |(\vec{r} - \vec{p}) \cdot \vec{n_0}|$.

Ist E: $a_1 x_1 + a_2 x_2 + a_3 x_3 = b$, so gilt für den Abstand d eines Punktes $R(r_1 | r_2 | r_3)$ von der Ebene: $d = \left| \frac{a_1 r_1 + a_2 r_2 + a_3 r_3 - b}{\sqrt{a_1^2 + a_2^2 + a_3^2}} \right|$.

2. Abstand **Punkt–Gerade**:

Zur Bestimmung des Abstands geht man in drei Schritten vor:

– Bestimmung der zur Geraden orthogonalen Ebene,

– Berechnung des Schnittpunktes F von Gerade und Ebene,

– Berechnung von $|\overrightarrow{PF}|$ bei gegebenem Punkt P.

3. Abstand **Gerade–Gerade**:

Sind g und h windschiefe Geraden im Raum mit g: $\vec{x} = \vec{p} + t\vec{u}$ und h: $\vec{x} = \vec{q} + t\vec{v}$ und ist $\vec{n_0}$ ein Einheitsvektor mit $\vec{n_0} \perp \vec{u}$ und $\vec{n_0} \perp \vec{v}$, dann haben g und h den Abstand: $d = |(\vec{q} - \vec{p}) \cdot \vec{n_0}|$.

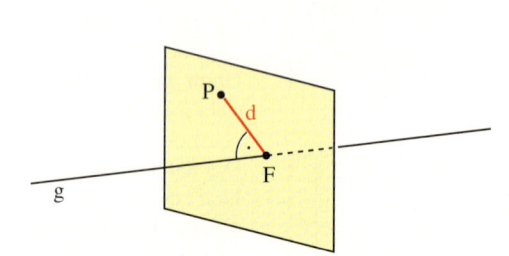

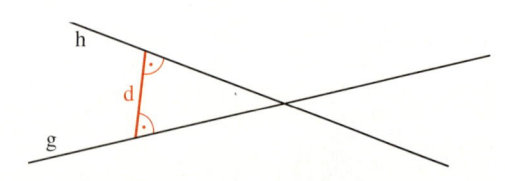

Schnittwinkel

zweier Geraden mit den Richtungsvektoren $\vec{u}$ und $\vec{v}$	zweier Ebenen mit den Normalenvektoren $\vec{n_1}$ und $\vec{n_2}$	einer Geraden und einer Ebene mit Richtungsvektor $\vec{u}$ und Normalenvektor $\vec{n}$.
$\cos\alpha = \frac{|\vec{u} \cdot \vec{v}|}{|\vec{u}| \cdot |\vec{v}|}$	$\cos\alpha = \frac{|\vec{n_1} \cdot \vec{n_2}|}{|\vec{n_1}| \cdot |\vec{n_2}|}$	$\sin\alpha = \frac{|\vec{u} \cdot \vec{n}|}{|\vec{u}| \cdot |\vec{n}|}$

138

1 Berechnen Sie die Länge der Seiten und die Größe der Winkel des Dreiecks ABC mit $A(3|-2)$, $B(7|1)$ und $C(1|4)$.

2 Berechnen Sie den Abstand der Punkte $P(1|2)$, $Q(3|2)$ und $R(7|-1)$ zur Geraden $g: \vec{x} = \begin{pmatrix} 5 \\ 0 \end{pmatrix} + t \begin{pmatrix} -1 \\ 1 \end{pmatrix}$.

3 Gegeben sind die Vektoren $\vec{a} = \begin{pmatrix} 0 \\ 1 \\ -1 \end{pmatrix}$ und $\vec{b} = \begin{pmatrix} 7 \\ 3 \\ 1 \end{pmatrix}$.
Berechnen Sie $|\vec{a}|$, $|\vec{b}|$ und den Winkel φ zwischen $\vec{a}$ und $\vec{b}$.

4 a) Eine Ebene E geht durch den Punkt $P(6|8|2)$ und hat $\vec{n} = \begin{pmatrix} 1 \\ 3 \\ -5 \end{pmatrix}$ als einen Normalenvektor. Bestimmen Sie für E eine Ebenengleichung in Normalenform und eine Koordinatengleichung.
b) Bestimmen Sie den Abstand d des Punktes $A(6|3|6)$ von der Ebene E.

5 Gegeben ist eine Gerade $g: \vec{x} = \begin{pmatrix} 1 \\ 1 \\ 1 \end{pmatrix} + t \begin{pmatrix} 1 \\ 0 \\ 1 \end{pmatrix}$.

a) Bestimmen Sie eine Gleichung der Geraden h, die orthogonal zur Geraden g ist und durch den Punkt $P(1|1|1)$ geht.
b) Bestimmen Sie eine Gleichung der Ebene E, die orthogonal zur Geraden g ist und durch den Punkt $Q(2|8|0)$ geht.

6 Berechnen Sie:
a) den Abstand des Punktes $R(-2|3|5)$ von der Ebene $E: 2x_1 - x_2 + 2x_3 = 0$,

b) den Abstand des Ursprungs O von der Geraden $g: \vec{x} = \begin{pmatrix} 9 \\ 3 \\ -2 \end{pmatrix} + t \begin{pmatrix} 1 \\ -1 \\ 0 \end{pmatrix}$,

c) den Abstand der Geraden $g: \vec{x} = \begin{pmatrix} 1 \\ 9 \\ 8 \end{pmatrix} + t \begin{pmatrix} 1 \\ -2 \\ 2 \end{pmatrix}$ von der Geraden $h: \vec{x} = \begin{pmatrix} -2 \\ -2 \\ -3 \end{pmatrix} + t \begin{pmatrix} 6 \\ -1 \\ 2 \end{pmatrix}$.

7 Die Gerade g durch den Punkt $P(0|-5|2)$ ist orthogonal zur Ebene E mit der Gleichung $2x_1 + 5x_2 + x_3 = 37$. Bestimmen Sie
a) eine Gleichung von g, b) die Koordinaten des Schnittpunktes F von g und E.

8 Gegeben sind die Punkte $A(1|-2|-7)$, $B(17|-2|5)$, $C(-8|-2|5)$ und $D(1|6|7)$.
a) Berechnen Sie den Flächeninhalt des Dreiecks ABC.
b) Bestimmen Sie den Abstand des Punktes D von der Ebene durch A, B, C.
c) Berechnen Sie das Volumen der dreiseitigen Pyramide mit den Ecken A, B, C, D.

9 Was bedeutet geometrisch $|\vec{a} \cdot \vec{b}| = |\vec{a}| \cdot |\vec{b}|$?

10 Beweisen Sie:
Bei jedem Quader haben die Quadrate über drei von einer Ecke ausgehenden Kanten zusammen den gleichen Flächeninhalt wie das Quadrat über der Raumdiagonalen.

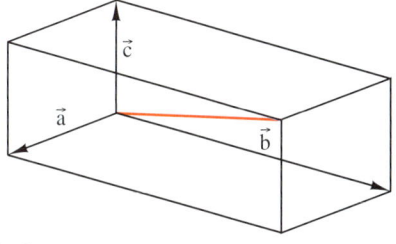

Fig. 1

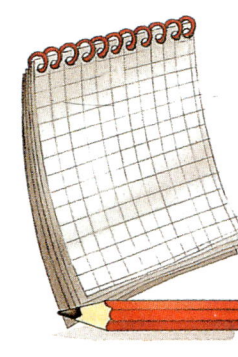

Die Lösungen zu den Aufgaben dieser Seite finden Sie auf Seite 191.

139

1 Kreise in der Ebene

1 In einer Reitschule mit einer Halle von 40 m Länge und 20 m Breite findet der Reitunterricht mit der Longe statt.
a) Welche Länge darf die Longe maximal haben (einschließlich der Breite des Pferdes)?
b) Ist es bei der Größe der Halle möglich, dass mehrere Personen gleichzeitig longieren, ohne dass sich die Spuren der Pferde kreuzen?
c) Vier Personen wollen gleichzeitig longieren. Welche Länge darf die Longe maximal haben?

Statt Kreis müsste genauer Kreislinie gesagt werden.

Einen **Kreis** in der Ebene kann man vektoriell einfach beschreiben, denn er ist dadurch festgelegt, dass seine Punkte zu einem Punkt M denselben Abstand r haben.

Fig. 1 entnimmt man, dass ein Punkt $X(x_1|x_2)$ genau dann auf der Kreislinie liegt, wenn $(x_1 - m_1)^2 + (x_2 - m_2)^2 = r^2$ gilt (Satz des Pythagoras).
Für alle Punkte des Kreises gilt $|\overrightarrow{MX}| = r$ und somit $|\vec{x} - \vec{m}| = r$.
Dies ist gleichbedeutend mit $(\vec{x} - \vec{m})^2 = r^2$.

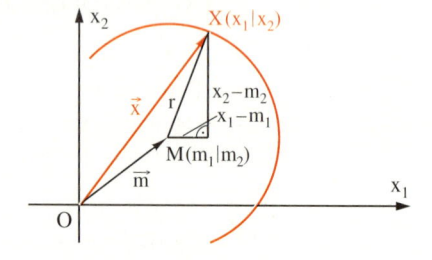

Fig. 1

> **Satz:** (Vektor- und Koordinatengleichung des Kreises)
> Ein Kreis mit dem Mittelpunkt $M(m_1|m_2)$ und dem Radius r wird beschrieben durch die Gleichung $(\vec{x} - \vec{m})^2 = r^2$ bzw. $(x_1 - m_1)^2 + (x_2 - m_2)^2 = r^2$.
> Ist M der Ursprung, so lautet die Gleichung $\vec{x}^2 = r^2$ bzw. $x_1^2 + x_2^2 = r^2$.

Beispiel 1: (Kreisgleichung)
Geben Sie für den Kreis mit dem Mittelpunkt $M(-4|3)$ und dem Radius $r = 6$ eine Vektor- und Koordinatengleichung an.
Lösung:

Vektorgleichung: $\left[\vec{x} - \begin{pmatrix} -4 \\ 3 \end{pmatrix}\right]^2 = 6^2$; Koordinatengleichung: $(x_1 + 4)^2 + (x_2 - 3)^2 = 6^2$.

Quadratische Ergänzung:
Die linke Seite der Gleichung $x^2 + 6x = 16$ vergleicht man mit der binomischen Formel $(x + a)^2 = x^2 + 2ax + a^2$. Setzt man $2a = 6$, also $a = 3$ und addiert $a^2 = 9$ auf beiden Seiten, so kann man die linke Seite zu einem „Quadrat" ergänzen.
Aus $x^2 + 6x + 9 = 16 + 9$ erhält man $(x + 3)^2 = 25$. Die Zahl 9 nennt man quadratische Ergänzung zum Term $x^2 + 6x$.

Beispiel 2: (Bestimmung von Mittelpunkt und Radius)
Bestimmen Sie den Mittelpunkt und den Radius des Kreises mit der Gleichung $x_1^2 + x_2^2 - 2x_1 + 6x_2 - 6 = 0$.
Lösung:
Die Gleichung des Kreises ist in die Form $(x_1 - m_1)^2 + (x_2 - m_2)^2 = r^2$ zu bringen.

$$x_1^2 - 2x_1 + \quad x_2^2 + 6x_2 \quad = 6$$
$$x_1^2 - 2x_1 + 1 + x_2^2 + 6x_2 + 9 = 6 + 1 + 9 \quad \text{(quadratische Ergänzung)}$$
$$(x_1 - 1)^2 + (x_2 + 3)^2 = 16$$

Der Mittelpunkt des Kreises ist $M(1|-3)$ und der Radius $r = 4$.

Beispiel 3: (Lage von Punkten zu Kreisen)

Welche Lage haben der Kreis $k: (x_1 - 2)^2 + (x_2 + 3)^2 = 25$ und die Punkte $A(-1|1)$, $B(4|-1)$ und $C(-3|2)$ zueinander?

Lösung:

Es wird der Abstand des Punktes vom Mittelpunkt des Kreises mit dem Radius verglichen.

$A(-1|1)$: $\overline{AM} = \sqrt{(-1 - 2)^2 + (1 + 3)^2} = 5$; Punkt A liegt auf dem Kreis.

$B(4|-1)$: $\overline{BM} = \sqrt{(4 - 2)^2 + (-1 + 3)^2} = \sqrt{8} < 5$; Punkt B liegt innerhalb des Kreises.

$C(-3|2)$: $\overline{CM} = \sqrt{(-3 - 2)^2 + (2 + 3)^2} = \sqrt{50} > 5$; Punkt C liegt außerhalb des Kreises.

Aufgaben

2 Geben Sie eine Gleichung des Kreises in Vektor- und in Koordinatenform an.

a) $M(5|2)$, $r = 3$ b) $M(0|0)$, $r = 2$ c) $\overrightarrow{m} = \begin{pmatrix} -3 \\ -2 \end{pmatrix}$, $r = 5$ d) $\overrightarrow{m} = \begin{pmatrix} 1 \\ -2 \end{pmatrix}$, $r = 3$

3 Bestimmen Sie den Mittelpunkt und den Radius der Kreise.

a) $x_1^2 - 4x_1 + x_2^2 + 2x_2 - 4 = 0$ b) $x_1^2 + x_2^2 - 6x_2 - 27 = 0$ c) $x_1^2 - 6x_1 + x_2^2 + 6x_2 = 0$

4 Untersuchen Sie, ob durch folgende Gleichung ein Kreis beschrieben wird, und bestimmen Sie gegebenenfalls den Mittelpunkt und den Radius.

a) $x_1^2 + x_2^2 + 4x_1 + 8x_2 + 11 = 0$ b) $x_1^2 + x_2^2 - 6x_1 + 16x_2 = -72$

c) $x_1^2 + x_2^2 - 2x_1 = -4$ d) $x_1^2 + x_2^2 + 6x_1 - 1 - 4x_2 - 2 = 0$

5 Welche Lage hat der Punkt P bezüglich des Kreises k?

a) $P(0|0)$, $k: x_1^2 + x_2^2 + 4x_1 - 6x_2 + 4 = 0$ b) $P(3|1)$, $k: x_1^2 + x_2^2 - 4x_1 + 6x_2 + 4 = 0$

c) $P(4|2)$, $k: x_1^2 + x_2^2 + 4x_1 + 2x_2 = 20$ d) $P(2|-6)$, $k: (x_1 - 4)^2 + (x_2 + 3)^2 = 12$

6 Untersuchen Sie die gegenseitige Lage der Kreise. Vergleichen Sie dazu den Abstand der Mittelpunkte mit der Summe oder der Differenz der Radien.

a) $k_1: x_1^2 + x_2^2 + 6x_1 - 4x_2 = 12$, $k_2: x_1^2 + x_2^2 + 6x_1 - 18x_2 + 86 = 0$

b) $k_1: x_1^2 + x_2^2 - 6x_1 + 8x_2 = 0$, $k_2: x_1^2 + x_2^2 - 4x_1 + 6x_2 = -9$

c) $k_1: x_1^2 + x_2^2 + 2x_1 = 19$, $k_2: x_1^2 - 6x_1 + x_2^2 - 8x_2 = -21$

7 Gesucht ist eine Gleichung des Kreises, der durch die Punkte A und B geht und den Radius r hat. Wie viele solcher Kreise gibt es?

a) $A(0|0)$, $B(8|-2)$, $r = 17$ b) $A(4|11)$, $B(-9|-2)$, $r = 13$ c) $A(4|0)$, $B(1|-3)$, $r = 3$

8 Bestimmen Sie einen Kreis, der

a) beide Koordinatenachsen berührt und durch den Punkt $P(1|2)$ geht,

b) die x_1-Achse berührt und durch die Punkte $P(1|2)$ und $Q(-3|2)$ geht.

9 Durch drei Punkte, die nicht auf einer Geraden liegen, ist ein Kreis eindeutig bestimmt; dies ist der Umkreis des Dreiecks. Bestimmen Sie den Mittelpunkt $M(m_1|m_2)$ und den Radius r des Kreises, der durch die Punkte A, B und C geht.

Lösen Sie auf zwei Arten:

1. Mithilfe der Mittelsenkrechten der Strecken.

2. Durch Einsetzen der Koordinaten in die Kreisgleichung. Die Differenz von je zwei dieser drei Gleichungen ergibt ein LGS von Gleichungen mit jeweils zwei Variablen.

a) $A(2|2)$, $B(3|-5)$, $C(-1|-7)$ b) $A(5|1)$, $B(-9|3)$, $C(3|-13)$

Fig. 1

2 Kreise und Geraden

1 Ein Kreis hat den Mittelpunkt M (4|2) und den Radius 2.
Geben Sie die Gleichung einer Ursprungsgeraden an, die
a) den Kreis in zwei Punkten schneidet,
b) den Kreis in einem Punkt berührt,
c) keinen Punkt mit dem Kreis gemeinsam hat.

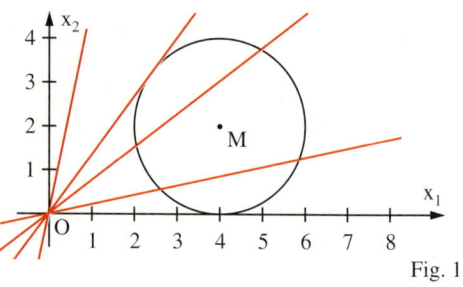

Fig. 1

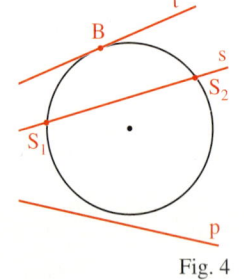

Fig. 4

secans (lat.): schneidend
tangens (lat.): berührend
passant (frz.): vorübergehend

Um zu entscheiden, ob eine Gerade und ein Kreis gemeinsame Punkte haben, untersucht man, ob es einen Punkt X gibt, sodass $\vec{x} = \overrightarrow{OX}$ sowohl die Gleichung des Kreises $k: (\vec{x} - \vec{m})^2 = r^2$ als auch die Gleichung der Geraden $g: \vec{x} = \vec{p} + t\vec{u}$ erfüllt. Deshalb ersetzt man in der Kreisgleichung $\vec{x}$ durch $\vec{p} + t\vec{u}$. Besitzt die Gleichung $(\vec{p} + t\vec{u} - \vec{m})^2 = r^2$
– zwei Lösungen, so ist g eine **Sekante** von k,
– genau eine Lösung, so ist g eine **Tangente** von k,
– keine Lösung, so ist g eine **Passante** von k.

Die Tangente in einem Punkt B des Kreises ist senkrecht zum Berührradius. Deshalb gilt (Fig. 2): $(\vec{x} - \vec{b}) \cdot (\vec{b} - \vec{m}) = 0$.
Um eine ähnliche Form wie die der Kreisgleichung zu erhalten, formt man um.
Mit $\vec{x} - \vec{b} = (\vec{x} - \vec{m}) - (\vec{b} - \vec{m})$ folgt:
$$[(\vec{x} - \vec{m}) - (\vec{b} - \vec{m})] \cdot (\vec{b} - \vec{m}) = 0$$
$$(\vec{x} - \vec{m}) \cdot (\vec{b} - \vec{m}) - (\vec{b} - \vec{m}) \cdot (\vec{b} - \vec{m}) = 0$$
$$(\vec{x} - \vec{m}) \cdot (\vec{b} - \vec{m}) = (\vec{b} - \vec{m})^2$$
$$(\vec{x} - \vec{m}) \cdot (\vec{b} - \vec{m}) = r^2.$$

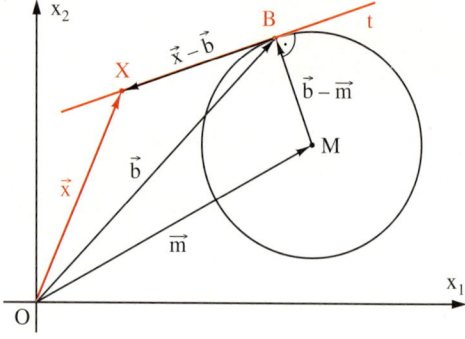

Fig. 2

> Kreisgleichung:
> $(\vec{x} - \vec{m})^2 = r^2$
> $(\vec{x} - \vec{m}) \cdot (\vec{x} - \vec{m}) = r^2$
> Tangentengleichung in B:
> $(\vec{x} - \vec{m}) \cdot (\vec{b} - \vec{m}) = r^2$
>
> Also ein $\vec{x}$ in der Kreisgleichung durch $\vec{b}$ ersetzen.

Satz 1: Die Tangente an den Kreis $k: (\vec{x} - \vec{m})^2 = r^2$ im Punkt B $(b_1|b_2)$ mit dem Ortsvektor $\vec{b}$ hat die Gleichung
$(\vec{x} - \vec{m}) \cdot (\vec{b} - \vec{m}) = r^2$ **bzw.** $(x_1 - m_1)(b_1 - m_1) + (x_2 - m_2)(b_2 - m_2) = r^2$.
Ist der Mittelpunkt des Kreises der Ursprung, lautet die Gleichung
$\vec{x} \cdot \vec{b} = r^2$ bzw. $x_1 b_1 + x_2 b_2 = r^2$.

Um die Gleichungen der Tangenten von einem Punkt außerhalb des Kreises zu finden, bestimmt man zunächst die Berührpunkte B_1 und B_2 der Tangenten an den Kreis k.
Die Gleichungen der Tangenten für die Berührpunkte B_1 und B_2 lauten
$(\vec{x} - \vec{m}) \cdot (\overrightarrow{b_1} - \vec{m}) = r^2$
und
$(\vec{x} - \vec{m}) \cdot (\overrightarrow{b_2} - \vec{m}) = r^2$.

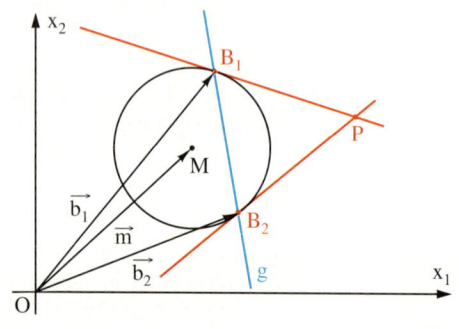

Fig. 3

Da der Punkt P auf beiden Tangenten liegt, muss sein Ortsvektor $\vec{p}$ beide Gleichungen erfüllen.
$(\vec{p} - \vec{m}) \cdot (\vec{b_1} - \vec{m}) = r^2$ und $(\vec{p} - \vec{m}) \cdot (\vec{b_2} - \vec{m}) = r^2$.
Diese beiden Gleichungen kann man auch so interpretieren:

> **Satz 2:** Die Tangenten von einem Punkt P an den Kreis k: $(\vec{x} - \vec{m})^2 = r^2$ berühren den Kreis in den Punkten B_1 und B_2. Diese Punkte sind die Schnittpunkte des Kreises mit der Geraden $(\vec{p} - \vec{m}) \cdot (\vec{x} - \vec{m}) = r^2$.

Beispiel 1: (Schnittpunkte eines Kreises mit einer Geraden)

Zeigen Sie, dass die Gerade g: $\vec{x} = \begin{pmatrix} 7 \\ 3 \end{pmatrix} + t \cdot \begin{pmatrix} 1 \\ -1 \end{pmatrix}$ den Kreis k: $\left[\vec{x} - \begin{pmatrix} 2 \\ 1 \end{pmatrix} \right]^2 = 25$ schneidet, und

bestimmen Sie die Koordinaten der Schnittpunkte.

Lösung:

Einsetzen: $\qquad \left[\begin{pmatrix} 7 \\ 3 \end{pmatrix} + t \cdot \begin{pmatrix} 1 \\ -1 \end{pmatrix} - \begin{pmatrix} 2 \\ 1 \end{pmatrix} \right]^2 = 25$

Vereinfachen: $\qquad \left[\begin{pmatrix} 5 \\ 2 \end{pmatrix} + t \cdot \begin{pmatrix} 1 \\ -1 \end{pmatrix} \right]^2 = 25$

$$(5 + t)^2 + (2 - t)^2 = 25$$

Lösungen der quadratischen Gleichung: $t_1 = -1$ und $t_2 = -2$.

Damit haben g und k zwei Schnittpunkte.

Einsetzen von t_1 und t_2 in die Geradengleichung ergibt für die Ortsvektoren der Schnittpunkte:

$$\vec{x_1} = \begin{pmatrix} 7 \\ 3 \end{pmatrix} + (-1) \cdot \begin{pmatrix} 1 \\ -1 \end{pmatrix} = \begin{pmatrix} 6 \\ 4 \end{pmatrix} \text{ und } \vec{x_2} = \begin{pmatrix} 7 \\ 3 \end{pmatrix} + (-2) \cdot \begin{pmatrix} 1 \\ -1 \end{pmatrix} = \begin{pmatrix} 5 \\ 5 \end{pmatrix}.$$

Der Kreis k und die Gerade g schneiden sich in den Punkten $X_1(6|4)$ und $X_2(5|5)$.

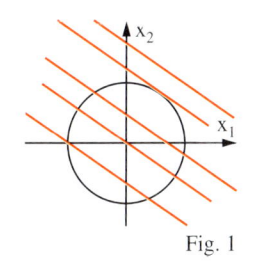

Fig. 1

Beispiel 2: (Gegenseitige Lage von Geraden und Kreis)

Für welche reellen Zahlen c sind die zueinander parallelen Geraden g_c: $x_1 + 2x_2 + c = 0$ Sekanten, Tangenten oder Passanten des Kreises k: $\vec{x}^2 = 5$?

Lösung:

Auflösen der Geradengleichung nach x_1 und Einsetzen in die Kreisgleichung:

$$(-2x_2 - c)^2 + x_2^2 = 5$$

Ausrechnen: $\qquad 4x_2^2 + 4cx_2 + c^2 + x_2^2 = 5$

$$5x_2^2 + 4cx_2 + c^2 - 5 = 0$$

$$x_2 = \frac{-4c + \sqrt{100 - 4c^2}}{10} \text{ oder } x_2 = \frac{-4c - \sqrt{100 - 4c^2}}{10}$$

In Abhängigkeit der Diskriminante $100 - 4c^2$ erhält man:

Für $|c| < 5$ ist die zugehörige Gerade eine Sekante,

für $c = 5$ oder $c = -5$ jeweils eine Tangente

und für $|c| > 5$ eine Passante.

Beispiel 3: (Tangente in einem gegebenen Punkt des Kreises)

Bestimmen Sie eine Gleichung der Tangente t an den Kreis k: $x_1^2 + x_2^2 - 6x_1 + 4x_2 = 12$ im Punkt B$(7|1)$.

Lösung:

Punktprobe: $(7 - 3)^2 + (1 + 2)^2 = 25$, also ist B ein Punkt des Kreises.

Umformen der Kreisgleichung: $(x_1 - 3)^2 + (x_2 + 2)^2 = 25$.

Der Kreis hat den Mittelpunkt M$(3|-2)$ und den Radius r = 5. Damit erhält man die Tangentengleichung:

t: $\left[\vec{x} - \begin{pmatrix} 3 \\ -2 \end{pmatrix} \right] \cdot \left[\begin{pmatrix} 7 \\ 1 \end{pmatrix} - \begin{pmatrix} 3 \\ -2 \end{pmatrix} \right] = 25$, also t: $\left[\vec{x} - \begin{pmatrix} 3 \\ -2 \end{pmatrix} \right] \cdot \begin{pmatrix} 4 \\ 3 \end{pmatrix} = 25$.

143

Beispiel 4: (Gleichung der Tangenten an den Kreis)
Bestimmen Sie Gleichungen der Tangenten von $P(7|1)$ an den Kreis $k: \vec{x}^2 = 25$.
Lösung:
Für die Gerade g durch die Berührpunkte ergibt sich:

$$g: \left[\begin{pmatrix} 7 \\ 1 \end{pmatrix} - \begin{pmatrix} 0 \\ 0 \end{pmatrix}\right] \cdot \left[\vec{x} - \begin{pmatrix} 0 \\ 0 \end{pmatrix}\right] = 25. \quad \text{Also} \quad \begin{pmatrix} 7 \\ 1 \end{pmatrix} \cdot \vec{x} = 25 \quad \text{bzw.} \quad 7\,x_1 + x_2 = 25.$$

Die Berührpunkte sind die Schnittpunkte der Geraden g mit dem Kreis. Einsetzen von $x_2 = 25 - 7\,x_1$ in die Kreisgleichung ergibt $x_1^2 + (25 - 7\,x_1)^2 = 25$. Die Lösungen dieser quadratischen Gleichung sind 3 und 4.
Für die Berührpunkte erhält man damit: $B_1(3|4)$ und $B_2(4|-3)$.
Gleichungen der Tangenten sind: $t_1: 3\,x_1 + 4\,x_2 = 25$ und $t_2: 4\,x_1 - 3\,x_2 = 25$.

Aufgaben

2 Überprüfen Sie, ob die Gerade g Sekante, Tangente oder Passante des Kreises k ist, und bestimmen Sie gegebenenfalls gemeinsame Punkte von g und k.

a) $k: \left[\vec{x} - \begin{pmatrix} -2 \\ 3 \end{pmatrix}\right]^2 = 25; \quad g: \vec{x} = \begin{pmatrix} -1 \\ -4 \end{pmatrix} + t \cdot \begin{pmatrix} -1 \\ 2 \end{pmatrix}$

b) $k: (x_1 + 2)^2 + (x_2 - 3)^2 = 25; \quad g: x_1 - 2\,x_2 - 7 = 0$

c) $k: x_1^2 + x_2^2 - 6\,x_1 - 4\,x_2 - 12 = 0; \quad g: 4\,x_1 + 3\,x_2 + 7 = 0$

d) $k: \left[\vec{x} - \begin{pmatrix} 3 \\ -2 \end{pmatrix}\right]^2 = 25; \quad g: \vec{x} \cdot \begin{pmatrix} -1 \\ 1 \end{pmatrix} = 2$

3 Geben Sie eine Gleichung der Tangente an den Kreis k im Berührpunkt B an.

a) $(x_1 - 2)^2 + (x_2 + 3)^2 = 25$, $B(-1|1)$ b) $x_1^2 + (x_2 - 2)^2 = 49$, $B(0|-5)$

c) $x_1^2 + x_2^2 + 4\,x_1 + 4\,x_2 = 92$, $B(4|6)$ d) $x_1^2 + x_2^2 - 2\,x_1 - 4\,x_2 = 31$, $B(-5|2)$

4 Gegeben ist ein Kreis um M mit dem Radius r. Bestimmen Sie eine Normalenform und eine Parametergleichung der Tangente, die den Kreis im Punkt B berührt.

a) $M(-3|7)$, $r = 5$, $B(1|b_2)$ und $b_2 < 7$ b) $M(4|-1)$, $r = 15$, $B(b_1|8)$ mit $b_1 < 0$

c) $M(1|9)$, $r = 1$, $B(1{,}6|b_2)$ mit $b_2 > 9$ d) $M(-29|10)$, $r = 29$, $B(b_1|-10)$ mit $b_1 > -29$

5 Zwei Tangenten berühren den Kreis in den Punkten A bzw. B. Bestimmen Sie den Schnittpunkt der Tangenten.

a) $k: x_1^2 + x_2^2 = 100$, $A(-8|a)$, $B(6|b)$ mit $a > 0$ und $b > 0$

b) $k: x_1^2 + 2\,x_1 + x_2^2 + 6\,x_2 - 15 = 0$, $A(2|a)$, $B(-5|b)$ mit $a > 0$ und $b < 0$

c) $k: x_1^2 - 14\,x_1 + x_2^2 + 8\,x_2 = 104$, $A(12|a)$, $B(-5|b)$ mit $a > 0$ und $b > 0$

6 Zeichnen Sie in ein geeignetes Koordinatensystem den Kreis um M mit dem Radius r und konstruieren Sie dann die Tangenten vom Punkt P aus an den Kreis.
Überprüfen Sie Ihr Ergebnis durch eine Rechnung.

a) $M(-2|2)$, $r = 3$, $P(1|-1)$ b) $M(-1|4)$, $r = 2$, $P(1|0)$ c) $M(5|1)$, $r = 4$, $P(1|3)$

7 Bestimmen Sie die Berührpunkte und Gleichungen der Tangenten an den Kreis k, die parallel zu der Geraden g sind.

a) $k: \vec{x}^2 = 25; \quad g: \vec{x} = \begin{pmatrix} 2 \\ 1 \end{pmatrix} + t \begin{pmatrix} -4 \\ 3 \end{pmatrix}$ b) $k: (x_1 - 2)^2 + (x_2 - 1)^2 = 5; \quad g: 2\,x_1 + x_2 = 10$

c) $k: \left[\vec{x} - \begin{pmatrix} 3 \\ -2 \end{pmatrix}\right]^2 = 61; \quad g: \vec{x} = \begin{pmatrix} 3 \\ 0 \end{pmatrix} + t \cdot \begin{pmatrix} 6 \\ -5 \end{pmatrix}$ d) $k: (x_1 + 4)^2 + (x_2 + 2)^2 = 29; \quad g: \vec{x} = t \begin{pmatrix} 5 \\ 2 \end{pmatrix}$

8 Welche Gleichungen haben die beiden Tangenten t_1 und t_2 an den Kreis $k: \overline{x}^2 = 16$, die orthogonal zur Geraden $g: \begin{pmatrix} 8 \\ 15 \end{pmatrix} \cdot \overline{x} = 30$ sind?

9 Bestimmen Sie die Zahl c so, dass die Gerade $g: x_1 - 3x_2 = c$ den Kreis $k: x_1^2 + x_2^2 = 10$ berührt.

10 Bestimmen Sie die Zahl a so, dass die Gerade $g: a x_1 - x_2 = -5$ den Kreis $k: x_1^2 + x_2^2 = 5$ berührt.

11 Für welche reellen Zahlen c ist die Gerade $g: 3 x_1 + 4 x_2 - c = 0$ Sekante, Tangente oder Passante des Kreises $k: x_1^2 + x_2^2 = 25$?

12 Bestimmen Sie eine Gleichung des Kreises mit dem Ursprung als Mittelpunkt, der die Gerade $g: 2 x_1 - x_2 = 7$ berührt.

13 Bestimmen Sie Gleichungen der Kreise mit dem Radius $r = 5$, die die Gerade $g: 3 x_1 - 4 x_2 + 36 = 0$ im Punkt $P(-4 \,|\, p)$ berühren.

14 Gegeben ist der Kreis $k: x_1^2 - 2 x_1 + x_2^2 + 4 x_2 = 95$ und der Punkt $P(-9 \,|\, 8)$.
a) In welchen Punkten B_1 und B_2 berühren die Tangenten durch den Punkt P den Kreis k?
b) Welche Länge hat die Sehne $B_1 B_2$?
c) Welchen Abstand hat die Sehne vom Mittelpunkt des Kreises?

15 Bestimmen Sie die Schnittpunkte der Kreise k_1 und k_2.
Berechnen Sie die Größe der Schnittwinkel der Tangenten in den Schnittpunkten.
a) $k_1: x_1^2 - 4 x_1 + x_2^2 + 16 x_2 - 157 = 0$; $k_2: x_1^2 - 4 x_1 + x_2^2 - 34 x_2 - 107 = 0$
b) $k_1: \left[\overline{x} - \begin{pmatrix} 2 \\ 7 \end{pmatrix} \right]^2 = 50$; $k_2: \left[\overline{x} - \begin{pmatrix} -6 \\ 1 \end{pmatrix} \right]^2 = 50$

16 a) Zeigen Sie, dass die Gerade g eine Tangente des Kreises k ist.
(1) $g: \overline{x} \cdot \begin{pmatrix} 3 \\ -4 \end{pmatrix} = 20$, $k: \overline{x}^2 = 16$ (2) $g: \overline{x} \cdot \begin{pmatrix} 1 \\ 2 \end{pmatrix} = 10$, $k: \overline{x}^2 = 20$.
b) Zeigen Sie allgemein, dass die Gerade $g: \overline{x} \cdot \overline{n} = p$ genau dann Tangente an den Kreis $k: \overline{x}^2 = r^2$ ist, wenn $r^2 \overline{n}^2 = p^2$ gilt.

17 Gegeben sind der Kreis $k: x_1^2 + x_2^2 = 5$ und die Gerade $g: x_1 - x_2 = -1$. Bestimmen Sie einen Punkt P so, dass die Berührpunkte der Tangenten vom Punkt P an den Kreis mit den Schnittpunkten des Kreises mit der Geraden g übereinstimmen.

18 Bestimmen Sie die beiden Kreise durch den Punkt A, die die Geraden g_1 und g_2 berühren.
a) $A(2 \,|\, {-1})$, $g_1: \begin{pmatrix} 1 \\ -1 \end{pmatrix} \cdot \overline{x} - 1 = 0$;

$g_2: \begin{pmatrix} 1 \\ 1 \end{pmatrix} \cdot \overline{x} - 5 = 0$

b) $A(2 \,|\, 1)$, $g_1: \begin{pmatrix} -1 \\ 2 \end{pmatrix} \cdot \overline{x} - 5 = 0$;

$g_2: \begin{pmatrix} -1 \\ -2 \end{pmatrix} \cdot \overline{x} - 5 = 0$

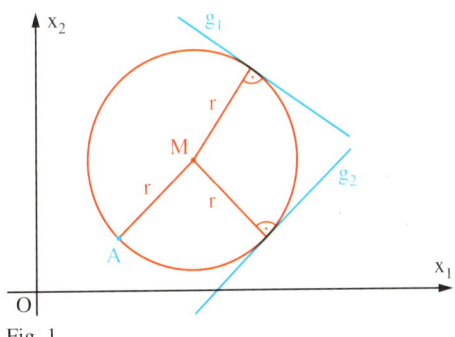

Fig. 1

Warum schneiden sich diese Kreise nicht?

3 Kugeln

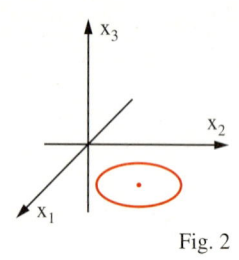

Fig. 2

Beachten Sie:
Durch die Gleichung
$(\vec{x} - \vec{m})^2 = r^2$ *wird für*
Vektoren des Raumes eine
Kugel *mit dem Mittelpunkt*
M und dem Radius r be-
stimmt. Dieselbe Glei-
chung bestimmt für Vekto-
ren der Ebene einen **Kreis**
mit dem Mittelpunkt M und
dem Radius r.

1 Durch die Gleichung $\left[\vec{x} - \begin{pmatrix} 5 \\ 3 \end{pmatrix}\right]^2 = 6^2$ wird ein Kreis mit dem Mittelpunkt $M(5|3)$ und

dem Radius 6 in der $x_1 x_2$-Ebene beschrieben. Welche Punktmenge wird durch die Gleichung

$\left[\vec{x} - \begin{pmatrix} 5 \\ 3 \\ 0 \end{pmatrix}\right]^2 = 6^2$ im Raum beschrieben?

Alle Punkte, die im Raum von einem gegebenen Punkt M denselben Abstand haben, bilden eine **Kugel** (genauer: Kugeloberfläche).
Fig. 1 zeigt, dass ein Punkt $X(x_1|x_2|x_3)$ genau
dann auf der Kugel liegt, wenn
$(x_1 - m_1)^2 + (x_2 - m_2)^2 + (x_3 - m_3)^2 = r^2$ gilt.
Für alle Punkte der Kugel gilt: $|\overline{MX}| = r$
und somit $|\vec{x} - \vec{m}| = r$.
Dies ist gleichbedeutend mit $(\vec{x} - \vec{m})^2 = r^2$.

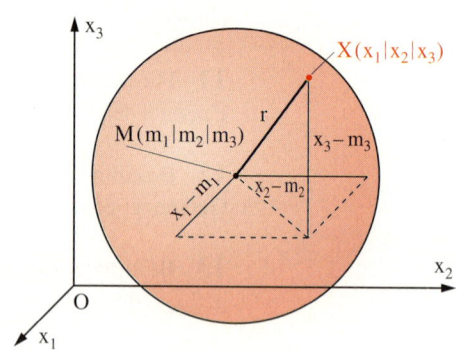

Fig. 1

Satz: (Vektor- und Koordinatengleichung der Kugel)
Eine Kugel mit dem Mittelpunkt $M(m_1|m_2|m_3)$ und dem Radius r wird beschrieben durch
die Gleichung
$$(\vec{x} - \vec{m})^2 = r^2 \quad \text{bzw.} \quad (x_1 - m_1)^2 + (x_2 - m_2)^2 + (x_3 - m_3)^2 = r^2.$$

Welche Punktmenge wird
durch die Gleichung
$x_1^2 + x_2^2 = r^2$ *im Raum*
beschrieben?

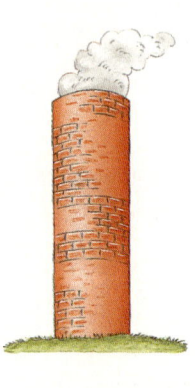

Auch hier ist eine quadra-
tische Ergänzung notwen-
dig.

Beispiel 1: (Kugelgleichung)
Geben Sie für die Kugel mit dem Mittelpunkt $M(5|3|-2)$ und dem Radius $r = 3$ die Vektor-
gleichung und die Koordinatengleichung an.
Lösung:

Vektorgleichung: $\left[\vec{x} - \begin{pmatrix} 5 \\ 3 \\ -2 \end{pmatrix}\right]^2 = 9$; Koordinatengleichung: $(x_1 - 5)^2 + (x_2 - 3)^2 + (x_3 + 2)^2 = 9$.

Beispiel 2: (Bestimmung von Mittelpunkt und Radius, Lage von Punkten)
a) Bestimmen Sie den Mittelpunkt und den Radius der Kugel mit der Gleichung
$x_1^2 + x_2^2 + x_3^2 + 4x_1 - 6x_2 + 8x_3 - 7 = 0$.
b) Bestimmen Sie die Lage der Punkte $A(2|5|-8)$, $B(4|1|3)$ und $C(1|6|-2)$ bezüglich der
Kugel.
Lösung:
a) Bringt man die Gleichung der Kugel in die Form $(x_1 - m_1)^2 + (x_2 - m_2)^2 + (x_3 - m_3)^2 = r^2$,
so kann man die Koordinaten des Mittelpunktes ablesen.
$$x_1^2 + 4x_1 \quad + x_2^2 - 6x_2 \quad + x_3^2 + 8x_3 \quad = 7$$
$$x_1^2 + 4x_1 + 4 \quad + x_2^2 - 6x_2 + 9 \quad + x_3^2 + 8x_3 + 16 = 7 + 4 + 9 + 16$$
$$(x_1 + 2)^2 \quad + (x_2 - 3)^2 \quad + (x_3 + 4)^2 \quad = 36$$
Der Mittelpunkt der Kugel ist $M(-2|3|-4)$ und der Radius $r = 6$.
b) $A(2|5|-8)$: $(2 + 2)^2 + (5 - 3)^2 + (-8 + 4)^2 = 4^2 + 2^2 + (-4)^2 = 36$; A liegt auf der Kugel.
$B(4|1|3)$: $(4 + 2)^2 + (1 - 3)^2 + (3 + 4)^2 = 6^2 + (-2)^2 + 7^2 = 89 > 36$; B liegt außerhalb der Kugel.
$C(1|6|-2)$: $(1 + 2)^2 + (6 - 3)^2 + (-2 + 4)^2 = 3^2 + 3^2 + 2^2 = 22 < 36$; C liegt innerhalb der Kugel.

Wo liegen alle Punkte, die man mit dem Flugdrachen bei konstanter Seillänge erreichen kann?

Aufgaben

2 Geben Sie eine Gleichung der Kugel mit dem Mittelpunkt M und dem Radius r in Vektor- und in Koordinatenform an.
a) $M(2\,|\,-1\,|\,3)$, $r = 8$ b) $M(5\,|\,0\,|\,-1)$, $r = 3$ c) $M(-3\,|\,1\,|\,2)$, $r = 9$
d) $M(-2\,|\,3\,|\,1)$, $r = 12$ e) $M(0\,|\,-2\,|\,4)$, $r = 2$ f) $M(-8\,|\,-6\,|\,0)$, $r = \sqrt{4}$

3 Bestimmen Sie den Mittelpunkt und den Radius der Kugel mit der Gleichung:
a) $x_1^2 + x_2^2 + x_3^2 - 6x_1 - 2x_2 + 6 = 0$,   b) $4x_1^2 + 4x_2^2 + 4x_3^2 - 24x_1 + 16x_2 - 40x_3 + 144 = 0$,
c) $x_1^2 + x_2^2 + x_3^2 - 6x_1 - 10x_2 - 18x_3 + 90 = 0$,   d) $x_1^2 + x_2^2 + x_3^2 - 16x_1 + 4x_2 - 10x_3 - 28 = 0$.

4 Untersuchen Sie, ob durch die folgende Gleichung eine Kugel beschrieben wird, und bestimmen Sie gegebenenfalls den Mittelpunkt und den Radius.
a) $x_1^2 + x_2^2 + x_3^2 + 4x_1 - 8x_2 + 6x_3 + 4 = 0$ b) $x_1^2 + x_2^2 + x_3^2 - 2x_1 + 10x_3 + 31 = 0$
c) $x_1^2 + x_2^2 + x_3^2 + 10x_1 + 20x_2 + 16x_3 + 200 = 0$ d) $x_1^2 + x_2^2 + x_3^2 + 6x_1 + 14x_2 + 22x_3 + 179 = 0$

5 Überprüfen Sie, ob die Punkte A, B und C innerhalb der Kugel, auf der Kugel oder außerhalb der Kugel mit dem Mittelpunkt M und dem Radius r liegen.
a) $A(4\,|\,1\,|\,3)$, $B(3\,|\,0\,|\,10)$, $C(-1\,|\,1\,|\,1)$; $M(1\,|\,1\,|\,7)$, $r = 5$
b) $A(8\,|\,1\,|\,2)$, $B(7\,|\,-3\,|\,5)$, $C(-1\,|\,-5\,|\,-1)$; $M(-2\,|\,-2\,|\,3)$, $r = 8$
c) $A(8\,|\,-3\,|\,5)$, $B(5\,|\,-7\,|\,4)$, $C(9\,|\,-4\,|\,1)$; $M(7\,|\,-5\,|\,3)$, $r = 3$

So brennt eine Kerze auf der Erde

6 Für welche reellen Zahlen c liegt der Punkt P innerhalb der Kugel, auf der Kugel bzw. außerhalb der Kugel mit der Gleichung $x_1^2 + x_2^2 + x_3^2 - 4x_1 + 6x_2 - 2x_3 - 36 = 0$?
a) $P(3\,|\,4\,|\,c)$ b) $P(0\,|\,c\,|\,-6)$ c) $P(c\,|\,-3\,|\,2)$ d) $P(0\,|\,0\,|\,c)$

7 P, Q sind Punkte einer Kugel mit dem Durchmesser PQ. Geben Sie eine Gleichung der Kugel in Vektor- und in Koordinatenform an.
a) $P(5\,|\,-2\,|\,12)$, $Q(3\,|\,6\,|\,-4)$ b) $P(4\,|\,-2\,|\,5)$, $Q(-8\,|\,2\,|\,-1)$ c) $P(3\,|\,6\,|\,7)$, $Q(7\,|\,4\,|\,5)$

8 Gegeben sind zwei Kugeln mit den Mittelpunkten $M_1(-7\,|\,1\,|\,3)$ bzw. $M_2(5\,|\,5\,|\,9)$ und den Radien $r_1 = 7$ bzw. $r_2 = 3$. Wie groß ist der Abstand, d. h. die minimale Entfernung von Kugelpunkten?

9 Geben Sie die Gleichungen aller Kugeln mit dem Radius 5 an, die eine der drei Koordinatenebenen im Ursprung berühren.

So brennt eine Kerze im „Weltall"

10 Wie ist der Radius der Kugel mit dem Mittelpunkt M zu wählen, damit die Kugel die Ebene E berührt?

a) $M(0\,|\,8\,|\,4)$, E: $\begin{pmatrix} 6 \\ -3 \\ 2 \end{pmatrix} \cdot \vec{x} - 5 = 0$ b) $M(3\,|\,5\,|\,7)$, E: $\vec{x} = \begin{pmatrix} 2 \\ 1 \\ 5 \end{pmatrix} + r \begin{pmatrix} 5 \\ -3 \\ 0 \end{pmatrix} + s \begin{pmatrix} 5 \\ 0 \\ -2 \end{pmatrix}$

c) $M(4\,|\,-5\,|\,6)$, E: $x_1 - 12x_2 + 12x_3 = 0$ d) $M(5\,|\,-4\,|\,5)$, E: $9x_1 - 8x_2 - 12x_3 = 17$

11 Die Punkte $O(0\,|\,0\,|\,0)$, $A(1\,|\,-1\,|\,4)$ und $B(4\,|\,3\,|\,1)$ liegen auf einer Kugel K. Der Kugelmittelpunkt liegt in der Ebene mit der Gleichung $x_3 = 2$. Bestimmen Sie eine Gleichung der Kugel.

12 Eine Kugel mit dem Radius $r = 13$ und dem Mittelpunkt $M(m_1\,|\,m_2\,|\,m_3)$ ($m_1 > 0$, $m_2 > 0$, $m_3 > 0$) berührt die x_1x_2-Ebene und die x_1x_3-Ebene und geht durch den Punkt $P(5\,|\,1\,|\,9)$. Berechnen Sie den Mittelpunkt.

4 Kugeln und Ebenen

1 Das erste Kugelhaus der Welt wurde 1928 in Dresden errichtet. Es hatte eine Höhe von 30 m.
1936 wurde es aus ideologischen Gründen von den Nationalsozialisten abgerissen.
a) Welche Form hatten die Grundflächen der einzelnen Geschosse?
b) Welches Geschoss hatte die größte Grundfläche und wie groß war diese?
c) Gab es Geschosse, die die gleiche Grundfläche hatten?

Um zu entscheiden, ob sich eine Ebene und eine Kugel schneiden, untersucht man, ob sie gemeinsame Punkte haben. Dazu bestimmt man den Abstand des Kugelmittelpunktes von der Ebene. Ist dieser Abstand größer als der Kugelradius, so haben die Kugel und die Ebene keine gemeinsamen Punkte. Ist der Abstand gleich dem Kugelradius, so gibt es genau einen gemeinsamen Punkt, den Berührpunkt. Ist der Abstand kleiner als der Kugelradius, so schneiden sich die Ebene und die Kugel in einem Kreis.

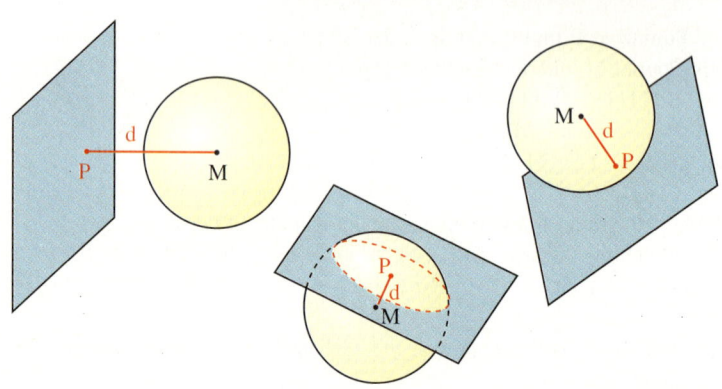

Fig. 1

Schneidet eine Ebene E die Kugel K, so ist der Mittelpunkt M′ des Schnittkreises der Fußpunkt des Lotes von M auf E. Den Mittelpunkt M′ erhält man als Schnittpunkt der Ebene mit der Geraden g, die senkrecht zur Ebene E ist und durch den Mittelpunkt M der Kugel K geht.
Ist $\vec{n}$ ein Normalenvektor der Ebene E, so hat die Gerade g die Gleichung $\vec{x} = \vec{m} + t\,\vec{n}$.
Für den Radius des Schnittkreises ergibt sich
$$r' = \sqrt{r^2 - \overline{MM'}^2}\,.$$

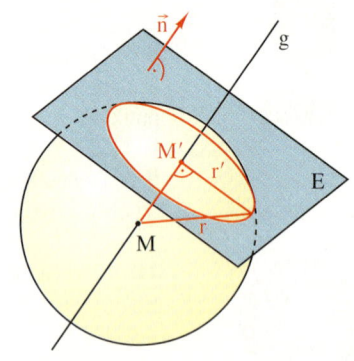

Fig. 2

Schneidet eine Ebene E eine Kugel K mit dem Mittelpunkt M und dem Radius r, so beschreibt man den Schnittkreis durch drei Angaben:
   Schnittebene
   Kreismittelpunkt M′
   Kreisradius r′.
Der Mittelpunkt M′ des Schnittkreises ist der Lotfußpunkt von M auf E.
Für den Radius r′ des Schnittkreises gilt: $r' = \sqrt{r^2 - d^2}$ mit $d = \overline{MM'}$.

Eine Ebene, die die Kugel in einem Punkt berührt, nennt man **Tangentialebene**.
Der Abstand des Mittelpunktes der Kugel von der Ebene ist gleich dem Radius der Kugel. Für jeden Punkt X dieser Ebene gilt: die Vektoren $\vec{x} - \vec{b}$ und $\vec{b} - \vec{m}$ sind orthogonal (Fig. 1).
Damit ist $(\vec{x} - \vec{b}) \cdot (\vec{b} - \vec{m}) = 0$ eine Gleichung der Tangentialebene.
Um eine ähnliche Form wie die Kugelgleichung zu erhalten, formt man um.
Mit $\vec{x} - \vec{b} = (\vec{x} - \vec{m}) - (\vec{b} - \vec{m})$ folgt:

Fig. 1

$$[(\vec{x} - \vec{m}) - (\vec{b} - \vec{m})] \cdot (\vec{b} - \vec{m}) = 0$$
$$(\vec{x} - \vec{m}) \cdot (\vec{b} - \vec{m}) - (\vec{b} - \vec{m}) \cdot (\vec{b} - \vec{m}) = 0$$
$$(\vec{x} - \vec{m}) \cdot (\vec{b} - \vec{m}) = (\vec{b} - \vec{m})^2$$
$$(\vec{x} - \vec{m}) \cdot (\vec{b} - \vec{m}) = r^2.$$

Vergleichen Sie die Herleitung und die Ergebnisse mit der Bestimmung der Tangentengleichung beim Kreis auf Seite 142.

Satz: Die Tangentialebene an die Kugel $K: (\vec{x} - \vec{m})^2 = r^2$ im Punkt $B(b_1 | b_2 | b_3)$ mit dem Ortsvektor $\vec{b}$ hat die Gleichung $(\vec{x} - \vec{m}) \cdot (\vec{b} - \vec{m}) = r^2$ bzw.
$(x_1 - m_1)(b_1 - m_1) + (x_2 - m_2)(b_2 - m_2) + (x_3 - m_3)(b_3 - m_3) = r^2.$
Ist der Mittelpunkt der Kugel der Ursprung, so lautet die Gleichung
$\vec{x} \cdot \vec{b} = r^2$ bzw. $x_1 b_1 + x_2 b_2 + x_3 b_3 = r^2.$

Beispiel 1: (Lage einer Ebene zu einer Kugel)
Wie liegen die Ebene $E: 2x_1 + x_2 - 2x_3 = 12$ und
die Kugel $K: (x_1 - 1)^2 + (x_2 + 2)^2 + (x_3 - 1)^2 = 9$ zueinander?
Lösung:
Der Mittelpunkt der Kugel ist: $M(1 | -2 | 1)$.

Hier wird die Hesse'sche Normalenform der Ebene E benutzt.

Abstand vom Mittelpunkt M zur Ebene E ist: $d = \left| \frac{1}{\sqrt{2^2 + 1^2 + 2^2}} (2 \cdot 1 - 1 \cdot 2 - 2 \cdot 1 - 12) \right| = \frac{14}{3}$.

Da $d > r$, haben die Ebene E und die Kugel K keine gemeinsamen Punkte.

Beispiel 2: (Bestimmung des Schnittkreises)
Bestimmen Sie den Mittelpunkt und den Radius des Schnittkreises der Ebene
$E: -2x_1 + x_2 + 2x_3 = 19$ und der Kugel $K: (x_1 - 2)^2 + (x_2 + 1)^2 + (x_3 - 3)^2 = 64$.
Lösung:
Der Abstand des Mittelpunktes $M(2 | -1 | 3)$ der Kugel von der Ebene E ist
$d = \left| \frac{1}{3} (-2 \cdot 2 - 1 \cdot 1 + 2 \cdot 3 - 19) \right| = 6 < 8$; also wird die Kugel von der Ebene geschnitten.
Radius des Schnittkreises: $r' = \sqrt{64 - 36} = \sqrt{28} = 2\sqrt{7}$.
Der Mittelpunkt M' des Schnittkreises ist der Schnittpunkt der Geraden

$$g: \vec{x} = \begin{pmatrix} 2 \\ -1 \\ 3 \end{pmatrix} + t \begin{pmatrix} -2 \\ 1 \\ 2 \end{pmatrix} \text{ und der Ebene E.}$$

Einsetzen von $\vec{x}$ in die Ebenengleichung ergibt $-2(2 - 2t) + (-1 + t) + 2(3 + 2t) = 19$. Daraus folgt $9t = 18$ und somit $t = 2$.
Für die Koordinaten des Mittelpunktes des Schnittkreises ergibt sich: $M'(-2 | 1 | 7)$.
Der Kreis liegt in der Ebene $E: -2x_1 + x_2 + 2x_3 = 19$, hat den Mittelpunkt $M'(-2 | 1 | 7)$ und den Radius $r' = 2\sqrt{7}$.

149

Beispiel 3: (Bestimmung der Tangentialebene im Berührpunkt)
Zeigen Sie, dass der Punkt $B(-3|1|1)$ auf der Kugel mit dem Mittelpunkt $M(3|-1|4)$ und dem Radius $r = 7$ liegt. Bestimmen Sie eine Gleichung der Tangentialebene, die die Kugel in B berührt.
Lösung:

Auch hier eine Punktprobe.

Es ist $[\vec{b} - \vec{m}]^2 = \left[\begin{pmatrix} -3 \\ 1 \\ 1 \end{pmatrix} - \begin{pmatrix} 3 \\ -1 \\ 4 \end{pmatrix}\right]^2 = \left[\begin{pmatrix} -6 \\ 2 \\ -3 \end{pmatrix}\right]^2 = 49$; also liegt B auf der Kugel.

Die Tangentialebene im Punkt B hat die Gleichung $\left[\vec{x} - \begin{pmatrix} 3 \\ -1 \\ 4 \end{pmatrix}\right] \cdot \begin{pmatrix} -6 \\ 2 \\ -3 \end{pmatrix} = 49$

bzw. $-6x_1 + 2x_2 - 3x_3 = 17$.

Aufgaben

2 Untersuchen Sie, ob die Ebene E die Kugel K schneidet, berührt oder keinen Punkt mit ihr gemeinsam hat.

a) $E: x_1 + x_2 + x_3 = 5$ $K: x_1^2 + x_2^2 + x_3^2 = 25$

b) $E: -3x_1 + 6x_2 - 2x_3 = 27$ $K: (x_1 - 4)^2 + (x_2 + 1)^2 + (x_3 - 2)^2 = 49$

c) $E: x_1 + 2x_2 + 3x_3 = 15$ $K: x_1^2 - 2x_1 + x_2^2 + 4x_2 + x_3^2 - 6x_3 - 2 = 0$

d) $E: 2x_1 - 3x_2 + 4x_3 = 30$ $K: x_1^2 - 6x_1 + x_2^2 - 2x_2 + x_3^2 - 15 = 0$

e) $E: \vec{x} \cdot \begin{pmatrix} -2 \\ 4 \\ -3 \end{pmatrix} + 22 = 0$ $K: \left[\vec{x} - \begin{pmatrix} 5 \\ -3 \\ -7 \end{pmatrix}\right]^2 = 29$

f) $E: \vec{x} \cdot \begin{pmatrix} 4 \\ 2 \\ -1 \end{pmatrix} - 9 = 0$ $K: \left[\vec{x} - \begin{pmatrix} 1 \\ -2 \\ -3 \end{pmatrix}\right]^2 = 24$

3 Zeigen Sie, dass die Ebene die Kugel schneidet, und bestimmen Sie den Mittelpunkt und den Radius des Schnittkreises.

a) $K: \left[\vec{x} - \begin{pmatrix} 1 \\ 3 \\ 9 \end{pmatrix}\right]^2 = 49$ $E: x_1 - 4x_2 - 4x_3 = -14$

b) $K: (x_1 + 3)^2 + (x_2 - 4)^2 + (x_3 - 2)^2 = 15$ $E: 3x_1 - 2x_2 - 6x_3 = -53,5$

c) $K: \left[\vec{x} - \begin{pmatrix} 8 \\ 10 \\ 3 \end{pmatrix}\right]^2 = 4$ $E: \vec{x} = \begin{pmatrix} 9 \\ 8 \\ 6 \end{pmatrix} + s\begin{pmatrix} -1 \\ 2 \\ -3 \end{pmatrix} + t\begin{pmatrix} 2 \\ 5 \\ 9 \end{pmatrix}$

4 Bestimmen Sie eine Gleichung der Tangentialebene im Punkt B an die Kugel K.

a) $K: \left[\vec{x} - \begin{pmatrix} 2 \\ 7 \\ -9 \end{pmatrix}\right]^2 = 9$; $B(4|5|-8)$ b) $K: \vec{x}^2 = 25$; $B(4|0|3)$

c) $K: x_1^2 + x_2^2 + x_3^2 - 6x_1 - 8x_2 - 14x_3 - 70 = 0$; $B(11|-4|3)$

d) $K: x_1^2 + x_2^2 + x_3^2 - 2x_1 - 2x_3 - 79 = 0$; $B(7|6|-2)$

5 Bestimmen Sie eine Gleichung der Tangentialebene im Punkt B an die Kugel K.

a) $K: x_1^2 + (x_2 - 2)^2 + (x_3 - 1)^2 = 9$, $B(1|0|b_3)$ mit $b_3 > 0$

b) $K: (x_1 + 4)^2 + (x_2 - 5)^2 + (x_3 + 2)^2 = 121$, $B(b_1|-1|0)$ mit $b_1 > 0$

c) $K: x_1^2 + x_2^2 + x_3^2 - 2x_1 - 4x_2 - 31 = 0$, $B(5|4|b_3)$ mit $b_3 < 0$

d) $K: x_1^2 + x_2^2 + x_3^2 - 2x_1 - 2x_2 - 2x_3 - 38 = 0$, $B(2|-1|b_3)$ mit $b_3 < 0$

6 Welchen Radius hat die Kugel um den Ursprung, die die Ebene E schneidet, berührt oder keinen Punkt mit ihr gemeinsam hat? Wie lauten die Koordinaten der Berührpunkte?

a) $E: 3x_1 + 12x_2 + 4x_3 - 13 = 0$ b) $E: 2x_1 + 3x_2 - 6x_3 - 14 = 0$

7 Bestimmen Sie die Tangentialebenen an die Kugel K, die parallel zur Ebene E sind. Bestimmen Sie auch die Koordinaten der Berührpunkte.

a) $E: 3x_1 - 6x_2 + 2x_3 = 0$
   $K: x_1^2 + x_2^2 + x_3^2 = 196$

b) $E: \vec{x} \cdot \begin{pmatrix} 7 \\ -4 \\ -4 \end{pmatrix} = 0$

   $K: \left[\vec{x} - \begin{pmatrix} 2 \\ 7 \\ 9 \end{pmatrix} \right]^2 = 81$

c) $E: 7x_1 - 4x_2 - 4x_3 = 0$
   $K: x_1^2 + x_2^2 + x_3^2 + 6x_1 + 12x_3 - 279 = 0$

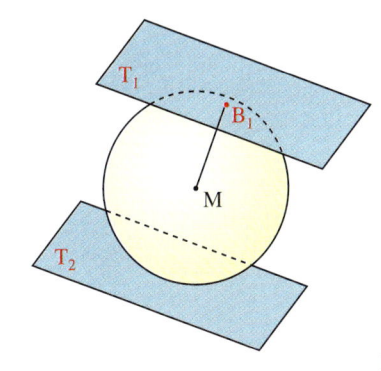

Fig. 1

8 Bestimmen Sie die Gleichungen der Kugeln mit dem Radius 3, die die Kugel $K: \vec{x}^2 = 36$ im Punkt $B(-4\,|\,2\,|\,4)$ berühren.

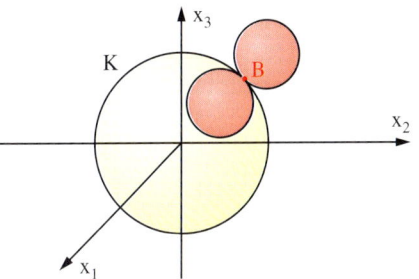

Fig. 2

9 Ist die Entfernung der Mittelpunkte zweier Kugeln größer als die Differenz und kleiner als die Summe ihrer Radien, dann schneiden sich die Kugeln in einem Kreis. Zeigen Sie, dass sich die Kugeln

$K_1: \left[\vec{x} - \begin{pmatrix} -1 \\ 3 \\ 1 \end{pmatrix} \right]^2 = 36$ und

$K_2: \left[\vec{x} - \begin{pmatrix} 4 \\ 5 \\ 1 \end{pmatrix} \right]^2 = 4$ schneiden, und bestimmen

Sie die Schnittebene.
Anleitung: Lösen Sie auf 2 Arten:
1. mithilfe der Strecke, die die Mittelpunkte verbindet.
2. mithilfe der Koordinatengleichungen der Kugeln. Die Differenz der beiden Gleichungen ergibt die Darstellung einer Ebene, in der alle die Punkte liegen, die zu beiden Kugeln gehören.

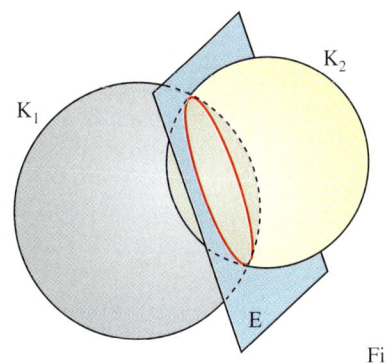

Fig. 3

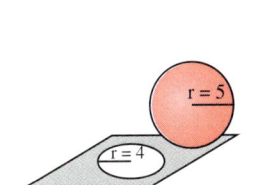

Fig. 4

Wie weit ragt die Kugel noch heraus, wenn sie in die kreisförmige Öffnung rollt?

Klar, ganz ohne Vektoren!

10 Bestimmen Sie den Mittelpunkt und den Radius des Schnittkreises der Kugeln K_1 und K_2.

a) $K_1: \left[\vec{x} - \begin{pmatrix} 1 \\ 3 \\ 9 \end{pmatrix} \right]^2 = 49,$ $\qquad K_2: \left[\vec{x} - \begin{pmatrix} 2 \\ -1 \\ 5 \end{pmatrix} \right]^2 = 16$

b) $K_1: \left[\vec{x} - \begin{pmatrix} 7 \\ -2 \\ 2 \end{pmatrix} \right]^2 = 625,$ $\qquad K_2: \left[\vec{x} - \begin{pmatrix} -5 \\ 4 \\ -2 \end{pmatrix} \right]^2 = 625$

c) $K_1: x_1^2 + x_2^2 + x_3^2 - 18x_1 - 2x_2 + 10x_3 = 7,$ $\quad K_2: x_1^2 + x_2^2 + x_3^2 + 10x_1 - 16x_2 - 18x_3 = 129$

d) $K_1: x_1^2 + x_2^2 + x_3^2 - 6x_1 - 4x_2 - 8x_3 - 19 = 0,$ $\quad K_2: x_1^2 + x_2^2 + x_3^2 - 2x_1 - 12x_2 + 25 = 0$

5 Kugeln und Geraden

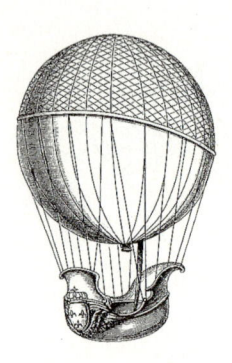

Vergleichen Sie mit der Lageuntersuchung bei Kreisen und Geraden.

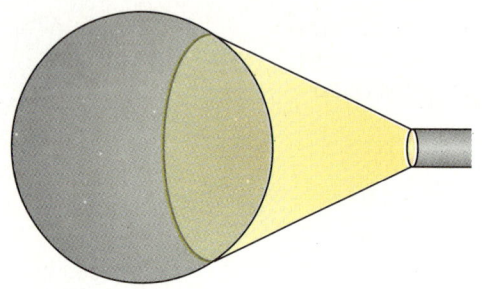

Fig. 1

1 Wie lässt sich die Grenze zwischen Licht und Schatten beschreiben? Ist es möglich, die halbe Kugel zu beleuchten?

2 Beschreiben Sie die Lage der Geraden, die durch einen gemeinsamen Punkt P gehen und die Kugel berühren.
– Der Punkt P liegt auf der Kugel.
– Der Punkt P liegt außerhalb der Kugel.

Um zu entscheiden, ob eine Gerade und eine Kugel gemeinsame Punkte haben, untersucht man, ob es einen Punkt X gibt, sodass $\vec{x} = \overline{OX}$ sowohl die Gleichung der Kugel K: $(\vec{x} - \vec{m})^2 = r^2$ als auch die Gleichung der Geraden g: $\vec{x} = \vec{p} + t\vec{u}$ erfüllt. Deshalb ersetzt man in der Kugelgleichung $\vec{x}$ durch $\vec{p} + t\vec{u}$.

Besitzt diese Gleichung zwei Lösungen, so schneidet die Gerade g die Kugel K, bei einer Lösung berührt die Gerade die Kugel. Gibt es keine Lösung, so haben Kugel und Gerade keinen Punkt gemeinsam.

Von einem Punkt P außerhalb der Kugel K: $(\vec{x} - \vec{m})^2 = r^2$ gibt es unendlich viele Geraden, die die Kugel in nur einem Punkt berühren. Für den Ortsvektor $\vec{b}$ eines solchen Berührpunktes B gilt: $(\vec{b} - \vec{m}) \cdot (\vec{p} - \vec{b}) = 0$ (Fig. 2).

Um eine ähnliche Form wie die Kugelgleichung zu erhalten, formt man um.
Mit $\vec{p} - \vec{b} = (\vec{p} - \vec{m}) - (\vec{b} - \vec{m})$ folgt:
$$(\vec{b} - \vec{m}) \cdot [(\vec{p} - \vec{m}) - (\vec{b} - \vec{m})] = 0$$
$$(\vec{b} - \vec{m}) \cdot (\vec{p} - \vec{m}) - (\vec{b} - \vec{m}) \cdot (\vec{b} - \vec{m}) = 0$$
$$(\vec{b} - \vec{m}) \cdot (\vec{p} - \vec{m}) = (\vec{b} - \vec{m})^2$$
$$(\vec{b} - \vec{m}) \cdot (\vec{p} - \vec{m}) = r^2.$$

Alle Berührpunkte liegen deshalb in einer gemeinsamen Ebene mit der Gleichung
E: $(\vec{x} - \vec{m}) \cdot (\vec{p} - \vec{m}) = r^2$.

Fig. 2

Die Berührpunkte liegen somit auf dem Kreis, den die Ebene E aus der Kugel K ausschneidet.
Die Tangenten an die Kugel K durch den Punkt P bilden einen Kreiskegel, den **Tangentialkegel** von K mit der Spitze P.

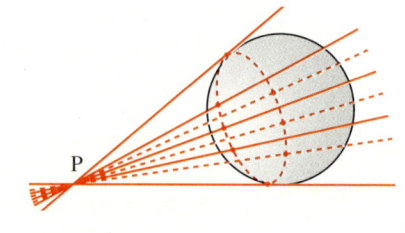

Fig. 3

Liegt der Punkt P auf der Kugel, so erhält man die Darstellung der Tangentialebene.

Satz: Der Tangentialkegel an die Kugel K: $(\vec{x} - \vec{m})^2 = r^2$ mit der Spitze P mit dem Ortsvektor $\vec{p}$ berührt die Kugel in einem Kreis. Dieser Kreis ist der Schnittkreis der Kugel K mit der Ebene E: $(\vec{x} - \vec{m}) \cdot (\vec{p} - \vec{m}) = r^2$.

Beispiel 1: (Schnittpunkte einer Kugel mit einer Geraden)

Zeigen Sie, dass die Gerade $g: \vec{x} = \begin{pmatrix} 3 \\ -9 \\ 10 \end{pmatrix} + t \begin{pmatrix} 1 \\ 4 \\ -1 \end{pmatrix}$ die Kugel $K: \left[\vec{x} - \begin{pmatrix} 2 \\ -1 \\ 5 \end{pmatrix} \right]^2 = 36$

schneidet und bestimmen Sie die Koordinaten des Schnittpunktes.

Lösung:

Einsetzen: $\left[\begin{pmatrix} 3 \\ -9 \\ 10 \end{pmatrix} + t \begin{pmatrix} 1 \\ 4 \\ -1 \end{pmatrix} - \begin{pmatrix} 2 \\ -1 \\ 5 \end{pmatrix} \right]^2 = 36.$

Umformen der Gleichung $\left[\begin{pmatrix} 1 \\ -8 \\ 5 \end{pmatrix} + t \begin{pmatrix} 1 \\ 4 \\ -1 \end{pmatrix} \right]^2 = 36$ ergibt $\left[\begin{pmatrix} 1+t \\ -8+4t \\ 5-t \end{pmatrix} \right]^2 = 36.$

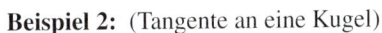

$(1+t)^2 + (-8+4t)^2 + (5-t)^2 = 36$ hat die Lösungen $t_1 = 1$ und $t_2 = 3$.

Einsetzen von t_1 und t_2 in die Geradengleichung ergibt für die Ortsvektoren der Schnittpunkte:

$\vec{x_1} = \begin{pmatrix} 3 \\ -9 \\ 10 \end{pmatrix} + 1 \begin{pmatrix} 1 \\ 4 \\ -1 \end{pmatrix} = \begin{pmatrix} 4 \\ -5 \\ 9 \end{pmatrix}$ und $\vec{x_2} = \begin{pmatrix} 3 \\ -9 \\ 10 \end{pmatrix} + 3 \begin{pmatrix} 1 \\ 4 \\ -1 \end{pmatrix} = \begin{pmatrix} 6 \\ 3 \\ 7 \end{pmatrix}$.

Die Schnittpunkte sind $X_1(4|-5|9)$ und $X_2(6|3|7)$.

Beispiel 2: (Tangente an eine Kugel)

Wie ist der Radius der Kugel um $M(2|-1|5)$ zu wählen, damit die Gerade $g: \vec{x} = \begin{pmatrix} 3 \\ -9 \\ 10 \end{pmatrix} + t \begin{pmatrix} 1 \\ 4 \\ -1 \end{pmatrix}$

die Kugel berührt?

Lösung:

Einsetzen von $\vec{x}$ in die Kugelgleichung $K: \left[\vec{x} - \begin{pmatrix} 2 \\ -1 \\ 5 \end{pmatrix} \right]^2 = r^2$ führt auf die quadratische Gleichung

$(1+t)^2 + (-8+4t)^2 + (5-t)^2 = r^2$.

Daraus erhält man $t^2 - 4t + \left(5 - \frac{1}{18} r^2\right) = 0$ mit der Lösung $t_{1,2} = 2 \pm \sqrt{-1 + \frac{1}{18} r^2}$.

Ist $-1 + \frac{1}{18} r^2 = 0$, gibt es genau eine Lösung für t, also haben Gerade und Kugel nur einen

Punkt gemeinsam.

Die Gerade g ist also für $r^2 = 18$ Tangente der Kugel K. Der gesuchte Radius ist $r = 3\sqrt{2}$.

Beispiel 3: (Berührkreis eines Tangentialkegels)

Bestimmen Sie den Mittelpunkt und den Radius des Berührkreises des Tangentialkegels mit der

Spitze im Punkt $P(3|2|-1)$ an die Kugel $K: (x_1 + 1)^2 + (x_2 - 4)^2 + (x_3 - 1)^2 = 16$.

Lösung:

1. Der Berührkreis liegt in der Ebene $E: \left[\begin{pmatrix} x_1 \\ x_2 \\ x_3 \end{pmatrix} - \begin{pmatrix} -1 \\ 4 \\ 1 \end{pmatrix} \right] \cdot \left[\begin{pmatrix} 3 \\ 2 \\ -1 \end{pmatrix} - \begin{pmatrix} -1 \\ 4 \\ 1 \end{pmatrix} \right] = 16.$

Hieraus ergibt sich die Koordinatenform für E: $4x_1 - 2x_2 - 2x_3 = 2$.

2. Der Mittelpunkt M' des Schnittkreises ist der Schnittpunkt der Ebene E und der Geraden g

durch M und P. Sie hat die Gleichung $g: \vec{x} = \begin{pmatrix} -1 \\ 4 \\ 1 \end{pmatrix} + t \begin{pmatrix} 4 \\ -2 \\ -2 \end{pmatrix}$. Der Richtungsvektor ist der

Normalenvektor von E.

Einsetzen von $\vec{x}$ in die Ebenengleichung ergibt $24t = 16$ und damit $t = \frac{2}{3}$.

Für M' erhält man: $M'\left(\frac{5}{3} \Big| \frac{8}{3} \Big| -\frac{1}{3}\right)$.

3. Der Radius des Schnittkreises ist: $r' = \sqrt{r^2 - \overline{MM'}^2} = \sqrt{\frac{16}{3}} = \frac{4}{3}\sqrt{3} \approx 2{,}31$.

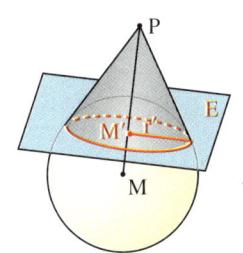

Fig. 1

1. Schritt:
Bestimmung der Schnitt-ebene.

2. Schritt:
Bestimmung des Mittel-punktes des Schnittkreises.

3. Schritt:
Bestimmung des Radius des Schnittkreises.

153

Aufgaben

3 Untersuchen Sie, ob die Gerade g die Kugel K mit dem Mittelpunkt M und dem Radius r schneidet, berührt oder keinen Punkt mit ihr gemeinsam hat. Bestimmen Sie gegebenenfalls gemeinsame Punkte.

a) $g: \vec{x} = \begin{pmatrix} 6 \\ 1 \\ 0 \end{pmatrix} + t \begin{pmatrix} -1 \\ 3 \\ 2 \end{pmatrix}$, $M(0|7|7)$, $r = 5$

b) $g: \vec{x} = \begin{pmatrix} 7 \\ 7 \\ 7 \end{pmatrix} + t \begin{pmatrix} 1 \\ -1 \\ 0 \end{pmatrix}$, $M(2|4|5)$, $r = 6$

c) $g: \vec{x} = \begin{pmatrix} 8 \\ 6 \\ 1 \end{pmatrix} + t \begin{pmatrix} 1 \\ -1 \\ 4 \end{pmatrix}$, $M(2|0|1)$, $r = 12$

d) $g: \vec{x} = \begin{pmatrix} 7 \\ 3 \\ 1 \end{pmatrix} + t \begin{pmatrix} 2 \\ 5 \\ 8 \end{pmatrix}$, $M(11|0|3)$, $r = 3$

4 Bestimmen Sie den Radius r der Kugel K mit dem Mittelpunkt M so, dass die Gerade durch die Punkte P und Q die Kugel berührt. Berechnen Sie die Koordinaten des Berührpunktes.

a) $M(1|3|4)$, $P(5|-2|-1)$, $Q(9|4|3)$

b) $M(2|0|7)$, $P(1|7|-13)$, $Q(-7|3|-5)$

c) $M(3|7|1)$, $P(1|-8|-3)$, $Q(10|4|9)$

d) $M(6|5|9)$, $P(3|-4|2)$, $Q(-1|0|2)$

5 Für welche reelle Zahl c hat die Gerade $g_c: \vec{x} = t \begin{pmatrix} 1 \\ 0 \\ c \end{pmatrix}$ mit der Kugel K mit dem Mittelpunkt $M(2|0|0)$ und dem Radius $r = \sqrt{2}$ keinen, einen oder zwei Punkte gemeinsam? Berechnen Sie die Koordinaten des Berührpunktes.

6 Gegeben ist die Kugel mit dem Mittelpunkt $M(1|4|1)$ und dem Radius $r = 5$. In welcher Ebene liegt der Schnittkreis des Tangentialkegels vom Punkt $P(4|-3|7)$ aus an die Kugel?

7 Gegeben ist die Kugel mit dem Mittelpunkt M und dem Radius r. Bestimmen Sie den Mittelpunkt und den Radius des Berührkreises des Tangentialkegels mit der Spitze im Punkt P.

a) $P(7|2|6)$, $M(1|2|-6)$, $r = 5\sqrt{6}$

b) $P(7|5|-1)$, $M(3|1|3)$, $r = 6$

c) $P(9|-13|1)$, $M(2|8|1)$, $r = 5\sqrt{14}$

d) $P(-2|6|3)$, $M(8|1|-2)$, $r = 3\sqrt{10}$

8 Berechnen Sie die Koordinaten des Punktes P, der zur Spitze des Tangentialkegels gehört, dessen Berührkreis die Kugel K in der Ebene E schneidet.

a) $K: \left[\vec{x} - \begin{pmatrix} 2 \\ 1 \\ 3 \end{pmatrix} \right]^2 = 16$, $E: \vec{x} \cdot \begin{pmatrix} 1 \\ 3 \\ 3 \end{pmatrix} - 30 = 0$

b) $K: \left[\vec{x} - \begin{pmatrix} -1 \\ 2 \\ -4 \end{pmatrix} \right]^2 = 36$, $E: \vec{x} \cdot \begin{pmatrix} 4 \\ -4 \\ 5 \end{pmatrix} - 4 = 0$

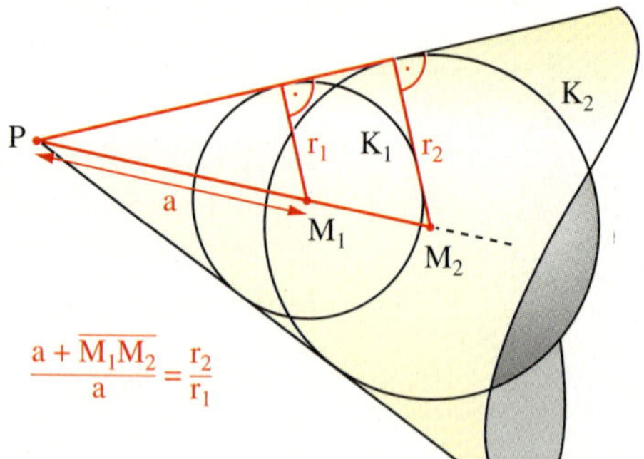

$$\frac{a + \overline{M_1 M_2}}{a} = \frac{r_2}{r_1}$$

Fig. 1

9 Bestimmen Sie den Punkt P des gemeinsamen Tangentialkegels der beiden Kugeln K_1 und K_2 (Fig. 1).

a) $K_1: \left[\vec{x} - \begin{pmatrix} 3 \\ 1 \\ 4 \end{pmatrix} \right]^2 = 16$, $K_2: \left[\vec{x} - \begin{pmatrix} 2 \\ 0 \\ 2 \end{pmatrix} \right]^2 = 9$

b) $K_1: \left[\vec{x} - \begin{pmatrix} 1 \\ 0 \\ 1 \end{pmatrix} \right]^2 = 4$, $K_2: \left[\vec{x} - \begin{pmatrix} 3 \\ 5 \\ 9 \end{pmatrix} \right]^2 = 25$

10 Bestimmen Sie die Größe des Öffnungswinkels des Tangentialkegels in Fig. 2 mit der Spitze im Punkt P an die Kugel mit dem Mittelpunkt M und dem Radius r.

a) $P(-5|6|3)$, $M(-1|4|1)$, $r = 4$

b) $P(-1|-3|-4)$, $M(2|0|2)$, $r = 3$

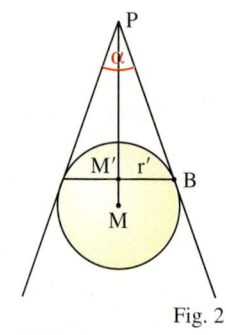

Fig. 2

6 Vermischte Aufgaben

1 Bestimmen Sie die Schnittpunkte der Geraden g mit dem Kreis k, die Gleichungen der Tangenten in diesen Punkten an den Kreis und den Schnittpunkt der beiden Tangenten.

a) g: $\vec{x} = \begin{pmatrix} 1 \\ 3 \end{pmatrix} + t\begin{pmatrix} -1 \\ 2 \end{pmatrix}$, k: $\left[\vec{x} - \begin{pmatrix} 3 \\ 4 \end{pmatrix}\right]^2 = 10$

b) g: $\vec{x} = \begin{pmatrix} 2 \\ 7 \end{pmatrix} + t\begin{pmatrix} 3 \\ 4 \end{pmatrix}$, k: $\left[\vec{x} - \begin{pmatrix} 2 \\ 7 \end{pmatrix}\right]^2 = 25$

c) g: $\vec{x} = \begin{pmatrix} 5 \\ 6 \end{pmatrix} + t\begin{pmatrix} 3 \\ 1 \end{pmatrix}$, k: $\left[\vec{x} - \begin{pmatrix} -3 \\ 5 \end{pmatrix}\right]^2 = 25$

d) g: $\vec{x} = \begin{pmatrix} 0 \\ 7 \end{pmatrix} + t\begin{pmatrix} 1 \\ 1 \end{pmatrix}$, k: $\left[\vec{x} - \begin{pmatrix} 9 \\ 7 \end{pmatrix}\right]^2 = 81$

e) g: $x_1 - x_2 = -4$, k: $x_1^2 + x_2^2 - 4x_1 - 10x_2 + 16 = 0$

f) g: $x_1 + x_2 = 6$, k: $x_1^2 + x_2^2 - 20x_1 - 10x_2 + 44 = 0$

2 Die Seiten des Dreiecks ABC liegen auf den Geraden: g: $5x_1 - x_2 = 7$, h: $x_2 = 2$ und i: $3x_1 + x_2 = 5$. Bestimmen Sie eine Gleichung des Umkreises des Dreiecks.

3 Bestimmen Sie eine Gleichung des Inkreises des Dreiecks ABC mit A(0|0), B(5|0) und C(0|12). Hinweis: Benutzen Sie zur Berechnung des Kreismittelpunktes die Winkelhalbierenden.

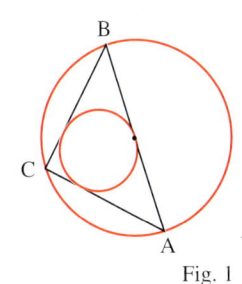

C ... B ... A

Fig. 1

4 Bestimmen Sie die Gleichungen der Tangenten an den Kreis mit dem Mittelpunkt M(0|0) und dem Radius r = 5, die durch den Punkt P(5|–5) gehen, auf zwei Arten:

a) Durch die Bestimmung der Schnittpunkte mit der Geraden, auf denen die Berührpunkte der Tangenten liegen,

b) Durch eine Abstandsbestimmung. Die gesuchten Tangenten sind Geraden durch den Punkt P, die den Abstand $\sqrt{5}$ vom Ursprung haben.

Hier ist die Hesse'sche Normalenform hilfreich.

5 Gegeben ist der Kreis k: $x_1^2 + x_2^2 - 4x_1 - 12x_2 - 68 = 0$ und die Gerade g: $2x_1 - x_2 + 6 = 0$. Der Kreis k soll an der Geraden g gespiegelt werden. Bestimmen Sie die Gleichung des gespiegelten Kreises k*.

Den Satz kenne ich doch als Satz des ...

6 In der Ebene sind die Punkte A und B mit den Ortsvektoren $\vec{a}$ und $\vec{b}$ gegeben.

a) Zeigen Sie durch Umformung in die Koordinatengleichung, dass durch die Gleichung $(\vec{x} - \vec{a}) \cdot (\vec{x} - \vec{b}) = 0$ ein Kreis beschrieben wird.

b) Bestimmen Sie die Koordinaten des Mittelpunktes und den Radius des Kreises.

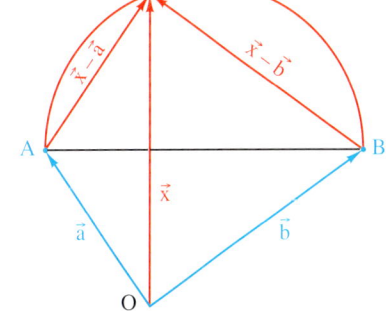

Fig. 2

7 Gegeben ist ein Kreis in der x_1x_2-Ebene durch k: $(x_1 - 3)^2 + (x_2 - 4)^2 = 25$. Bestimmen Sie die Gleichungen aller Kugeln, die mit der x_1x_2-Ebene diesen Kreis als Schnittkreis haben.

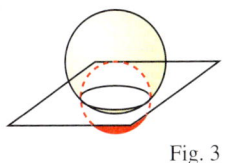

Fig. 3

8 Durch die Punkte A(2|–1|2), B(3|0|3) und C(–5|4|1) ist eine Ebene E bestimmt.

a) Zeigen Sie, dass die Ebene E die Kugel K: $\left[\vec{x} - \begin{pmatrix} -2 \\ 4 \\ 1 \end{pmatrix}\right]^2 = 36$ schneidet, und bestimmen Sie den Mittelpunkt M′ und den Radius r′ des Schnittkreises.

b) Bestimmen Sie eine Gleichung der Kugel K*, die man bei einer Spiegelung von K an der Ebene E erhält.

9 Bestimmen Sie den Radius der Kugel K_1 so, dass sie die Kugel K_2 berührt. Geben Sie eine Gleichung der Tangentialebene im Berührpunkt an.

a) $M_1(-3|2|6)$; K_2: $\overline{x}^2 = 12{,}25$

b) $M_1(1|2|3)$; K_2: $\left[\overline{x} - \begin{pmatrix} -1 \\ 0 \\ 2 \end{pmatrix}\right]^2 = 36$

10 Gegeben sind die Gerade g und die Kugel K mit dem Mittelpunkt M und dem Radius r. Bestimmen Sie die Schnittpunkte S_1 und S_2 der Kugel K und der Geraden g. Geben Sie Gleichungen der Tangentialebenen in den Punkten S_1 und S_2 an.

a) $M(3|-2|1)$; $r = 3$; g: $\overline{x} = \begin{pmatrix} 8 \\ -2 \\ 7 \end{pmatrix} + t\begin{pmatrix} 3 \\ -1 \\ 4 \end{pmatrix}$

b) $M(-1|3|2)$; $r = 36$; g: $\overline{x} = \begin{pmatrix} 5 \\ -9 \\ 2 \end{pmatrix} + t\begin{pmatrix} 2 \\ -8 \\ -2 \end{pmatrix}$

11 Die Gerade g geht durch die Punkte $A(-5|1|3)$, $B(-1|-3|5)$ und ist Tangente an eine Kugel mit dem Mittelpunkt $M(1|1|0)$.
a) Bestimmen Sie den Radius r der Kugel K und berechnen Sie die Koordinaten des Berührpunktes C der Geraden g.
b) Bestimmen Sie Gleichungen der Tangentialebenen der Kugel K, die senkrecht zur Geraden g sind.

12 Gegeben ist die Kugel mit dem Mittelpunkt M und dem Radius r. Bestimmen Sie den Mittelpunkt, den Radius des Berührkreises und die Größe des Öffnungswinkels des Tangentialkegels mit der Spitze im Punkt P.
a) $P(4|-2|-2)$, $M(0|0|0)$, $r = \sqrt{12}$

b) $P(-5|6|3)$, $M(-1|4|1)$, $r = 4$

13 Berechnen Sie die Koordinaten der Spitze P des Tangentialkegels, dessen Berührkreis die Kugel K in der Ebene E schneidet.

a) K: $\left[\overline{x} - \begin{pmatrix} 2 \\ 0 \\ 2 \end{pmatrix}\right]^2 = 36$, E: $\overline{x} \cdot \begin{pmatrix} -1 \\ 3 \\ 3 \end{pmatrix} - 24 = 0$

b) K: $\left[\overline{x} - \begin{pmatrix} -1 \\ -3 \\ 2 \end{pmatrix}\right]^2 = 100$, E: $\overline{x} \cdot \begin{pmatrix} 13 \\ 7 \\ -4 \end{pmatrix} - 58 = 0$

14 Gegeben ist der Kegel mit der Spitze $S(0|0|8)$, der x_3-Achse als Achse und dem Öffnungswinkel 60° (Fig. 1). Bestimmen Sie Gleichungen der zwei Kugeln, die sowohl den Kegel als auch die Ebene E: $4x_1 - 3x_3 = 9$ berühren. Hinweis: Zeigen Sie, dass die Kugeln den Radius $r = (8 - m_3) \cdot \sin 30° = 4 - \frac{1}{2}m_3$ haben, wenn der Mittelpunkt $M(0|0|m_3)$ ist.

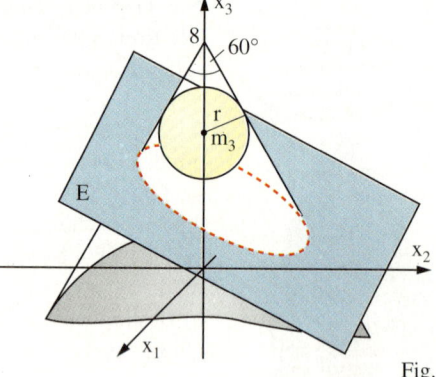

Fig. 1

15 Der Körper in Fig. 2 ist aus einem Würfel durch Abschneiden einer Ecke entstanden. Bestimmen Sie die Kugel mit dem größten Radius, die in diesen Körper hineinpasst, wenn der Mittelpunkt der Kugel auf der Raumdiagonalen liegt, die vom Punkt
a) A   b) B   c) C   d) D
des Würfels ausgeht.

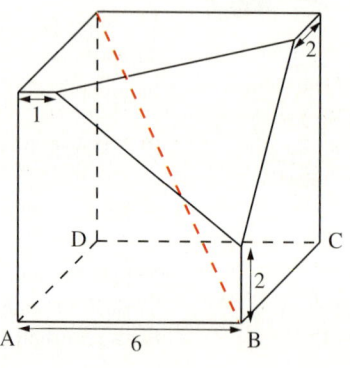

Fig. 2

Mathematik im Internet – MARIA AGNESI

Im Jahr 1748 erschien eine umfangreiche Darstellung der damaligen Kenntnisse zur Algebra und Analysis, geschrieben von einer Frau: MARIA GAETANE AGNESI. Sie wurde am 16. Mai 1718 in Mailand geboren. Schon früh zeigte sie sowohl eine besondere Sprachbegabung als auch ein großes mathematisches Talent. 1738 begann sie mathematische Probleme zu bearbeiten. Im Jahr 1750 wurde sie zur Professorin für Mathematik an die Universität von Bologna berufen. Sie war, soweit heute bekannt, die erste Frau, die als Professorin Vorlesungen zur Mathematik an einer Universität hielt.

Ab 1752 wandte sie sich mehr und mehr religiösen Studien zu, 1771 übernahm sie die Leitung eines Heims für Alte und Kranke. Am 9. Januar 1799 starb sie in Mailand.

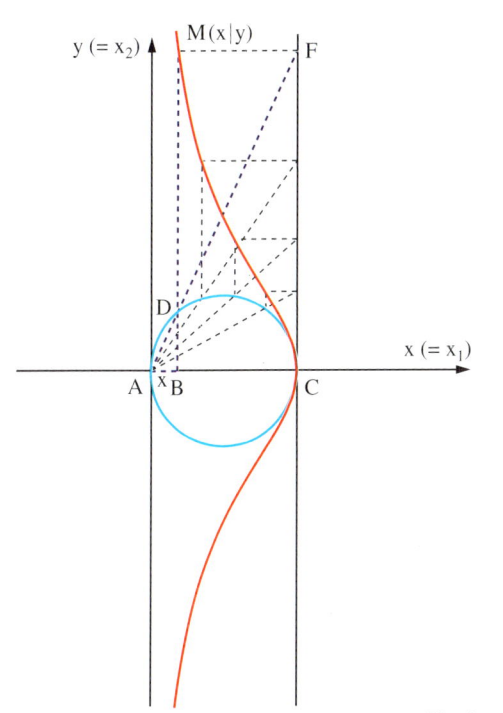

Fig. 1

Möchte man Näheres über eine bedeutende Persönlichkeit und deren Leistungen erfahren, so hilft oft das Internet. Der Name AGNESI z. B. führt zu http://www-groups.dcs.st-and.ac.uk/~history/Mathematicians/Agnesi.html. Dort findet sich ein „Link" zur „Witch of AGNESI": http://www-groups.dcs.st-and.ac.uk/~history/Curves/Witch.html.

In dem 1748 erschienenen Buch von MARIA AGNESI findet man eine als „versiera" bezeichnete Kurve, die im Englischen fälschlich als „witch" bezeichnet wird. In Deutschland spricht man von der AGNESI-Kurve.

MARIA AGNESI untersuchte an einem Kreis mit dem Durchmesser d den Zusammenhang zwischen der Länge x der Strecke AB und der Länge y der Strecke BM (Fig. 1).

Aufgrund des Strahlensatzes gilt: $x : \overline{BD} = d : \overline{CF}$, also

$$x : \overline{BD} = d : y \quad (1).$$

Mit A als Ursprung des Koordinatensystems lautet die Kreisgleichung:

$$\left(x - \tfrac{d}{2}\right)^2 + \overline{BD}^2 = \left(\tfrac{d}{2}\right)^2, \text{ also } \overline{BD}^2 = dx - x^2 \quad (2).$$

Aus den Gleichungen (1) und (2) folgt als Zusammenhang von x und y:

$$y^2 x = d^2 (d - x) \text{ bzw. } y^2 = d^2 \cdot \tfrac{d - x}{x}.$$

Fig. 1 zeigt die AGNESI-Kurve. Man kann sie z. B. mit einem Computer-Algebra-System wie Maple oder Derive leicht erzeugen.

Ein paar weitere Tipps zu **Mathematik im Internet** (Stand 1998):

Zur Geschichte der Mathematik z. B. http://www-groups.dcs.st-and.ac.uk/~history/,

dort finden Sie viel mehr als nur Informationen über MARIA AGNESI.

Zur Geometrie, auch zur analytischen Geometrie: http://www.geom.umn.edu/

Testen Sie einmal das „Geometry Center" der University of Minnesota z. B. mit dem Stichwort „vector".

Wer sich für Primzahlen interessiert, insbesondere für ganz große, der besuche: http://www.utm.edu/research/primes/.

Die Seite http://www.utm.edu/research/primes/largest.html verrät die aktuellsten „Largest Known Primes"

(z. B. Anfang 1998 die Primzahl $2^{2976221} - 1$).

Bilder der Erdkugel

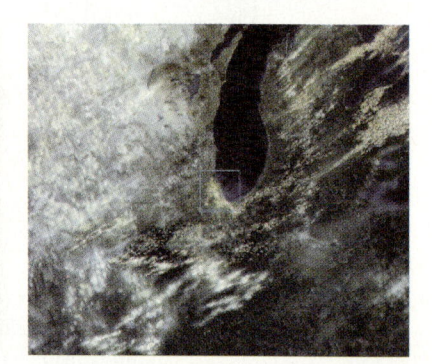

D ie Erde ist keine Scheibe, denn sonst würde man auf den Fotos, die aus unterschiedlichen Entfernungen aufgenommen wurden, immer dasselbe Bild sehen; nur die Größe würde sich ändern. Da die Erde kugelförmig ist, weiß man, warum dies nicht der Fall ist.

Aus den Fotos erkennt man, dass die Kreisscheibe, die dem sichtbaren Bereich der Erde für einen Astronauten oder Satelliten entspricht, von der Höhe des Beobachters über der Erde abhängt. Zusätzlich treten bei den Aufnahmen Verzerrungen auf. Um solche Satellitenfotos auswerten zu können, ist die Lösung zweier Probleme notwendig:

1. Wie lassen sich die Verzerrungen beschreiben?
2. Wie kann man aus den Fotos die geographischen Koordinaten bestimmen?

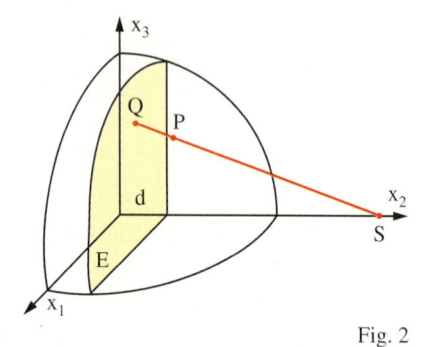

Fig. 1

Wie aus Fig. 1 erkennbar ist, ist der sichtbare Teil der Erdkugel für den Satelliten durch den Schnittkreis der Ebene E mit der Kugel bestimmt. Auf diese Kreisfläche wird jeder Punkt P der sichtbaren Erdoberfläche projiziert (Fig. 2). Die Abbildungsgleichungen dieser Projektionen lassen sich mit Mitteln der analytischen Geometrie bestimmen.

Fig. 2

Fig. 3

Für den Sonderfall, dass sich der Satellit über dem Äquator im Abstand h vom Erdmittelpunkt befindet, lassen sich die Abbildungsgleichungen folgenderweise bestimmen:

Der Satellit befindet sich auf der x_2-Achse im Punkt $S(0|h|0)$ (Fig. 2). Die Ebene E, die den Schnittkreis bestimmt, hat dann die Gleichung $x_2 = d$, und mit dem Kathetensatz folgt (Fig. 3) $h \cdot d = r^2$ (∗). Der Punkt $P(p_1|p_2|p_3)$ liegt auf

der Kugel (Fig. 2). Die Gleichung der Geraden durch S und P lautet dann $\vec{x} = \begin{pmatrix} 0 \\ h \\ 0 \end{pmatrix} + t \cdot \begin{pmatrix} p_1 \\ p_2 - h \\ p_3 \end{pmatrix}$, $t \in \mathbb{R}$.

Für die Koordinaten des Schnittpunktes Q mit der Ebene E ergibt sich dann: $q_1 = t \cdot p_1$; $q_2 = h + t \cdot (p_2 - h)$; $q_3 = t \cdot p_3$

mit $t = \frac{r^2 - h^2}{h \cdot (p_2 - h)}$ (da $q_2 = h + t \cdot (p_2 - h)$ und $q_2 = \frac{r^2}{h}$ wegen (∗)).

Mathematische Exkursionen

Stellt man die Koordinaten des Punktes P mithilfe der geographischen Länge α und der geographischen Breite β dar (Fig. 1), also

$p_1 = r \cdot \cos\beta \cdot \cos\alpha,$

$p_2 = r \cdot \cos\beta \cdot \sin\alpha,$

$p_3 = r \cdot \sin\beta,$

so kann man z. B. mithilfe einer Tabellenkalkulation die Bildpunkte des Gradnetzes bestimmen und erhält damit einen Eindruck über den sichtbaren Bereich und die Verzerrung für eine bestimmte Höhe h.

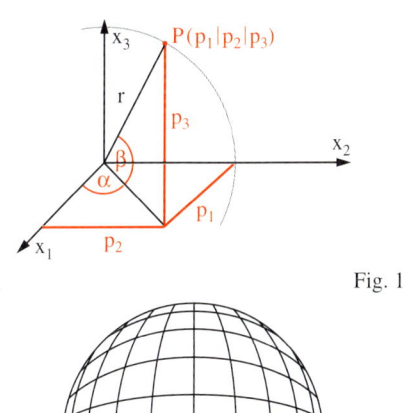

Fig. 1

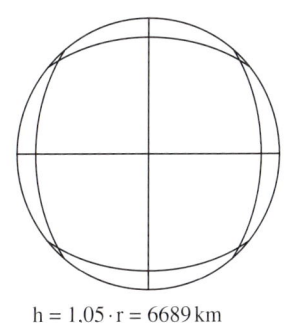

h = 1,05·r = 6689 km Fig. 2

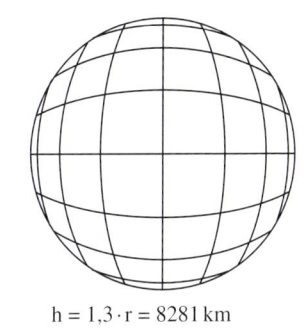

h = 1,3·r = 8281 km Fig. 3

h = 1,8·r = 11466 km Fig. 4

In Fig. 2–4 ist das Gradnetz der Erde für unterschiedliche Höhen dargestellt. In allen Fällen sind die Abstände der Breitenkreise und Längenkreise gleich und betragen jeweils 10°. Dabei sind alle Darstellungen auf die gleiche Größe skaliert, damit die Unterschiede deutlicher erkennbar sind.

Auch das zweite Problem, die Koordinaten des Punktes P bei gegebenen Koordinaten von Q zu bestimmen, ist lösbar. Man erhält die geographischen Koordinaten des Punktes P, indem man die Winkelgrößen α und β so bestimmt, dass gilt:

$$\tan\alpha = \left(\frac{q_2}{q_1}\right); \quad \sin\beta = \left(\frac{q_3}{r}\right).$$

Mit der alexandrinischen Expansion standen die Griechen vor dem Problem der sicheren Verkehrsverbindungen bei den großen Distanzen zu den bis dahin völlig unbekannten Ländern wie Persien und Afghanistan. Hatte man sich bisher nach dem Stand der Sonne und der Sterne gerichtet, so machte sich bei den großen Entfernungen die Erdkrümmung schon deutlich bemerkbar. Es bestand also die Notwendigkeit, ein neues Bezugsystem zu entwickeln. Eratosthenes (um 276–196 v. Chr.) beschreibt die regelmäßige Unterteilung der Kugeloberfläche mit horizontalen Parallelkreisen und vertikalen Großkreisen und übertrug damit die von den Ägyptern erfundene Rastermethode der Ebene auf die Kugeloberfläche, welche dem noch heute gültigen Netz von Längen- und Breitenkreisen entspricht.

Da einerseits die Globenherstellung nicht einfach war und diese auf Reisen zur Navigation nicht sehr sinnvoll waren, versuchte man die doppelt gekrümmte Oberfläche der Kugel auf eine ebene Zeichnung zu übertragen. Dies ist aber ohne eine Entstellung nicht möglich, da hierbei Probleme der Winkeltreue oder Flächentreue auftreten.

Ptolemäus (um 100–160 n. Chr.) hat als Erster zwei Möglichkeiten entwickelt, um das Gradnetz der Kugel in die Ebene zu übertragen. Die erste (Fig. 5) entspricht einer Zylinderprojektion. Diese Karte ist winkeltreu, was für die Navigation sehr wichtig ist. Die zweite (Fig. 6) entspricht einer Kegelprojektion.

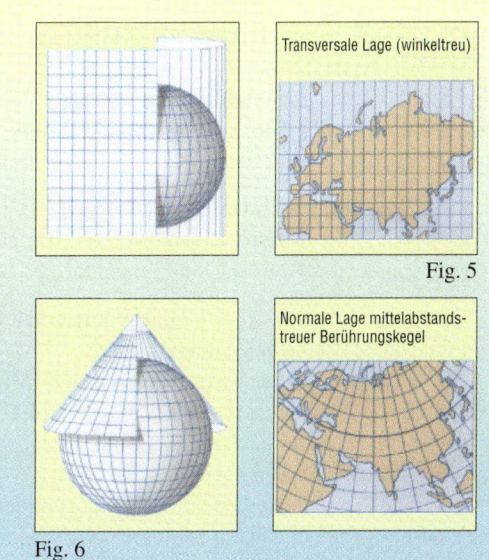

Transversale Lage (winkeltreu)

Fig. 5

Normale Lage mittelabstandstreuer Berührungskegel

Fig. 6

Kann das Spiegelbild einer Geraden krumm sein?

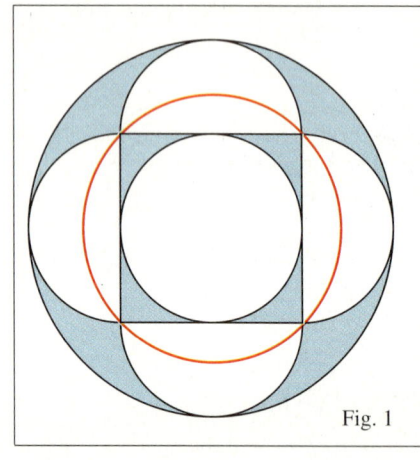

B ei der „Spiegelung" des einbeschriebenen Quadrats an dem
mittleren Kreis in Fig. 1 werden die
vier Seiten auf die Halbkreise gleicher
Farbe abgebildet. Auch die Flächen
gleicher Farbe werden bei dieser
„Spiegelung" aufeinander abgebildet.
In Fig. 2 wird an dem mittleren Kreis
„gespiegelt". Hierbei wird der kleinere Kreis auf den großen abgebildet;
alle drei Kreise sind konzentrisch.
Aus den drei Seiten des gleichseitigen
Dreiecks werden Kreisbögen.

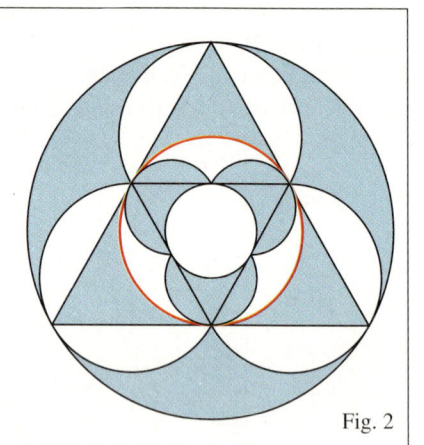

Fig. 1

Fig. 2

Die Figuren in Abbildung 1 und 2 können mit keiner der bisher bekannten Abbildungen wie Spiegelungen, Drehungen
und Streckungen an Geraden bzw. Punkten erzeugt werden, da hierbei jeweils Geraden auf Geraden abgebildet werden.

Es ist aber möglich, eine Spiegelung an einem Kreis zu definieren:
Hierbei wird der Bildpunkt P′ eines äußeren Punktes P mit der folgenden Konstruktion bestimmt (Fig. 3).
Vom Punkt P aus werden die Tangenten an den Kreis k konstruiert. Die Gerade
durch die Berührpunkte B_1 und B_2 schneidet die Gerade durch die Punkte P und
M in einem Punkt. Dieser Punkt ist der Bildpunkt P′. Entfernt sich der Punkt P
vom Kreis, so nähert sich sein Bildpunkt P′ dem Mittelpunkt M des Kreises.

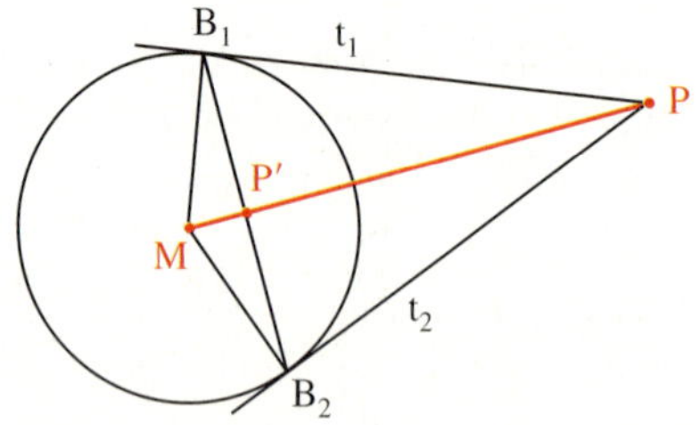

Mithilfe des Kathetensatzes folgt für das Dreieck MPB_1 $\overline{MP} \cdot \overline{MP'} = \overline{MB_1}^2 = r^2$.
Die letzte Gleichung wird zur algebraischen **Definition** der Abbildung verwendet:
Der Bildpunkt P′ eines Punktes P $\neq$ M liegt auf der Geraden durch die Punkte P und M und es gilt: $\overline{MP} \cdot \overline{MP'} = r^2$.

Fig. 3

Diese Abbildung nennt man **Kreisspiegelung** (oder **Inversion am Kreis k**). Der Mittelpunkt M des Kreises k ist das
Inversionszentrum. Diese algebraische Definition setzt nicht voraus, dass der Punkt P außerhalb des Kreises k liegen
muss. Nur für den Mittelpunkt existiert kein Bildpunkt.

Aus der Definition der Inversion ergeben sich folgende Eigenschaften:
– Ist P′ der Bildpunkt von P, dann ist P der Bildpunkt von P′.
– Alle Punkte des Kreises k sind Fixpunkte der Inversion.

Weitere Eigenschaften der Kreisspiegelung erhält man, indem man untersucht,
wie die Bilder von Geraden aussehen:
1. Alle Geraden durch das Inversionszentrum (Mittelpunkt M des Kreises) sind
Fixgeraden (sie werden auf sich selbst abgebildet).
2. Geraden, die nicht durch das Zentrum gehen, werden auf Kreise abgebildet,
die durch den Mittelpunkt gehen.
3. Parallele Geraden werden auf Kreise abgebildet, die alle durch das Inversionszentrum gehen und deren Mittelpunkte auf einer gemeinsamen Geraden liegen, die durch das Inversionszentrum geht (Fig. 4).

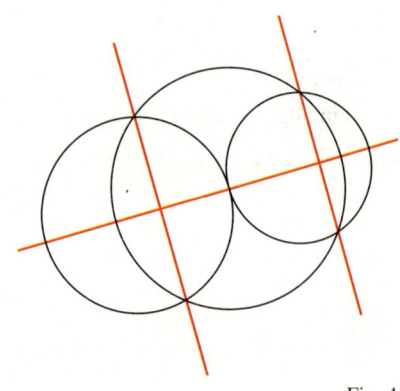

Fig. 4

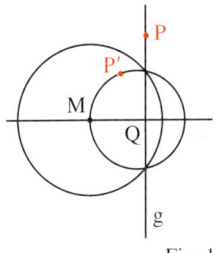

Fig. 1

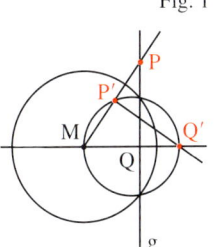

Fig. 2

Zum Nachweis der Eigenschaft 2 (Fig. 1 und 2):

Zu zeigen ist, dass der Punkt P′ auf dem Kreis mit dem Durchmesser MQ′ liegt.

Hierbei ist Q′ der Bildpunkt von Q.

Die Dreiecke MQ′P′ und MQP haben einen gemeinsamen Winkel im Punkt M.

Für die Seiten MP und MQ′ gilt: $\overline{MP} \cdot \overline{MP'} = r^2$ und $\overline{MQ} \cdot \overline{MQ'} = r^2$.

Daraus folgt: $\dfrac{\overline{MP}}{\overline{MQ}} = \dfrac{\overline{MQ'}}{\overline{MP'}}$. Insgesamt ergibt sich, dass die Dreiecke MQP und MQ′P′ ähnlich sind und deshalb auch bei P′ ein rechter Winkel ist.

Also liegt der Punkt P′ auf dem THALESkreis über der Strecke MQ′.

Da die Inversion einen Bildpunkt wieder auf den Ausgangspunkt abbildet, gilt umgekehrt:
– Kreise durch das Inversionszentrum werden auf Geraden abgebildet.
Weiterhin gilt: Kreise, die nicht durch das Inversionszentrum gehen, werden auf Kreise abgebildet.

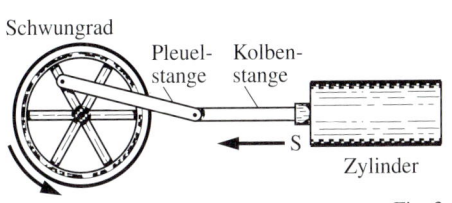

Fig. 3

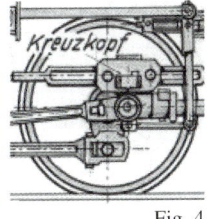

Fig. 4

Im Verlauf der industriellen Revolution gegen Ende des 18. Jahrhunderts wurde eine Vielfalt von mechanischen Konstruktionen entwickelt.

Im Zusammenhang mit der Erfindung der Dampfmaschine tauchte das Problem auf, eine Vorrichtung zu haben, die die hin- und hergehende Kolbenstange (Fig. 3) auf einer Geraden führen sollte. Ohne einen solchen Mechanismus würde die Kolbenstange seitlich hin- und hergezerrt und dadurch würde sich die Lagerbuchse bei S sehr schnell abnützen. Viele der Lösungen waren für die Mathematiker nicht befriedigend, da sie keine exakten Geraden ergaben, aber sie funktionierten in der Praxis.

Bei den Dampflokomotiven löste man das Problem mithilfe des Kreuzkopfes (Fig. 4). Es ist ein Gelenk, das aus Stahlguss besteht und das die Kolbenstange und die Treibstange verbindet. Der Kreuzkopf läuft in Richtung der Kolbenstange geradlinig auf der Kreuzkopfgleitbahn hin und her und nimmt die nach oben und unten wirkenden Kräfte auf.

Eine unerwartete mathematisch exakte Lösung der Geradführung lieferte PEAUCELLIER. Er war französischer Armeeoffizier und veröffentlichte seine Erfindung im Jahre 1864. Seine Konstruktion besteht aus einem rautenförmigen Gelenkviereck (Fig. 5), das in A und B durch zwei gleich lange Stäbe im ortsfesten Lager O gelagert ist. Da die Punkte O, P, Q stets auf einer Geraden liegen und die Diagonalen der Raute zueinander orthogonal sind, gilt

$$\overline{OP} \cdot \overline{OQ} = \overline{OA}^2 - \overline{AQ}^2.$$

(Zweimaliges Anwenden des Satzes des PYTHAGORAS)

Da $\overline{OA}^2 - \overline{AP}^2$ konstant ist, liegen die Punkte P und Q invers zu einem Kreis um O. Durch den Einbau des Stabes PC erreicht man, dass der Punkt P auf einem Kreis läuft, der durch O geht. Deshalb bewegt sich der Punkt Q exakt auf einer Geraden.

Obwohl PEAUCELLIERS Lösung in der Theorie perfekt ist, treten in der Praxis aufgrund der vielen Gelenkarme und deren starker Belastung Probleme auf.

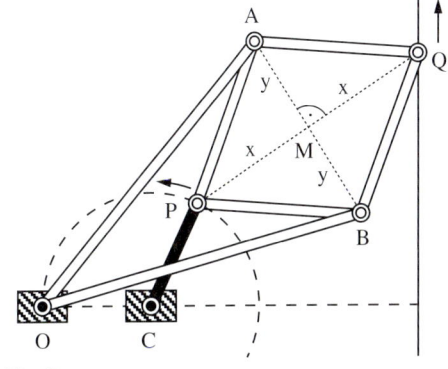

Fig. 5

Die Gleichung eines **Kreises** in der Ebene mit dem Mittelpunkt M lautet:

$M(m_1|m_2)$: $(\vec{x} - \vec{m})^2 = r^2$ bzw. $(x_1 - m_1)^2 + (x_2 - m_2)^2 = r^2$

$M(0|0)$: $\vec{x}^2 = r^2$ bzw. $x_1^2 + x_2^2 = r^2$

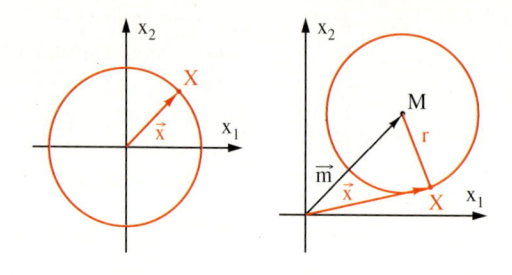

Die Gleichung einer **Kugel** mit dem Mittelpunkt M lautet:

$M(m_1|m_2|m_3)$: $(\vec{x} - \vec{m})^2 = r^2$ bzw.

$$(x_1 - m_1)^2 + (x_2 - m_2)^2 + (x_3 - m_3)^2 = r^2$$

$M(0|0|0)$: $\vec{x}^2 = r^2$ bzw. $x_1^2 + x_2^2 + x_3^2 = r^2$

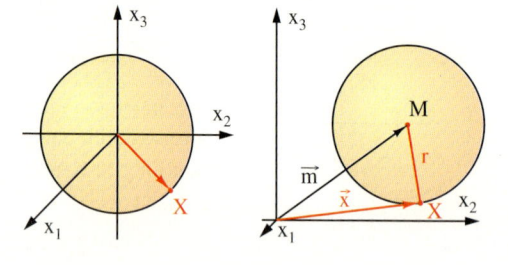

Lage von Kreisen und Geraden (Kugeln und Geraden)

Ob ein Kreis $k: (\vec{x} - \vec{m})^2 = r^2$ und eine Gerade $g: \vec{x} = \vec{p} + t\vec{u}$ oder eine Kugel $K: (\vec{x} - \vec{m})^2 = r^2$ und eine Gerade $g: \vec{x} = \vec{p} + t\vec{u}$ zwei, einen oder keinen Punkt gemeinsam haben, bestimmt man mithilfe der Lösungen der Gleichung $(\vec{p} + t\vec{u} - \vec{m})^2 = r^2$.

Hat die Gleichung

– keine Lösung, so ist die Gerade eine **Passante**,

– zwei Lösungen, so ist die Gerade eine **Sekante**,

– eine Lösung, so ist die Gerade eine **Tangente**.

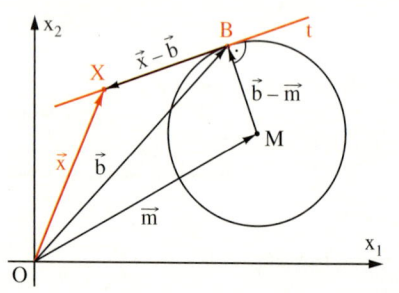

Die **Tangente** im Punkt $B(b_1|b_2)$ an den Kreis $k: (\vec{x} - \vec{m})^2 = r^2$ hat die Gleichung: $(\vec{x} - \vec{m}) \cdot (\vec{b} - \vec{m})^2 = r^2$ bzw.

$(x_1 - m_1)(b_1 - m_1) + (x_2 - m_2)(b_2 - m_2) = r^2$.

Lage von Kugeln und Ebenen

Um die Lage einer Kugel $K: (\vec{x} - \vec{m})^2 = r^2$ und einer Ebene E zu beschreiben, bestimmt man den Abstand des Kugelmittelpunktes M zur Ebene E.

Ist der Abstand

– größer als der Radius, dann besitzen Kugel und Ebene keine gemeinsamen Punkte,

– kleiner als der Radius, dann schneiden sich die Ebene und die Kugel in einem Kreis,

– gleich dem Radius, dann berührt die Ebene die Kugel in einem Punkt. In diesem Fall nennt man sie **Tangentialebene**.

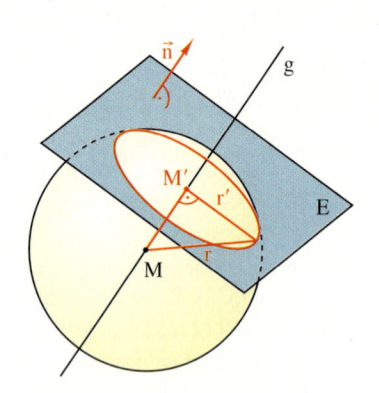

Den Schnittkreis einer Ebene E mit einer Kugel K (mit dem Radius r und dem Mittelpunkt M) beschreibt man durch die Angabe der Schnittebene E, des Kreismittelpunktes M′ und des Kreisradius r′.

Der Mittelpunkt M′ ist der Lotfußpunkt von M auf E und für r′ gilt:

$r' = \sqrt{r^2 - \overline{MM'}^2}$.

Die **Tangentialebene** im Punkt $B(b_1|b_2|b_3)$ an die Kugel $K: (\vec{x} - \vec{m})^2 = r^2$ hat die Gleichung: $(\vec{x} - \vec{m}) \cdot (\vec{b} - \vec{m}) = r^2$ bzw.

$(x_1 - m_1)(b_1 - m_1) + (x_2 - m_2)(b_2 - m_2) + (x_3 - m_3)(b_3 - m_3) = r^2$.

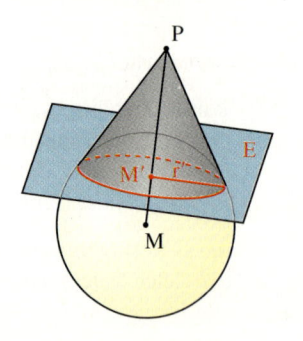

Alle Geraden, die durch einen Punkt P gehen und die Kugel $K: (\vec{x} - \vec{m})^2 = r^2$ berühren, bilden den **Tangentialkegel**. Der Berührkreis des Tangentialkegels ist der Schnittkreis der Kugel K mit der Ebene $E: (\vec{x} - \vec{m}) \cdot (\vec{p} - \vec{m}) = r^2$.

1 a) Bestimmen Sie den Mittelpunkt und den Radius des Kreises mit der Gleichung
$x_1^2 + x_2^2 - 6x_1 + 4x_2 - 12 = 0$.
b) Welche Lage haben die Punkte $A(2|6)$, $B(-1|1)$ und $C(3|1)$ bezüglich dieses Kreises?

2 Überprüfen Sie, ob die Gerade g Sekante, Tangente oder Passante des Kreises k ist, und bestimmen Sie gegebenenfalls gemeinsame Punkte.
a) k: $\left[\vec{x} - \begin{pmatrix} 3 \\ -2 \end{pmatrix}\right]^2 = 13$, g: $\vec{x} = \begin{pmatrix} -4 \\ 6 \end{pmatrix} + t\begin{pmatrix} -1 \\ 1 \end{pmatrix}$
b) k: $x_1^2 + x_2^2 - 2x_1 + 8x_2 + 9 = 0$, g: $x_1 + x_2 - 1 = 0$
c) k: $x_1^2 + x_2^2 - 2x_1 - 2x_2 - 7 = 0$, g: $7x_1 + 6x_2 - 42 = 0$

3 Gegeben ist der Kreis um M mit Radius r. Bestimmen Sie eine Gleichung der Tangente an den Kreis im Punkt B.
a) $M(1|4)$, $r = 5$, $B(-3|b_2)$ mit $b_2 > 0$ \qquad b) $M(-3|-1)$, $r = 8$, $B(b_1|-1)$ mit $b_1 > 0$

4 a) Bestimmen Sie den Mittelpunkt und den Radius der Kugel mit der Gleichung
$x_1^2 + x_2^2 + x_3^2 - 4x_1 + 2x_2 - 8x_3 - 4 = 0$.
b) Welche Lage haben die Punkte $A(-3|2|1)$, $B(2|-1|-1)$ und $C(3|-2|3)$ bezüglich der Kugel?

5 Untersuchen Sie, ob die Ebene E die Kugel K schneidet, berührt oder keinen Punkt mir ihr gemeinsam hat.
a) K: $(x_1 - 2)^2 + (x_2 - 1)^2 + (x_3 + 3)^2 = 25$, E: $2x_1 + 2x_2 + 2x_3 - 19 = 0$
b) K: $(x_1 - 4)^2 + (x_2 + 2)^2 + (x_3 - 3)^2 = 46$, E: $-6x_1 + 3x_2 - x_3 - 13 = 0$
c) K: $(x_1 - 1)^2 + (x_2 + 1)^2 + (x_3 - 5)^2 = 64$, E: $2x_1 - x_2 - x_3 - 4 = 0$

6 Geben Sie eine Gleichung der Tangentialebene im Punkt B an die Kugel K an.
a) K: $x_1^2 + x_2^2 + x_3^2 - 6x_1 + 2x_2 - 4x_3 - 35 = 0$, $B(-1|4|-1)$
b) K: $\left[\vec{x} - \begin{pmatrix} 2 \\ 0 \\ 4 \end{pmatrix}\right]^2 = 100$, $B(2|8|b_3)$ mit $b_3 > 0$
c) K: $x_1^2 + x_2^2 + x_3^2 + 10x_1 - 6x_2 - 2x_3 + 10 = 0$, $B(-2|b_2|1)$ mit $b_2 < 0$

7 Bestimmen Sie die Tangentialebenen an die Kugel K, die parallel zur Ebene E sind. Bestimmen Sie die Koordinaten der Berührpunkte.
K: $\left[\vec{x} - \begin{pmatrix} 3 \\ -2 \\ -1 \end{pmatrix}\right]^2 = 9$, E: $\vec{x} \cdot \begin{pmatrix} -2 \\ 1 \\ 2 \end{pmatrix} = 12$

8 Gegeben ist die Kugel K mit dem Mittelpunkt M und dem Radius r. Untersuchen Sie, ob die Gerade g die Kugel schneidet, berührt oder keinen Punkt mit ihr gemeinsam hat. Bestimmen Sie gegebenenfalls gemeinsame Punkte.
a) g: $\vec{x} = \begin{pmatrix} 6 \\ 3 \\ -2 \end{pmatrix} + t\begin{pmatrix} 2 \\ 1 \\ -1 \end{pmatrix}$; $M(2|1|-3)$, $r = 3$ \qquad b) g: $\vec{x} = \begin{pmatrix} 0 \\ -2 \\ 3 \end{pmatrix} + t\begin{pmatrix} 2 \\ 0 \\ 1 \end{pmatrix}$; $M(-4|2|1)$, $r = 4$

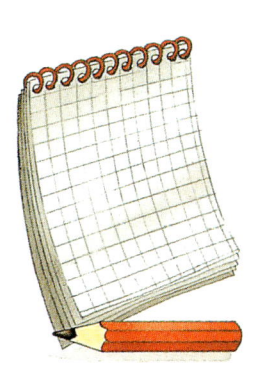

Die Lösungen zu den Aufgaben dieser Seite finden Sie auf Seite 191/192.

9 Gegeben ist die Kugel mit dem Mittelpunkt M und dem Radius r. Bestimmen Sie den Mittelpunkt, den Radius des Berührkreises und die Größe des Öffnungswinkels des Tangentialkegels mit der Spitze im Punkt P.
a) $P(-1|-3|7)$, $M(3|1|3)$, $r = 6$ \qquad b) $P(-5|2|-18)$, $M(1|2|-6)$, $r = \sqrt{150}$

163

Aufgaben zu den Kapiteln I bis V

1 Gegeben sind der Punkt $P(-8|0|4)$, die Gerade $g: \vec{x} = \begin{pmatrix} -1 \\ 0 \\ 7 \end{pmatrix} + t \begin{pmatrix} 1 \\ 2 \\ 0 \end{pmatrix}$ und die Ebene

$E: \vec{x} = \begin{pmatrix} -2 \\ 3 \\ 2 \end{pmatrix} + r \begin{pmatrix} 3 \\ 1 \\ 0 \end{pmatrix} + s \begin{pmatrix} 2 \\ 0 \\ 2 \end{pmatrix}$.

a) Berechnen Sie den Abstand des Punktes P von der Ebene E.
b) Berechnen Sie den Abstand des Punktes P von der Geraden g.
c) Berechnen Sie den Schnittpunkt der Geraden g und der Ebene E.
d) Durch die Gerade g und den Punkt P wird eine Ebene E' festgelegt. Bestimmen Sie eine Gleichung der Schnittgeraden s der Ebenen E und E'.
e) Berechnen Sie den Schnittpunkt der Geraden g und s.
f) Unter welchem Winkel schneidet die Gerade g die Ebene E?

2 Gegeben sind der Punkt $A(2|2|0)$ und die Gerade $g: \vec{x} = \begin{pmatrix} 0 \\ 0 \\ 2 \end{pmatrix} + t \begin{pmatrix} 3 \\ -3 \\ 1 \end{pmatrix}$.

a) Bestimmen Sie eine Gleichung der Ebene E in Parameterform, die durch den Punkt A und die Gerade g festgelegt ist.
b) Bestimmen Sie den Abstand der Ebene E zum Ursprung.
c) Berechnen Sie die Durchstoßpunkte P und Q der x_1-Achse und der x_2-Achse durch die Ebene E.
d) Bestimmen Sie die Koordinaten des Punktes B auf der Geraden durch die Punkte P und Q, für den $\overrightarrow{OB} \perp \overrightarrow{OA}$ gilt.
e) Zeigen Sie, dass der Punkt A die Strecke PQ innen und der Punkt B die Strecke PQ außen im Verhältnis $\overline{OP} : \overline{OQ}$ teilt.

3 Gegeben sind die Punkte $A(4|1|0)$, $B(0|7|2)$ und $C(-2|4|5)$.
a) Bestimmen Sie den Punkt D so, dass ABCD ein Parallelogramm ist.
b) Der Punkt P ist der Mittelpunkt der Strecke AB und der Punkt Q der Mittelpunkt der Strecke AD. Berechnen Sie die Koordinaten der Punkte P und Q.
c) Berechnen Sie die Koordinaten des Schwerpunktes des Dreiecks APQ.
d) Zeigen Sie, dass der Punkt S auf der Diagonalen AC liegt, und bestimmen Sie, in welchem Verhältnis S die Strecke AC teilt.

4 Ein Würfel mit den Ecken O, A, B und C soll von einer Ebene so geschnitten werden, dass die Schnittfläche ein gleichseitiges Dreieck mit der Seitenlänge $3\sqrt{2}$ und die Punkte O und $P(4|4|4)$ auf verschiedenen Seiten von E liegen.
a) Geben Sie eine Koordinatengleichung der Ebene E an.
b) Berechnen Sie den Abstand des Punktes $P(4|4|4)$ zur Ebene E.
c) Die Gerade durch die Punkte O und P schneidet die Ebene E. Bestimmen Sie die Koordinaten des Durchstoßpunktes.

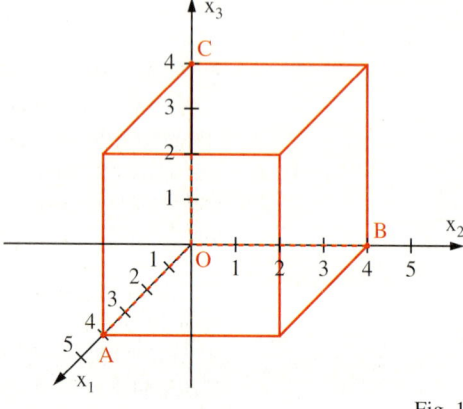

Fig. 1

5 Die Punkte A(2|1|0), B(0|6|−1), C(−2|4|1), D(1|3|7) bestimmen eine dreiseitige Pyramide.
a) Berechnen Sie den Abstand des Punktes D von der Ebene durch die Punkte A, B und C.
b) Berechnen Sie den Abstand des Punktes C von der Geraden durch die Punkte A und B.
c) Berechnen Sie das Volumen der dreiseitigen Pyramide ABCD.
d) Bestimmen Sie die Größe der Innenwinkel des Dreiecks ABC.
e) Bestimmen Sie die Größe der Neigungswinkel der Kanten AD, BD, CD gegen die Ebene durch die Punkte A, B und C.
f) Bestimmen Sie die Größe der Neigungswinkel der Seiten durch die Punkte ABD, ACD und BCD gegen die Ebene durch die Punkte ABC.

6 Gegeben sind die Geraden $g: \vec{x} = \begin{pmatrix} 2 \\ 5 \\ 1 \end{pmatrix} + r \begin{pmatrix} -2 \\ 1 \\ -2 \end{pmatrix}$ und $h: \vec{x} = \begin{pmatrix} 3 \\ 6 \\ 5 \end{pmatrix} + s \begin{pmatrix} 1 \\ 4 \\ 1 \end{pmatrix}$ sowie der Punkt P(3|3|1).
a) Zeigen Sie, dass der Punkt P nicht auf der Geraden g liegt.
Durch die Gerade g und den Punkt P ist eine Ebene bestimmt. Geben Sie eine Ebenengleichung in Normalenform der Ebene E an, die durch den Punkt P und die Gerade g festgelegt ist.
b) Zeigen Sie, dass die Richtungsvektoren der Geraden g und h zueinander orthogonal sind, die Geraden aber zueinander windschief sind.
c) Berechnen Sie die Koordinaten des Schnittpunktes C der Ebene E und der Geraden h und die Größe des Schnittwinkels.
d) Zeigen Sie, dass der Punkt A(2|2|4) auf der Geraden h liegt.
Bestimmen Sie auf der Geraden g den Punkt B so, dass die Gerade durch die Punkte A und B orthogonal zu g ist.
e) Zeigen Sie, dass das Dreieck ABC gleichschenklig-rechtwinklig ist, und berechnen Sie den Flächeninhalt dieses Dreiecks.

7 Gegeben sind die Punkte A(−6|−2|4), B(0|6|6), C(−10|−10|2), D(6|11|13), P(−1|4|6) und Q(2|4|3).
a) Die Punkte A, B und C legen eine Ebene E fest. Geben Sie eine Gleichung der Ebene E in Normalenform an und berechnen Sie den Abstand des Punktes D von der Ebene E.
b) Der Punkt F ist Fußpunkt des Lotes von D auf die Ebene E. Bestimmen Sie die Koordinaten des Punktes F.
c) Welche Lage haben die Gerade durch die Punkte P und Q und die Gerade durch die Punkte D und F zueinander?
d) Bestimmen Sie den Schnittpunkt und den Schnittwinkel der Geraden durch die Punkte P und Q und der Ebene E.
e) Es gibt zwei Punkte R_1 und R_2 auf der x_3-Achse so, dass die Dreiecke ABR_1 bzw. ABR_2 bei R_1 bzw. bei R_2 einen rechten Winkel haben. Bestimmen Sie diese beiden Punkte R_1 und R_2.

8 Fig. 1 zeigt das Schrägbild eines Gebäudes.
a) Bestimmen Sie die Neigungswinkel der Dachebenen gegen die Grundfläche des Daches.
b) Bestimmen Sie die Länge der Kante AB und deren Neigung gegen die Dachtraufen AC und AD.
Welche Lage hat die Firstlinie BF?
c) Zwischen den Punkten E und F soll ein Seil gespannt werden.
Welchen Abstand hat dieses Seil von der Kante AB?

Hierbei soll das Seil straff gespannt sein, damit es das Dach nicht berührt.

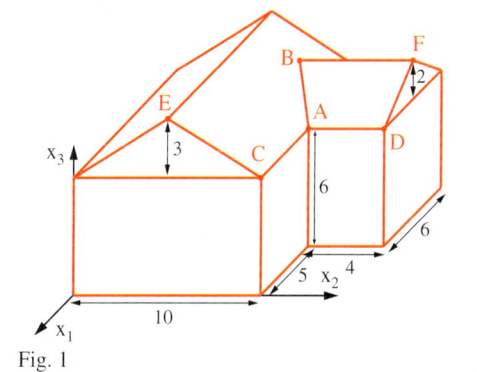

Fig. 1

9 Die Punkte $A(0|1|0)$, $B(1|4|0)$, $C(2|-2|2)$ legen die Ebene E_1 fest.
Die Punkte $P(0|1|8)$, $Q(2|7|0)$, $R(2|5|4)$ bestimmen die Ebene E_2.
a) Geben Sie je eine Parametergleichung und Koordinatengleichung von E_1 und E_2 an.
b) Zeichnen Sie in ein räumliches Koordinatensystem die Spurgeraden der Ebenen E_1 und E_2 ein.
c) Die Ebenen E_1 und E_2 schneiden sich. Bestimmen Sie eine Gleichung der Schnittgeraden g in Parameterform.
d) Berechnen Sie die Größe des Schnittwinkels von E_1 und E_2.
e) Der Grundkreis eines geraden Kreiskegels mit der Spitze $S(11|-1|-2)$ liegt in der Ebene E_2 und hat die Mantellinie SP. Bestimmen Sie den Mittelpunkt M des Grundkreises und das Volumen des Kegels und seine Oberfläche.
f) Bestimmen Sie eine Gleichung der Kugel mit dem Mittelpunkt $S(11|-1|-2)$, die die Ebene E_1 berührt.

10 Gegeben sind die Punkte $A(5|4|1)$, $B(0|4|1)$ und $C(0|1|5)$.
a) Zeigen Sie, dass das Dreieck ABC gleichschenklig und rechtwinklig ist.
b) Bestimmen Sie die Koordinaten eines Punktes D so, dass das Viereck ABCD ein Quadrat ist.
c) Die Punkte ABCD bilden die Grundfläche einer Pyramide. Die Pyramidenspitze liegt auf einer Geraden, die senkrecht zur Grundfläche ist und durch den Schwerpunkt geht. Bestimmen Sie die Koordinaten der Pyramidenspitze so, dass das Volumen der Pyramide $\frac{125}{3}$ beträgt.
d) Welchen Winkel bilden die Seitenflächen der Pyramide mit der Grundfläche? Welchen Winkel schließen zwei benachbarte Seitenflächen ein?
e) Fertigen Sie eine Zeichnung der Pyramide in einem räumlichen Koordinatensystem an.

11 Gegeben sind die Punkte $P(10|15|0)$ und $Q(5|5|10)$.
a) Geben Sie eine Parametergleichung der Geraden g durch die Punkte P und Q an.
b) Geben Sie eine Koordinatengleichung der in Fig. 1 dargestellten Ebene E an.
c) Bestimmen Sie die Koordinaten der Spurpunkte der Geraden g und die Größe der Winkel, unter denen g die Koordinatenebenen schneidet.
d) Welche Winkel bildet die Ebene E mit den Koordinatenebenen?
e) Berechnen Sie den Radius der Kugel K mit dem Mittelpunkt $M(3|1|8)$, welche die Ebene E in einem Kreis mit dem Radius 5 schneidet.

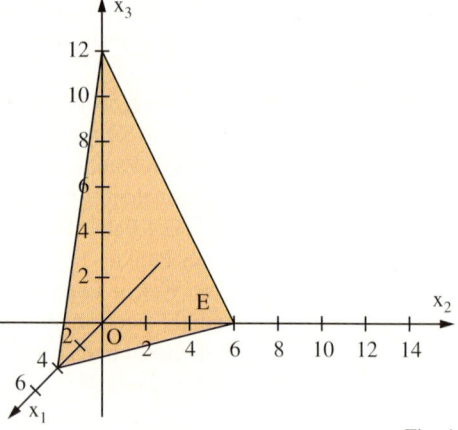

Fig. 1

12 Gegeben sind die Ebenen $E_1: 2x_1 + x_2 - x_3 = 4$, $E_2: x_1 + 3x_2 + x_3 = 3$ und der Punkt $M(9|-10|6)$.
a) Die Kugel K_1 hat den Mittelpunkt M und berührt die Ebene E_1, die Kugel K_2 hat den Mittelpunkt M und berührt die Ebene E_2. Bestimmen Sie den Radius der Kugeln K_1 und K_2.
b) Zeigen Sie, dass sich die Schnittgerade s der Ebenen E_1 und E_2 durch die Gleichung

$$\vec{x} = \begin{pmatrix} 1 \\ 1 \\ -1 \end{pmatrix} + t \begin{pmatrix} 4 \\ -3 \\ 5 \end{pmatrix}$$ darstellen lässt.

c) Die Gerade s ist Tangente an eine Kugel mit dem Mittelpunkt M. Bestimmen Sie den Radius dieser Kugel.
d) Betrachten Sie den Tangentialkegel mit der Spitze $S(5|-5|5)$ an die Kugel mit dem Mittelpunkt M und dem Radius $r = 4$. Bestimmen Sie den Mittelpunkt und den Radius des Berührkreises.

13 Gegeben sind die Punkte $A(4|4|0)$, $B(-4|2|-2)$, $C(0|0|2)$ und die Ebene
$E_1: 4x_1 + x_2 + x_3 = 2$.
a) Zeigen Sie, dass die Gerade durch die Punkte A und B orthogonal zur Ebene E_1 ist und der Durchstoßpunkt der Mittelpunkt der Strecke AB ist.
Die Ebene E_2 enthält die Punkte A, B und C. Bestimmen Sie eine Koordinatengleichung von E_2 und berechnen Sie die Größe des Schnittwinkels der Ebenen E_1 und E_2.
b) Das Dreieck ABC ist die Grundfläche einer Pyramide. Die Pyramidenspitze liegt auf einer Geraden, die senkrecht zur Grundfläche ist und durch den Schwerpunkt geht. Bestimmen Sie die Koordinaten der Pyramidenspitzen S_1 und S_2 so, dass das Volumen der Pyramide 12 beträgt.
c) Zeichnen Sie ein Schrägbild der Pyramide und zeigen Sie, dass die Gerade durch die Punkte S_1 und S_2 in der Ebene E_1 liegt.
d) Eine Kugel hat die Gleichung $K: x_1^2 + x_2^2 + x_3^2 - 2x_1 - 2x_2 + 6x_3 = 16$. Zeigen Sie, dass die Punkte A, B, C und S_1 auf der Kugel liegen, und bestimmen Sie den Mittelpunkt M und den Radius r der Kugel K.
Zeigen Sie, dass der Mittelpunkt M der Kugel K auf der Geraden durch die Punkte S_1 und S_2 liegt. Welche Gleichung hat die Kugel, auf der die Punkte A, B, C und S_2 liegen?

14 Gegeben sind die Punkte $A(2|6|4)$, $B(-3|6|4)$, $C(-3|3|0)$ und die Gerade

$$g: \vec{x} = \begin{pmatrix} -3 \\ 7 \\ -3 \end{pmatrix} + t \begin{pmatrix} 5 \\ -1 \\ 7 \end{pmatrix}.$$

a) Die Punkte A, B und C liegen in einer Ebene E_1. Bestimmen Sie eine Koordinatendarstellung der Ebene E_1. Zeigen Sie, dass das Dreieck ABC gleichschenklig-rechtwinklig ist, und bestimmen Sie einen Punkt D so, dass das Viereck ABCD ein Quadrat ist.
b) Zeigen Sie, dass der Punkt A auf der Geraden g liegt, und bestimmen Sie den Winkel, unter dem g die Ebene E_1 schneidet.
Die Orthogonale durch den Diagonalenschnittpunkt M des Quadrats und die Gerade g schneiden sich im Punkt S. Berechnen Sie die Koordinaten von S. Die Punkte A, B, C, D und S sind die Eckpunkte einer Pyramide. Bestimmen Sie das Volumen der Pyramide.
c) Zeigen Sie, dass die Schwerpunkte der vier Seitenflächen der Pyramide ABCDS die Ecken eines Quadrates bilden und in einer Ebene E_2 liegen, die parallel zur Ebene E_1 ist. Berechnen Sie den Abstand der beiden Ebenen.

15 Die Punkte A, B, C, D, E und F bilden die Eckpunkte eines Satteldaches.
a) Bestimmen Sie eine Koordinatengleichung der Ebene E_1, in der die Dachfläche BCEF liegt. Berechnen Sie den Neigungswinkel dieser Dachfläche gegenüber der Grundfläche ABCD.
b) Der Punkt $P(3|6|0)$ ist der Fußpunkt eines Antennenmastes. Bestimmen Sie die Koordinaten des Punktes Q, in dem die Dachfläche BCFE durchstoßen wird.
Welche Höhe muss der Mast insgesamt haben,

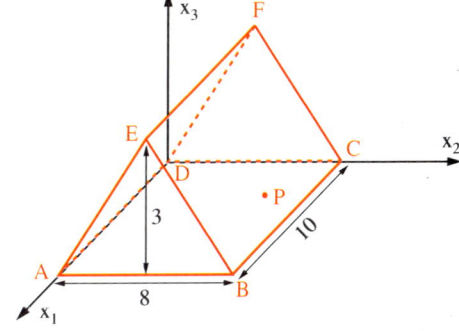

Fig. 1

damit die Spitze des Mastes mindestens 2 m von der Dachfläche BCEF entfernt ist?
c) In dem Dachraum soll ein kugelförmiger Wasserspeicher aufgestellt werden. Welchen Radius darf dieser Speicher maximal haben?
Der Wasserbehälter soll genau in der Mitte der Grundfläche des Daches aufgestellt werden.
Zeigen Sie, dass der Antennenmast die Aufstellung des Speichers nicht stört.

1 Axiale Streckungen

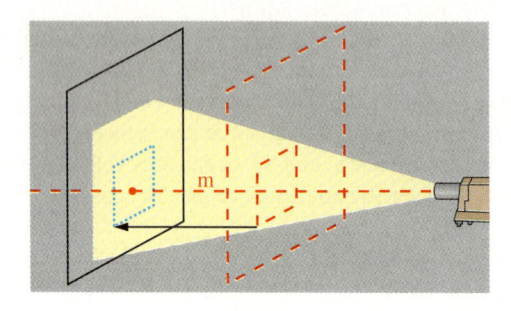
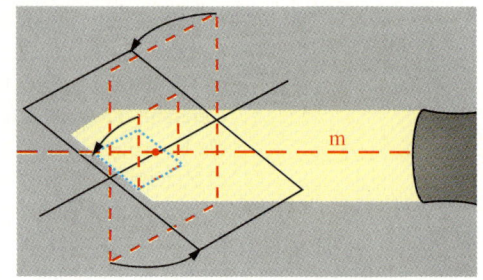

1   Ist die optische Achse m des Diaprojektors orthogonal zur Projektionswand, so wird bei einem quadratischen Dia eine quadratische Fläche auf der Projektionswand beleuchtet. Wie ändert sich die beleuchtete Fläche, wenn man die Projektionswand längs m verschiebt?

2   Das Licht eines Spotscheinwerfers mit quadratischer Blende trifft ein Blatt Papier. Es entsteht ein quadratischer Lichtfleck, wenn die Achse m des Lichtbalkens orthogonal zum Blatt ist. Wie wird das Quadrat „gestreckt", wenn man das Blatt um eine Gerade a dreht, die zur Achse m senkrecht ist?

Bei einer zentrischen Streckung wird von einem Punkt (dem Zentrum) aus gestreckt. Entsprechend kann man auch von einer Geraden aus strecken:

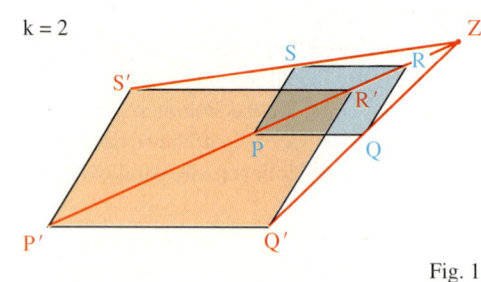
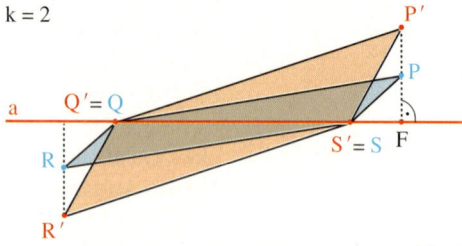

Fig. 1   Fig. 2

Bei einer zentrischen Streckung mit positivem Streckfaktor k wird so gestreckt, dass
– das Zentrum Z fest bleibt,
– der Bildpunkt P′ eines Punktes P ≠ Z auf einem Strahl durch P mit Anfangspunkt Z liegt,
– der Bildpunkt P′ k-mal so weit von Z entfernt ist wie der Punkt P (Fig. 1).

Von einer Geraden a aus wird mit positivem Streckfaktor k so gestreckt, dass
– a punktweise fest bleibt,
– der Bildpunkt P′ eines Punktes P ∉ a auf dem Lot von P auf a auf derselben Seite wie P liegt,
– der Bildpunkt P′ k-mal so weit von a entfernt ist wie P (Fig. 2).

Für mich ist eine axiale Streckung...

Definition: Eine Abbildung der Ebene heißt eine **axiale Streckung** an der Achse a mit dem Streckfaktor k, wenn sie jedem Punkt P der Ebene den Bildpunkt P′ so zuordnet, dass gilt:
1) Liegt P auf a, so ist P = P′.
2) Liegt P nicht auf a, so liegt P′ auf dem Lot von P auf a auf derselben Seite wie P.
   Es gilt $\overline{FP'} = k \cdot \overline{FP}$. Dabei ist F der Fußpunkt des Lotes von P auf a.

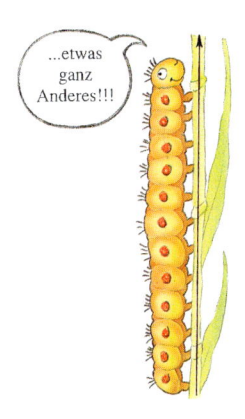

...etwas ganz Anderes!!!

Die Koordinaten von Bildpunkten lassen sich leicht berechnen, wenn an einer Koordinatenachse gestreckt wird. Deshalb wählen wir das Koordinatensystem stets so, dass die x_1-Achse die Streckachse ist.

Fig. 1 zeigt für $k = \frac{1}{3}$, dass bei der Bestimmung des Bildpunktes nur die x_2-Koordinate mit k multipliziert werden muss. Auf diese Weise wurden die Ecken des Rechtecks ABCD abgebildet.

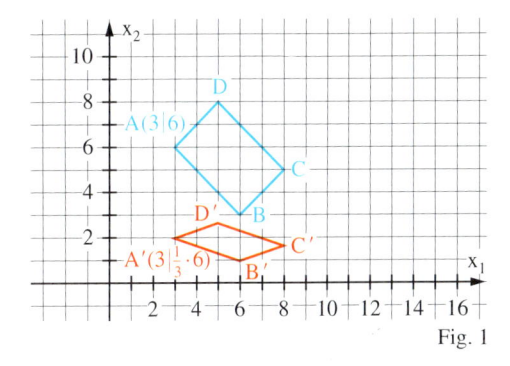

Fig. 1

Satz: Im Koordinatensystem wird die axiale Streckung an der x_1-Achse mit dem Streckfaktor k beschrieben durch:
$X(x_1 | x_2) \mapsto X'(x_1' | x_2')$ mit $x_1' = x_1$ und $x_2' = k \cdot x_2$.

In Fig. 1 ist das Bild des Rechtecks ABCD ein Parallelogramm. Dies liegt an der zweiten der folgenden Eigenschaften:

Satz: Bei einer axialen Streckung an der Achse a mit dem Streckfaktor k $(k > 0)$ gilt:
1) Das Bild einer Geraden ist wieder eine Gerade.
2) Zueinander parallele Geraden haben auch zueinander parallele Bildgeraden.
3) Ist eine Gerade nicht zu a parallel, so liegt ihr Schnittpunkt mit der Bildgeraden auf a.
4) Zur Achse parallele Strecken werden auf Strecken gleicher Länge abgebildet.
   Ist eine Strecke orthogonal zur Achse, so hat ihre Bildstrecke die k-fache Länge.
5) Hat eine Figur den Flächeninhalt A, so hat die Bildfigur den Flächeninhalt $k \cdot A$.

*Die erste Eigenschaft heißt **Geradentreue**, die zweite heißt **Parallelentreue** der axialen Streckung.*

Beweis (das Koordinatensystem wird so gelegt, dass a die x_1-Achse ist):
Eigenschaften 1) und 2):
Fall 1: Parallelen zur x_2-Achse werden auf sich abgebildet.
Fall 2: Alle nicht zur x_2-Achse parallelen Geraden besitzen eine Gleichung der Form
g: $x_2 = m x_1 + n$.
Liegt ein Punkt $X(x_1 | x_2)$ auf der Geraden g: $x_2 = m x_1 + n$, so gilt für seinen Bildpunkt
$X'(x_1' | x_2')$ stets $x_1' = x_1$ und $x_2' = k x_2 = k m x_1 + k m n$, also $x_2' = k m x_1' + k n$.
Damit ist das Bild g' von g eine Gerade, da seine Punkte die Gleichung $x_2 = k m x_1 + k n$ erfüllen.
Haben Geraden die gleiche Steigung m, so haben ihre Bildgeraden die gleiche Steigung $k \cdot m$.
Also besitzen zueinander parallele Geraden zueinander parallele Bildgeraden.

Man gibt die Gleichung von g' ohne Striche an den Koordinaten an, da es jetzt nicht mehr um den Ausgangspunkt X auf g geht!

Eigenschaft 3):
Wenn eine Gerade g nicht zur Achse a parallel ist, so schneidet sie a in einem Punkt S. Wegen $S' = S$ ist S auch ein Punkt der Bildgeraden g'. Da g sonst keinen Punkt mit g' gemeinsam hat, ist S der Schnittpunkt von g und g'.

Die Eigenschaft 4) wird in Aufgabe 6 begründet.

Eigenschaft 5):
Fall 1: Ist bei einem Trapez die Mittellinie senkrecht zur Achse a, so folgt die Behauptung aus der Flächeninhaltsformel (Fig. 2).

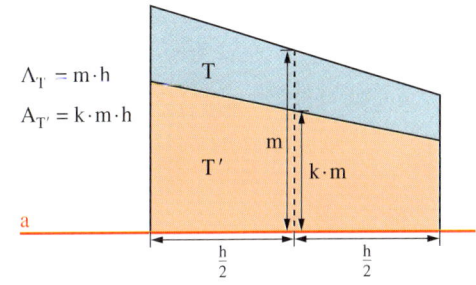

$A_T = m \cdot h$
$A_{T'} = k \cdot m \cdot h$

Fig. 2

169

Fall 2: Bei jedem Vieleck lässt sich der Flächeninhalt durch Addition und Subtraktion von solchen Trapezflächeninhalten darstellen (Fig. 1). Da nach Fall 1 alle Trapezflächeninhalte mit k zu multiplizieren sind, gilt die Behauptung für alle Vielecke.

Fall 3: Krummlinig begrenzte Flächen kann man beliebig genau durch Trapeze annähern (Fig. 2).

Verfeinert man immer mehr, so erhält man schließlich den Flächeninhalt mit Hilfsmitteln der Integralrechnung.

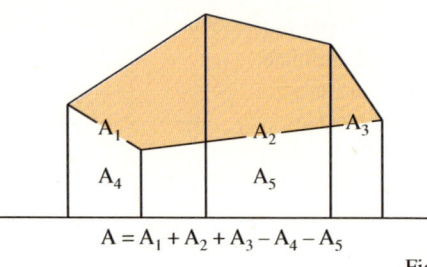

$$A = A_1 + A_2 + A_3 - A_4 - A_5$$

Fig. 1

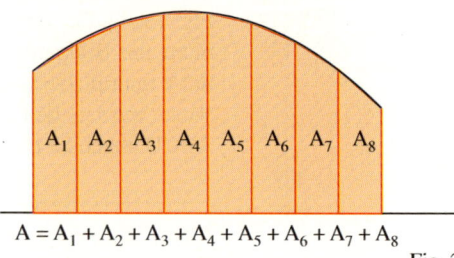

$$A = A_1 + A_2 + A_3 + A_4 + A_5 + A_6 + A_7 + A_8$$

Fig. 2

Beispiel 1: (Rechnerische Bestimmung von Bildpunkten)

Das Dreieck ABC mit $A(4|6)$, $B(0|1)$ und $C(2|8)$ wird durch eine axiale Streckung an der x_1-Achse mit dem Streckfaktor $k = \frac{3}{2}$ abgebildet. Geben Sie die Ecken des Bilddreiecks an.

Lösung:

Für die Koordinaten von A′ gilt $a_1' = a_1$ und $a_2' = \frac{3}{2}a_2$. Also: $A'(4|9)$. Entsprechend folgt $B'\left(0|\frac{3}{2}\right)$ und $C'(2|12)$.

Eine weitere Möglichkeit:

Gegeben:
$g: ax_2 + bx_1 = c$

Abbildungsgleichung:
$x_1' = x_1, \ x_2' = k \cdot x_2,$
also: $x_1 = x_1', \ x_2 = \frac{x_2'}{k}.$

Einsetzen für x_1 und x_2:
$g': a\frac{x_2'}{k} + bx_1' = c$

Umschreiben, Striche bei Koordinaten weglassen:
$g': \frac{a}{k}x_2 + bx_1 = c$

Beispiel 2: (Rechnerische Bestimmung der Bildgeraden)

Die Gerade $g: x_2 = 4x_1 + 6$ wird durch eine axiale Streckung an der x_1-Achse mit dem Streckfaktor $k = \frac{3}{4}$ abgebildet. Geben Sie eine Gleichung der Bildgeraden g′ an.

Lösung:

Multiplikation von x_2 mit $\frac{3}{4}$ liefert $x_2' = \frac{3}{4} \cdot 4x_1 + \frac{3}{4} \cdot 6$ und damit $x_2' = 3x_1' + \frac{9}{2}$ wegen $x_1' = x_1$.

Also: $g': x_2 = 3x_1 + \frac{9}{2}$.

Beispiel 3: (Konstruktion von Bildpunkten)

Gegeben sind eine Gerade a, ein Punkt Q und ein Punkt P mit seinem Bildpunkt P′ bei einer axialen Streckung an der Achse a. Konstruieren Sie den Bildpunkt Q′.

a)

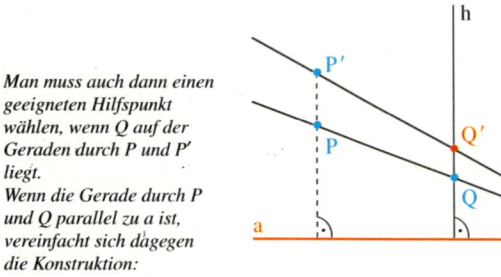

Fig. 3

b)

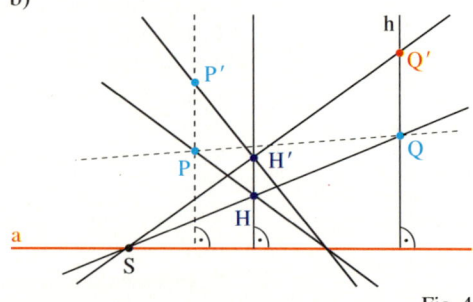

Fig. 4

Man muss auch dann einen geeigneten Hilfspunkt wählen, wenn Q auf der Geraden durch P und P′ liegt.

Wenn die Gerade durch P und Q parallel zu a ist, vereinfacht sich dagegen die Konstruktion:

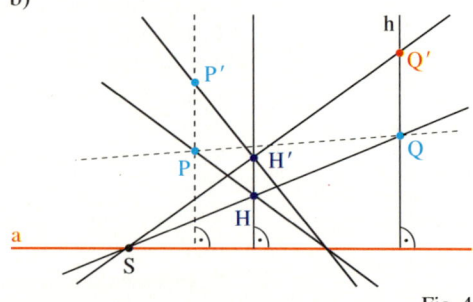

Fig. 5

Konstruktionsbeschreibung zu a):

Hier werden die Eigenschaften aus dem zweiten Satz angewendet.

1. Man bestimmt den Schnittpunkt S der Geraden durch P und Q mit a.
2. Man fällt das Lot h von Q auf a.
3. Die Gerade durch P′ und S schneidet h in Q′.

Konstruktionsbeschreibung zu b):

Hier schneidet die Gerade durch P und Q die Achse außerhalb des Zeichenblatts.

1. Man wählt einen Hilfspunkt H und konstruiert seinen Bildpunkt H′ wie in a).
2. Man bestimmt den Bildpunkt Q′ von Q mithilfe von H und H′.

Aufgaben

3 Das Dreieck ABC mit $A(1|1)$, $B(4|4)$ und $C(2|4)$ wird durch eine axiale Streckung an der x_1-Achse mit dem Streckfaktor k abgebildet. Berechnen Sie die Koordinaten der Ecken des Bilddreiecks.

a) $k = 2$ b) $k = 3$ c) $k = \frac{1}{2}$ d) $k = \frac{1}{3}$ e) $k = \frac{2}{3}$ f) $k = \frac{3}{2}$

4 Die Gerade g wird durch eine Streckung an der x_1-Achse mit dem Faktor k gestreckt. Geben Sie eine Gleichung der Bildgeraden g' an.

a) g: $x_2 = 2x_1 - 3$, $k = 3$ b) g: $x_2 = -6x_1 + 4$, $k = \frac{3}{2}$ c) g: $x_2 = \frac{3}{4}x_1 - \frac{1}{8}$, $k = \frac{4}{5}$

5 Bei einer axialen Streckung an der x_1-Achse wird der Punkt $P(5|7)$ auf $P'(5|3)$ abgebildet. Konstruieren Sie den Bildpunkt Q' des Punktes Q und geben Sie seine Koordinaten an.

a) $Q(8|12)$ b) $Q(8|2)$ c) $Q(8|0)$ d) $Q(8|-2)$ e) $Q(8|6)$ f) $Q(8|7)$

6 Begründen Sie Eigenschaft 4) des zweiten Satzes mithilfe des ersten Satzes.

Tipp zu Aufgabe 6:
Die Streckenlängen sind hier Koordinatendifferenzen!

7 Zeichnen Sie ein regelmäßiges Sechseck mit der Seitenlänge 3 cm und zwei eingezeichneten Achsen a und b wie in Fig. 1. Zeichnen Sie sowohl das Bild des Sechsecks bei einer Streckung an der Achse a als auch einer Streckung an der Achse b mit

a) $k = 2$,   b) $k = \frac{3}{2}$,   c) $k = \frac{2}{3}$.

8 Ein Rechteck ABCD mit $\overline{AB} = 4$ cm und $\overline{CD} = 6$ cm wird an der Geraden durch A und C mit $k = \frac{3}{2}$ gestreckt.

a) Zeichnen Sie ein solches Rechteck und konstruieren Sie das Bildviereck $A'B'C'D'$.

b) Wie groß ist der Flächeninhalt des Bildparallelogramms $A'B'C'D'$?

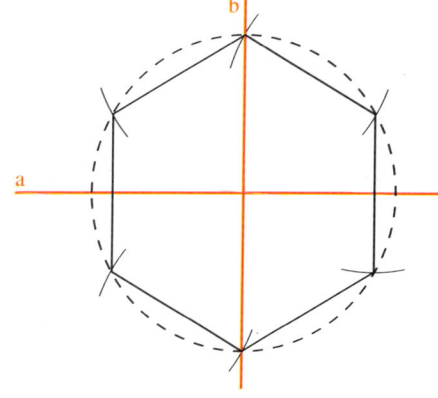

Fig. 1

9 Die Gerade $g: 4x_1 - 3x_2 = 2$ wird an der x_1-Achse mit dem Faktor k gestreckt. Bestimmen Sie eine Gleichung der Bildgeraden g'.

a) $k = \frac{3}{4}$ b) $k = \frac{5}{2}$ c) $k = \frac{5}{6}$

10 Zeichnen Sie einen Kreis mit Radius 4 cm. Zeichnen Sie eine Gerade a durch den Kreismittelpunkt und bilden Sie mindestens 20 Kreispunkte durch eine axiale Streckung an a mit dem Faktor $k = \frac{1}{2}$ ab.

11 Wie muss man den Streckfaktor k wählen, damit die Parabel mit der Gleichung $x_2 = 3x_1^2$ bei einer axialen Streckung an der
a) x_1-Achse,   b) x_2-Achse
in die Parabel mit der Gleichung $x_2 = 5x_1^2$ übergeht (Fig. 2)?

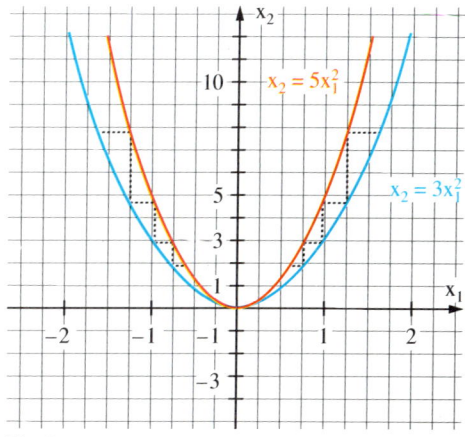

Fig. 2

171

2 Die Ellipse als Bild eines Kreises

1 Eine kreisförmige Scheibe ist in Ost-West-Richtung ausgerichtet und senkrecht zum Boden aufgestellt. In der Mittagssonne hat ihr Schatten in Richtung AB denselben Durchmesser wie die Scheibe.

a) Welche Form hat der Schatten, wenn die Sonnenstrahlen den Boden unter einem Winkel von 45° treffen?

b) Im Sommer beträgt der Winkel zwischen Sonnenstrahlen und Boden mehr als 50°. Was ändert sich dadurch an der Form des Schattens?

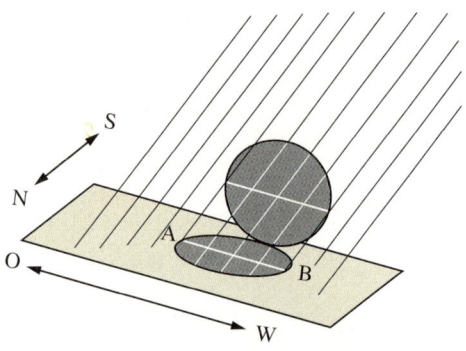

Fig. 1

Das Bild eines Kreises wie in Fig. 1 kann man zeichnerisch durch eine axiale Streckung erzeugen.

Definition: Das Bild eines Kreises bei einer axialen Streckung nennt man eine **Ellipse**.

Bezeichnungen

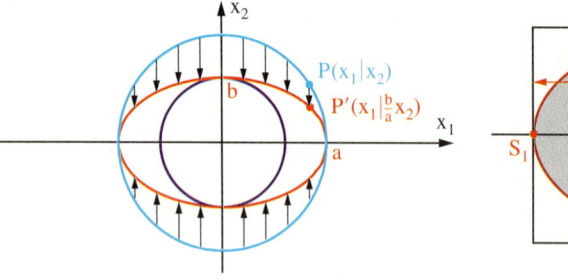

Fig. 2   Fig. 3

Jede Ellipse besitzt einen umbeschriebenen und einen einbeschriebenen Kreis. Man nennt den Umkreis den **Hauptkreis** und den Inkreis den **Nebenkreis**. Im Folgenden werden nur Ellipsen in **Normallage** betrachtet, d.h. sie liegen symmetrisch zur x_1-Achse und x_2-Achse und haben ihren größten Durchmesser auf der x_1-Achse. Die halbe Ausdehnung der Ellipse in x_1-Richtung wird mit a, die halbe Ausdehnung in x_2-Richtung wird mit b bezeichnet.

Eine Ellipse in Normallage ist das Bild ihres Hauptkreises unter der axialen Streckung an der x_1-Achse mit dem Faktor $k = \frac{b}{a}$ (Fig. 2).

Bei einer Ellipse wie in Fig. 3 nennt man M den **Mittelpunkt**, S_1 und S_2 die **Hauptscheitel**, S_3 und S_4 die **Nebenscheitel**, MS_1 und MS_2 die **großen Halbachsen**, MS_3 und MS_4 die **kleinen Halbachsen**.

Flächeninhalt

Der Flächeninhalt des Hauptkreises mit Radius a beträgt πa^2. Multipliziert man dies mit dem Streckfaktor $\frac{b}{a}$ der axialen Streckung an der Achse durch die Hauptscheitel (Fig. 3), so erhält man den Flächeninhalt der Ellipse mit den Halbachsenlängen a und b:

Satz: Der Flächeninhalt einer Ellipse mit den Halbachsenlängen a und b ist $\mathbf{A = \pi \cdot a \cdot b}$.

Man kann sich die Konstruktion unter dem Namen „Fähnchenkonstruktion" merken:

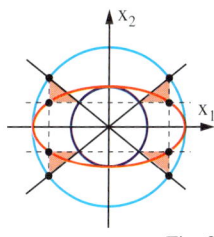

Fig. 2

Konstruktion

Man kann eine Ellipse in Normallage mithilfe des Hauptkreises und des Nebenkreises konstruieren:

1. Man zeichnet von O aus einen Strahl.
2. Der Strahl schneidet den Hauptkreis k in K und den Nebenkreis k* in K*.
3. Die Parallele zur x_2-Achse durch K und die Parallele zur x_1-Achse durch K* schneiden sich in einem Ellipsenpunkt P, weil nach dem zweiten Strahlensatz $k_2^* : k_2 = b : a$ gilt.

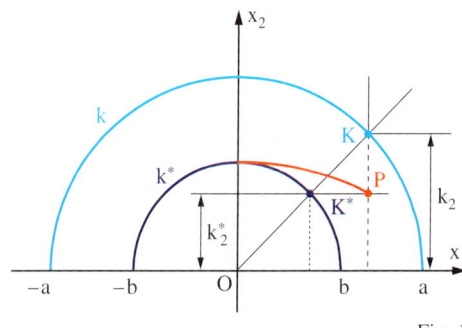

Fig. 1

Gleichung

Mithilfe einer axialen Streckung lässt sich eine Gleichung für die Ellipse herleiten:

Jede Gleichung der Form $u x_1^2 + v x_2^2 = w$ mit positivem u, v und w beschreibt eine Ellipse, da sie sich in der Form $\frac{x_1^2}{\frac{w}{u}} + \frac{x_2^2}{\frac{w}{v}} = 1$ schreiben lässt.

Satz: (Koordinatengleichung der Ellipse)

Eine Ellipse mit den Halbachsenlängen a und b in Normallage wird beschrieben durch die Gleichung $\mathbf{\frac{x_1^2}{a^2} + \frac{x_2^2}{b^2} = 1}$.

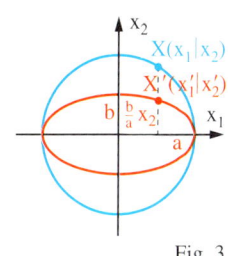

Fig. 3

Beweis:

1. Die axiale Streckung an der x_1-Achse mit Streckfaktor $\frac{b}{a}$ bildet den Hauptkreis auf die Ellipse ab.
2. Für jeden Punkt $X(x_1|x_2)$ des Hauptkreises gilt $x_1^2 + x_2^2 = a^2$ (Fig. 3).
3. Der Bildpunkt $X'(x_1'|x_2')$ liegt auf der Ellipse. Für seine Koordinaten gilt $x_1' = x_1$ und $x_2' = \frac{b}{a} x_2$. Also: $x_1 = x_1'$ und $x_2 = \frac{a}{b} x_2'$.
4. Einsetzen der Terme für x_1 und x_2 in die Kreisgleichung liefert die Gleichung $(x_1')^2 + \left(\frac{a}{b} x_2'\right)^2 = a^2$. Dividiert man auf beiden Seiten durch a^2, so ergibt sich die Ellipsengleichung.

Beispiel 1: (Konstruktion von Ellipsenpunkten)

Skizzieren Sie eine Ellipse mit den Halbachsenlängen $a = 4\,cm$ und $b = 3\,cm$ in Normallage. Konstruieren Sie dazu mehrere Ellipsenpunkte.

Lösung (Fig. 4):

1. Man zeichnet den Hauptkreis k mit 4 cm Radius und den Nebenkreis k* mit 3 cm Radius.
2. Man wählt jeweils einen Punkt K auf k und zeichnet durch K einen Strahl s mit Anfangspunkt O. s schneidet k* in einem Punkt K*.
3. Die Parallele zur x_2-Achse durch K und die Parallele zur x_1-Achse durch K* schneiden sich in einem Ellipsenpunkt P.

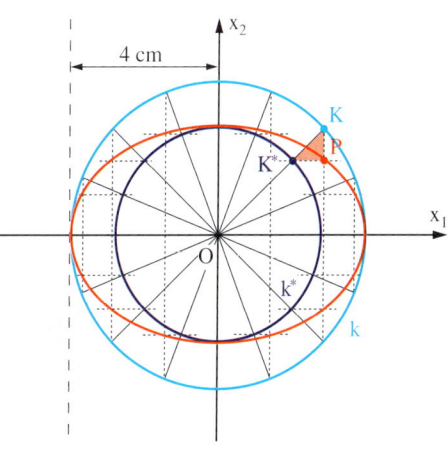

Fig. 4

173

Eine Platte mit Nahrhaftem (alles Ellipsen?)

Beispiel 2: (Gleichung und Flächeninhalt)
Bestimmen Sie die Halbachsenlängen und den Flächeninhalt einer Ellipse mit der Gleichung $4x_1^2 + 9x_2^2 = 36$.

Lösung:

Ausgangsgleichung: $\qquad\qquad 4x_1^2 + 9x_2^2 = 36$.

Division durch 36: $\qquad\qquad \frac{x_1^2}{9} + \frac{x_2^2}{4} = 1$.

Halbachsenlängen: $\qquad\qquad a = 3, \ b = 2$.

Flächeninhalt: $\qquad\qquad A = \pi \cdot 3 \cdot 2 = 6\pi \approx 18{,}85$.

Beispiel 3: (Berechnung der zweiten Halbachse)
Von einer Ellipse kennt man die Länge $a = 4$ der großen Halbachse und den Punkt $P(2|1)$. Berechnen Sie die Länge der anderen Halbachse.

Lösung:

Ellipsengleichung: $\qquad\qquad \frac{x_1^2}{a^2} + \frac{x_2^2}{b^2} = 1$.

Koordinaten von P einsetzen: $\qquad \frac{4}{16} + \frac{1}{b^2} = 1$.

Auflösen nach b^2: $\qquad\qquad b^2 = \frac{4}{3}$; also: $b = \frac{2}{\sqrt{3}} = \frac{2}{3}\sqrt{3}$.

Aufgaben

2 Skizzieren Sie eine Ellipse, bei der die große Halbachse die Länge a hat und die kleine Halbachse die Länge b hat. Konstruieren Sie dazu mehrere Punkte.

a) $a = 5\,cm, \ b = 3\,cm$ $\qquad$ b) $a = 6\,cm, \ b = 4\,cm$ $\qquad$ c) $a = 4\,cm, \ b = 2\,cm$

3 Bestimmen Sie die Halbachsenlängen und den Flächeninhalt einer Ellipse mit der Gleichung

a) $25x_1^2 + 36x_2^2 = 900$, $\quad$ b) $9x_1^2 + 16x_2^2 = 144$, $\quad$ c) $9x_1^2 + 16x_2^2 = 1$, $\qquad$ d) $3x_1^2 + 7x_2^2 = 42$.

4 Von einer Ellipse kennt man die Länge einer Halbachse und einen Punkt P. Berechnen Sie die Länge der anderen Halbachse.

a) $a = 5, \ P\left(-3 \middle| \frac{6}{5}\right)$ $\qquad$ b) $a = 5, P(1|4)$ $\qquad$ c) $b = 3, P(4|1)$ $\qquad$ d) $b = 2, P(-8|1)$

5 Mit welchem Faktor muss man einen Kreis um $O(0|0)$ mit Radius 7 an der x_1-Achse strecken, damit eine Ellipse mit dem Flächeninhalt 50 (Flächeneinheiten) entsteht?

6 Von einer Ellipse kennt man die Länge a der großen Halbachse und einen Punkt P. Bestimmen Sie zeichnerisch wie in Fig. 1 die Länge b der kleinen Halbachse.

a) $a = 5, P(3|2)$ $\qquad$ b) $a = 6, P(3|3)$

7 Bestimmen Sie die Zahlen a und b in der Gleichung $\frac{x_1^2}{a^2} + \frac{x_2^2}{b^2} = 1$ so, dass

a) die beschriebene Ellipse durch die Punkte $P(3|2)$ und $Q(-4|1{,}5)$ geht,

b) a das Dreifache von b ist und die beschriebene Ellipse durch den Punkt $P(3|3)$ geht.

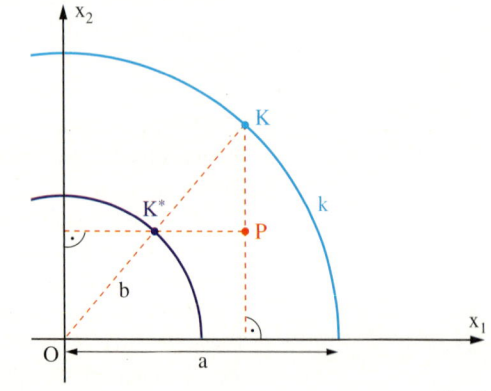

Fig. 1

174

3 Ellipsen und Geraden

1 a) Fig. 1 zeigt einen Kreis mit Geraden g, f und h, die alle durch einen Punkt P gehen. Welche dieser Geraden ist eine Sekante, eine Passante, eine Tangente?
b) Wie lautet die Gleichung der Tangente in Q an den Kreis $\left(r = \frac{22}{5}\right)$?

2 Der Kreis in Fig. 1 wird durch eine axiale Streckung auf eine Ellipse abgebildet. Was lässt sich über die Bilder der Geraden f, g und h sagen?

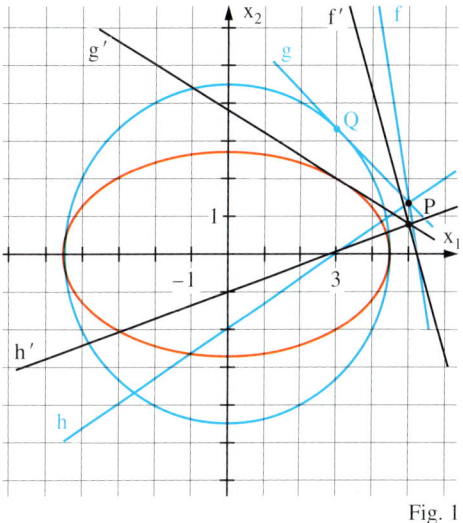

Fig. 1

Um zu entscheiden, ob eine Gerade $g: x_2 = m\,x_1 + n$ und eine Ellipse $e: \frac{x_1^2}{a^2} + \frac{x_2^2}{b^2} = 1$ gemeinsame Punkte haben, untersucht man, ob es einen Punkt $X(x_1|x_2)$ gibt, dessen Koordinaten sowohl die Geradengleichung als auch die Ellipsengleichung erfüllen.

Deshalb wird in der Gleichung von g für x_2 der Term $m\,x_1 + n$ eingesetzt.

Besitzt die Gleichung $\frac{x_1^2}{a^2} + \frac{(m\,x_1 + n)^2}{b^2} = 1$

– zwei Lösungen, so nennt man g eine **Sekante** von e,
– eine Lösung, so nennt man g eine **Tangente** von e,
– keine Lösung, so nennt man g eine **Passante** von e.

Bei der Ellipse in Fig. 2 soll die Gleichung der Tangente t im Berührpunkt $B(b_1|b_2)$ bestimmt werden. Dazu wird die Tangente t^* im entsprechenden Punkt $B^*(b_1^*|b_2^*)$ auf dem Hauptkreis betrachtet und durch eine axiale Streckung an der x_1-Achse mit Faktor $k = \frac{b}{a}$ abgebildet:
1. Eine Gleichung für t^* ist $x_1 b_1^* + x_2 b_2^* = a^2$ mit $b_1^* = b_1$ und $b_2^* = \frac{a}{b} b_2$.
2. Für die axiale Streckung $X \mapsto X'$ gilt $x_1' = x_1$, $x_2' = \frac{b}{a} x_2$. Die Kreistangente t^* geht in die Ellipsentangente t über. Um eine Gleichung für t zu erhalten, setzt man $x_1 = x_1'$, $x_2 = \frac{a}{b} x_2'$, $b_1^* = b_1$ und $b_2^* = \frac{a}{b} b_2$ in die Gleichung von t^* ein. Danach lässt man die Striche weg und erhält:

$x_1 b_1 + \left(\frac{a}{b}\right)^2 x_2 b_2 = a^2$.

3. Division durch a^2 liefert $\frac{x_1 b_1}{a^2} + \frac{x_2 b_2}{b^2} = 1$.

Falls $a < b$ gilt, kann man die Rolle der Achsen vertauschen. Man erhält am Ende dieselbe Tangentengleichung wie bei den Umformungen im Fall $a > b$.

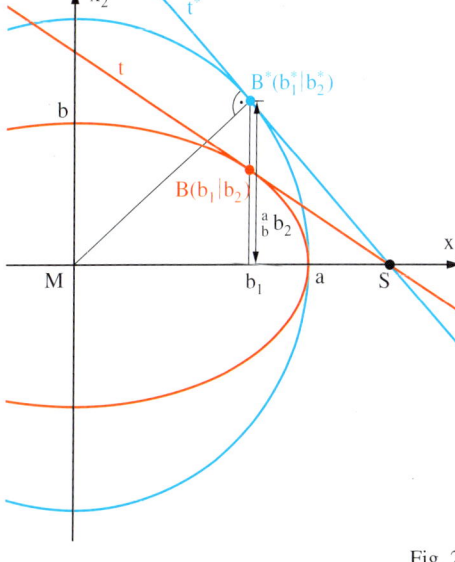

Fig. 2

So merkt man sich die Tangentengleichung: die Quadrate in der Ellipsengleichung als Produkte schreiben und jeweils ein x durch b ersetzen!

Satz: Die Tangente an eine Ellipse mit der Gleichung $\frac{x_1^2}{a^2} + \frac{x_2^2}{b^2} = 1$ im Berührpunkt $B(b_1|b_2)$ hat die Gleichung $\frac{x_1 b_1}{a^2} + \frac{x_2 b_2}{b^2} = 1$.

Beispiel 1: (Schnittpunkte von Ellipse und Gerade)

In welchen Punkten schneidet die Gerade $g: x_2 = -\frac{1}{5}x_1 + \frac{13}{5}$ die Ellipse $e: \frac{x_1^2}{25} + \frac{x_2^2}{9} = 1$?

Lösung:

Gegeben: $e: \frac{x_1^2}{25} + \frac{x_2^2}{9} = 1$ und $g: x_2 = -\frac{1}{5}x_1 + \frac{13}{5}$.

Term für x_2 aus der Gleichung von g in die Gleichung von e einsetzen: $\frac{x_1^2}{25} + \frac{\left(-\frac{1}{5}x_1 + \frac{13}{5}\right)^2}{9} = 1$.

Umformen: $\frac{x_1^2}{25} + \frac{x_1^2 - 26x_1 + 169}{225} = 1$, also $\frac{10x_1^2 - 26x_1 + 169}{225} = 1$.

Quadratische Gleichung: $x_1^2 - \frac{13}{5}x_1 - \frac{28}{5} = 0$.

Lösungen der quadratischen Gleichung: 4 und $-\frac{7}{5}$.

Schnittpunkte: $S_1\left(4 \mid \frac{9}{5}\right)$ und $S_2\left(-\frac{7}{5} \mid \frac{72}{25}\right)$.

Achtung: Die zweite Koordinate mit der Geradengleichung bestimmen!

Beispiel 2: (Berechnung und Konstruktion einer Ellipsentangente)

Gegeben ist die Ellipse mit der Gleichung $\frac{x_1^2}{25} + \frac{x_2^2}{9} = 1$.

Bestimmen Sie die Tangente t an die Ellipse im Punkt $B\left(4 \mid \frac{9}{5}\right)$

a) rechnerisch,   b) zeichnerisch.

Lösung:

a) Tangentengleichung: $\frac{x_1 b_1}{a^2} + \frac{x_2 b_2}{b^2} = 1$.

Einsetzen von b_1 und b_2: $\frac{4x_1}{25} + \frac{\frac{9}{5}x_2}{9} = 1$.

Also: $\frac{4x_1}{25} + \frac{x_2}{5} = 1$ bzw. $4x_1 + 5x_2 = 25$.

b) Man zeichnet die Tangente t* im Punkt B*
an den Hauptkreis k (Fig. 1) und überführt sie
durch eine axiale Streckung an der x_1-Achse
in t:

1. Die Parallele zur x_2-Achse im Abstand 4
schneidet den Hauptkreis k in B*.

2. Die Tangente t* in B* an k schneidet die
x_1-Achse in S.

3. t ist die Verbindungsgerade von B und S.

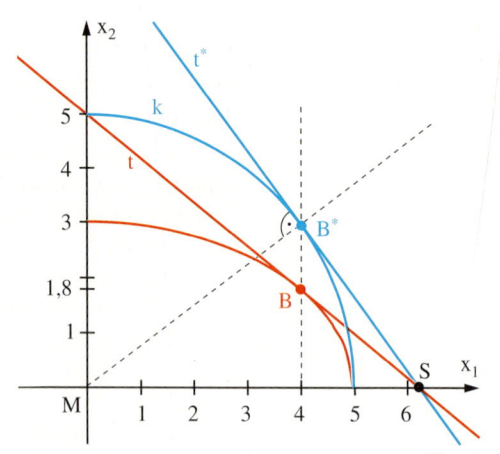

Fig. 1

Beispiel 3: (Konstruktion der Tangenten durch einen Punkt außerhalb der Ellipse)

Gegeben ist eine Ellipse in Normallage mit $a = 4$ und $b = 3$.

Konstruieren Sie die Tangenten an diese Ellipse durch den Punkt $P(6 \mid 2)$.

Lösung: (Fig. 2)

Man konstruiert die entsprechenden Tangenten an den Hauptkreis und bildet sie durch eine axiale Streckung ab:

1. Man zeichnet den Hauptkreis k der Ellipse und bestimmt den Punkt P*, der bei der axialen Streckung von k auf die Ellipse in P übergeht.

2. Man konstruiert die Tangenten von P* an den Hauptkreis k.

3. Man bildet die Kreistangenten durch die axiale Streckung an der x_1-Achse mit Streckfaktor $\frac{b}{a}$ auf die Ellipsentangenten ab.

Man kann P* immer durch eine Hilfskonstruktion aus P ermitteln:

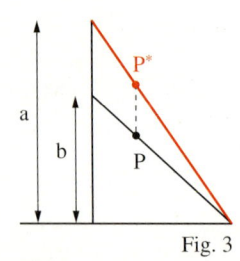

Fig. 3

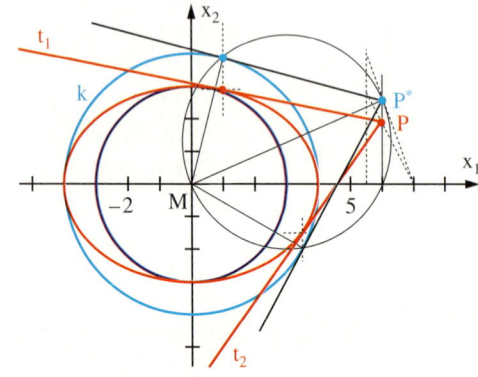

Fig. 2

Aufgaben

3 In welchen Punkten schneidet die Gerade g die Ellipse mit der Gleichung $\frac{x_1^2}{36} + \frac{x_2^2}{9} = 1$?

a) g: $x_2 = -\frac{1}{2}x_1 + \frac{3}{2}$
b) g: $x_2 = 2x_1 - 7$
c) g: $x_2 = \frac{2}{3}x_1 + \frac{2}{5}$

4 Gegeben ist die Ellipse mit der Gleichung $\frac{x_1^2}{36} + \frac{x_2^2}{9} = 1$. Bestimmen Sie die Tangente im Berührpunkt B$(3,6\,|\,2,4)$ a) rechnerisch, b) zeichnerisch.

5 Konstruieren Sie vom Punkt P aus die Tangenten an die Ellipse mit der angegebenen Gleichung.

a) $\frac{x_1^2}{25} + \frac{x_2^2}{16} = 1$; P$(6\,|\,2)$
b) $\frac{x_1^2}{36} + \frac{x_2^2}{9} = 1$; P$(-5\,|\,2)$
c) $\frac{x_1^2}{25} + \frac{x_2^2}{4} = 1$; P$(-4\,|\,-2)$

6 Um eine Ellipse mit gegebenen Halbachsen a und b zu skizzieren, kann man die Achttangentenfigur (Fig. 1) benutzen: Man zeichnet den Hauptkreis und ein umbeschriebenes Quadrat. Das Quadrat wird noch einmal um 45° gedreht gezeichnet. Beide Quadrate werden durch die axiale Streckung abgebildet, die den Hauptkreis in die Ellipse überführt. Zeichnen Sie die Achttangentenfigur einer Ellipse mit den angegebenen Werten für a und b. Skizzieren Sie die Ellipse.

a) a = 5 cm, b = 4 cm   b) a = 6 cm, b = 3 cm
c) a = 4 cm, b = 2 cm   d) a = 5 cm, b = 2 cm

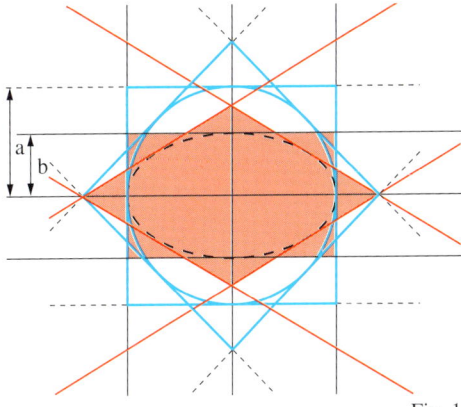

Fig. 1

7 Die Gerade t berührt die Ellipse mit der Gleichung $\frac{x_1^2}{a^2} + \frac{x_2^2}{b^2} = 1$ im Punkt B. Bestimmen Sie die Längen a und b der Halbachsen. Schreiben Sie dazu die Gleichung von t in der Form $u\,x_1 + v\,x_2 = 1$ und vergleichen Sie mit $\frac{b_1 x_1}{a^2} + \frac{b_2 x_2}{b^2} = 1$.

a) t: $x_2 = -0{,}3\,x_1 + 2{,}5$; B$(3\,|\,1{,}6)$
b) t: $x_2 = 0{,}6\,x_1 + 15$; B$(-9\,|\,9{,}6)$
c) t: $x_2 = 0{,}6\,x_1 - 5$; B$(3\,|\,-3{,}2)$
d) t: $x_2 = -\frac{8}{17}x_1 + 17$; B$\left(8\,\middle|\,13\tfrac{4}{17}\right)$

Tipp zu Aufgabe 8:

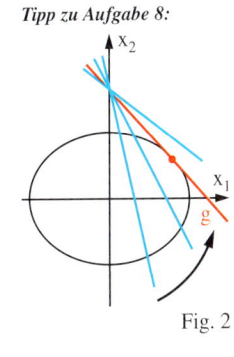

Fig. 2

8 Bestimmen Sie m so, dass die Gerade g mit der Gleichung $x_2 = m\,x_1 + 4$ eine Tangente der Ellipse mit der Gleichung $\frac{x_1^2}{9} + \frac{x_2^2}{4} = 1$ ist. Setzen Sie dazu eine Gleichung für die Schnittpunktbestimmung an und verlangen Sie, dass diese nur eine Lösung hat.

9 Gegeben sind die Ellipse $u: \frac{x_1^2}{25} + \frac{x_2^2}{9} = 1$ und der Punkt P$(-7\,|\,0{,}6)$. Bestimmen Sie die Gleichung und die Berührpunkte der Tangenten t_1 und t_2 durch den Punkt P an die Ellipse.
Anleitung:
1. Notieren Sie die Tangentengleichung für einen Berührpunkt B$(b_1\,|\,b_2)$ mit eingesetzten Werten für a und b.
2. Setzen Sie die Koordinaten von P in die Tangentengleichung ein und lösen Sie nach b_2 auf.
3. Setzen Sie die Ellipsengleichung für B an und setzen Sie den Term für b_2 aus 2. ein.
4. Formen Sie zu einer quadratischen Gleichung für b_1 um.
5. Die Lösungen der quadratischen Gleichung liefern die Berührpunkte B_1 und B_2 für die Tangenten von P an die Ellipse.

4 Eigenschaften der Ellipse

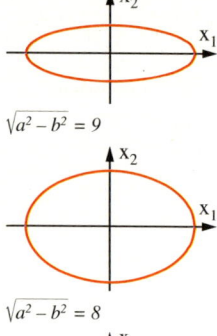

$\sqrt{a^2 - b^2} = 9$

$\sqrt{a^2 - b^2} = 8$

$\sqrt{a^2 - b^2} = 5$

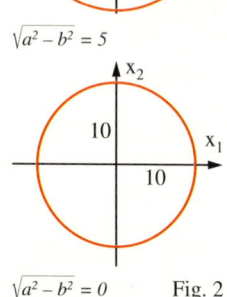

$\sqrt{a^2 - b^2} = 0$ Fig. 2

p_2^2 ergibt sich aus der Ellipsengleichung zu
$$p_2^2 = b^2 - \frac{b^2}{a^2}p_1^2$$
$$= a^2 - e^2 - \frac{a^2 - e^2}{a^2}p_1^2$$
$$= a^2 - e^2 - p_1^2 + \frac{e^2}{a^2}p_1^2$$

1 a) Drücken Sie zwei Reißnägel im Abstand von 8 cm von der Rückseite durch eine Kartonunterlage. Verknoten Sie einen Faden zu einem Ring mit 20 cm Umfang. Legen Sie den Ring um die Reißnägel, spannen ihn mit einem Zeichenstift und zeichnen Sie durch Umfahren eine geschlossene Kurve (Fig. 1).
b) Wie kann man mit dem verknoteten Faden und dem Zeichenstift einen Kreis zeichnen?

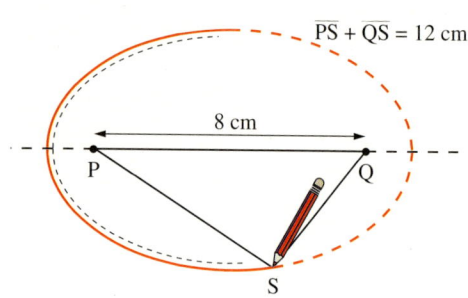

$\overline{PS} + \overline{QS} = 12$ cm

8 cm

Fig. 1

Bei einer Ellipse mit der Gleichung $\frac{x_1^2}{a^2} + \frac{x_2^2}{b^2} = 1$ ($a \geqq b$ vorausgesetzt) nennt man die Größe $e = \sqrt{a^2 - b^2}$ die **lineare Exzentrizität**.

Beim Kreis ($a = b$) ist $e = 0$. Ist e im Vergleich zu a sehr groß, so ist die Ellipse sehr „flach". Stets ist die Ungleichung $e < a$ erfüllt.

Die Punkte $F_1(-e|0)$ und $F_2(e|0)$ auf der x_1-Achse heißen die **Brennpunkte** der Ellipse (Fig. 3).

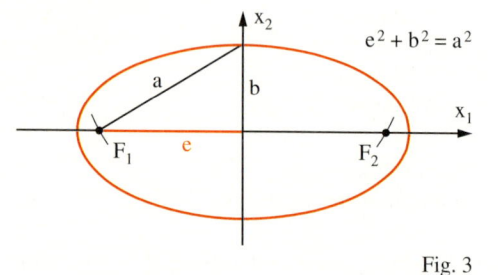

$e^2 + b^2 = a^2$

Fig. 3

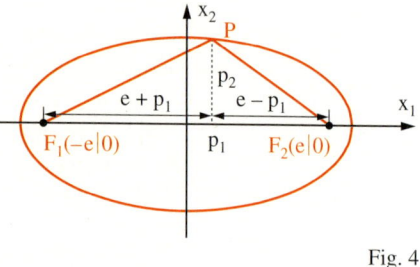

Fig. 4

Berechnet man die Entfernungen eines Ellipsenpunktes $P(p_1|p_2)$ von den beiden Brennpunkten, so ergeben sich in Fig. 4 mithilfe des Satzes von PYTHAGORAS und der Ellipsengleichung die Beziehungen $\overline{PF_1} = \sqrt{(p_1 + e)^2 + p_2^2} = a + \frac{e}{a}p_1$ und $\overline{PF_2} = \sqrt{(p_1 - e)^2 + p_2^2} = a - \frac{e}{a}p_1$.

Also gilt $\overline{PF_1} + \overline{PF_2} = 2a$ für jeden Ellipsenpunkt P. Damit gilt:

Satz: Für alle Punkte einer Ellipse mit der großen Halbachsenlänge a beträgt die Summe der Entfernungen von den Brennpunkten $2a$.

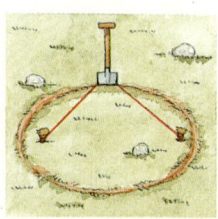

Fig. 5

Man kann umgekehrt zeigen, dass die Konstruktion in Fig. 1 eine Ellipse liefert. Man nennt sie die „Gärtnerkonstruktion", da Gärtner mit zwei Pflöcken und einer Schnur wie in Fig. 5 ellipsenförmige Beete abgrenzen. Man nennt F_1 und F_2 die Brennpunkte der Ellipse, weil jeder von einem Brennpunkt ausgehende Strahl so an der Ellipse reflektiert wird, dass er durch den anderen Brennpunkt geht (Fig. 6).

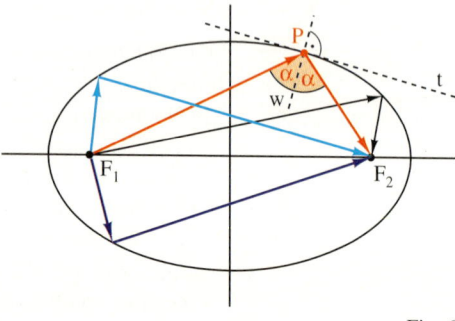

Fig. 6

Fig. 6 der vorigen Seite verdeutlicht:

Satz: Bei einer Ellipse mit den Brennpunkten F_1 und F_2 ist für jeden Ellipsenpunkt P die Winkelhalbierende w des Winkels $\sphericalangle F_1 P F_2$ orthogonal zur Ellipsentangente t in P.

Den Satz kann man beweisen, indem man die Einheitsvektoren zu den Vektoren $\overrightarrow{PF_1}$ und $\overrightarrow{PF_2}$ bestimmt und addiert. Der Summenvektor ist ein Richtungsvektor von w und erweist sich als Vielfaches des Normalenvektors von t.

Beispiel: (Konstruktion von Ellipsenpunkten)
Konstruieren Sie 16 Punkte einer Ellipse mit der großen Halbachsenlänge $a = 5\,cm$ und $\overline{F_1F_2} = 8\,cm$.
Lösung (Fig. 1):
Man zeichnet F_1 und F_2 und schneidet jeweils Kreise um F_1 und F_2, bei denen die Summe der Radien 10 cm beträgt.

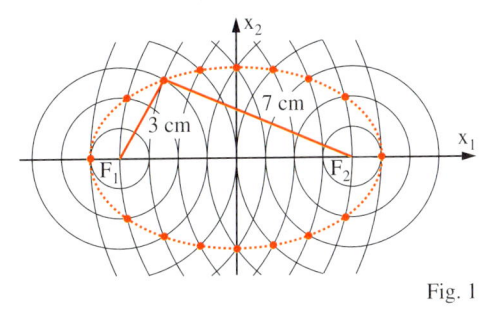

Fig. 1

Aufgaben

2   Zeichnen Sie mithilfe eines Fadens und einer Kartonunterlage wie in Aufgabe 1 eine Ellipse, bei der die große Halbachse die Länge a hat und die Brennpunkte den Abstand 2 e voneinander haben.
a) $a = 4\,cm$, $2e = 5\,cm$ b) $a = 6\,cm$, $2e = 7\,cm$ c) $a = 5\,cm$, $2e = 6\,cm$

3   Skizzieren Sie eine Ellipse, bei der die große Halbachse die Länge a hat und die Brennpunkte den Abstand 2 e voneinander haben. Konstruieren Sie dazu wie im Beispiel 16 Punkte.
a) $a = 6\,cm$, $2e = 6\,cm$ b) $a = 5\,cm$, $2e = 6\,cm$ c) $a = 6\,cm$, $2e = 4\,cm$

4   Bei einer Ellipse in Normallage sind ein Brennpunkt F und ein Ellipsenpunkt P bzw. zwei Ellipsenpunkte P und Q gegeben. Bestimmen Sie die Gleichung der Ellipse.
a) $F(-3\,|\,0)$, $P(0\,|\,6)$ b) $F(4\,|\,0)$, $P(5\,|\,0)$ c) $P(4\,|\,1)$, $Q(0\,|\,3)$ d) $P(-7\,|\,0)$, $Q(1\,|\,4)$

5   Von einer Ellipse kennt man einen Punkt P und die Brennpunkte F_1 und F_2. Konstruieren Sie die Hauptscheitel und die Nebenscheitel.
a) $P(3\,|\,2)$, $F_1(-4\,|\,0)$, $F_2(4\,|\,0)$ b) $P(5\,|\,2)$, $F_1(-3\,|\,0)$, $F_2(3\,|\,0)$ c) $P(-2\,|\,-3)$, $F_1(-5\,|\,0)$, $F_2(5\,|\,0)$

6   Konstruieren Sie im Ellipsenpunkt $P(u\,|\,v)$ mit $v > 0$ die Tangente an die Ellipse h.
Anleitung: Konstruieren Sie erst die Brennpunkte F_1 und F_2. Nutzen Sie danach den Satz über die Winkelhalbierende des Winkels $\sphericalangle F_1 P F_2$ aus.
a) $h: \frac{x_1^2}{25} + \frac{x_2^2}{9} = 1$, $P(3\,|\,v)$ b) $h: \frac{x_1^2}{36} + \frac{x_2^2}{16} = 1$, $P(-3\,|\,v)$ c) $h: \frac{x_1^2}{25} + \frac{x_2^2}{4} = 1$, $P(2\,|\,v)$

7   Gegeben ist eine Ellipse mit der Gleichung $\frac{x_1^2}{a^2} + \frac{x_2^2}{b^2} = 1$. Begründen Sie mithilfe einer Geradengleichung in Hesse'scher Normalenform, dass die Tangente im Punkt $B(-e\,|\,v)$ mit $v > 0$ vom Brennpunkt $F_2(e\,|\,0)$ den Abstand $d = \sqrt{2a^2 - b^2}$ hat.

179

5 Vermischte Aufgaben

1 Bestimmen Sie sowohl zeichnerisch als auch rechnerisch die fehlende(n) Halbachsenlänge(n) einer Ellipse in Normallage, für die gilt:
a) $a = 5$, $P(3\,|\,1)$ ist ein Ellipsenpunkt, b) $b = 2$, $P(4\,|\,1)$ ist ein Ellipsenpunkt,
c) $a = 8$, der Flächeninhalt beträgt $400\,\pi$, d) $P(-2\,|\,1{,}5)$ und $Q(1{,}5\,|\,2)$ sind Ellipsenpunkte.

2 In welchen Punkten schneidet die Gerade g die Ellipse mit der Gleichung $16\,x_1^2 + 25\,x_2^2 = 400$?
a) $g: x_2 = \frac{2}{5}x_1 + 2$ b) $g: x_2 = \frac{3}{5}x_1 + 4$ c) $g: x_2 = -0{,}4\,x_1 - 4{,}4$ d) $g: x_2 = 2{,}4$

3 Fig. 1 zeigt, wie man Ellipsenpunkte mithilfe von Sekanten durch einen Nebenscheitel konstruiert. Konstruieren Sie auf diese Weise 8 Punkte einer Ellipse mit den Halbachsenlängen $a = 4\,\text{cm}$ und $b = 2\,\text{cm}$ in der Nähe des Hauptscheitels S_2.

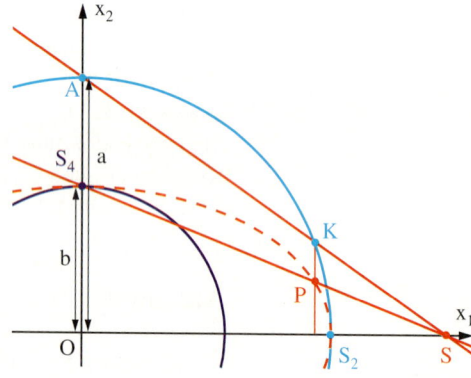
Fig. 1

4 Eine Ellipse in Normallage geht durch die Punkte $Q(-2\,|\,2)$ und $R(4\,|\,1)$.
Bestimmen Sie rechnerisch die Berührpunkte der Tangenten t_1 und t_2 vom Punkt $P(6\,|\,1)$ aus an die Ellipse.

5 Eine Ellipse in Normallage wird im Punkt $P(2\,|\,v)$ mit $v > 0$ von der Geraden $g: x_2 = -\frac{1}{3}x_1 + 4$ berührt. Bestimmen Sie die Ellipsengleichung.

6 Die Punkte $A(-3\,|\,-3{,}2)$, $B(3\,|\,-3{,}2)$ und $C(0\,|\,4)$ bestimmen ein „Sehnendreieck" und ein „Tangentendreieck" der Ellipse mit der Gleichung $16\,x_1^2 + 25\,x_2^2 = 400$ (Fig. 2).
a) Zeichnen Sie beide Dreiecke; wählen Sie $5\,\text{mm}$ als Längeneinheit.
b) Bestimmen Sie die Eckpunkte des Tangentendreiecks rechnerisch.

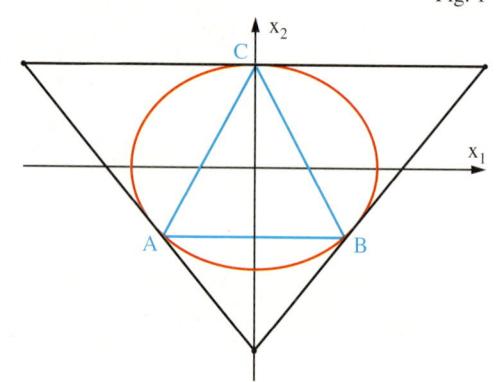
Fig. 2

7 Gegeben ist die Ellipse mit der Gleichung $4\,x_1^2 + 9\,x_2^2 = 144$. Die vier Scheitel der Ellipse sind Ecken einer Raute. Bestimmen Sie die Gleichung einer zweiten Ellipse, die dieser Raute einbeschrieben ist (Fig. 3) und
a) den halben Flächeninhalt,
b) $30\,\%$ des Flächeninhalts
der gegebenen Ellipse hat.
Anleitung: Die Gerade $t: x_2 = \frac{2}{3}x_1 + 4$ ist Tangente der gesuchten Ellipse; leiten Sie daraus die Gleichung $4\,a^2 + 9\,b^2 = 144$ für deren Halbachsenlängen a und b her.

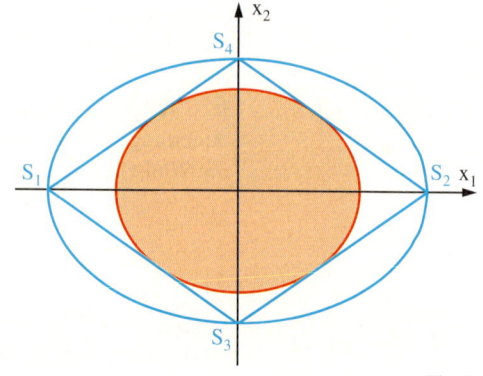
Fig. 3

8

Ellipsenzirkel

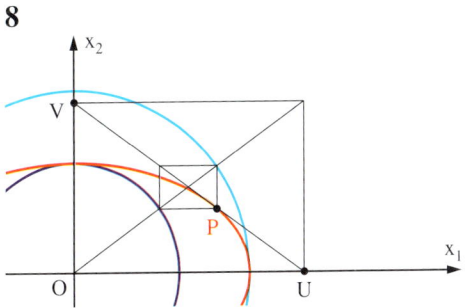

Fig. 1

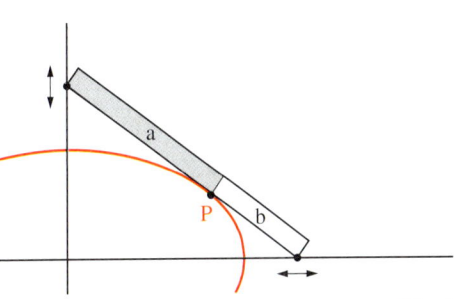

Fig. 2

Fig. 1 entnimmt man, dass für jeden Ellipsenpunkt P die Strecke PU die Länge b und die Strecke PV die Länge a hat. Darauf beruht die so genannte Papierstreifenkonstruktion der Ellipse (Fig. 2); nach diesem Prinzip funktioniert auch der Ellipsenzirkel.

a) Beschreiben Sie die Konstruktion in Fig. 2.

b) Bestimmen Sie mit dieser Methode so viele Punkte einer Ellipse mit den Halbachsenlängen $a = 5\,\text{cm}$ und $b = 3\,\text{cm}$, dass Sie die Ellipse skizzieren können.

9 Ellipsen kann man mithilfe der Krümmungskreise in den Scheitelpunkten skizzieren: Man zeichnet wie in Fig. 3 die Ecken des umbeschriebenen Rechtecks und die Ellipsenscheitel. Das Lot von einer Ecke auf die Verbindungsgerade der benachbarten Scheitel schneidet die Symmetrieachsen des Rechtecks in den Mittelpunkten der zugehörigen Krümmungskreise.

Skizzieren Sie nach dieser Methode eine Ellipse mit den Halbachsenlängen a und b.

a) $a = 4\,\text{cm}$, $b = 2\,\text{cm}$ b) $a = 4\,\text{cm}$, $b = 3\,\text{cm}$
c) $a = 5\,\text{cm}$, $b = 3\,\text{cm}$ d) $a = 6\,\text{cm}$, $b = 4\,\text{cm}$

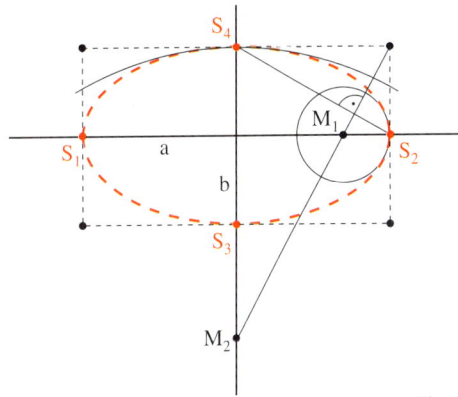

Fig. 3

Wenn man in Ellipsen flüstert oder knallt

Eine Ellipse reflektiert von einem Brennpunkt ausgehende Schallwellen so, dass sie durch den anderen Brennpunkt gehen, wenn die Wellenlänge klein gegenüber den Ellipsenabmessungen ist. In einem großen Gewölbe mit elliptischem Grundriss kann man daher an einem Brennpunkt geführte leise Gespräche am anderen Brennpunkt trotz der Entfernung deutlich hören. Ein solches Flüstergewölbe ist die Kuppel der St. Pauls Cathedral in London. In einem der Bücher von Karl May werden zwei Talkessel mit elliptischem Grundriss beschrieben, in denen man sich von „Brennpunkt zu Brennpunkt" unterhalten kann.

Eine moderne Anwendung ist der Nierensteinzertrümmerer, bei dem in einer mit Wasser gefüllten elliptischen Wanne in einem Brennpunkt Stoßwellen erzeugt werden. Der Patient wird so platziert, dass der Nierenstein sich im anderen Brennpunkt befindet.

Finden Sie heraus, in welchem Buch Karl May „Flüstertäler" beschreibt.

10 Eine Ellipse mit den Brennpunkten $F_1(-3\,|\,0)$ und $F_2(3\,|\,0)$ geht durch den Punkt $P\left(3\,\big|\,\frac{16}{5}\right)$. Bestimmen Sie die Tangente in P

a) zeichnerisch,   b) rechnerisch.

11 a) Zeichnen Sie ein rechtwinkliges Dreieck ABC mit der Hypotenusenlänge $c = 5\,\text{cm}$ und der Kathetenlänge $b = 3\,\text{cm}$ und konstruieren Sie eine Ellipse u mit den Brennpunkten A und B, die durch den Punkt C geht.

b) Berechnen Sie die Halbachsenlängen von u.

12 Die Bahn des Planeten Merkur ist eine Ellipse, bei der die beiden Brennpunkte 23,8 Mio km voneinander entfernt sind und der größte Durchmesser 116,1 Mio km beträgt. Berechnen Sie die Halbachsenlängen der Bahnellipse.

181

Ellipsen: Das Bild eines Kreises unter einer axialen Streckung heißt Ellipse.

Bezeichnungen: Der umbeschriebene Kreis einer Ellipse heißt ihr **Hauptkreis**, der einbeschriebene heißt ihr **Nebenkreis**.
Ist a der Radius des Hauptkreises und b der Durchmesser des Nebenkreises, so nennt man a die große und b die kleine **Halbachsenlänge**.
Die **Hauptscheitel** S_1 und S_2 und die **Nebenscheitel** S_3 und S_4 der Ellipse liegen jeweils symmetrisch zur Ellipsenmitte M.

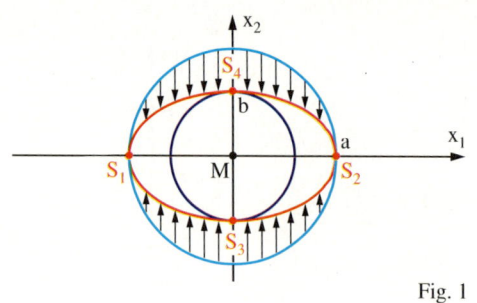

Fig. 1

Ellipsengleichung: Liegt eine Ellipse mit den Halbachsenlängen a und b symmetrisch zu den Koordinatenachsen, so wird sie durch die Gleichung

$$\frac{x_1^2}{a^2} + \frac{x_2^2}{b^2} = 1$$

beschrieben. Die Ellipse ist in **Normallage**, wenn a > b ist (Fig. 1).

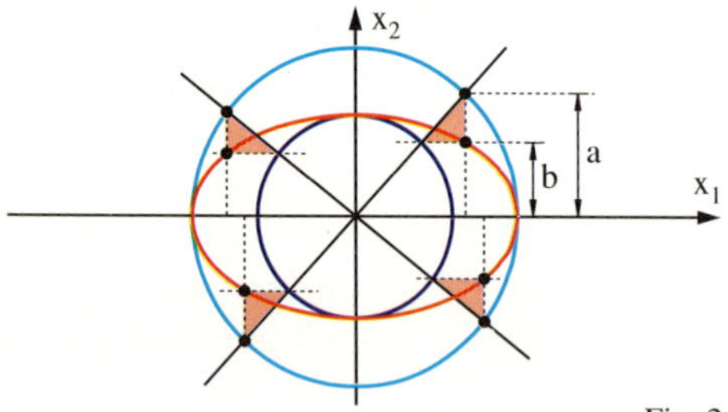

Punktweise Ellipsenkonstruktion: Man kann die Punkte einer Ellipse in Normallage konstruieren, indem man ihren Hauptkreis mit dem Faktor $\frac{b}{a}$ axial an der x_1-Achse streckt.
Fig. 2 zeigt die zugehörige „Fähnchenkonstruktion".

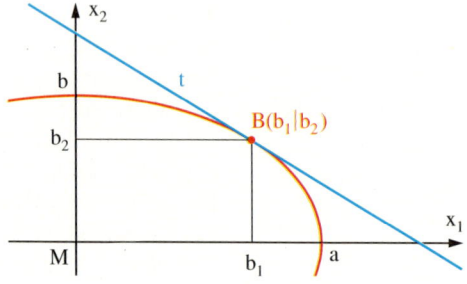

Fig. 2

Flächeninhalt einer Ellipse mit den Halbachsenlängen a und b:
   $A = \pi \cdot a \cdot b$

Tangentengleichung: Bei einer Ellipse mit der Gleichung $\frac{x_1^2}{a^2} + \frac{x_2^2}{b^2} = 1$
hat die Tangente t im Berührpunkt $B(b_1 | b_2)$ (Fig. 3) die Gleichung

$$\frac{x_1 b_1}{a^2} + \frac{x_2 b_2}{b^2} = 1.$$

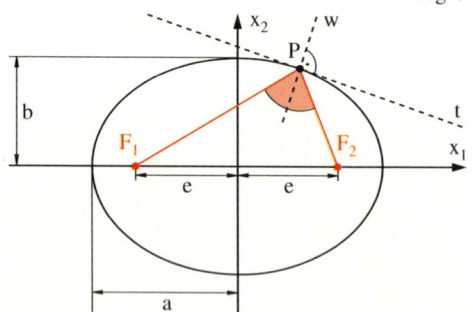

Fig. 3

Brennpunkteigenschaften: Ist a die Länge der großen und b die Länge der kleinen Halbachse einer Ellipse, so nennt man $e = \sqrt{a^2 - b^2}$ die **lineare Exzentrizität** der Ellipse. Auf dem größten Durchmesser der Ellipse liegen symmetrisch zur Mitte M die beiden **Brennpunkte** F_1 und F_2 im Abstand e von M (Fig. 4).
Hat eine Ellipse die Brennpunkte F_1 und F_2 und ist a die Länge der großen Halbachse, so gilt:
(1) Für jeden Ellipsenpunkt ist die Summe seiner Abstände von den Brennpunkten gleich 2a.
(2) Ist P ein Punkt aus der Ellipse, so ist die Winkelhalbierende des Winkels $\sphericalangle F_1 P F_2$ orthogonal zur Ellipsentangente t in P.

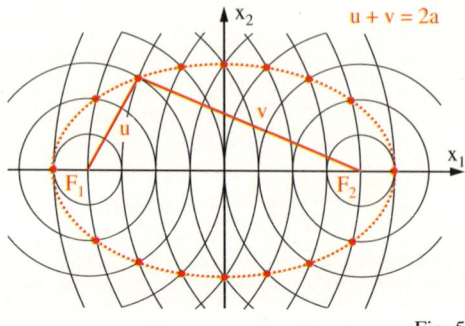

Fig. 4

Konstruktion von Ellipsenpunkten:
Sind F_1 und F_2 die Brennpunkte einer Ellipse und ist a die Länge der großen Halbachse, so schneiden sich Kreise um F_1 und F_2 in Ellipsenpunkten, wenn die Summe ihrer Radien 2a beträgt (Fig. 5).

Tangentenkonstruktion in einem Berührpunkt P:
Verbindet man P mit den Brennpunkten F_1 und F_2, so erhält man die Tangente in P als Senkrechte zur Winkelhalbierenden w des Winkels $\sphericalangle F_1 P F_2$ (Fig. 4).

Fig. 5

182

1   Gegeben ist ein Kreis mit der Gleichung $x_1^2 + x_2^2 = 49$. Er soll durch eine axiale Streckung an der x_1-Achse auf die Ellipse mit der Gleichung $16x_1^2 + 49x_2^2 = 784$ abgebildet werden. Bestimmen Sie den Streckfaktor k.

2   a) Skizzieren Sie eine Ellipse mit den Halbachsenlängen $a = 6\,cm$ und $b = 4\,cm$. Konstruieren Sie dazu mehrere Punkte.
b) Berechnen Sie den Flächeninhalt der Ellipse aus a).

3   Die rote Fläche in Fig. 1 wird von Kreisbögen begrenzt, die blaue von einer Ellipse. Begründen Sie, dass die rote und die blaue Fläche denselben Flächeninhalt haben.

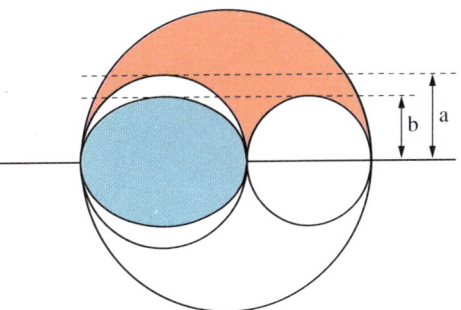

Fig. 1

4   Bestimmen Sie die Zahlen a und b in der Gleichung $b^2 x_1^2 + a^2 x_2^2 = a^2 b^2$ so, dass
a) die beschriebene Ellipse durch die Punkte $P(6|4)$ und $Q(-8|3)$ geht,
b) a das Doppelte von b ist und die beschriebene Ellipse durch den Punkt $P(6|6)$ geht.

5   In welchen Punkten schneidet die Gerade g die Ellipse mit der Gleichung $\frac{x_1^2}{25} + \frac{x_2^2}{16} = 1$?
a) g: $x_2 = 2x_1 - 3$ b) g: $x_2 = -\frac{2}{5}x_1 + \frac{1}{5}$

6   Gegeben sind die Ellipse h mit der Gleichung $16x_1^2 + 36x_2^2 = 576$ und zwei Punkte $B_1(3,6|3,2)$, $B_2(-4,8|2,4)$ der Ellipse.
a) Konstruieren Sie die Tangenten t_1 und t_2 an h in diesen beiden Berührpunkten und bestimmen Sie zeichnerisch den Schnittpunkt von t_1 und t_2.
b) Geben Sie die Tangentengleichungen von t_1 und t_2 an und berechnen Sie die Koordinaten des Schnittpunktes. Überprüfen Sie damit Ihre Konstruktion.

7   Gegeben sind die Ellipse mit der Gleichung $\frac{x_1^2}{25} + \frac{x_2^2}{9} = 1$ und der Punkt $P(8|4)$.
a) Konstruieren Sie die Tangenten t_1 und t_2 von P aus an die Ellipse.
b) Bestimmen Sie die Koordinaten der beiden Berührpunkte. Kontrollieren Sie damit Ihre Zeichnung.

8   Eine Ellipse in Normallage berührt die Gerade g: $x_2 = -3x_1 + 6$ im Punkt $B(1|3)$.
a) Berechnen Sie die Längen a und b der beiden Halbachsen.
b) In welchen Punkten schneidet die Gerade f: $x_2 = -3x_1$ diese Ellipse?

9   Bei einer Ellipse h in Normallage sind ein Brennpunkt F und ein Ellipsenpunkt P bzw. zwei Ellipsenpunkte P, Q gegeben. Bestimmen Sie die Gleichung der Ellipse.
a) $F(-4|0)$, $P(0|3)$ b) $P(-4|1)$, $Q(0|4)$

10   Skizzieren Sie eine Ellipse in Normallage mit den Halbachsenlängen $a = 6\,cm$ und $b = 3\,cm$. Konstruieren Sie dazu mit der Gärtnerkonstruktion 16 Punkte der Ellipse.

11   Konstruieren Sie im Ellipsenpunkt $P(u|v)$ mit $v > 0$ die Tangente an die Ellipse h. Nutzen Sie dabei die Brennpunkteigenschaften der Ellipse aus.

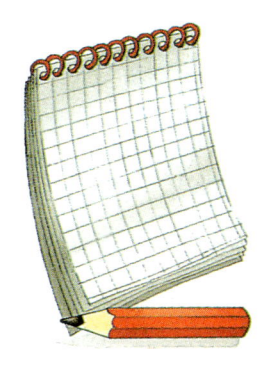

Die Lösungen zu den Aufgaben dieser Seite finden Sie auf Seite 192.

a) h: $\frac{x_1^2}{25} + \frac{x_2^2}{4} = 1$, $P(2|v)$ b) h: $\frac{x_1^2}{36} + \frac{x_2^2}{9} = 1$, $P(-3|v)$

Wahlthema: Kegelschnitte

Erzeugung der Kegelschnitte

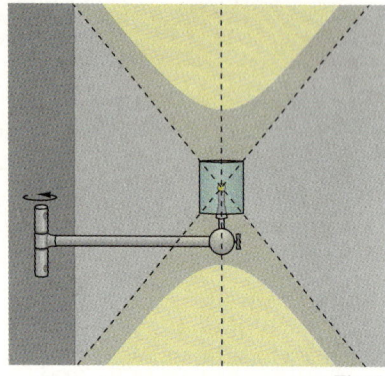

Fig. 1

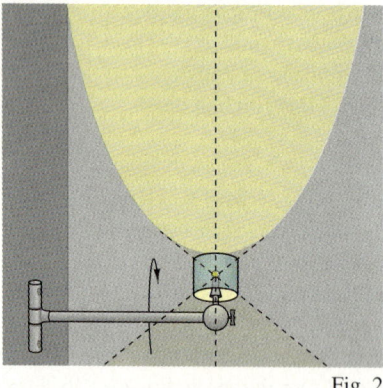

Fig. 2

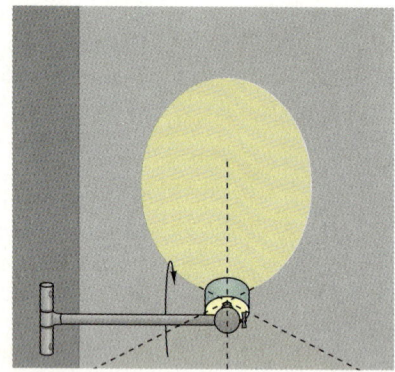

Fig. 3

Eine Wandlampe hat einen nach oben und unten offenen, zylindrischen Schirm. Ihre nahezu punktförmige Lichtquelle befindet sich genau in der Zylindermitte. Daher bilden die austretenden Lichtstrahlen einen doppelten Kegel. Ist die Achse des Schirms parallel zu den Wandflächen, so besteht die beleuchtete Fläche an der Wand aus zwei Teilflächen, die

zueinander spiegelsymmetrisch sind (Fig. 1).
Man nennt die jeweils aus beiden Randkurven bestehenden Figuren **Hyperbeln**.
Ändert man nur den Abstand der Lampe von der Wand, so bleibt die Achse des Lichtkegels parallel zur Wand und es entstehen immer Hyperbeln. Die „Scheitel" der Teilflächen wandern

auseinander, wenn sich die Lampe von der Wand entfernt. Dabei wird auch die Krümmung in den Scheitelpunkten schwächer, da die Flächen gleichzeitig in die Breite gehen.
Wird dagegen die Lampe zur Wand hin geneigt, so kann der Rand der beleuchteten Fläche auch eine **Parabel** (Fig. 2) oder eine **Ellipse** (Fig. 3) sein.

Zur Unterscheidung der Fälle betrachtet man einen Doppelkegel mit der Spitze S und dem halben Öffnungswinkel α zusammen mit einer Ebene E, die nicht durch S geht.

Statt den Kegel zu neigen wird die Lage der Ebene E verändert.
Die Schnittlinien der Ebene mit dem Mantel des Doppelkegels heißen **Kegelschnitte**.

Welcher Kegelschnitt entsteht, hängt sowohl vom Winkel β zwischen E und der Kegelachse a als auch vom halben Öffnungswinkel α des Kegels ab.

Für $\beta > \alpha$ entsteht eine **Ellipse**:

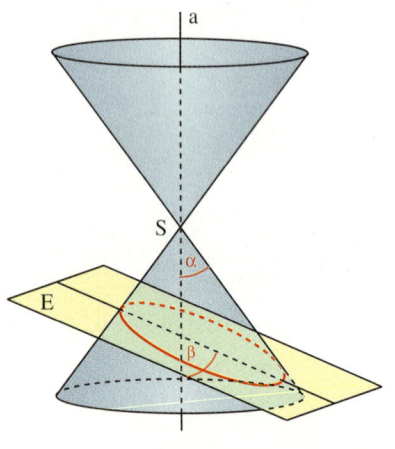

Für $\beta = \alpha$ entsteht eine **Parabel**:

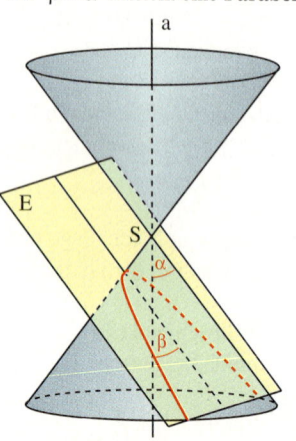

Für $\beta < \alpha$ entsteht eine **Hyperbel**:

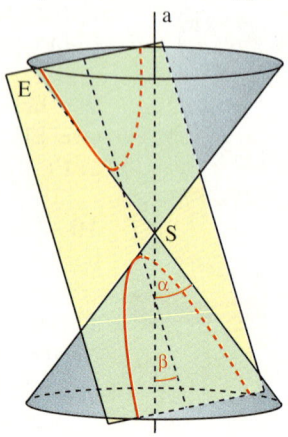

Fig. 4

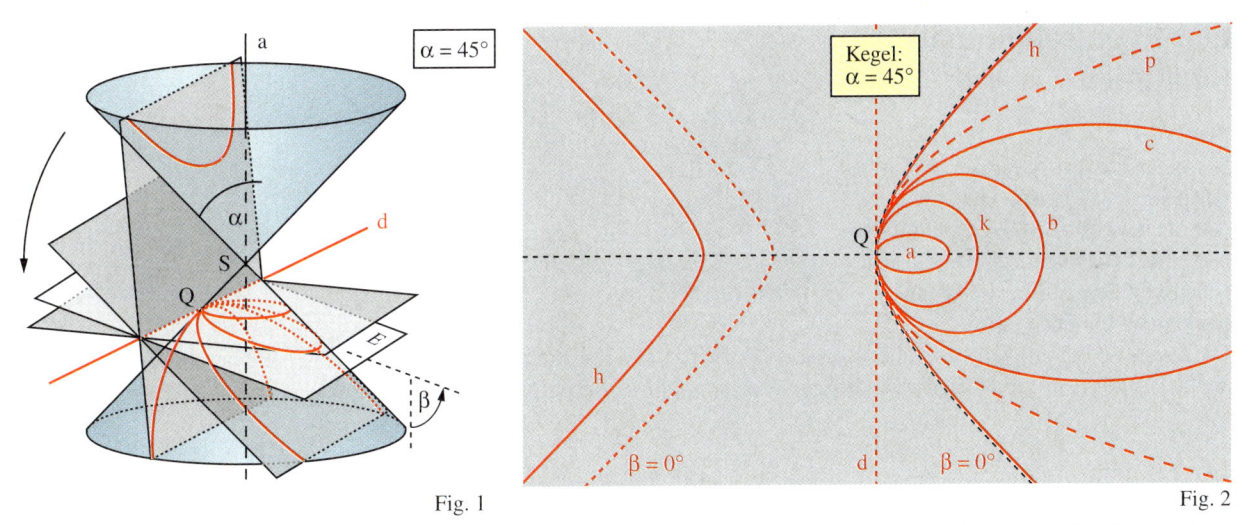

Fig. 1

Fig. 2

Die Ebene E in Fig. 1 wird um eine zur Kegelachse a orthogonale Gerade d gedreht, die den Kegelmantel berührt. Dabei bleibt ein Scheitelpunkt Q des Kegelschnitts fest.
Man erhält so eine Schar miteinander verwandter Kegelschnitte (Fig. 2). Um die Lage von E besser angeben zu können, wird der Winkel β wie in Fig. 1 angegeben gemessen.

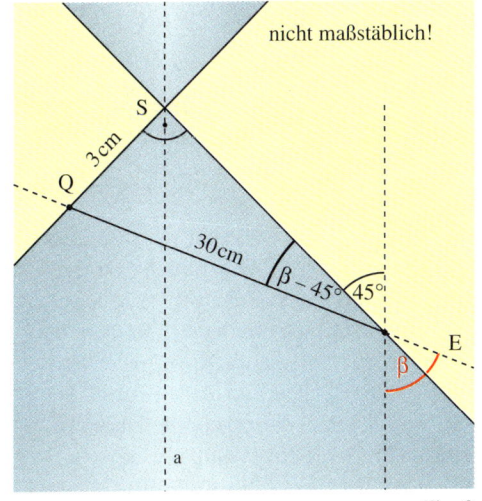

Fig. 3

1   a) Für welchen Winkel β erhält man in Fig. 2 als spezielle Ellipse den Kreis k?
b) In welchem Bereich liegt der Winkel β für die Ellipsen b und c, in welchem Bereich für β erhält man a?

2   a) Wie groß ist β für die Parabel p in Fig. 2? In welchem Bereich liegt der Winkel β für die Hyperbel h?
b) Welche Schnittlinie erhält man, wenn man die Ebene E in Fig. 1 so weit dreht, dass sie durch die Kegelspitze S geht? Wie groß ist der Winkel β bei dieser Lage von E?

3   Bei einem Doppelkegel mit dem halben Öffnungswinkel α = 45° wie in Fig. 1 hat die Strecke QS die Länge 3 cm.
Für welchen Winkel β zwischen der Ebene E und der Kegelachse a beträgt der größere Durchmesser der Schnittellipse 30 cm? Nehmen Sie Fig. 3 zu Hilfe.

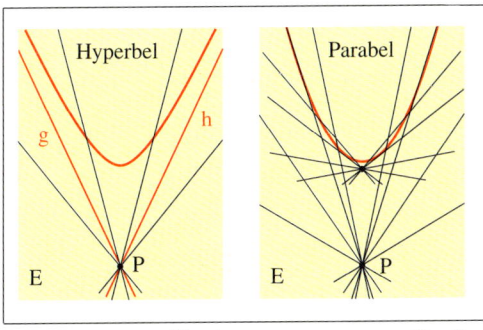

Fig. 4   Fig. 5

Warum ist eine „halbe Hyperbel" keine Parabel?

Für einen Hyperbelast gibt es ein Paar sich schneidender Geraden g und h in der Ebene E (seine Asymptoten genannt), dem er sich mit wachsender Entfernung vom Schnittpunkt P immer mehr annähert (Fig. 4).
Bei einer Parabel ist dies nicht der Fall. Wie immer man auch einen Punkt P und eine Gerade g durch P wählt, gibt es stets eine Stelle, von der ab sich die Parabel immer mehr von g entfernt (Fig. 5).

185

Die Kegelschnitte als Ortslinien

Der belgische Mathematiker und Festungsbaumeister PIERRE GERMINAL DANDELIN (1794–1847) zeigte mit den nach ihm benannten Kugeln, wie sich Kegelschnitte mithilfe von Brennpunkten beschreiben lassen.

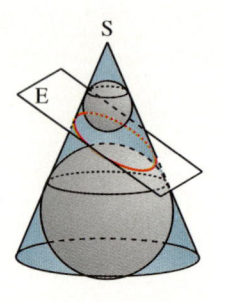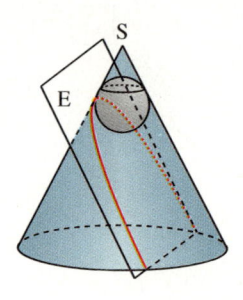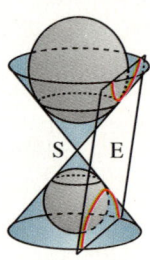

Fig. 1

Die Dandelin'sche(n) Kugel(n) eines Kegelschnitts haben den Kegelmantel als Tangentialkegel und berühren die schneidende Ebene jeweils in einem Punkt (Fig. 1). Man nennt diese Berührpunkte **Brennpunkte**.

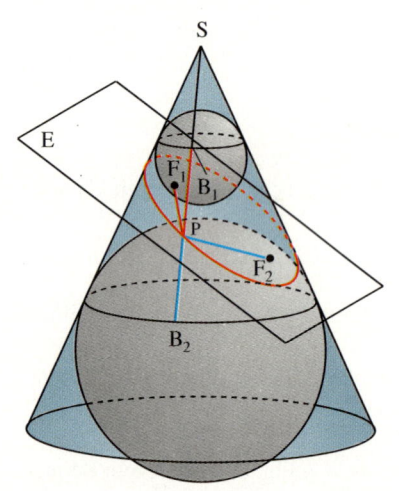

Fig. 2

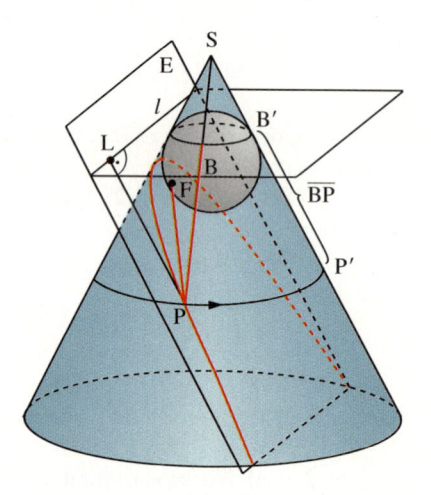

Fig. 3

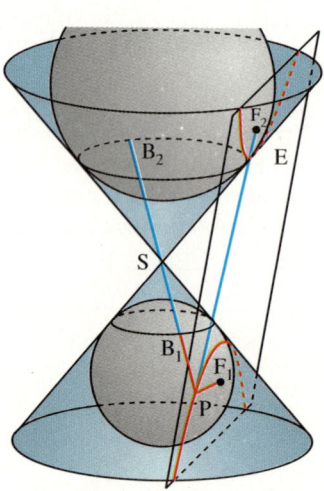

Fig. 4

Die beiden Dandelin'schen Kugeln einer **Ellipse** berühren die Ebene E in je einem Punkt F_1 bzw. F_2 (Fig. 2). Die Gerade von einem Punkt P der Ellipse durch die Kegelspitze S ist eine Tangente an diese Kugeln. Sie schneidet die zugehörigen Berührkreise in den Punkten B_1 bzw. B_2.
Die Geraden durch P und F_1 bzw. P und F_2 sind ebenfalls Tangenten an die jeweilige Dandelin'sche Kugel. Daher ist $\overline{PB_1} = \overline{PF_1}$, $\overline{PB_2} = \overline{PF_2}$ (vgl. S. 152) und es folgt $\overline{PF_1} + \overline{PF_2} = \overline{B_1B_2}$.
Da die Länge der Strecke B_1B_2 konstant ist, gilt:

> **Satz:** Für alle Punkte P einer Ellipse ist die Summe $\overline{PF_1} + \overline{PF_2}$ der Entfernungen von den Brennpunkten F_1 und F_2 konstant.

Bei der **Parabel** gibt es nur eine Dandelin'sche Kugel. Sie berührt E in einem Punkt F (Fig. 3).
Die Ebene durch den Berührkreis der Dandelin'schen Kugel schneidet E in einer Geraden l. Man nennt l die **Leitlinie** der Parabel.
Die Gerade durch einen Parabelpunkt P und die Kegelspitze S ist eine Tangente an die Dandelin'sche Kugel. Für ihren Berührpunkt B gilt $\overline{PF} = \overline{PB}$.
Die Entfernung $\overline{PB}$ ist gleich dem Abstand des Punktes P von l, da $\overline{P'B'} = \overline{PB}$ gilt und die Lotgerade von P auf l parallel zu P'B' ist. Also gilt:

> **Satz:** Für jeden Punkt P einer Parabel ist seine Entfernung $\overline{PF}$ vom Brennpunkt F gleich seinem Abstand von der Leitlinie l.

Die beiden Dandelin'schen Kugeln einer **Hyperbel** berühren E in je einem Punkt F_1 bzw. F_2 (Fig. 4). Die Gerade durch einen Punkt P der Hyperbel und die Kegelspitze S ist eine Tangente an diese Kugeln. Sie schneidet die zugehörigen Berührkreise in den Punkten B_1 bzw. B_2. Wie bei der Ellipse gilt $\overline{PB_1} = \overline{PF_1}$ und $\overline{PB_2} = \overline{PF_2}$, da auch die Geraden durch P und F_1 bzw. F_2 Tangenten an die jeweilige Dandelin'sche Kugel sind. Die Länge der Strecke B_1B_2 hängt nicht von P ab und ist gleich dem Betrag der Differenz $\overline{PB_1} - \overline{PB_2}$. Also gilt:

> **Satz:** Für alle Punkte P einer Hyperbel ist der Betrag $|\overline{PF_1} - \overline{PF_2}|$ der Entfernungsdifferenz von den Brennpunkten F_1 und F_2 konstant.

186

Man bezeichnet bei Ellipsen und Hyperbeln die Länge der Strecke B_1B_2 in Fig. 2 und Fig. 4 auf der Seite gegenüber mit $2\,a$ und die Länge der Strecke F_1F_2 mit $2\,e$. Bei der Parabel wird der Abstand des Brennpunktes F von der Leitlinie l mit p bezeichnet.

Aus den drei Sätzen folgt, dass bei Ellipsen und Hyperbeln zwei Scheitel voneinander die Entfernung $2\,a$ haben und der Parabelscheitel von der Leitlinie l den Abstand $\frac{p}{2}$ hat. Außerdem kann man alle Kegelschnitte mithilfe dieser Sätze konstruieren:

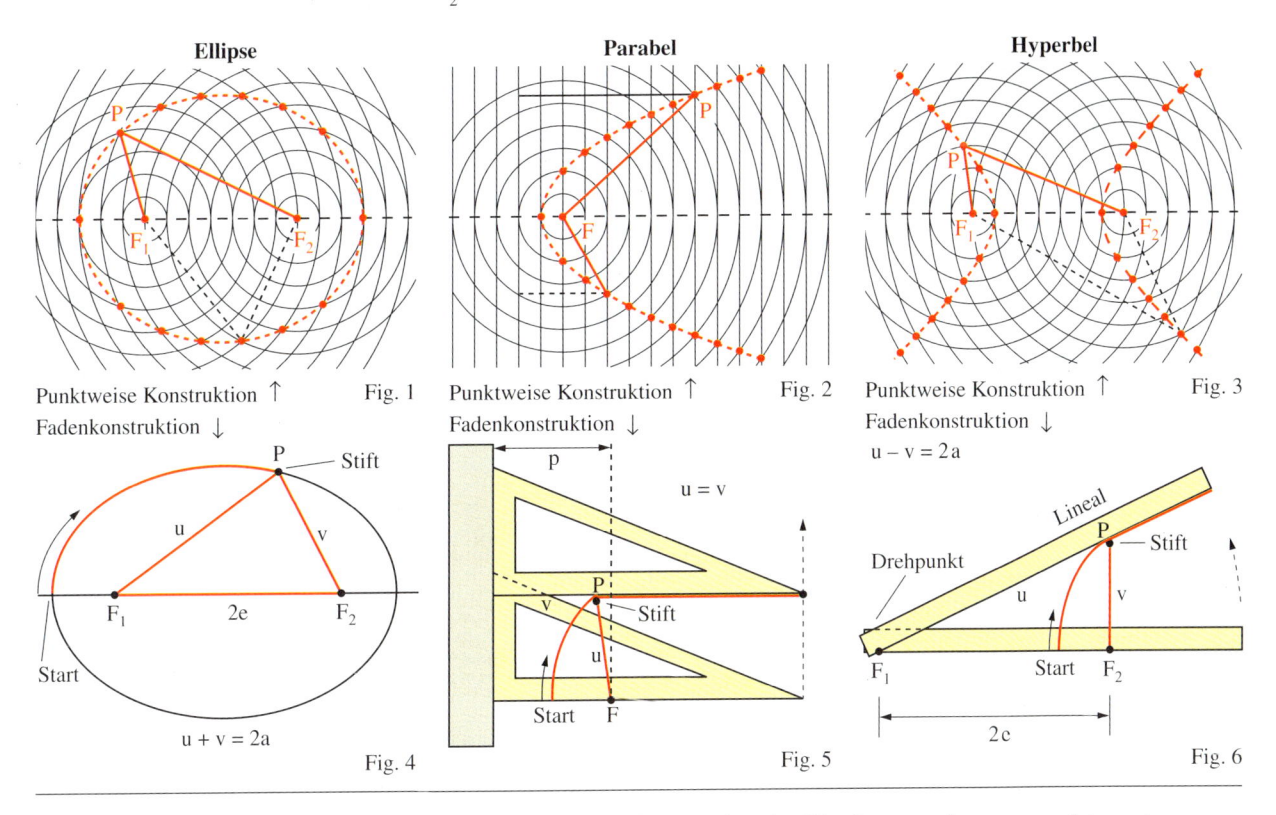

Bei der Ausführung von Fadenkonstruktionen sollte Zeichenkarton oder eine Hartfaserunterlage verwendet werden.

1 Konstruieren Sie mehrere Punkte einer Ellipse mit $2\,e = 8\,\text{cm}$ und $2\,a = 12\,\text{cm}$ und skizzieren Sie die Ellipse.

2 Konstruieren Sie mehrere Punkte einer Parabel mit $p = 4\,\text{cm}$ und skizzieren Sie die Parabel.

3 Konstruieren Sie jeweils für beide Teile einer Hyperbel mit $2\,e = 8\,\text{cm}$ und $2\,a = 4\,\text{cm}$ mehrere Punkte. Skizzieren Sie danach die Hyperbel.

4 Mit der Fadenkonstruktion in Fig. 4 zeichnet man eine Ellipse in einem Zug. Zeichnen Sie die Ellipse aus Aufgabe 1 mit dieser Methode.

5 a) Erklären Sie, warum in Fig. 5 stets $u = v$ gilt, wenn dies in der Anfangslage des Zeichendreiecks der Fall ist.
b) Wie muss man vorgehen, wenn man den unterhalb des Scheitels liegenden Teil des Parabelbogens zeichnen will?
c) Zeichnen Sie die Parabel aus Aufgabe 2 mit der Fadenkonstruktion.

6 a) Warum ist bei der Konstruktion in Fig. 6 die Differenz $u - v$ konstant?
b) Wie zeichnet man die untere Hälfte des in Fig. 6 angefangenen Hyperbelteils, wie den zweiten Teil der Hyperbel?
c) Zeichnen Sie beide Teile der Hyperbel aus Aufgabe 3 mit der Fadenkonstruktion.

Gleichungen der Kegelschnitte

Eine Ebene E schneidet einen Doppelkegel mit der Spitze S in einem vorgegebenen Punkt $Q \neq S$. Wählt man in E ein Koordinatensystem mit Ursprung Q wie in Fig. 1, so ergibt sich nach einer etwas mühsamen Rechnung, dass jeder Kegelschnitt durch eine Gleichung der Form

(∗) $x_2^2 = 2\,p\,x_1 - (1 - \varepsilon^2)\,x_1^2$

mit $p > 0$ beschrieben werden kann. Man nennt sie eine **Scheitelgleichung**, da der Koordinatenursprung immer ein Scheitel des Kegelschnitts ist.

Bei der **Ellipse** ist $p = \frac{a^2 - e^2}{a}$ und $\varepsilon = \frac{e}{a} < 1$.

Bei der **Parabel** ist $\varepsilon = 1$ und p ist gleich dem Abstand des Brennpunktes von der Leitlinie.

Bei der **Hyperbel** ist $p = \frac{e^2 - a^2}{a}$ und $\varepsilon = \frac{e}{a} > 1$.

Die Zahl ε kann anstelle von β zur Kennzeichnung von Kegelschnitten verwendet werden und wird **numerische Exzentrizität** genannt.
Für Ellipsen und Hyperbeln gibt es auch **Mittelpunktsgleichungen**.

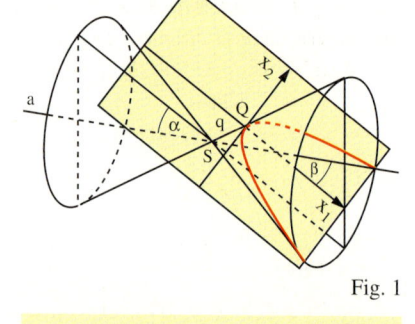

Fig. 1

Für Besitzer eines Funktionsplotters, die sich im Zeichnen einer ganzen Schar von Kegelschnitten versuchen wollen: Fasst man β als Drehwinkel auf, so gilt mit den Bezeichnungen aus Fig. 1 unter der Einschränkung $-\alpha < \beta < 180° - \alpha$:
$p = q \cdot \tan\alpha \cdot \sin(\alpha + \beta)$ und $\varepsilon^2 = \frac{\cos^2\beta}{\cos^2\alpha}$.

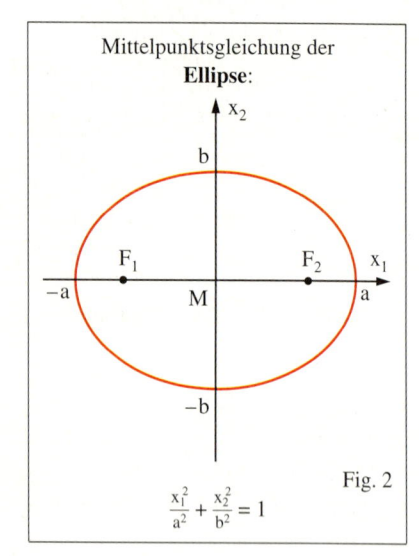

Mittelpunktsgleichung der
Ellipse:

Fig. 2

$$\frac{x_1^2}{a^2} + \frac{x_2^2}{b^2} = 1$$

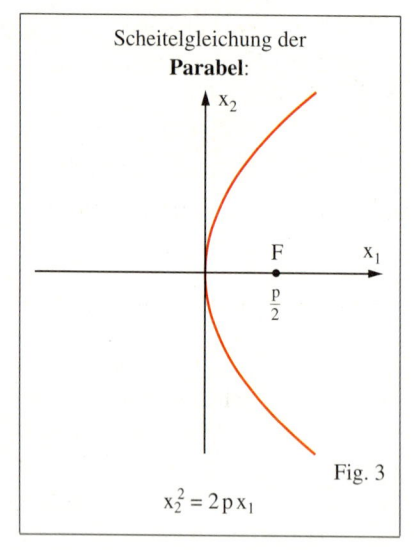

Scheitelgleichung der
Parabel:

Fig. 3

$$x_2^2 = 2\,p\,x_1$$

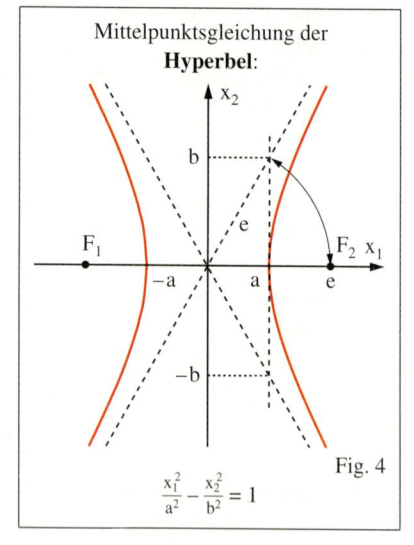

Mittelpunktsgleichung der
Hyperbel:

Fig. 4

$$\frac{x_1^2}{a^2} - \frac{x_2^2}{b^2} = 1$$

1 a) Ersetzen Sie in Gleichung (∗) die Koordinate x_1 durch $x_1' + a$ und bezeichnen Sie die Differenz $a^2 - e^2$ mit b^2. Leiten Sie damit die Mittelpunktsgleichung der Ellipse her.
b) Begründen Sie an der Mittelpunktsgleichung, dass eine Ellipse zwei Symmetrieachsen hat.
c) Welche Bedeutung haben a und b für die Ellipse?

2 Eine Parabel beschreibt man lieber mit der Scheitelgleichung.
a) Wie ergibt sich die Scheitelgleichung der Parabel aus Gleichung (∗)?
b) Begründen Sie an der Scheitelgleichung, dass eine wie in Fig. 3 liegende Parabel die x_1-Achse als Symmetrieachse hat.
c) Wo liegt die Leitlinie der Parabel in Fig. 3?

3 a) Ersetzen Sie in Gleichung (∗) die Koordinate x_1 durch $x_1' - a$ und bezeichnen Sie die Differenz $e^2 - a^2$ mit b^2. Leiten Sie damit die Mittelpunktsgleichung der Hyperbel her.
b) Begründen Sie an der Mittelpunktsgleichung, dass eine Hyperbel zwei Symmetrieachsen hat.
c) Welche Bedeutung haben a und die Zahlen $\frac{b}{a}$ und $-\frac{b}{a}$ für die Hyperbel?

Kegelschnitte spielen eine große Rolle bei Bahnberechnungen in der Astronomie. So sind z. B. nach dem 1. Kepler'schen Gesetz die Bahnen von Planeten Ellipsen, bei denen die Sonne in einem der Brennpunkte steht (Fig. 1). Die Form der Planetenbahnen kennzeichnet man durch die numerische Exzentrizität $\varepsilon = \frac{e}{a}$. Dabei ist e die halbe Entfernung zwischen beiden Brennpunkten und a die Länge der großen Halbachse.

JOHANNES KEPLER, geboren 1571 in Weil der Stadt, gestorben 1630 in Regensburg, war Astronom und Mathematiker. Er entdeckte das erste Gesetz über die Planetenbahnen beim Studium der Marsbahn.

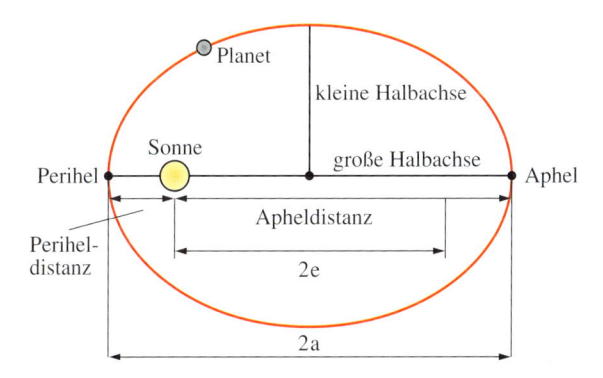

Fig. 1

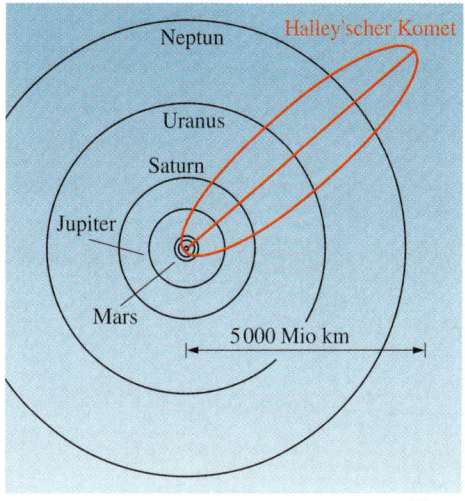

Fig. 2

Die Erde ist in Sonnennähe (Perihel) etwa 146,2 Mio km von der Sonne entfernt, in Sonnenferne (Aphel) etwa 151,1 Mio km. Also beträgt bei der Erdbahn die Länge a der großen Halbachse etwa $\frac{1}{2} \cdot (146,2 + 151,1)$ Mio km und die Länge e etwa $\frac{1}{2} \cdot (151,1 - 146,2)$ Mio km. Daraus errechnet sich $\varepsilon \approx 0,017$. Die Erdbahn ist also fast kreisförmig. Periodische Kometen haben dagegen häufig sehr langgestreckte Ellipsen als Bahn (Fig. 2).

4 Bestimmen Sie die Gleichung einer Parabel mit dem Scheitelpunkt S$(0|0)$, die durch P$(3|6)$ geht und zur x_1-Achse symmetrisch ist.

5 In welchen Punkten schneiden sich eine Ellipse mit der Gleichung $x_2^2 = 4x_1 - 2x_1^2$ und eine Parabel mit der Gleichung $x_2^2 = 3x_1$?

6 Welche Parabel mit der Gleichung $x_2^2 = 2px_1$ a) geht durch den Punkt P$(2|3)$ b) hat den Brennpunkt F$(4|0)$?

7 Bestimmen Sie für die Hyperbel h mit der Gleichung $\frac{x_1^2}{a^2} - \frac{x_2^2}{b^2} = 1$ die fehlende(n) der Zahlen a und b.
a) h geht durch P$\left(5|\frac{9}{4}\right)$ und hat F$(5|0)$ als Brennpunkt. b) Es gilt $a = 3$ und h geht durch P$(5|2)$.

8 Bei der Marsbahn beträgt der Quotient der Periheldistanz durch die Apheldistanz etwa 0,83.
a) Berechnen Sie daraus die numerische Exzentrizität ε der Marsbahn.
b) Das Perihel und das Aphel sind beim Mars etwa 453 Mio km voneinander entfernt. Berechnen Sie daraus und aus dem Wert von ε die Halbachsenlängen der Marsbahn.

9 a) Der Encke'sche Komet kommt der Sonne bis auf etwa 50 Mio km nahe und entfernt sich bis etwa 600 Mio km von der Sonne. Bestimmen Sie die Halbachsenlängen und die numerische Exzentrizität der Bahnellipse.
b) Der Halley'sche Komet hat eine Umlaufzeit von rund 76 Jahren (1986 war er zuletzt in Erdnähe). Seine Periheldistanz beträgt etwa 90 Mio km, die Apheldistanz etwa 5230 Mio km. Berechnen Sie die Halbachsenlängen und die numerische Exzentrizität der Bahn.

189

Rückblick, Seite 25

1

a) Lösung: (11; 1; 3)

b) Lösung: $\left(\frac{82}{19}; -\frac{16}{19}; -\frac{9}{19}\right)$

c) Lösung: $\left(\frac{54}{43}; -\frac{138}{43}; \frac{304}{43}\right)$

2

a) Lösungsmenge:
$L = \left\{\left(\frac{25-7t}{11}; \frac{5t-21}{11}; t\right) \mid t \in \mathbb{R}\right\}$

b) Lösungsmenge:
$L = \left\{\left(\frac{17t-18}{16}; \frac{5t+6}{8}; t\right) \mid t \in \mathbb{R}\right\}$

c) Lösungsmenge:
$L = \left\{\left(\frac{t+63}{31}; \frac{19t-74}{31}; t\right) \mid t \in \mathbb{R}\right\}$

3

a) Lösungsmenge: $L = \{(-1; 2)\}$

b) Lösungsmenge: $L = \{\ \}$

c) Lösungsmenge: $L = \left\{\left(\frac{6-3t}{2}; t\right) \mid t \in \mathbb{R}\right\}$

d) Lösungsmenge: $L = \{(1; -1)\}$

4

a) LGS: $\begin{aligned} \alpha + \beta + \gamma + \delta &= 360° \\ \alpha - \gamma &= 0° \\ \alpha - 2\beta &= 0° \\ \beta - 2\gamma + \delta &= 0° \end{aligned}$

Winkel: $\alpha = 90°$, $\beta = 45°$, $\gamma = 90°$, $\delta = 135°$.

b) LGS: $\begin{aligned} \alpha + \beta + \gamma + \delta &= 360° \\ \alpha - \gamma &= 0° \\ \alpha - \beta &= -40° \\ \beta - 4\gamma + \delta &= 0° \end{aligned}$

Winkel: $\alpha = 60°$, $\beta = 100°$, $\gamma = 60°$, $\delta = 140°$.

5

a) Lösung: $\left(\frac{17}{8}; \frac{5}{8}; \frac{9}{8}; \frac{13}{8}\right)$

b) Lösung: $(-4; 10; 0; -12)$

6

a) Lösung: $\left(\frac{37}{11}; -\frac{30}{11}; -3; \frac{97}{22}\right)$

b) Lösung: $\left(\frac{199}{11}; -36; -\frac{233}{11}; \frac{34}{11}\right)$

c) Lösung: $\left(\frac{619}{20}; \frac{807}{40}; \frac{859}{20}; -\frac{897}{40}\right)$

7

a) Lösungsmenge:
$L_r = \left\{\left(\frac{14r+18}{5}; \frac{24r+18}{5}; 4r+6\right)\right\}$

b) Lösungsmenge:
$L_r = \left\{\left(5-r; \frac{-36+27r}{6}; \frac{25r-32}{2}\right)\right\}$

c) Lösungsmenge:
$L_r = \left\{\left(r+2; -\frac{6r+10}{7}; -\frac{r+4}{7}\right)\right\}$

8

a) Für $r = 1$ hat das LGS keine Lösung, für $r \neq 1$ hat es genau eine Lösung.

b) Stufenform:
$\begin{aligned} 2x_1 - x_2 + rx_3 &= 2-2r \\ 2x_2 + x_3 &= r \\ (3-2r)x_3 &= 4-r \end{aligned}$

Für $r = \frac{3}{2}$ hat das LGS keine Lösung, für $r \neq \frac{3}{2}$ hat es genau eine Lösung.

c) Stufenform:
$\begin{aligned} 6x_1 + rx_2 + 4rx_3 &= -6 \\ -rx_2 - rx_3 &= -3 \\ (2r^2 - 3r)x_3 &= 2r-3 \end{aligned}$

Für $r = 0$ hat das LGS keine Lösung, für $r = \frac{3}{2}$ hat es unendlich viele Lösungen, für alle anderen r hat es genau eine Lösung.

9

LGS:
$\begin{aligned} x_1 + x_2 + x_3 + x_4 &= 1000 \\ \tfrac{7}{10}x_1 + \tfrac{19}{25}x_2 + \tfrac{4}{5}x_3 + \tfrac{17}{20}x_4 &= 740 \\ \tfrac{11}{50}x_1 + \tfrac{4}{25}x_2 + \tfrac{1}{10}x_3 + \tfrac{3}{25}x_4 &= 180 \\ \tfrac{2}{25}x_1 + \tfrac{2}{25}x_2 + \tfrac{1}{10}x_3 + \tfrac{3}{100}x_4 &= 80 \end{aligned}$

Lösung des LGS: $\left(\frac{1000}{3}; \frac{2000}{3}; 0; 0\right)$.

Es werden etwa 333 kg von Sorte I, 667 kg von Sorte II und nichts von den Sorten III und IV gebraucht.

Rückblick, Seite 57

1

a) Je Seitenfläche 4 Pfeile; also insgesamt 24 Pfeile (Deck- und Grundfläche werden als Seitenflächen gezählt).

b) Je Seitenflächenpaar 4 Vektoren; also 12 Vektoren.

c) Jeweils die beiden Vektoren, deren Pfeile parallel zu einer Diagonalen sind.

2

$\vec{a} = \begin{pmatrix} -4 \\ 3 \end{pmatrix}$; $\vec{b} = \begin{pmatrix} 3 \\ 1 \end{pmatrix}$; $\vec{a} + \vec{b} = \begin{pmatrix} -4+3 \\ 3+1 \end{pmatrix} = \begin{pmatrix} -1 \\ 4 \end{pmatrix}$;

$\vec{a} - \vec{b} = \begin{pmatrix} -4-3 \\ 3-1 \end{pmatrix} = \begin{pmatrix} -7 \\ 2 \end{pmatrix}$;

$\vec{b} - \vec{a} = \begin{pmatrix} 3+(-4) \\ 1-3 \end{pmatrix} = \begin{pmatrix} 7 \\ -2 \end{pmatrix}$

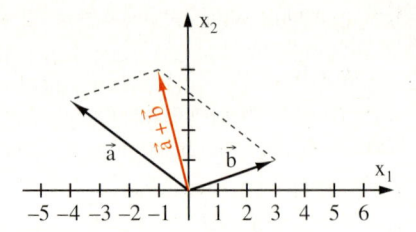

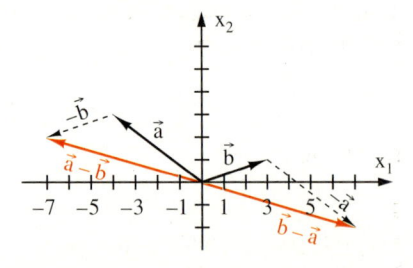

3

a) $5\vec{a}$ b) $2\vec{c}$ c) $10\vec{d} - 7\vec{e}$

d) $2{,}7\vec{u} - 3{,}3\vec{v}$

e) $10{,}3\vec{a} + 7{,}2\vec{b} - 13{,}1\vec{c}$

4

$\begin{pmatrix} 1 \\ 2 \\ 4 \end{pmatrix} = (-8) \cdot \begin{pmatrix} 1 \\ 2 \\ 1 \end{pmatrix} + 12 \cdot \begin{pmatrix} 0 \\ 1 \\ 1 \end{pmatrix} + 3 \cdot \begin{pmatrix} 3 \\ 2 \\ 0 \end{pmatrix}$

5

a) $\vec{c} = -\vec{b}$; $\vec{d} = -\vec{a}$; $\vec{e} = \vec{b} - \vec{a}$

b) $\vec{a} = -\vec{d}$; $\vec{b} = \vec{e} - \vec{d}$; $\vec{c} = \vec{d} - \vec{e}$

6

a) Die Vektoren sind linear unabhängig.

b) Die Vektoren sind linear unabhängig.

c) Die Vektoren sind linear abhängig.

$\begin{pmatrix} 0 \\ 0 \\ 0 \end{pmatrix} = 0 \cdot \begin{pmatrix} 5 \\ 7 \\ -9 \end{pmatrix} + 0 \cdot \begin{pmatrix} -1 \\ -4 \\ 3 \end{pmatrix}$

7

a) $a = 24$ b) $a = 3\frac{3}{7}$ c) $a = 3$

d) $a = -6$ e) $a = 1$ f) $a = 0$

8

Der Schnittpunkt der Seitenhalbierenden des Dreiecks ABC wird mit S_1 bezeichnet. Der Schnittpunkt der Seitenhalbierenden des Dreiecks DEF wird mit S_2 bezeichnet. Die Mitte der Strecke DE wird mit M bezeichnet

Voraussetzung: $\overrightarrow{FS_1} = \frac{1}{3}\overrightarrow{FB}$ und $\overrightarrow{FS_2} = \frac{1}{3}\overrightarrow{FM}$.

Gezeigt wird: $\overrightarrow{FS_1} = \overrightarrow{FS_2}$ (hieraus folgt dann, dass $S_1 = S_2$).

Umbenennung von Vektoren: $\overrightarrow{AB} = \vec{a}$ und $\overrightarrow{AC} = \vec{b}$.

Es gilt: $\overrightarrow{FB} = \vec{a} - \frac{1}{2}\vec{b}$; $\overrightarrow{DM} = \frac{1}{2}\overrightarrow{DE} = \frac{1}{2}\left(\frac{1}{2}\vec{b}\right) = \frac{1}{4}\vec{b}$ (Strahlensatz).

$\overrightarrow{FM} = -\frac{1}{2}\vec{b} + \frac{1}{2}\vec{a} + \frac{1}{4}\vec{b} = \frac{1}{2}\vec{a} - \frac{1}{4}\vec{b}$.

Also ist: $\overrightarrow{FS_1} = \frac{1}{3}\left(\vec{a} - \frac{1}{2}\vec{b}\right) = \frac{1}{3}\vec{a} - \frac{1}{6}\vec{b}$

und $\overrightarrow{FS_2} = \frac{2}{3}\left(\frac{1}{2}\vec{a} - \frac{1}{4}\vec{b}\right) = \frac{1}{3}\vec{a} - \frac{1}{6}\vec{b}$.

Somit ist $\overrightarrow{FS_1} = \overrightarrow{FS_2}$, das heißt $S_1 = S_2$ ($= S$ in Fig. 2).

Rückblick, Seite 95

1

a) g und h sind zueinander windschief.

b) g und h sind identisch.

c) g und h schneiden sich in dem Punkt $S(3|3|9)$.

d) g und h sind zueinander parallel und haben keine gemeinsamen Punkte.

2

a) E_1 und E_2 schneiden sich;

Schnittgerade g: $\vec{x} = \begin{pmatrix} -8 \\ 13 \\ 9 \end{pmatrix} + t \cdot \begin{pmatrix} -4 \\ 3 \\ -3 \end{pmatrix}$.

b) E_1 und E_2 sind zueinander parallel und haben keine gemeinsamen Punkte.

c) E_1 und E_2 schneiden sich;

Schnittgerade g: $\vec{x} = t \cdot \begin{pmatrix} 17 \\ 7 \\ 10 \end{pmatrix}$.

d) E_1 und E_2 schneiden sich;

Schnittgerade g: $\vec{x} = \begin{pmatrix} 2 \\ 6 \\ 6 \end{pmatrix} + t \cdot \begin{pmatrix} 9 \\ 18 \\ -5 \end{pmatrix}$.

3

a) g und E schneiden sich in dem Punkt $S(5|3|8)$.

b) g und E schneiden sich in dem Punkt $S(-6|2|-5)$.

4

a) $2x_1 + 6x_2 - x_3 = 52$

b) $x_1 - x_2 + x_3 = 2$

c) $8x_1 - 9x_2 - 2x_3 = -14$

5

a) $\vec{x} = \begin{pmatrix} 1 \\ 1 \\ -1 \end{pmatrix} + r \cdot \begin{pmatrix} 5 \\ -2 \\ 0 \end{pmatrix} + s \cdot \begin{pmatrix} 2 \\ 0 \\ 1 \end{pmatrix}$

b) $\vec{x} = \begin{pmatrix} 1 \\ 1 \\ 1 \end{pmatrix} + r \cdot \begin{pmatrix} 7 \\ 1 \\ 0 \end{pmatrix} + s \cdot \begin{pmatrix} 15 \\ 0 \\ -1 \end{pmatrix}$

c) $\vec{x} = \begin{pmatrix} 4 \\ 0 \\ 0 \end{pmatrix} + r \cdot \begin{pmatrix} 7 \\ -4 \\ 0 \end{pmatrix} + s \cdot \begin{pmatrix} 5 \\ 0 \\ 4 \end{pmatrix}$

d) $\vec{x} = r \cdot \begin{pmatrix} 0 \\ 1 \\ 0 \end{pmatrix} + s \cdot \begin{pmatrix} 5 \\ 0 \\ 2 \end{pmatrix}$

e) $\vec{x} = \begin{pmatrix} 2 \\ 0 \\ 0 \end{pmatrix} + r \cdot \begin{pmatrix} 1 \\ 0 \\ 0 \end{pmatrix} + s \cdot \begin{pmatrix} 0 \\ 5 \\ -3 \end{pmatrix}$

f) $\vec{x} = \begin{pmatrix} 1 \\ 0 \\ 0 \end{pmatrix} + r \cdot \begin{pmatrix} 0 \\ 0 \\ 1 \end{pmatrix} + s \cdot \begin{pmatrix} 1 \\ 1 \\ 0 \end{pmatrix}$

6

Der Punkt S teilt die Strecke AE im Verhältnis 5 : 2 und die Strecke BF im Verhältnis 4 : 3.

7

Der gemeinsame Punkt der Geraden durch D und T und der Ebene, in der die Punkte A, E und F liegen, ist $P\left(\frac{2}{3}\middle|0\middle|\frac{2}{3}\right)$.

Rückblick, Seite 139

1

$\overline{AB} = 5$; $\overline{BC} = \sqrt{45}$; $\overline{AC} = \sqrt{40}$

$\sphericalangle BAC \approx 71{,}6°$; $\sphericalangle ABC \approx 63{,}4°$;

$\sphericalangle ACB = 45°$.

2

g: $\left(\vec{x} - \begin{pmatrix} 5 \\ 0 \end{pmatrix}\right) \cdot \frac{1}{\sqrt{2}}\begin{pmatrix} 1 \\ 1 \end{pmatrix} = 0$

Abstand P zu g: $\sqrt{2}$

Abstand Q zu g: 0

Abstand R zu g: $\frac{1}{2}\sqrt{2}$

3

$|\vec{a}| = \sqrt{2}$; $|\vec{b}| = \sqrt{59}$; $\varphi \approx 79{,}4°$

4

a) $\left[\vec{x} - \begin{pmatrix} 6 \\ 8 \\ 2 \end{pmatrix}\right] \cdot \begin{pmatrix} 1 \\ 3 \\ -5 \end{pmatrix} = 0$;

$x_1 + 3x_2 - 5x_3 = 20$

b) $d = \sqrt{35}$

5

a) h: $\vec{x} = \begin{pmatrix} 1 \\ 1 \\ 1 \end{pmatrix} + t \begin{pmatrix} 0 \\ 1 \\ 0 \end{pmatrix}$

b) E: $\left[\vec{x} - \begin{pmatrix} 2 \\ 8 \\ 0 \end{pmatrix}\right] \cdot \begin{pmatrix} 1 \\ 0 \\ 1 \end{pmatrix} = 0$

6

a) 1 b) $2 \cdot \sqrt{19}$ c) 15

7

a) g: $\vec{x} = \begin{pmatrix} 0 \\ -1 \\ 2 \end{pmatrix} + t \begin{pmatrix} 3 \\ 5 \\ 1 \end{pmatrix}$ b) $F(3|4|2)$

8

a) $A = 150$ b) $h = 8$ c) $V = 400$

9

Der Winkel zwischen $\vec{a}$ und $\vec{b}$ ist 0° oder 180°. Die Vektoren haben also gleiche oder entgegengesetzte Richtung, sie sind linear abhängig.

10

Die Raumdiagonale kann dargestellt werden durch $\vec{a} + \vec{b} + \vec{c}$. Damit ist

$(\vec{a} + \vec{b} + \vec{c})^2 = \vec{a}^2 + \vec{b}^2 + \vec{c}^2 + 2\vec{a} \cdot \vec{b} + 2\vec{a} \cdot \vec{c} + 2\vec{b} \cdot \vec{c}$.

Da $\vec{a} \perp \vec{b}$; $\vec{a} \perp \vec{c}$; $\vec{b} \perp \vec{c}$, ist $\vec{a} \cdot \vec{b} = \vec{a} \cdot \vec{c} = \vec{b} \cdot \vec{c} = 0$.

Daraus folgt:

$(\vec{a} + \vec{b} + \vec{c})^2 = \vec{a}^2 + \vec{b}^2 + \vec{c}^2$

und damit die Behauptung.

Rückblick, Seite 163

1

a) $(x_1 - 3)^2 + (x_2 + 2)^2 = 25$

$M(3|-2)$, $r = 5$

b) Punkt A liegt außerhalb, Punkt B auf und Punkt C innerhalb des Kreises.

2

a) g schneidet k in $S_1(6|-4)$ und $S_2(1|1)$.

b) g berührt k im Punkt $B(3|-2)$.

c) g und k haben keinen Punkt gemeinsam.

3

a) $B(-3|1)$, t: $-4x_1 - 3x_2 = 9$

b) $B(5|-1)$, t: $x_1 = 5$

4

a) $(x_1 - 2)^2 + (x_2 + 1)^2 + (x_2 - 4)^2 = 25$

$M(2|-1|4)$, $r = 5$

b) Punkt A liegt außerhalb, Punkt B auf und Punkt C innerhalb der Kugel.

191

5

a) Kugel und Ebene haben keine gemein-samen Punkte.

b) Die Ebene E berührt die Kugel K im Punkt $B(-2|1|2)$.

c) Die Ebene E schneidet die Kugel. Der Mittelpunkt des Schnittkreises ist $M'(3|-2|4)$ und der Radius $r' \approx 7,6$.

6

a) $E: -4x_1 + 5x_2 - 3x_3 = 26$

b) $b_3 = 10$, $E: 4x_2 + 3x_3 = 62$

c) $b_2 = -1$, $E: 3x_1 - 4x_2 = -2$

7

Die Berührpunkte sind $B_1(1|-1|1)$ und $B_2(5|-3|-3)$. Tangentialebenen:
$E_1: -2x_1 + x_2 + 2x_3 = -1$ und
$E_2: -2x_1 + x_2 + 2x_3 = -19$.

8

a) Die Gerade g schneidet die Kugel in den Punkten $S_1(4|2|-1)$ und $S_2(2|1|0)$.

b) Die Gerade berührt die Kugel im Punkt $B(-4|-2|1)$.

9

a) Schnittebene $E: x_1 + x_2 - x_3 = -8$, Mittelpunkt des Schnittkreises: $M'(0|-2|6)$, Radius $r' = 3$, Öffnungs-winkel $\alpha = 60°$.

b) Schnittebene $E: x_1 + 2x_3 = -36$, Mittelpunkt des Schnittkreises: $M'(-4|2|-16)$, Radius $r' = 5$, Öffnungswinkel $\alpha = 65,9°$.

Rückblick, Seite 183

1

Halbachsen: $a = 7$, $b = 4$. Also $k = \frac{4}{5}$.

2

a)

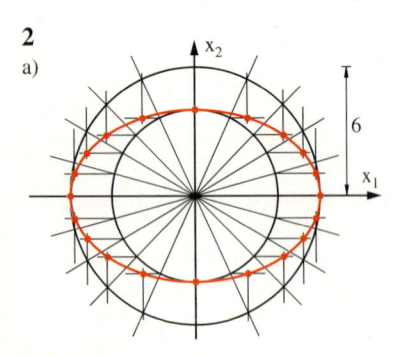

b) $A = 24 \cdot \pi \approx 75,4$

192

3

Inhalt der roten Fläche:
$$A = \frac{1}{2}\left(\frac{a+b}{2}\right)^2 \cdot \pi - \frac{1}{2}a^2 \cdot \pi - \frac{1}{2}b^2 \cdot \pi$$
$$= \frac{\pi}{2}(a^2 + 2ab + b^2 - a^2 - b^2)$$
$$= ab \cdot \pi$$
Flächeninhalt der blauen Fläche: $ab \cdot \pi$.

4

a) Nach Division durch $a^2 b^2$ ergibt sich mit u für $\frac{1}{a^2}$ und v für $\frac{1}{b^2}$ das LGS
$$\begin{cases} 36u + 16v = 1 \\ 64u + 9v = 1 \end{cases}.$$
Also: $u = \frac{1}{100}$ und $v = \frac{1}{25}$.
Gleichung: $25x_1^2 + 100x_2^2 = 2500$.

b) Einsetzen von $a = 2b$ und der Koordinaten von P: $36b^2 + 36 \cdot 4b^2 = 144b^4$.
Also $b^2 = 45$ und damit $a^2 = 180$.
Gleichung: $45x_1^2 + 180x_2^2 = 8100$.

5

a) $B_1\left(\frac{75}{58} + \frac{5}{29}\sqrt{107}\,\middle|\,-\frac{12}{29} + \frac{10}{29}\sqrt{107}\right)$ und
$B_2\left(\frac{75}{58} - \frac{5}{29}\sqrt{107}\,\middle|\,-\frac{12}{29} - \frac{10}{29}\sqrt{107}\right)$.

b) $B_1\left(\frac{1}{10} + \frac{1}{5}\sqrt{499}\,\middle|\,\frac{4}{25} - \frac{2}{25}\sqrt{499}\right)$ und
$B_2\left(\frac{1}{10} - \frac{1}{5}\sqrt{499}\,\middle|\,\frac{4}{25} + \frac{2}{25}\sqrt{499}\right)$.

6

a)

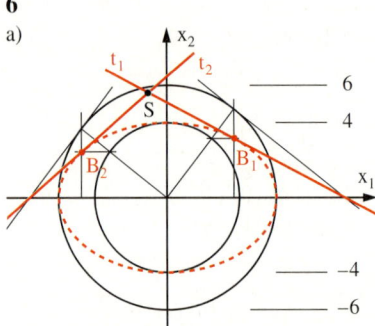

b) $t_1: x_1 + 2x_2 = 10$, $t_2: -8x_1 + 9x_2 = 60$, $S(-1,2|3,6)$

7

a)

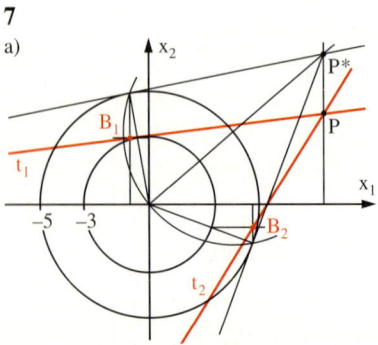

b) $B_1\left(\frac{225}{122} - \frac{25}{244}\sqrt{751}\,\middle|\,\frac{225}{244} + \frac{9}{122}\sqrt{751}\right)$,
$B_1\left(\frac{225}{122} + \frac{25}{244}\sqrt{751}\,\middle|\,\frac{225}{244} - \frac{9}{122}\sqrt{751}\right)$.
Gerundet:
$B_1(-0,96|2,94)$, $B_2(4,65|-1,10)$.

8

a) $a = \frac{1}{3}\sqrt{33}$, $b = \sqrt{3}$

b) $B_1\left(\frac{1}{6}\sqrt{11}\,\middle|\,-\frac{1}{2}\sqrt{11}\right)$, $B_2\left(-\frac{1}{6}\sqrt{11}\,\middle|\,\frac{1}{2}\sqrt{11}\right)$.

9

a) $\frac{x_1^2}{25} + \frac{x_2^2}{9} = 1$ \qquad b) $\frac{15x_1^2}{256} + \frac{x_2^2}{16} = 1$

10

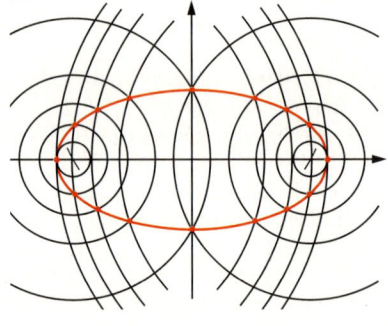

11

a)

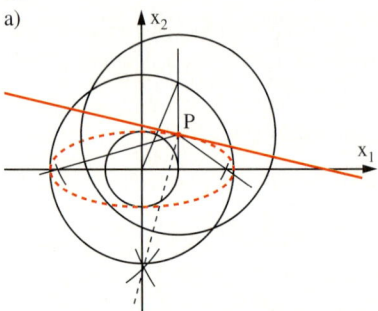

b)

Register